U0179360

CAD/CAM/CAE工程应用丛书

有限元分析
常用材料参数手册

/第2版/

辛春亮　朱星宇　薛再清　涂建　闪雨

编著

机械工业出版社
CHINA MACHINE PRESS

本手册介绍了有限元分析常用的材料本构模型、状态方程、材料动态力学参数的标定方法，给出了上千种常用材料的数值计算材料模型参数，涉及各类金属、陶瓷、玻璃、生物材料、空气、水、冰、地质材料、含能材料、有机聚合物和复合材料等，同时列出了数据来源。手册还提供了相关算例和部分材料参数文件，读者可免费下载（具体方法见封底）。

本手册适合理工科院校的教师、本科高年级学生和研究生作为有限元分析学习辅助教材，也可以作为国防军工、航空航天、汽车碰撞、材料加工、生物医学、电子产品、结构工程、采矿、船舶等行业工程技术人员的工程设计和数值计算参考手册，还可应用于有限元计算软件材料库的开发。

图书在版编目（CIP）数据

有限元分析常用材料参数手册 / 辛春亮等编著. —2 版. —北京：机械工业出版社，2022.8（2024.4 重印）
（CAD/CAM/CAE 工程应用丛书）
ISBN 978-7-111-70817-9

Ⅰ. ①有⋯　Ⅱ. ①辛⋯　Ⅲ. ①材料科学－有限元分析－应用软件－手册
Ⅳ. ①TB3-39

中国版本图书馆 CIP 数据核字（2022）第 083939 号

机械工业出版社（北京市百万庄大街 22 号　邮政编码 100037）
策划编辑：车　忱　　责任编辑：车　忱
责任校对：张艳霞　　责任印制：单爱军
北京虎彩文化传播有限公司印刷

2024 年 4 月第 2 版·第 4 次印刷
184mm×260mm·28.5 印张·2 插页·705 千字
标准书号：ISBN 978-7-111-70817-9
定价：179.00 元

电话服务　　　　　　　　　　　　　　网络服务
客服电话：010-88361066　　　　　　机 工 官 网：www.cmpbook.com
　　　　　010-88379833　　　　　　机 工 官 博：weibo.com/cmp1952
　　　　　010-68326294　　　　　　金 书 网：www.golden-book.com
封底无防伪标均为盗版　　　　　　机工教育服务网：www.cmpedu.com

前　　言

准确的材料模型及其参数是仿真计算的关键，这在很大程度上决定了仿真计算的准确程度。数值计算人员经常为找不到仿真所用的材料参数而苦恼。欧美发达国家已经建立了多个常用材料参数数据库，如洛斯阿拉莫斯国家实验室自 1971 年起开始发展的 SESAME 材料数据库，该数据库包括至少 150 种关键材料高温高压下的状态方程参数，对推动武器的研制具有重要的意义。SESAME 材料数据库的扩散和使用都严格受控，目前只有美国本土及其重要盟友的研究机构才能获得该数据库的使用权。

为了获取数值计算所需的材料数据，许多研究单位对常用材料进行材料动态力学性能实验来拟合材料的本构模型，如采用准静态试验机、泰勒杆、膨胀环、分离式霍普金森压杆（SHPB）和拉杆技术（SHTB）等。仿真计算涉及的材料种类很多，单纯依靠实验来标定材料模型参数需要花费大量人力、物力、财力和时间。可能会有多家单位对同一材料的本构参数感兴趣，如果这些单位都对该材料做力学性能实验，势必造成很大的浪费。

基于上述原因，编者参考多方文献资料编写了本手册，希望借此建立起中国自己的材料参数数据库，用于指导国内的数值计算从业人员，提高计算结果的准确度。由于材料种类很多，资料浩瀚繁杂，编者在查阅资料提取数据时，只是对原文献进行了浏览，没有对材料参数的准确性、适用范围逐个进行甄别和确认，也难以追溯材料参数原始的文献出处，提取到的材料参数可能会与其他文献数据存在较大差异，这也许是实验方法、实验条件、实验测试所取试样的性能、尺寸或是材料受力状态与其他文献差异很大的缘故，甚至有可能是文字谬误造成的。如果读者有意采用该数据，请仔细阅读原文献，根据上下文对材料状态（成分、工艺、尺寸、加工过程等）、塑性变形历史、受力环境、所用材料模型及其具体参数进行仔细确认。俗话说，磨刀不误砍柴工，为了获得更为准确的计算结果，在材料模型和材料参数上多花些时间是非常值得的。

也许读者在本手册中找不到所需的材料参数，但如果找到了性能相近材料的参数，也可以据此大致确定所需的材料参数，不至于偏差很大。

AUTODYN、DEFORM、VPG、MSC.MVISION 等国外商业软件自带材料库，软件用户可以从中查询计算需要的材料参数。但即使是同种材料，国内材料与国外材料在成分、组织、制备工艺上也有差异，进而导致力学性能的不同。在搜集资料编写本手册的过程中，编者发现，有些文献作者使用国内材料进行数值计算时，往往不做分析、不加修改地盲目套用国外材料参数，计算结果的可信度令人怀疑。

本手册材料参数主要来源于：①国内外各类学术期刊；②国内学术会议论文；③LS-DYNA 国际和欧洲年会；④国际弹道会议；⑤国际爆轰会议；⑥洛斯阿拉莫斯国家实验室的冲击 Hugoniot 实验数据；⑦劳伦斯利弗莫尔国家实验室的炸药手册；⑧Varmint Al 的材料参数数据库；⑨LSTC 公司的计算输入文件等，并尽量引用原文表述。

为了便于查找，书中的材料尽量按字符顺序排列，首先是阿拉伯数字，然后是英文字母及汉语拼音。材料参数大都以表格的形式列出，具体参数多以 LS-DYNA 材料关键字命名。

由于数值计算软件大都采用相同的材料模型和状态方程，手册中的材料参数同样适用于 ABAQUS、AUTODYN、DYTRAN、ANSYS、NASTRAN、DYNAFORM 等商业软件。

本手册第 1 章介绍了有限元分析常用材料本构模型、状态方程、材料动态力学参数标定方法，并给出了几个数值计算算例。

第 2～13 章分别给出了钢铁、铝及铝合金、铜及铜合金、钨及钨合金、钛及钛合金、其他金属及合金材料、陶瓷和玻璃、生物材料、空气、水、冰、地质材料、含能材料、有机聚合物和复合材料等上千种材料的材料参数。

本手册第 1 版出版后受到广泛好评。在此基础上第 2 版又增加了几种材料本构模型、状态方程、GISSMO 失效模型的介绍和上百种材料的材料参数。

构建材料数据库是一项浩大的工程，需要耐心细致，更需要编者对材料本构模型和状态方程有深入研究。由于编者水平有限，手册难免存在不足之处，欢迎广大读者和同行专家批评指正。

分享是一种美德，赠人玫瑰，手有余香，向诸位文献作者对材料参数的无私分享精神致敬。如果读者通过材料力学性能实验测试获得了一些材料的材料参数，或者发现本手册尚没有收录的其他有价值的材料参数，或者对其中的一些参数提出质疑，如方便可将数据、文献或批评建议发送给编者（邮箱：329867314@qq.com，微信：lsdyna），在此表示感谢。

西安现代控制技术研究所的张晓伟，北京领航科工教育科技有限公司的梁桂强，ANSYS 中国的王强、周少林，上海仿坤软件科技有限公司的袁志丹、刘治材，上海浩亘软件有限公司的黄晓忠博士，我的同事刘志林博士和徐坤，上海恒士达科技有限公司的陈永发，吉利汽车的王丹，北京交通大学的赵鲲鹏，北京思诺信科技有限公司的李建品，北京理工大学的张浩宇，频步信息科技（宁波）有限公司的胡成等指出了第 1 版中的一些文字错误，并给出了建议，在此对他们表示感谢！

编者谨识
2021 年 11 月于北京东高地

目　录

第1章 常用材料本构模型和状态方程介绍

有限元法（Finite Element Method，FEM）是一种求解偏微分方程边值问题近似解的数值技术。这种数值分析方法采用数学近似的方法对真实物理系统进行模拟，利用简单而又相互作用的单元，就可以用有限的未知量逼近无限未知量。有限元分析（Finite Element Analysis，FEA）作为一种提升产品质量、缩短设计周期、提高产品竞争力的手段，得到了越来越广泛的应用，已经成为解决复杂工程分析计算问题的有效途径，使机械制造、材料加工、航空航天、汽车、土木建筑、电子电器、国防军工、船舶、铁道、石化、能源等诸多领域的设计水平发生了质的飞跃。

有限元分析过程包括定义问题的几何区域、定义单元、获取并定义材料模型参数、网格划分、定义边界条件、定义载荷、总装求解和后处理等，其中材料参数的获取是有限元分析的一个重要环节，材料表征不准确带来的误差远大于计算方法产生的误差。然而没有一种材料本构模型和状态方程能够完全真实地描述材料在各种应力（或压力）工况下的力学特性，为此发展了多种材料本构模型和状态方程。例如，国际上著名的有限元软件 LS-DYNA 提供了包括金属、非金属模型在内的 300 多种材料模型和至少 17 种状态方程，几乎囊括了描述所有种类材料力学性能的数学理论表达。鉴于材料模型及其参数对计算结果的准确性影响很大，数值计算人员应该选用与实际材料所处应力（或压力）、应变率、温度状态一致的材料模型，并定义合适的材料参数。

1.1 有限元分析常用力学单位换算关系

有限元软件没有单位制，这意味着软件本身并不认识单位，它只会根据用户的输入进行计算，因此用户在建立有限元分析模型时，必须保证使用的是统一的单位制，否则计算结果没有实际意义。表 1-1～表 1-8 提供了一些常用单位换算关系[14, 15, 24, 25]。

表 1-1 数值计算常用单位制换算表

质量	长度	时间	力	应力	能量	密度	杨氏模量	速度（假定为56.3km/h）	重力加速度
kg	m	s	N	Pa	J	7.83E3	2.07E11	15.65	9.806
kg	cm	s	1.0E-2N			7.83E-3	2.07E9	1.56E3	9.806E2
kg	cm	ms	1.0E4N			7.83E-3	2.07E3	1.56	9.806E-4
kg	cm	μs	1.0E10N			7.83E-3	2.07E-3	1.56E-3	9.806E-10
kg	mm	ms	KN	GPa	KN·mm	7.83E-6	2.07E2	15.65	9.806E-3
g	cm	s	dyne	dy/cm²	erg	7.83	2.07E12	1.56E3	9.806E2
g	cm	μs	1.0E7N	Mbar	1.0E7N·cm	7.83	2.07	1.56E-3	9.806E-10

（续）

质量	长度	时间	力	应力	能量	密度	杨氏模量	速度（假定为 56.3km/h）	重力加速度
g	mm	s	1.0E-6N	Pa		7.83E-3	2.07E11	1.56E4	9.806E3
g	mm	ms	N	MPa	N·mm	7.83E-3	2.07E5	15.65	9.806E-3
ton	mm	s	N	MPa	N·mm	7.83E-9	2.07E5	1.56E4	9.806E3
lbf·s²/in	in	s	lbf	psi	lbf·in	7.33E-4	3.00E7	6.16E2	386
slug	ft	s	lbf	psf	lbf·ft	15.2	4.32E9	51.33	32.17
kgf·s²/mm	mm	s	kgf	kgf/mm²	kgf·mm	7.98E-10	2.11E4	1.56E4	9.806E3
kg	mm	s	mN	1.0E3Pa		7.83E-6	2.07E8	1.56E4	9.806E3
g	cm	ms		1.0E5Pa		7.83	2.07E6	1.56	9.806E-4

表 1-2　长度单位的换算关系

	m	mm	in	ft
m	1	1000	3.93701E1	3.28084
mm	1.0E-3	1	3.93701E-2	3.28084E-3
in	2.54000E-2	25.4	1	8.33333E-2
ft	3.04800E-1	304.8	1.2E1	1

表 1-3　质量单位的换算关系

	kg	ton	lb
kg	1	1.0E-3	2.20462
ton	1.0E3	1	2.20462E3
lb	4.53592E-1	4.53592E-4	1

表 1-4　力单位的换算关系

	N(kg·m/s²)	kgf	lbf	dyne
N(kg·m/s²)	1	0.1019716	0.224809	1E5
kgf	9.80665	1	2.204623	9.850665E5
lbf	4.44822	0.4535824	1	4.44822E5
dyne	1.0E-5	1.10296E-6	2.24809E-6	1

表 1-5　质量密度单位的换算关系

	kg/m³	ton/mm³	lb/in³	lbf·s²/in⁴	lb/ft³	lb/gal	g/cm³
kg/m³	1	1.0E-12	3.61272E-5	9.35716E-8	6.24278E-2	8.34502E-3	1.0E-3
ton/mm³	1.0E12	1	3.61272E7	9.35716E4	6.24278E10	8.34502E9	1.0E9
lb/in³	2.76800E4	2.76800E-8	1	2.59006E-3	1.72800E3	2.30990E2	2.76800E1
lbf·s²/in⁴	1.06870E7	1.06870E-5	3.86091E2	1	6.67166E5	8.9183E4	1.0687E4

（续）

	kg/m³	ton/mm³	lb/in³	lbf·s²/in⁴	lb/ft³	lb/gal	g/cm³
lb/ft³	1.60185E1	1.60185E-11	5.78703E-4	1.49888E-6	1	1.33675E-1	1.60185E-2
lb/gal	1.19832E2	1.19832E-10	4.3292E-3	1.12129E-5	7.48085	1	1.19832E-1
g/cm³	1.0E3	1.0E-9	3.61272E-2	9.35716E-5	6.24278E1	8.34502	1

表1-6　应力、压力和弹性模量单位的换算关系

	MN/m²(MPa)	lb/in²	kgf/mm²	bar
MN/m²(MPa)	1	1.45E2	0.102	10
lb/in²	6.89E-3	1	7.03E-4	6.89E-2
kgf/mm²	9.81	1.42E3	1	98.1
bar	0.10	14.48	1.02E-2	1

表1-7　能量单位的换算关系

	J	cal	eV	lbf·ft
J	1	0.239	6.24E18	0.738
cal	4.19	1	2.61E19	3.09
eV	1.60E-19	3.83E-20	1	1.18E-19
lbf·ft	1.36	0.324	8.46E18	1

表1-8　功率单位的换算关系

	kW(kJ/s)	hp	lbf·ft/s
kW(kJ/s)	1	1.34	7.38E2
hp	0.746	1	5.50E2
lbf·ft/s	1.36E-3	1.82E-3	1

1.2　应力和应变基本概念

　　大部分固体材料受到外力后首先发生弹性变形，超过弹性极限或屈服强度后，进入屈服阶段发生塑性变形，卸载后弹性变形完全恢复，塑性变形则保留下来。

　　物体受力产生变形时，在物体内各部分之间产生相互作用的内力，单位面积上的内力称为应力。

　　物体受力产生变形时，体内各点处变形程度一般并不相同。用以描述一点处变形程度的力学量是该点的应变。

　　应力应变曲线可以通过单向拉伸（或压缩）或薄壁管扭转实验来得到，典型的应力-应变曲线如图1-1所示。

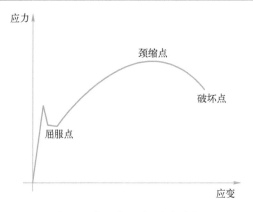

图1-1 典型的应力-应变曲线

1）工程应力。在拉伸或压缩试验中，施加于试样的载荷除以试样的截面积：

$$\sigma_e = \frac{\boldsymbol{F}}{A_0}$$

式中，$\boldsymbol{F}$ 为载荷；A_0 为试样的原始截面积。

2）真实应力。在拉伸或压缩试验中，施加于试样的载荷除以瞬时实际截面积（而不是原始截面积）：

$$\sigma_t = \frac{\boldsymbol{F}}{A}$$

式中，A 为试样的实际截面积。

3）工程应变。在拉伸或压缩试验中，试样标距范围内的伸长量除以标距的初始值：

$$\varepsilon_e = \frac{\Delta l}{l_0}$$

式中，l_0 为试样的原始标距长度；Δl 为试样伸长量。

4）真实应变。真实应变的增量是瞬时伸长量除以瞬时长度：

$$\mathrm{d}\varepsilon_t = \frac{\mathrm{d}l}{l}$$

式中，l 为试样的瞬时长度。真实应变即为增量总和。

5）真实应变与工程应变的关系。

$$\varepsilon_t = \int_{l_0}^{l} \mathrm{d}\varepsilon_t = \int_{l_0}^{l} \frac{\mathrm{d}l}{l} = \ln\frac{l}{l_0} = \ln\frac{l_0 + \Delta l}{l_0} = \ln(1 + \varepsilon_e)$$

6）真实应力与工程应力的关系。根据拉伸过程体积不变的假定，$Al = A_0 l_0$，有：

$$\sigma_t = \frac{\boldsymbol{F}}{A} = \frac{\boldsymbol{F}l}{A_0 l_0} = \sigma_e \frac{l}{l_0} = \sigma_e \frac{l_0 + \Delta l}{l_0} = \sigma_e(1 + \varepsilon_e)$$

1.3　LS-DYNA 软件中常用材料本构模型介绍

材料的本构模型用来描述材料状态变量（如应力、应变、温度）及时间之间的相互关系，主要是应力与应变之间的关系，应用于材料强度效应（即其对剪切的抵抗力）不能被忽略，特别是占主导地位的场合。

数值计算软件中通常都包含多种材料本构模型，以 LS-DYNA 软件[11]为例，它包含了 300 多种材料模型，如弹性、正交各向异性弹性、随动/各向同性塑性、热塑性、可压缩泡沫、线粘弹性、Blatz-Ko 橡胶、Mooney-Rivlin 橡胶、流体弹塑性、温度相关弹塑性、各向同性弹塑性、Johnson-Cook 塑性模型、伪张量地质模型以及用户自定义材料模型等，适用于金属、塑料、玻璃、泡沫、编织物、橡胶、蜂窝材料、复合材料、混凝土、土壤、陶瓷、炸药、推进剂、生物体等材料。这些材料模型在航空航天、机械制造、汽车、船舶等行业应用广泛，例如，表 1-9 是 LS-DYNA 汽车碰撞仿真中常用的材料模型。

表 1-9　LS-DYNA 汽车碰撞仿真中常用的材料模型

材料编号	材料名称	用途
1	*MAT_ELASTIC	橡胶、弹簧等
2	*MAT_OPTIONTROPIC_ELASTIC	轮胎等
3	*MAT_PLASTIC_KINEMATIC	塑料等塑性材料、铸件
7	*MAT_BLATZ-KO_RUBBER	方向盘
9	*MAT_NULL	汽油或用在体单元表面以简化接触定义
20	*MAT_RIGID	变形可忽略的部件
22	*MAT_COMPOSITE_DAMAGE	PP+EPDM 共混物
24	*MAT_PIECEWISE_LINEAR_PLASTIC	金属等塑性材料
26	*MAT_HONEYCOMB	散热器、冷凝器、障碍物
27	*MAT_MOONEY-RIVLIN_RUBBER	轮胎
29	*MAT_FORCE_LIMITED	安全带卡扣
32	*MAT_LAMINATED_GLASS	风挡玻璃
34	*MAT_FABRIC	安全气囊、气帘
57	*MAT_LOW_DENSITY_FOAM	保险杠缓冲块、座垫
67	*MAT_NONLINEAR_ELASTIC_DISCRETE_BEAM	弹性弹簧（橡胶连接件）
68	*MAT_NONLINEAR_PLASTIC_DISCRETE_BEAM	塑性弹簧（转向柱压溃销）
98	*MAT_SIMPLIFIED_JOHNSON_COOK	金属等塑性材料
100	*MAT_SPOTWELD	可变形焊点
126	*MAT_MODIFIED_HONEYCOMB	轮胎、障碍物
S1	*MAT_SPRING_ELASTIC	线性弹簧
S4	*MAT_SPRING_NONLINEAR_ELASTIC	非线性弹簧
S5	*MAT_DAMPER_NONLINEAR_VISCOUS	减振器、橡胶连接件
S8	*MAT_SPRING_INELACTIC	转向柱压溃销
B1	*MAT_SEATBELT	安全带

1.3.1　*MAT_ELASTIC

*MAT_ELASTIC 模型即线弹性模型。当材料在外载下产生的应力低于材料的屈服极限时，应力波的传播不会造成材料不可逆的变形，材料表现为弹性行为，遵循胡克定律，可用

线弹性模型描述。

$$E = 3K(1-2\nu)$$

$$G = \frac{3(1-2\nu)}{2(1+\nu)}K = \frac{E}{2(1+\nu)}$$

式中，E、G、K、ν 分别为材料的弹性模量、剪切模量、体积模量和泊松比。

*MAT_ELASTIC 线弹性模型仅限于小应变（最大可能到 30%～40%的应变），对于大弹性应变可采用超弹性材料模型（*MAT_HYPERELASTIC_RUBBER）或正交异性弹性材料模型（*MAT_ORTHOTROPIC_ELASTIC）。

此模型还有简单流体材料模型选项：*MAT_ELASTIC_FLUID，可用于模拟水等流体介质，这需要额外定义黏性系数和空化压力。

1.3.2 *MAT_PLASTIC_KINEMATIC

这是一种与应变率相关和带有失效的弹塑性材料模型。应力-应变关系近似地用两条直线来表示，第一段直线的斜率等于材料的弹性模量，第二段直线的斜率是切线模量。该模型可采用各向同性硬化（$\beta=1$）、随动硬化（$\beta=0$）或混合硬化方式（$0<\beta<1$）。应变率效应用 Cowper-Symonds 模型来描述，推荐考虑黏塑性应变率效应（$VP=1$）。

*MAT_PLASTIC_KINEMATIC 模型的屈服应力与塑性应变（图 1-2）、应变率的关系如下：

$$\sigma_Y = (\sigma_0 + \beta E_p \varepsilon_p^{\text{eff}})\left[1 + \left(\frac{\dot{\varepsilon}}{C}\right)^{\frac{1}{P}}\right]$$

式中，σ_0 是初始屈服应力，$\dot{\varepsilon}$ 是应变率，$\varepsilon_p^{\text{eff}}$ 为有效塑性应变，β 为硬化参数，E_p 是塑性硬化模量，C 和 P 是应变率参数。塑性硬化模量 E_p 与弹性模量 E、切线模量 E_t（切线模量 E_t 不能小于零或大于弹性模量）的关系如下：

$$E_p = \frac{EE_t}{E - E_t}$$

C、P 参数对仿真计算结果有重要的影响，对于应用广泛的低碳钢，文献[1]认为，Cowper-Symonds 模型与实验数据符合较好，并提出了 C、P 参数推荐值：$C=40.4\text{s}^{-1}$，$P=5$。在低碳钢动态问题的仿真分析中，该材料参数值作为各种材料的应变率影响系数被广泛使用。而陈志坚[2]、陈斌[3]研究了 Cowper-Symonds 模型参数对仿真结果的影响后指出，材料的动态特性规律很复杂，每种材料具有自己独特的 C、P 值和静态屈服应力强化规律，文献[1]推荐的参数值过高估计了钢材的应变率强化效应。应对所用仿真对象材料取样，进行冲击试验，求取该材料的 C、P 值和 σ_Y 曲线，简单地引用文献[1]的参数值，极易导致错误的结论。

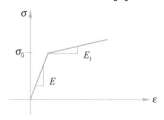

图 1-2 *MAT_PLASTIC_KINEMATIC 双线性应变随动强化模型

1.3.3　*MAT_JOHNSON_COOK

　　*MAT_JOHNSON_COOK 模型[4]适用于较宽的应变率范围和由塑性生热引起绝热温升导致材料软化的场合，该模型可以同时考虑材料的塑性应变硬化、应变率硬化和热软化，应用非常广泛。当用于体单元时，需要额外定义状态方程。如果材料热软化和损伤不重要，推荐采用更为简单、计算效率更高的*MAT_SIMPLIFIED_JOHNSON_COOK 模型。这种简化的JOHNSON-COOK 模型与*MAT_JOHNSON_COOK 模型不同，可用于梁单元，用于体单元时不需要状态方程。

　　Johnson-Cook 模型实质上将塑性应变、应变率和温度这三个变量进行了分离，用乘积关系来处理三者对动态屈服应力的影响，具有形式简单、各项物理意义明确的优点。其屈服应力可表示为：

$$\sigma_Y = \left(A + B\bar{\varepsilon}_p^n\right)\left(1 + C\ln\dot{\varepsilon}^*\right)\left(1 - T_H^m\right)$$

式中，A、B、n 分别为参考应变率 $\dot{\varepsilon}_0$ 和参考温度 T_{room} 下的材料初始屈服应力、材料塑性应变硬化模量和硬化指数，C 为材料应变率强化参数，$\bar{\varepsilon}_p$ 为有效塑性应变，m 为材料热软化参数。

- 当 $VP = 1$ 时，$\dot{\varepsilon}^* = \dot{\bar{\varepsilon}}^p / \dot{\varepsilon}_0$，为归一化的有效塑性应变率，这是 LS-DYNA 和 AUTODYN 软件均推荐采用的形式。
- 当 $VP = 0$ 时，$\dot{\varepsilon}^* = \dot{\bar{\varepsilon}} / \dot{\varepsilon}_0$，为归一化的有效总应变率，LS-DYNA 软件也可采用这种形式，但并不推荐。

　　若室温为 T_{room}，熔点为 T_{melt} ⊖，则相对温度 T_H 的定义为：

$$T_H = \left(T - T_{room}\right) / \left(T_{melt} - T_{room}\right)$$

　　在 LS-DYNA 中，$T - T_{room}$ 为第 5 个时间历程变量，需要通过*DATABASE_EXTENT_BINARY 定义其输出，可在 LS-DYNA 后处理软件 LS-PrePost 中查看。

　　Johnson-Cook 失效模型采用线性方式累积损伤来考虑材料的破坏，不考虑损伤对材料强度的影响。应力和压力在损伤度达到临界值时取为零值。单元的损伤度 D 定义为：

$$D = \sum \frac{\Delta\varepsilon_p}{\varepsilon^f}$$

　　D 的取值范围在 0～1 之间，初始未损伤时 $D = 0$，当 $D = 1$ 时材料发生失效，单元被删除。对于壳单元和体单元，D 分别对应第 4 和第 6 个时间历程变量。$\Delta\varepsilon_p$ 为一个时间步长的等效塑性应变增量；ε^f 为当前时间步的失效应变，其表达式为：

$$\varepsilon^f = [D_1 + D_2\exp(D_3\sigma^*)][1 + D_4\ln\dot{\varepsilon}^*][1 + D_5 T^*]$$

式中，$\sigma^* = p / \sigma_{eff}$，为应力三轴度（其中 p 为压力，σ_{eff} 为 von Mises 等效应力）；$D_1 \sim D_5$ 为材料失效参数。需要特别注意的是，ABAQUS 软件中的 D_3 和 LS-DYNA 软件中的 D_3 符号相反[26]。

　　在冲击载荷作用下，材料变形可近似看作绝热过程，塑性变形能大部分转化为热能，导致温度升高。假设转化为热能的部分为90%，因此温度增量可通过应力和应变增量求得：

⊖ 在后面的表格中分别用 T_r 和 T_m 表示。

$$dT = \frac{0.9}{\rho C_p} \sigma d\varepsilon_p$$

式中，ρ 为材料密度；C_p 为材料比热；ε_p 为塑性应变。

标准形式的 Johnson-Cook 应变率项采用较为简单的线性对数关系 $1 + C \ln \dot{\varepsilon}^*$。

为了增加应变率效应的敏感性，许多研究者提出了多种形式的修正 Johnson-Cook 模型。Huh 和 Kang（2002 年）提出了二次项形式 $1 + C \ln \dot{\varepsilon}^* + C_2 (\ln \dot{\varepsilon}^*)^2$。此外，还有其他三种指数形式，即 Allen、Rule 和 Jones（1997 年）提出的 $(\dot{\varepsilon}^*)^c$、Cowper-Symonds（1958 年）形式 $1 + (\dot{\varepsilon}_{eff}^p / C)^{1/P}$ 和非线性率指数形式 $1 + C(\dot{\varepsilon}_{eff}^p)^n \ln \dot{\varepsilon}^*$。

在 LS-DYNA 软件中，以上几种应变率附加形式（RATEOP=1、2、3 或 4）在 $VP = 1$ 时均可用于壳单元和体单元。当 $VP = 0$ 时，忽略 RATEOP 应变率附加形式。

Len Schwer[28]对这几种应变率形式和不同参考应变率进行了总结对比：1）标准的应变率形式是最好的；2）Johnson-Cook 模型参数应根据准静态（如参考应变率 1.54E-4s^{-1}）实验数据进行标定，而不是大多数文献中常用的参考应变率 1.0s^{-1}。

Johnson-Cook 本构模型未涉及材料变形的物理基础，其中的应变、应变率、温度对应力的影响应该是相互耦合的，该模型主要适用于应变率小于 10^4s^{-1} 的阶段，此阶段控制塑性变形的是热激活机制和由扩散控制的蠕变机制。在该阶段随变形速度的提高，需更多的位错源同时开动，结果抑制了单晶体中位错易滑移阶段的产生和发展，使材料晶格中位错密度和滑移系数增大，从而使材料的临界屈服应力增大。而当应变率大于 10^4s^{-1} 时，应力高到足以驱使位错越过所有障碍而不需要任何热的帮助，位错来不及进行堆积和滑移，晶格原子沿滑移面同时翻越点阵阻力，材料的应力-应变率对数关系发生剧烈变化，屈服应力猛增。这表明材料的塑性流动发生了本质性的变化，通常认为控制塑性流动的物理机制已由位错运动的热激活机制让位于黏性机制。但 Johnson-Cook 模型描述的材料动态本构关系在数值模拟时往往没有应变率范围的限制，这就使得 Johnson-Cook 模型在高应变率情况下，过低地估计了屈服应力[16]。

为了准确地描述更广泛的应变率范围内（$1 \times 10^{-3} \sim 5 \times 10^4$s^{-1}）的屈服应力，ANSYS LST 在 LS-DYNA R13 版本中添加了 Couque（2014 年）提出的应变率附加形式（RATEOP=5）：$1 + C \ln \dot{\varepsilon}^* + D(\dot{\varepsilon}_{eff}^p / EPS1)^k$。

LS-DYNA 软件中的 *MAT_JOHNSON_COOK 模型还有 STOCHASTIC 选项，允许屈服和失效在结构中随机分布，可采用 *DEFINE_STOCHASTIC_VARIATION 定义附加信息。

1.3.4 *MAT_PIECEWISE_LINEAR_PLASTICITY

这是应用最广泛的弹塑性材料模型，该模型支持双线性弹塑性模型或使用多至 8 对有效应力-有效塑性应变曲线，应变率采用 Cowper-Symonds 模型缩放屈服应力，或通过曲线方式（*DEFINE_CURVE）定义屈服应力缩放因子-应变率曲线，或通过表格方式（*DEFINE_TABLE）定义一系列在不同应变率下的应力-应变曲线簇。如果超出所定义的塑性应变范围，LS-DYNA 会自动提供向外插值的功能。但需要注意的是，需要保证材料在高应变下的屈服应力插值不能为负值，同时，不同应变率曲线的外插不能出现相交的情况，否则会导致数值计算不稳定。该模型应力-应变关系如图1-3所示。

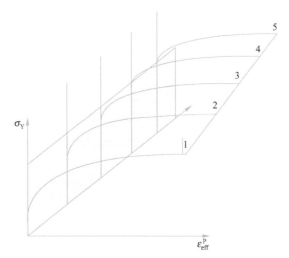

图1-3　*MAT_PIECEWISE_LINEAR_PLASTICITY 模型应力-应变关系

*MAT_PIECEWISE_LINEAR_PLASTICITY 模型的失效准则采用有效塑性应变或最小时间步长（仅适用于壳单元）。该模型也支持 STOCHASTIC 选项。

1.3.5 *MAT_STEINBERG

*MAT_STEINBERG 模型[5]可用于模拟极高应变率（$>10^5 \mathrm{s}^{-1}$）下材料的变形，可用于体单元。该模型中的屈服应力是温度和压力的函数，同时需要额外定义状态方程来描述压力。*MAT_STEINBERG 可考虑层裂，能够模拟拉伸载荷下材料的失效、断裂和崩落。

该模型形式上是"率无关"的，但它的应用对应变率的范围是有限制的，要求 $\dot{\varepsilon} > 10^5 \mathrm{s}^{-1}$。这是因为高速冲击下，温度升高引起的软化效应抵消了应变率的硬化效应。为了克服该模型"率无关"的缺点，后来又提出了 Steinberg-Lund 模型[6]（*MAT_STEINBERG_LUND）。Steinberg-Lund 模型可用于应变率为 $10^{-4} \sim 10^5 \mathrm{s}^{-1}$ 金属的变形。

1.3.6 *MAT_MODIFIED_ZERILLI_ARMSTRONG

Zerilli 和 Armstrong 基于位错动力学和固体力学理论提出了 Zerilli-Armstrong 本构模型。他们发现 BCC（体心立方）金属材料对温度和应变率效应的敏感程度明显高于 FCC（面心立方）金属，进而提出了描述 FCC 和 BCC 两类金属材料的位错型本构模型。这是第一个具有物理理论基础、在热激活位错运动的理论框架下提出而非通过实验曲线拟合的半唯象模型。它考虑了应变硬化效应、应变率敏感性与热软化效应。该模型认为不同的材料晶体结构形式（面心立方结构 FCC、体心立方结构 BCC 及六方紧密堆积结构 HCP）应该具有不同的本构关系，因此该模型针对 FCC 与 BCC 材料分别给出了两种不同的本构关系形式。

对于 FCC（$n=0$）金属：

$$\sigma = C_1 + \left\{ C_2 (\varepsilon^{\mathrm{p}})^{\frac{1}{2}} [\mathrm{e}^{[-C_3 + C_4 \ln(\dot{\varepsilon}^*)]^T}] + C_5 \right\} \left[\frac{u(T)}{u(293)} \right]$$

式中，ε^{p} 是有效塑性应变，$\dot{\varepsilon}^* = \dot{\varepsilon} / \dot{\varepsilon}_0$ 是有效塑性应变率。当时间单位为秒、毫秒、微秒时，

$\dot{\varepsilon}_0$ 分别等于 1、10^{-3}、10^{-6}。

对于 BCC（$n>0$）金属：

$$\sigma = C_1 + C_2 e^{[-C_3 + C_4 \ln(\dot{\varepsilon}^*)]^f} + [C_5(\varepsilon^p)^n + C_6]\left[\frac{u(T)}{u(293)}\right]$$

式中，$u(T)/u(293) = B_1 + B_2 T + B_3 T^2$。

比热和温度之间的关系可用三次曲线来描述：

$$C_p = G_1 + G_2 T + G_3 T^2 + G_4 T^3$$

当该模型考虑黏塑性应变率效应（$VP=1$）时会增加额外计算成本，但可能会获得意想不到的改进效果。

1.3.7 *MAT_JOHNSON_HOLMQUIST_CONCRETE

1993 年，在第 14 届国际弹道会议上，T. J. Holmquist 和 G. R. Johnson 针对混凝土动态冲击过程中的大变形问题，对 Johnson-Cook 模型做了改进，提出了一个新的 Johnson-Holmquist-Cook（简称 HJC）计算模型[7-9]，用以描述混凝土的本构及其参数，将混凝土的等效强度表示为压力、应变率和损伤的函数，其中压力表示为体应变的函数，且考虑了永久粉碎的影响。HJC 模型考虑了应变率、静水压、损伤累积对强度的影响，被广泛应用于数值计算。损伤模型综合考虑了大应变、高应变率、高压效应，其等效屈服强度是压力、应变率及损伤的函数，而压力是体积应变（包括永久压垮状态）的函数，损伤累积是塑性体积应变、等效塑性应变及压力的函数。但是由于 HJC 本构模型不考虑材料的拉伸损伤，用于混凝土的侵彻和爆炸计算时，无法计算出裂纹扩展和背弹面混凝土的崩落。

HJC 本构模型包括三部分，图 1-4a 所示为强度模型，混凝土归一化的等效强度具体表达式为：

$$\sigma^* = [A(1-D) + BP^{*N}][1 + C \ln \dot{\varepsilon}^*]$$

$$\sigma^* = \sigma / f_c'$$

$$P^* = P / f_c'$$

$$\dot{\varepsilon}^* = \dot{\varepsilon} / \dot{\varepsilon}_0$$

$$T^* = T / f_c'$$

式中，σ^* 是无量纲等效应力，$\sigma^* \leqslant \text{SMAX}$，SMAX 为最大归一化无量纲强度极限。$\sigma$ 为实际等效应力，f_c' 为静态单轴压缩强度，D 为损伤度（$0 \leqslant D \leqslant 1$），$P$ 为压强，$\dot{\varepsilon}^*$ 为无量纲应变率，$\dot{\varepsilon}$ 为应变率，$\dot{\varepsilon}_0 = 1.0 \text{s}^{-1}$ 为参考应变率，T 为抗拉强度，A 为材料归一化内聚强度，B 为归一化压力硬化系数，N 为压力硬化指数，C 为应变率硬化系数。

图 1-4b 所示为损伤模型，损伤度 D 是塑性体积应变、等效体积应变和压强 P 的函数，其表达式为：

$$D = \sum \frac{\Delta \varepsilon_p + \Delta u_p}{D_1(P^* + T^*)^{D_2}}$$

式中，$\Delta \varepsilon_p$ 和 Δu_p 代表在一个循环积分计算中的等效塑性应变增量和塑性体积应变增量，下式代表了在持续压力下由塑性应变到断裂的过程。

$$f(P) = \Delta\varepsilon_p + \Delta u_p = D_1(P^* + T^*)^{D_2}$$

式中，D_1 和 D_2 为材料损伤常数，定义 EFMIN 为最小断裂应变，且 $D_1(P^* + T^*)^{D_2} \geqslant$ EFMIN。P 是体积应变 u 的函数。$u_{\text{lock}} = \rho / \rho_0 - 1$，$\rho$ 为混凝土瞬时密度，ρ_0 为混凝土试件原始密度。

图 1-4c 所示为状态方程。状态方程分为三部分，第一部分为线弹性段，当 $P \leqslant P_{\text{crush}}$ 时，材料处于弹性状态。弹性体积模量 $K = P_{\text{crush}} / u_{\text{crush}}$，$P_{\text{crush}}$ 和 u_{crush} 分别代表单轴压缩试验中的压溃临界压力和临界体应变。在弹性区内，加卸载状态方程式为：

$$P = K / u$$

第二部分为破碎段。当 $P_{\text{crush}} < P < P_{\text{lock}}$ 时，材料处于塑性状态，在这个区间内随着压力及塑性体积应变的增大，空气被压出，孔洞被压缩完全闭合，混凝土内部的气孔逐渐变小，材料变成密实介质：

$$P = P_{\text{crush}} + K_{\text{crush}}(u - u_{\text{crush}})$$

$$K_{\text{crush}} = \frac{P_{\text{lock}} - P_{\text{crush}}}{u_{\text{lock}} - u_{\text{crush}}}$$

第三部分为压实段。当 $P \geqslant P_{\text{lock}}$ 时，材料处于高压状态，此时材料可以看作连续密实介质，在这个区间内压力与体积的关系是：

$$P = K_1\bar{u} + K_2\bar{u}^2 + K_3\bar{u}^3$$

式中，$\bar{u} = (u - u_{\text{lock}})/(1 + u_{\text{lock}})$，$K_1$、$K_2$、$K_3$ 是常量。

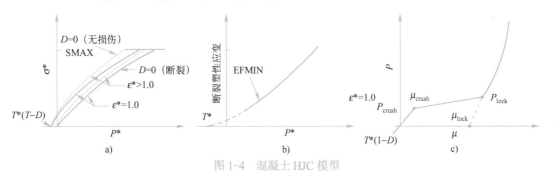

图 1-4 混凝土 HJC 模型

a) 强度模型 b) 损伤模型 c) 状态方程

对于卸载和拉伸情况，其压力应变关系为：

$$P = \begin{cases} K_e u & \text{弹性段} \\ [(1-F)\cdot K_e + F\cdot K_1]\cdot\mu & \text{破碎段} \\ K_1 u & \text{压实段} \end{cases}$$

内插系数 $F = (\mu_{\max} - \mu_{\text{crush}})/(\mu_{\text{Plock}} - \mu_{\text{crush}})$，$\mu_{\max}$ 为卸载前最大体应变，μ_{Plock} 是在压力 P_{lock} 下的体应变。

1.3.8 *MAT_PSEUDO_TENSOR

*MAT_PSEUDO_TENSOR 可用于模拟冲击载荷下钢筋混凝土结构的响应，该模型当前破坏面函数描述为最大强度面 $\sigma_{\max}$ 和残余强度面 σ_{failed} 的线性组合：

$$Y(I_1,J_2,J_3)=\Delta\sigma_{\text{failed}}+\eta(\Delta\sigma_{\max}-\Delta\sigma_{\text{failed}})$$

$$\Delta\sigma_{\max}=a_0+\frac{p}{a_1+a_2p}$$

$$\Delta\sigma_{\text{failed}}=a_{0f}+\frac{p}{a_{1f}+a_2p}$$

式中，$p=-I_1/3$ 为静水压；参数 η（$0\leqslant\eta\leqslant1$）代表剪切损伤，为损伤变量的函数。

该模型的破坏面不考虑 J_3 的影响，在偏平面上为圆形，在应力空间中为旋转面。而应变率效应则表现为破坏面向外扩展，其扩展的应变率增强因子可以通过自定义曲线输入。

1.3.9 *MAT_CONCRETE_DAMAGE_REL3

K&C 模型[9]，即 LS-DYNA 中的*MAT_CONCRETE_DAMAGE_REL3 模型，是*MAT_PSEUDO_TENSOR 伪张量混凝土材料模型的扩展，它是由 Schwer 等在损伤混凝土材料模型的基础上通过大量总结得到的。该材料模型包括初始屈服面、极限强度面和残余强度面，可以模拟强化面在初始屈服面和极限强度面之间以及软化面在极限强度面和残余强度面之间的变化。可以考虑钢筋作用、应变率效应、损伤效应、应变强化和软化作用。该模型可以自动生成参数，用户在使用时只需要输入数据卡中的密度、泊松比、单轴抗压强度和压力-应变率提高系数关系曲线，就可以得到材料模型所需要的其他参数和状态方程*EOS_TABULATED_COMPACTION 的参数。自动生成的参数将在 LS-DYNA 的 messag 文件中以标准的输入格式给出。其破坏面函数为：

$$Y(I_1,J_2,J_3)=\begin{cases}r(J_3)[\Delta\sigma_Y+\eta(\Delta\sigma_{\max}-\Delta\sigma_Y)] & \lambda\leqslant\lambda_m\\ r(J_3)[\Delta\sigma_{\text{failed}}+\eta(\Delta\sigma_{\max}-\Delta\sigma_{\text{failed}})] & \lambda>\lambda_m\end{cases}$$

$$\Delta\sigma_{\max}=a_0+\frac{p}{a_1+a_2p}$$

$$\Delta\sigma_{\text{failed}}=a_{0f}+\frac{p}{a_{1f}+a_2p}$$

初始屈服面：

$$\Delta\sigma_Y=a_{0Y}+\frac{p}{a_{1Y}+a_{2Y}p}$$

式中，$r(J_3)$ 为偏平面形状函数，采用著名的 William-Warnke 形式，为光滑外凸的椭圆；λ 表示损伤参数，$\eta(\lambda)$ 为其函数，$\eta(0)=0$，$\eta(\lambda_m)=1$，$\eta(\lambda_m\geqslant\lambda_{\max})=0$。破坏面函数表示当 λ 从0增大到 λ_m 时，破坏面由初始屈服面逐渐增长到最大强度面，然后随着 λ 进一步增加到 $\lambda_{\max}$ 时，破坏面逐渐降低到残余强度面。

该材料模型用于侵彻或爆炸数值模拟时，在 LS-DYNA 专用后处理软件 LS-PrePost 中通过查看塑性变形显示混凝土的损伤破坏情况，还可通过*MAT_ADD_EROSRION 命令定义混凝土的材料失效准则。例如，采用最大主应变和剪应变作为侵蚀准则，当其中的任意一个准则满足时，即删除相应的单元。

1.3.10 *MAT_RHT

RHT 强度模型是由德国 Ernst Mach 研究所的 Riedel、Hiermaier 和 Thoma 发展起来的，

用于模拟岩石、混凝土等脆性材料在动态加载下的力学行为，考虑了以下效应：压力硬化、应变硬化、应变率硬化、压缩、拉伸子午线的第三不变量、损伤效应（应变软化）、体积压缩、裂纹软化，可模拟弹体侵彻混凝土靶裂纹损伤分布和靶后崩落等破坏现象。使用时用户只需输入密度、剪切模量、单轴抗压强度，就可以自动生成材料模型所需的其他参数。

RHT 强度模型可分成以下五个基本部分：失效面、弹性极限面、应变硬化、残余失效面和损伤。

（1）失效面。定义为压力 P、Lode 角 θ 和应变率 $\dot{\varepsilon}$ 的函数：

$$Y_{\text{fail}} = Y_{\text{TXC}(P)} \cdot R_{3(\theta)} \cdot F_{\text{RATE}(\dot{\varepsilon})}$$

式中，$Y_{\text{TXC}} = f_c \left| A(P^* - P_{\text{spall}}^* F_{\text{RATE}})^N \right|$，$f_c$ 是单轴压缩强度，A 是失效面常数，N 是失效面指数，P^* 是根据 f_c 归一化后的压力，P_{spall}^* 定义为 $P^*(f_t / f_c)$，

$$F_{\text{RATE}} = \begin{cases} \left(\dfrac{\dot{\varepsilon}}{\dot{\varepsilon}_0}\right)^D & P > \dfrac{f_c}{3} \\[3mm] \left(\dfrac{\dot{\varepsilon}}{\dot{\varepsilon}_0}\right)^\alpha & P < \dfrac{f_t}{3} \end{cases}$$

式中，D 为压缩应变率指数，α 为拉伸应变率指数。

$R_{3(\theta)}$ 定义为模型的第三不变量：

$$R_3 = \frac{2(1-Q_2^2)\cos\theta + (2Q_2-1)\sqrt{4(1-Q_2^2)\cos^2\theta - 4Q_2 + 5Q_2^2}}{4(1-Q_2^2)\cos^2\theta + (1-2Q_2)^2}$$

$$\cos(3\theta) = \frac{3\sqrt{3}J_3}{2^{3/2}\sqrt{J_2}}$$

$$Q_2 = Q_{2,0} + BQ \cdot P^*, \qquad 0.5 \leqslant Q_2 \leqslant 1, \qquad BQ = 0.0105$$

式中，$Q_{2,0}$ 为拉伸与压缩子午线之比。

（2）弹性极限面。弹性极限面由失效面确定：

$$Y_{\text{elastic}} = Y_{\text{fail}} \cdot F_{\text{elastic}} \cdot F_{\text{CAP}(P)}$$

式中，F_{elastic} 为弹性强度与失效面强度之比，可根据拉伸弹性强度 f_t 和压缩弹性强度 f_c 这两个输入参数确定；$F_{\text{CAP}(P)}$ 为弹性极限面帽子函数，用于限制静水压下弹性偏应力：

$$F_{\text{CAP}(P)} = \begin{cases} 1 & p \leqslant p_u \\[2mm] \sqrt{1 - \left(\dfrac{p - p_u}{p_0 - p_u}\right)^2} & p_u < p < p_0 \\[2mm] 0 & p \geqslant p_0 \end{cases}$$

（3）应变硬化。峰值载荷前采用线性硬化，硬化期间当前屈服面（Y^*）根据弹性极限面和失效面确定：

$$Y^* = Y_{\text{elastic}} + \frac{\varepsilon_{\text{pl}}}{\varepsilon_{\text{pl(pre-softening)}}}(Y_{\text{fail}} - Y_{\text{elastic}})$$

式中，$\varepsilon_{\mathrm{pl(pre-softening)}} = (Y_{\mathrm{fail}} - Y_{\mathrm{elastic}})/3G \cdot \left[G_{\mathrm{elastic}}/(G_{\mathrm{elastic}} - G_{\mathrm{plastic}}) \right]$。

（4）残余失效面。残余失效面定义成：

$$Y_{\mathrm{resid}}^{*} = B \cdot (P^{*})^{M}$$

式中，B 是残余失效面常数，M 是残余失效面指数。

（5）损伤。从硬化阶段开始，材料额外塑性应变导致了损伤和强度的降低。损伤通过下式进行累积：

$$D = \sum \frac{\Delta \varepsilon_{\mathrm{pl}}}{\varepsilon_{\mathrm{p}}^{\mathrm{failure}}}$$

$$\varepsilon_{\mathrm{p}}^{\mathrm{failure}} = D_1 \left(P^{*} - P_{\mathrm{spall}}^{*} \right)^{D_2} \geqslant \varepsilon_{\mathrm{f}}^{\mathrm{min}}$$

式中，D_1 和 D_2 都是损伤常数，$\varepsilon_{\mathrm{f}}^{\mathrm{min}}$ 是最小失效应变，损伤后的失效面为：

$$Y_{\mathrm{fractured}}^{*} = \left(1 - D \right) Y_{\mathrm{failure}}^{*} + D Y_{\mathrm{residual}}^{*}$$

损伤后的剪切模量为：

$$G_{\mathrm{fractured}} = \left(1 - D \right) G + D G_{\mathrm{residual}}$$

其中，G_{residual} 为残余剪切模量。

1.3.11 *MAT_HIGH_EXPLOSIVE_BURN

*MAT_HIGH_EXPLOSIVE_BURN 模型用于模拟高能炸药的爆轰，必须同时定义状态方程，如*EOS_JWL。常用的 TNT 炸药参数见表 1-10。

表 1-10 TNT 炸药*MAT_HIGH_EXPLOSIVE_BURN 模型参数

Type	MID	ρ_0 / (g·cm^{-3})	D / (cm·μs^{-1})	P_{CJ}/Mbar	BETA	K/Mbar	G/Mbar	SIGY/Mbar
TNT	1	1.63	0.693	0.21	0	0	0	0

在表 1-10 中，MID 为材料编号 ID，ID 号唯一；ρ_0 表示材料密度；D 为爆轰速度；P_{CJ} 为 CJ 压力；BETA 为燃烧标志，取值可以是 0、1、2。当 BETA=0 时，表示有体积压缩或满足程序控制起爆条件将起爆。当 BETA=1 时，表示根据计算结果，凡是有体积压缩的情况将起爆。当 BETA=2 时，表示由程序输入参数来控制起爆条件。只有当 BETA 取值为 2 时，K、G、SIGY 的取值才有意义，表示未反应炸药呈现弹塑性。其中 K 为体积模量，G 为剪切模量，SIGY 表示屈服应力。

1.3.12 *MAT_NULL

*MAT_NULL 空材料模型没有屈服强度，力学行为与流体类似。该模型用于体单元或厚壳单元时，必须同时定义状态方程。

空材料模型也没有剪切刚度（黏性除外），需要特别注意沙漏控制。在一些应用中，默认的沙漏系数可能导致较大的能量损失。一般来说，对于流体，沙漏系数 QM 应该取很小的值（在 1.0E-6～1.0E-4 范围之间），沙漏类型 IHQ 设为默认值 1。

　　*MAT_NULL 模型还可用于防止数值计算中出现的接触渗透，做法如下：在体单元外附着一层*MAT_NULL 壳单元，或在壳单元外附着一层*MAT_NULL 梁单元，只需很薄的一层（如 0.1mm）。弹性模量和泊松比仅用于设置接触刚度，建议输入合理数值。

1.3.13　*MAT_RIGID

　　如果材料声明为刚体，那么任何属于这种材料的单元必须属于同一刚体。刚体只有六个自由度，在单元处理过程中刚体单元被忽略，不必为其时间历程变量分配内存，因此采用刚体材料模型的计算效率非常高。

　　LS-DYNA 用弹性模量和泊松比计算接触罚刚度，因此刚体的材料参数需要采用真实值。

1.3.14　*MAT_HONEYCOMB

　　*MAT_HONEYCOMB 模型用于模拟蜂窝材料和具有真实各向异性的可压扁泡沫材料。材料中六个应力分量都有非线性弹塑性行为，且六个应力是非耦合的，直到完全压实，此后呈现各向同性弹塑性。

　　这个模型可选择基于剪切应变的失效或拉伸应变的失效。

1.3.15　*MAT_MODIFIED_HONEYCOMB

　　*MAT_MODIFIED_HONEYCOMB 主要用于模拟泡沫铝材料的各向异性行为。该模型能够承受非常大的变形而不失稳定性，像非线性弹簧，单元能够翻转并保持稳定。

1.3.16　*MAT_JOHNSON_HOLMQUIST_CERAMICS

　　Johnson-Holmquist 模型（即 LS-DYNA 软件中的*MAT_JOHNSON_HOLMQUIST_JH1，简称 JH1 模型）用于描述脆性材料强度随损伤、压力、应变率等变化规律，在 JH1 模型中脆性材料不发生软化效应，除非材料完全损伤，其软化并不连续累积，但在飞板撞击试验中研究人员发现了脆性材料的累积软化现象。*MAT_JOHNSON_HOLMQUIST_CERAMICS 模型（简称 JH2 模型）在 JH1 模型基础上进行了改进，考虑了损伤演化过程，用于获得不同损伤状态下脆性材料的冲击响应特征，在陶瓷复合装甲仿真计算领域该模型得到广泛应用[13]。JH2 模型包含材料连续强度模型、破碎模型、状态方程三部分，如图 1-5 所示。

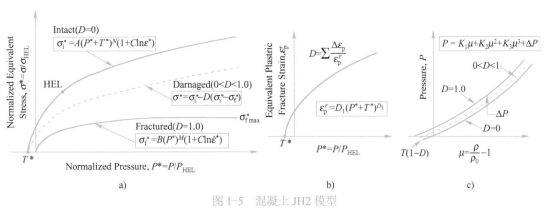

图 1-5　混凝土 JH2 模型

a) 强度模型　b) 破碎模型　c) 状态方程

1. 材料连续强度模型

基于 Drucker 损伤累积演化屈服面理论，JH2 模型将任意损伤下脆性材料强度与脆性材料未损伤时的强度、脆性材料完全损伤时的强度、脆性材料损伤值进行了耦合，表达式如下：

$$\sigma^* = \sigma_i^* - D(\sigma_i^* - \sigma_f^*)$$

式中，σ_i^* 为完全无损伤状态下材料的无量纲等效强度，σ_f^* 为完全损伤状态下材料的无量纲等效强度，D 为材料的损伤参数，大小在 0～1 之间，σ^* 为损伤参数为 D 时材料的无量纲等效强度。

利用 Hugoniot 弹性极限下的材料强度将损伤参数为 D 时的材料强度进行无量纲化。完全无损伤状态下材料的无量纲等效强度可表示为：

$$\begin{cases} \sigma_i^* = A_r (P^* + T^*)^N (1 + C_r \ln \dot{\varepsilon}^*) \\ P^* = P / P_{HEL} \\ T^* = T / P_{HEL} \\ \dot{\varepsilon}^* = \dot{\varepsilon} / \dot{\varepsilon}_0 \end{cases}$$

完全损伤状态下材料的无量纲等效强度可表示为：

$$\begin{cases} \sigma_f^* = B_r (P^*)^M (1 + C_r \ln \dot{\varepsilon}^*) \\ \sigma_f^* \leqslant \sigma_{f\,max}^* \end{cases}$$

式中，A_r、B_r、C_r、M、N、T 表示拟合参数；P 表示静水压力，T 表示最大静水拉伸强度，P_{HEL} 表示 Hugoniot 弹性极限下材料静水压缩强度；$\dot{\varepsilon}$ 表示动载荷下材料真应变率；$\dot{\varepsilon}_0$ 表示参考应变率；P^* 表示无量纲化的材料等效静水压力；T^* 表示无量纲化的材料最大等效静水拉力；$\dot{\varepsilon}^*$ 表示无量纲化的材料等效应变率；$\sigma_{f\,max}^*$ 表示无量纲化的材料最大破碎等效强度。

2. 材料破碎模型

与金属材料 Johnson-Cook 失效模型类似，材料损伤参数 D 可表示为：

$$D = \sum \Delta \varepsilon_p / \varepsilon_p^f$$

式中，$\Delta \varepsilon_p$ 表示材料有效塑性应变在一次循环内的累积积分；ε_p^f 表示静水压力为 P 时材料的极限塑性应变；当材料在所有循环内累积的有效塑性应变超过材料的极限塑性应变时，材料完全粉碎。

在 JH2 模型中，材料因损伤累积发生破碎的极限塑性应变可表示为：

$$\varepsilon_p^f = D_1 (P^* + T^*)^{D_2}$$

式中，D_1、D_2 为材料损伤系数。当材料等效静水压力与等效静水拉力之和为零时，材料不发生塑性变形；当等效静水压力增大时，材料完全破碎的极限塑性应变随之增大。

3. 材料的状态方程

采用三次多项式表征完全无损伤状态下材料的状态方程：

$$P = K_1 \mu + K_2 \mu^2 + K_3 \mu^3$$

式中，P 为材料所受静水压力；K_1 为材料体积模量；K_2、K_3 为状态方程参数；μ 为材料比容，与材料密度相关，可表示为：

$$\mu = \rho / \rho_0 - 1$$

式中，ρ 为某一静水压力下材料的瞬时密度，ρ_0 为材料的原始密度。

随着材料损伤累积，材料体积出现膨胀，进而导致静水压力增大，引入增量 ΔP。从能量角度，增量 ΔP 随损伤增大而增大，则：

$$\begin{cases} \Delta P = 0 & D = 0 \\ \Delta P = \Delta P_{\max} & D = 1.0 \end{cases}$$

假定材料能量损失转化为材料静水压势能，则能量转化方程可近似表示为：

$$(\Delta P_{t+\Delta t} - \Delta P_t)\mu_{t+\Delta t} + (\Delta P_{t+\Delta t}^2 - \Delta P_t^2)/2K_i = \beta \Delta U$$

式中，β 为能量转化系数，大小介于 0～1 之间，且 $\Delta P =0$ 时 $\beta = 0$；ΔU 为能量损失量。

1.3.17　*MAT_ADD_EROSION

准确地说，*MAT_ADD_EROSION 不是一种单独的材料模型，而是一种附加失效方式。

材料失效表示在达到某一准则后，结构不再具有承受载荷的功能。LS-DYNA 中的单元在受力过程中，当某一物理量（压力、应力、应变、应变能、时间或时间步长等）达到临界值时就会失效，程序随之将单元删除。

LS-DYNA 材料库有 300 多种材料模型，其中有些材料模型自带失效方式，如*MAT_PLASTIC_KINEMATIC、*MAT_JOHNSON_HOLMQUIST_CONCRETE、*MAT_JOHNSON_COOK 等。自带失效方式往往比较单一，或是应力失效，或是应变失效，或是基于最小时间步长。

LS-DYNA 中还可通过在*CONTROL_TIMESTEP 中设定 ERODE=1 来删除时间步长小于 TSMIN 的壳或体单元。TSMIN=DTSTART×DTMIN，DTSTART 是 LS-DYNA 决定的初始时间步长，DTMIN 是初始时间步长的缩放因子，在*CONTROL_TERMINATION 中定义。通过该方法也可以自动删除负体积单元避免程序崩溃。需要注意的是，计算时间步长依赖于单元尺寸，因此，时间步长失效是与网格相关的。

如果材料模型没有失效方式，或者材料本身较为复杂，在破坏过程中可能涉及多种失效方式，可以通过*MAT_ADD_EROSION 为该材料同时定义一种或多种失效方式。例如，最大/最小压力、主应力、等效应力、主应变、剪切应变、临界应力、应力冲量（应变能）以及失效时间等多种失效准则。这里定义的每种失效方式都是独立的，一旦 NCS 种失效条件得到满足就删除该单元。

*MAT_ADD_EROSION 关键字有两个必选卡片，见表 1-11 和表 1-12。

表 1-11　*MAT_ADD_EROSION 关键字卡片 1

Card 1	1	2	3	4	5	6	7	8
Variable	MID	EXCL	MXPRES	MNEPS	EFFEPS	VOLEPS	NUMFIP	NCS
Type	A	F	F	F	F	F	F	F
Default	none	none	0.0	0.0	0.0	0.0	1.0	1.0/0.0

表 1-12 *MAT_ADD_EROSION 关键字卡片 2

Card 2	1	2	3	4	5	6	7	8
Variable	MNPRES	SIGP1	SIGVM	MXEPS	EPSSH	SIGTH	IMPULSE	FAILTM
Type	F	F	F	F	F	F	F	F
Default	none	none	none	none	none	none	none	none

- MID 是要施加附加失效方式的材料模型 ID。MID 必须唯一。
- EXCL 是任意假设的排除数字。当卡片上的某个失效值设置为该排除数字时，就不会激活相关的失效准则。换句话说，当卡片上的某个失效值不设置为排除数字时，就激活该失效准则。EXCL 的默认值为 0.0，EXCL 留空或置为 0.0 时，会忽略该失效准则。
- MXPRES 是最大失效压力 P_{max}。若设为 0，则不激活该失效准则（为了与旧的输入文件兼容）。失效准则：$P \geqslant P_{max}$，这里 P 是压力，压为正，拉为负。
- MNEPS 是最小失效主应变 ε_{min}。若设为 0，则不激活该失效准则（为了与旧的输入文件兼容）。失效准则：$\varepsilon_3 \leqslant \varepsilon_{min}$，这里 ε_3 是最小主应变。
- EFFEPS 是失效时的最大有效应变：

$$\varepsilon_{eff} = \sum_{ij} \sqrt{\frac{2}{3} \varepsilon_{ij}^{dev} \varepsilon_{ij}^{dev}}$$

若 EFFEPS 设为 0，则不激活该失效准则（为了与旧的输入文件兼容）。如果 EFFEPS 为负，则|EFFEPS|为失效时的有效应变。
- VOLEPS 是失效时的体积应变。

$$\varepsilon_{vol} = \varepsilon_{11} + \varepsilon_{22} + \varepsilon_{33}$$

或

$$\varepsilon_{vol} = \ln(相对体积)$$

受拉时 VOLEPS 为正，受压时 VOLEPS 为负。若设为 0，则不激活该失效准则（为了与旧的输入文件兼容）。
- NUMFIP 是单元删除时失效的积分点数量。默认值为 1。NUMFIP 不能用于高阶实体单元类型 24、25、26、27、28 和 29，也不能用于*PART_COMPOSITE 定义的厚度方向由不同材料构成的复合材料。
  - NUMFIP>0：NUMFIP 是单元删除时失效的积分点数量。
  - NUMFIP<0：仅用于壳单元。|NUMFIP|是单元删除前需要达到失效准则的积分点百分数。如果 NUMFIP<-100，那么|NUMFIP|-100 是单元删除前失效的积分点数量。
- NCS 是失效发生前需要满足的失效条件数量。例如，若 NCS=2，且定义了 SIGP1 和 SIGVM，则单元删除前必须同时满足这两种失效条件。默认值为 1。
- MNPRES 是最小失效压力，即 P_{min}。失效准则：$P \leqslant P_{min}$，这里 P 是压力，压为正，拉为负。
- SIGP1 是失效时的主应力，即 σ_{max}。失效准则：$\sigma_1 \geqslant \sigma_{max}$，这里 σ_1 是最大主应力。
- SIGVM 是失效时的等效应力，即 $\bar{\sigma}_{max}$。SIGVM<0 时，|SIGVM|是失效时的等效应力-有效应变率加载曲线 ID。失效准则：$\sqrt{\frac{3}{2} \sigma_{ij}' \sigma_{ij}'} \geqslant \bar{\sigma}_{max}$，这里 σ_{ij}' 是偏应力分量。

- MXEPS 是基于最大主应变 ε_{max} 的失效准则。失效准则：$\varepsilon_1 \geq \varepsilon_{max}$，这里 ε_1 是最大主应变。
  - ➤ MXEPS>0：失效时的最大主应变。
  - ➤ MXEPS<0：|MXEPS|是失效时的最大主应变-有效应变率加载曲线 ID。
- EPSSH 是失效时的张量剪应变，即 $\gamma_{max}/2$。失效准则：$\gamma_1 \geq \gamma_{max}/2$，这里 $\gamma_1 = (\varepsilon_1 - \varepsilon_2)/2$ 是最大张量剪应变。γ_{max} 是失效时的工程剪应变。
- SIGTH 是临界应力，即 σ_0。
- IMPULSE 是失效时的应力冲量，即 K_f。Tuler-Butcher 失效准则：

$$\int_0^t \left[\max(0, \sigma_1 - \sigma_0)\right]^2 \mathrm{d}t \geq K_f$$

  式中，σ_1 是最大主应力，$\sigma_1 \geq \sigma_0 \geq 0$，$\sigma_0$ 是指定的应力阈值，K_f 是失效时的应力冲量。如果应力幅值很低，即使加载时间很长，也不会发生失效。
- FAILTM 是失效时间。当达到失效时间时，就删除该材料。这种失效准则还可以用于在特定时间删除引用该材料的 Part 的所有单元来替代重启动分析，更加方便快捷。
  - ➤ FAILTM>0：可用于任何分析阶段。
  - ➤ FAILTM<0：失效时间设置为|FAILTM|，不能用于动力松弛阶段。

*MAT_ADD_EROSION 既可用于不带失效的材料模型，也可用于带有失效的材料模型。需要注意的是，可通过*CONTROL_MAT 禁用计算模型中所有的*MAT_ADD_EROSION。

对于壳单元，沿厚度方向的积分点能够渐进地失效，当某一个积分点满足失效准则时，该积分点相应的应力降为 0。除非在材料模型的描述中另有说明，否则只有在所有沿厚度方向的积分点都满足失效准则后壳单元才能被删除。

实际上，由于数值算法以及材料本构模型的缺陷，目前数值计算中的材料失效大多是非物理的"数值失效"，数值计算人员需要提前预知失效方式和失效位置，并针对性地划分网格，添加相应的材料失效准则。通常很难确定一个可靠的普遍适用的失效阈值。失效阈值与网格尺寸及网格形状相关，不同的网格尺寸对应不同的失效阈值，网格尺寸越大，失效阈值越低。失效阈值还与受力状态相关，例如，对于弹体侵彻装甲钢板的模拟，通常采用塑性应变作为失效临界值。当撞击速度较低（低应变率）时，钢板呈现明显的塑性花瓣状变形，可取较大的失效塑性应变作为临界值，而撞击速度逐渐提高（高应变率）时，钢板的破坏逐渐由塑性向脆性转变，失效塑性应变应该相应降低，并可适当添加其他类型失效方式，例如最大主应力或主应变失效。

1.3.18　*MAT_ADD_DAMAGE_GISSMO

有限元仿真中通常采用单元删除法来模拟材料的断裂失效。因此，确定合适的失效准则以判定单元失效状态是影响此类仿真分析准确性的关键环节之一。LS-DYNA 软件中常用的失效准则主要有：

1）常应变失效准则，如等效塑性应变失效准则、最大主应变失效准则、厚度方向应变失效准则。

2）Johnson-Cook 失效模型。

常应变失效准则过于简单，无法反映材料失效时的复杂受力状态。Johnson-Cook 失效模型相对更为准确，然而 Johnson-Cook 失效模型以线性方式计算损伤累积，实际上，金属材料在受损直到断裂的过程中，损伤以非线性方式进行累积。

Neukamm 等人开发并完善了广义增量应力状态相关损伤模型——GISSMO 模型[17~23,27]，2012 年 LSTC 公司在 LS-DYNA 971R6.1 中加入了该模型。该模型是基于 Johnson-Cook 失效模型发展起来的，包含了材料的等效断裂应变曲线、等效临界应变曲线，以损伤累积作为判断材料失效的标准，并将损伤累积的过程视作非线性累积的过程，同时考虑了损伤引起的流动应力减弱现象，能够预测材料在不同受力情况下裂纹的产生和扩展情况，GISSMO 模型非常适合于分析金属材料的损伤和失效问题。GISSMO 模型可通过*MAT_ADD_DAMAGE_GISSMO 或*MAT_ADD_EROSION 与其他材料本构模型耦合使用，应用灵活，在汽车碰撞及材料成型领域得到了广泛应用。

大量实验证明材料的等效塑性失效应变与材料的应力状态有关，不同的应力状态对应着不同的失效值。应力三轴度为常用的应力状态参数，反映了应力场中三轴应力状态及对材料变形的影响程度。应力三轴度的定义为材料一点应力状态的平均应力与等效应力的比值：

$$\eta = \frac{\sigma_m}{\sigma_{eq}} = -\frac{p}{\sigma_{eq}} = \frac{\sqrt{2}(\sigma_1 + \sigma_2 + \sigma_3)}{3\sqrt{(\sigma_1 - \sigma_2)^2 + (\sigma_2 - \sigma_3)^2 + (\sigma_1 - \sigma_3)^2}}$$

其中，σ_1、σ_2、σ_3 分别为第一、第二、第三主应力。σ_m、σ_{eq}、p 分别为平均应力、等效应力和静水压力：

$$\sigma_m = -p$$

$$\sigma_{eq} = \frac{\sqrt{(\sigma_1 - \sigma_2)^2 + (\sigma_2 - \sigma_3)^2 + (\sigma_1 - \sigma_3)^2}}{\sqrt{2}}$$

$$p = -\frac{(\sigma_1 + \sigma_2 + \sigma_3)}{3}$$

对于三维情况，材料失效还与罗德角参数有关。罗德角定义为：

$$\theta = \frac{1}{3}\arccos\left(\frac{3\sqrt{3}}{2}\frac{J_3}{J_2^{3/2}}\right), \quad 0 \leqslant \theta \leqslant \pi/6$$

罗德角参数为：

$$\xi = \cos(3\theta)$$

平面应力状态下：

$$\xi = -\frac{27}{2}\eta\left(\eta^2 - \frac{1}{3}\right)$$

在试样拉伸过程中，应力三轴度处于不断变化的状态，对于平面应力状态，应力三轴度的变化范围为-2/3~2/3。表 1-13 是几种常见载荷形式的应力三轴度。

表 1-13　几种常见载荷形式的应力三轴度

单轴拉伸	双轴拉伸	单轴拉伸侧向约束	纯剪	单轴压缩	双轴压缩
$\frac{1}{3}$	$\frac{2}{3}$	$\frac{1}{\sqrt{3}}$	0	$-\frac{1}{3}$	$-\frac{2}{3}$

试验证明，金属断裂破坏行为与应力状态有很大的相关性，在平面应力状态下 $\eta - \varepsilon^p$ 空间内可以定义失效曲线（见图 1-6a）；在三维应力状态下，在 $\eta - \varepsilon - \varepsilon^p$ 空间内定义失效面（见

图 1-6b）。借鉴 Johnson-Cook 模型，定义损伤变量 D：

$$D = \left(\frac{\varepsilon^p}{\varepsilon_f}\right)^n$$

式中，ε^p 为等效塑性应变，ε_f 为材料不同受力状态（即不同应力三轴度）下失效时的等效塑性应变，是应力三轴度 η 的函数；n 为损伤累积指数；$0 \leqslant D \leqslant 1$，当 $D = 0$ 表示材料未受到损伤，$D = 1$ 表示单元发生失效删除。GISSMO 模型通过设置不同的损伤指数，可以模拟材料非线性损伤累积过程。

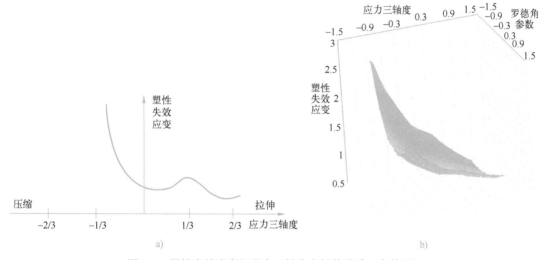

图 1-6 塑性失效应变与应力三轴度之间的关系（壳单元）
a) 平面应力状态 b) 三维应力状态

GISSMO 失效模型允许任意路径的裂纹生成，对损伤变量 D 关于时间求导，可得到损伤变量增量的表达式：

$$\Delta D = \frac{n}{\varepsilon_f} D^{\left(1-\frac{1}{n}\right)} \Delta\varepsilon_p$$

其中，ΔD 为损伤速率，$\Delta\varepsilon_p$ 为等效塑性应变增量。

材料实际变形过程中的损伤累积为非线性的。金属材料塑性应变接近断裂应变时，同样的塑性应变增量引起的损伤增量会更大，即损伤会加速。而非金属材料大多呈现相反的行为。与 JOHNSON-COOK 线性损伤累积失效模型相比，GISSMO 失效模型在损伤累积方面更加贴合实际：将损伤变量的累积形式改为非线性，并定义了非线性损伤累积指数 n。

非线性损伤累积指数 n 会影响破坏的进程：$n = 1$ 时破坏进程呈线性变化，即为 JOHNSON-COOK 失效模型；而当 $n > 1$ 时破坏进程是快速变化的（如金属材料）；$n < 1$ 时破坏进程是缓慢变化的（如大多数非金属材料），如图 1-7 所示。

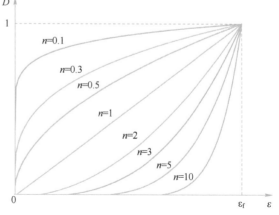

图 1-7 损伤 D 与塑性应变 ε 之间的关系

根据试验中得到的常规力-位移曲线可知，材料在达到加载极限强度后进入软化阶段（扩散颈缩阶段），材料应力会逐渐减弱至0，而不是脆断至0。在GISSMO模型中通过计算不稳定因子 F 值来作为材料开始发生不稳定变形的依据，当 $F=1$ 时，单元开始发生不稳定变形，并对材料的应力进行修正，材料发生断裂时，承载能力为0：

$$\Delta F = \frac{n_d}{\varepsilon_f} F^{\left(1-\frac{1}{n_d}\right)} \Delta \varepsilon_p$$

式中，F 为不稳定性因子；ΔF 为不稳定性因子增量。

在材料损伤（即 $F=1$）后，应力开始减弱，减弱后的应力计算公式为：

$$\sigma^* = \sigma\left[1-\left(\frac{D-D_{crit}}{1-D_{crit}}\right)^m\right], \quad D > D_{crit}$$

其中，σ 为原始等效应力；σ^* 为减弱后的等效应力；D_{crit} 表示当材料不稳定因子 $F=1$ 时对应的损伤因子 D 值，即本构曲线开始下降点（修正起始点）的损伤值，当 $D > D_{crit}$ 时才开始进行应力修正；m 为应力衰减指数，不同的 m 值，应力衰减的幅度不一样。GISSMO模型的此种特性有效避免了仿真结果中材料的"脆断"现象，与韧性断裂的试验结果更加相符。不同应力衰减指数 m 下的应力减弱示意图如图1-8所示。

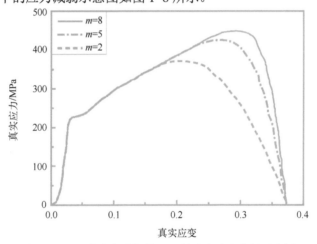

图1-8　不同应力衰减指数 m 下的应力应变曲线示意图

在数值计算中单元网格的大小会影响到材料的破坏形态，通常细密网格模型中材料的破坏要早于粗大网格模型，如图1-9所示。GISSMO模型可定义网格依赖因子来考虑网格尺寸对等效塑性应变的影响。

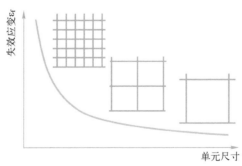

图1-9　材料失效应变与网格尺寸之间的关系

1.4 LS-DYNA 软件中常用状态方程介绍

状态方程是表征流体内压力、密度、温度等热力学参量的关系式，主要用来描述气体和液体的热力学性质。固体介质在强冲击作用下内部应力超过材料屈服强度数倍或几个数量级时，固体会呈现出流体弹塑性特性，即介质既具有固体的弹塑性，又具有流体的可压缩性和流动性，为了能描述介质的这种特性，可将应力分解为控制体积变形的流体静水压力和控制塑性变形的应力偏量，即：

$$\sigma_{ij} = -p\delta_{ij} + s_{ij}$$

式中，σ_{ij} 为应力张量；s_{ij} 为应力偏量，s_{ij} 由材料的本构模型计算；$p = -\sigma_{ii}/3$，为流体静压，由状态方程计算。静水压力只引起体积的变化，与塑性变形无关，应力偏量反映形状的改变。

迄今为止还没有一种状态方程能满意地应用于所有工程分析，因此不断有新的状态方程被提出。LS-DYNA 提供了至少 17 种状态方程，如 *EOS_LINEAR_POLYNOMIAL、*EOS_GRUNEISEN、*EOS_IGNITION_AND_GROWTH_OF_REACTION_IN_HE、*EOS_MURNAGHAN、*EOS_IDEAL_GAS、*EOS_JWL、*EOS_TABULATED 等，用户还可以自定义状态方程。此外，LS-DYNA 新开发的 CESE、DUALCESE、EM 等求解器也有多种状态方程。

1.4.1 *EOS_IDEAL_GAS

*EOS_IDEAL_GAS 理想气体状态方程是最简单的状态方程之一，其压力定义为：

$$P = \rho(C_p - C_v)T$$

$$C_p = C_{p0} + C_L T + C_Q T^2$$

$$C_v = C_{v0} + C_L T + C_Q T^2$$

式中，C_p 和 C_v 分别为定压比热和定容比热。

理想气体状态方程非常适用于低密度气体，特别是压力很低、温度较高的情况。当压缩因子 $Z = Pv/RT$ 严重偏离 1 时，就偏离理想气体状态，理想气体状态方程也就不再适用。

1.4.2 *EOS_LINEAR_POLYNOMIAL

*EOS_LINEAR_POLYNOMIAL 线性多项式状态方程中，介质中的压力为：

$$P = C_0 + C_1 u + C_2 u^2 + C_3 u^3 + (C_4 + C_5 u + C_6 u^2)E$$

式中，E 为单位体积内能；u 为相对体积；C_0、C_1、C_2、C_3、C_4、C_5、C_6 为常数，C_0 用于定义初始压力，C_1 是体积黏性，材料密度变化不大时 $C_1 = \rho C^2$，$u = \rho/\rho_0 - 1$。

线性多项式状态方程可用于模拟理想气体，此时：

$$C_0 = C_1 = C_2 = C_3 = C_6 = 0$$

$$C_4 = C_5 = \gamma - 1 = \frac{C_p}{C_v} - 1$$

$$P = (\gamma - 1)(1 + u)E = (\gamma - 1)\frac{\rho}{\rho_0}E$$

对于单原子理想气体，仅有平动能，比热比 $\gamma = 5/3$ 是理论上限。对于双原子理想气体，有平动能和转动能，$\gamma = 1.4$。分子越复杂，有越多的能量存储为振动能和转动能。

标准状况下不同气体的比热比见表 1-14。

表 1-14　STP 条件下不同气体的比热比

气体	二氧化碳	氦气	氢气	甲烷或天然气	氮气	氧气	标准大气
比热比	1.3	1.66	1.41	1.31	1.4	1.4	1.4

1.4.3 *EOS_GRUNEISEN

LS-DYNA 中的 *EOS_GRUNEISEN 状态方程定义压缩状态下材料的压力为：

$$P = \frac{\rho_0 C^2 u\left[1 + \left(1 - \frac{\gamma_0}{2}\right)u - \frac{a}{2}u^2\right]}{\left[1 - (S_1 - 1)u - S_2\frac{u^2}{u+1} - S_3\frac{u^3}{(u+1)^2}\right]^2} + (\gamma_0 + au)E$$

定义材料膨胀时的压力为：

$$P = \rho_0 C^2 u + (\gamma_0 + au)E$$

式中，C 为 $u_s - u_p$ 曲线的截距（采用速度单位）；S_1、S_2、S_3 为 $u_s - u_p$ 曲线斜率的系数；γ_0 为 GRUNEISEN 系数；a 为对 γ_0 的一阶体积修正；$u = \rho/\rho_0 - 1$。

其中的参数 C、S_1、S_2、S_3 可以通过材料冲击波速度 D 与质点速度 μ_p 的关系曲线（$D - \mu_p$ 曲线）得到。大量实验表明，大多数金属材料，冲击波速度 $D - \mu_p$ 关系可描述为直线关系 $D = C + S_1\mu_p$，即 S_2、S_3 等于零。通过不同速度飞片的高速碰撞实验，得到材料的 $D - \mu_p$ 数据集，拟合可得材料的冲击特性参数 C 和 S_1。

1.4.4 *EOS_JWL

JWL 状态方程通常用来描述炸药爆轰产物压力：

$$P = A\left(1 - \frac{\omega}{R_1 V}\right)e^{-R_1 V} + B\left(1 - \frac{\omega}{R_2 V}\right)e^{-R_2 V} + \frac{\omega E}{V}$$

式中，P 是爆轰产物的压力；E 为单位体积内能；V 为相对体积；A、B、R_1、R_2、ω 为常数，其值通常通过炸药圆筒实验确定。其中，方程式右端第一项在高压段起主要作用，第二项在中压段起主要作用，第三项代表低压段，如图 1-10 所示。

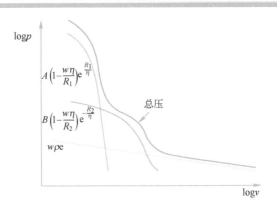

图 1-10　JWL 状态方程中的压力随体积变化曲线

在 LS-DYNA 和 AUTODYN 软件中，标准 JWL 状态方程还可以添加能量释放扩展选项，在用户定义的时间间隔内释放额外的能量。温压炸药就具有这种后燃烧特性，爆炸后金属添加物（如铝粉）与大气中的氧气接触燃烧，产生比传统高能炸药更高的爆炸能量。

1.4.5　*EOS_IGNITION_AND_GROWTH_OF_REACTION_IN_HE

该模型为 Lee-Tarver 点火增长模型，用于模拟固体高能炸药的冲击起爆（或未起爆）和爆轰波的传播。

未反应炸药中的压力用下面的公式表示：

$$P_e = r_1 e^{-r_5 V_e} + r_2 e^{-r_6 V_e} + r_3 \frac{T_e}{V_e} \qquad (r_3 = \omega_e C_v r)$$

反应产物中的压力用下面的公式表示：

$$P_p = a e^{-x_{p1} V_p} + b e^{-x_{p2} V_p} + \frac{g T_p}{V_p} \qquad (g = \omega_p C_v p)$$

以上两式中，P_e、P_p 是压力，V_e、V_p 和 T_e、T_p 是相对体积和温度。假定未反应炸药和反应产物组成的混合物中压力平衡（即 $P_e = P_p$），温度平衡（即 $T_e = T_p$），未反应炸药和爆炸产物的体积可加：$V = (1-F)V_e + F V_p$。

反应速率方程包括三项：

1）点火项，表示炸药受到压缩后少量炸药很快反应。

2）增长项，用于描述初始反应在炸药中的快速传播。

3）完成项，用于描述高温高压下反应的快速完成。

$$\frac{\partial F}{\partial t} = \text{freq}(1-F)^{\text{frer}}(V_e^{-1} - 1 - ccrit)^{\text{eetal}} \qquad （点火项）$$

$$+ \text{grow1}(1-F)^{\text{es1}} F^{\text{ar1}} P^{\text{em}} \qquad （增长项）$$

$$+ \text{grow2}(1-F)^{\text{es2}} F^{\text{ar2}} P^{\text{en}} \qquad （完成项）$$

式中，F 为炸药反应度。当 $F \geqslant F_{\text{mxig}}$ 时，点火项置为零；当 $F \geqslant F_{\text{mxgr}}$ 时，增长项置为零；当 $F \leqslant F_{\text{mngr}}$ 时，完成项置为零。

在较低的冲击压力（2～3GPa）下，该状态方程要与*MAT_010 一起使用，时间历程变量 4、7、9 和 10 分别为温度、反应度、$1/V_e$ 和 $1/V_p$；在较高的冲击压力下，该状态方程要与*MAT_009 一起使用，相应的时间历程变量均递增 1，即时间历程变量 5、8、10 和 11 分别为温度、反应度、$1/V_e$ 和 $1/V_p$。

1.5 材料动态力学参数标定方法

在不同温度及不同应变率加载条件下材料的动态响应都是不一样的，因此研究材料在不同加载条件下的力学行为对于材料在复杂载荷下的应用（如高速撞击、金属加工及成形、穿甲及爆炸作用等）具有十分重要的意义。

在进行材料力学性能测试时，材料在加载过程中的应变率是一个十分重要的测试参数。应变率，即应变变化速率，指单位时间内材料内部产生的应变，量纲为 s^{-1}。按其范围可以分为如下五类：当应变率 $<10^{-5}s^{-1}$ 时，属于静态/蠕变范围；当应变率介于 10^{-4}～$10^{-2}s^{-1}$ 时，属于准静态范围；当应变率介于 10^{-1}～$10^{1}s^{-1}$ 时，属于中应变率范围；当应变率介于 10^{2}～$10^{4}s^{-1}$ 时，属于高应变率范围；当应变率达到 $10^{5}s^{-1}$ 时，属于极高应变率范围。为评估不同应变率下材料的力学特性，工程人员开发了一系列测试手段对材料力学性能进行分析，目前常用的应变率实验技术主要包括落锤、分离式霍普金森杆、Taylor 撞击实验、膨胀环实验及平板撞击实验等。不同应变率范围对应的加载特征时间与典型加载方式见表 1-15。

表 1-15 不同应变率范围的加载方式

应变率范围	特征时间	变形状态	通用加载方法
$<10^{-5}s^{-1}$	小时级	蠕变和应力松弛	恒定载荷或者蠕变试验机
10^{-4}～$10^{-2}s^{-1}$	分钟级	准静态	液压、伺服液压或螺旋驱动试验机
10^{-1}～$10^{1}s^{-1}$	秒级	低动态	高速液压或气压及凸轮机构、落锤装置
10^{2}～$10^{4}s^{-1}$	毫秒级	高动态	霍普金森杆、膨胀环、Taylor 实验
$>10^{5}s^{-1}$	微秒级	高速碰撞	炸药、脉冲激光等直接加载，气炮或其他方法驱动平板撞击

由于材料本构关系的建立大多利用并依赖大量应力-应变实验数据拟合，而非从材料变形的物理、化学实质的角度来获得，因此材料成分或热处理状态发生变化时，需重新进行实验确立其本构方程及相关参数。

1.5.1 落锤

落锤实验机主要基于物体的自由落体能量对试件进行加载，通过调整重物的高度，获得预期撞击速度或撞击能量。落锤撞击速度一般在 1～10m/s，试件应变率范围为 10^{0}～$10^{2}s^{-1}$。通过落锤头部的载荷传感器可获取锤头速度随时间的变化曲线，进而利用积分法获取待测材料所承受的冲击强度。落锤实验中，因冲击强度持续衰减，无法进行恒应变率加载。

1.5.2　Taylor 杆

Taylor 杆[10, 12]是一种非常简单的用于测试金属以及高聚物材料在高速冲击条件下动态屈服应力的方法。该实验方法因 Taylor 于 1948 年首次提出而得名。

Taylor 杆技术是将待测试材料制成长圆柱体，沿轴线垂直撞击刚性平面靶板形成蘑菇状，对圆柱体撞击变形后的几何尺寸进行测量，根据变形前后的几何变化来求出材料的屈服强度。实验假设材料是刚-理想塑性，运用一维波传播的概念，将塑性波波阵面的动量平衡方程作为变形分布的基础，通过金属的动态屈服强度、密度以及撞击速度，就能预测出蘑菇端的最终外形轮廓尺寸。据此反推，由弹体最终变形的测量值以及已知的材料密度 ρ 和撞击速度 v_0，可得到弹体金属材料的动态屈服应力值。

由于 Taylor 实验只能近似地获得材料的动态屈服应力，无法获得完整的动态应力-应变曲线，因此近年来多用于动态本构关系的验证。

1.5.3　霍普金森杆

Hopkinson 早在 1914 年就创立了用于研究材料动态特性的压杆技术（HPB），1949 年 Kolsky 发明了分离式霍普金森压杆（Split Hopkinson Pressure Bar，SHPB）技术，从此以后 SHPB 成为测量材料动态力学性能的主要技术手段之一。

在动态条件下，一般需要考虑最基本的两类动态力学效应：结构惯性效应（应力波效应）和材料应变率效应。而表征材料动态力学性能的本构关系只包括材料的应变率效应，然而在动态问题中这两类效应是互相耦合的，从而使问题变得十分复杂。事实上，研究应力波传播必须先获得材料的动态本构关系，而在进行材料高应变率下动态本构关系的实验研究时，又必须考虑实验材料中的应力波传播。SHPB 巧妙地解决了这一问题。SHPB 通过弹性压杆记录应力波信号来对试样进行动态测量，从而可以忽略压杆的应变率效应而只考虑应力波传播；试样由于长度足够短，使得应力波通过试样的时间远低于入射波加载时间，足以将试样视为均匀变形状态，从而可以忽略试样中的应力波效应而只考虑应变率效应。这样，压杆和试样中的应力波效应与应变率效应都分别解耦了。目前，SHPB 及其改进装置（拉杆、扭杆）是研究材料在 $10^2 \sim 10^4 \mathrm{s}^{-1}$ 应变率范围内动态力学性能应用最广泛的实验装置。

典型的 SHPB 装置和系统安装布置示意图如图 1-11 所示。实验系统主要包括以下几个方面：动力系统、输入杆、输出杆、撞击杆、测量系统。

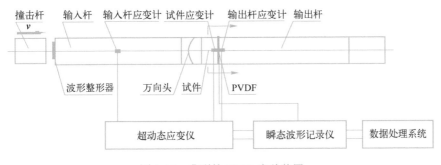

图 1-11　典型的 SHPB 实验装置

当打击杆以一定的速度撞击弹性输入杆时，在输入杆中产生一个入射脉冲 ε_i，应力波通过弹性输入杆到达试件，试件在应力脉冲的作用下产生高速变形，应力波通过较短的试件同时产生反射脉冲 ε_r 进入弹性输入杆和透射脉冲 ε_t 进入输出杆。利用粘贴在弹性杆上的应变片记下应变脉冲，计算材料的动态应力、应变参数。

SHPB 实验的基本原理是细长杆中弹性应力波传播理论，是建立在两个基本假定的基础上的，即一维假定和应力均匀假定。一维假定就是认为应力波在细长杆中传播过程中，弹性杆中的每个横截面始终为平面状态；应力均匀假定认为应力波在实验中反复 2～3 个来回，试件中的应力处处相等。由此可利用一维应力波理论确定试件材料的应变率 $\dot{\varepsilon}(t)$、应变 $\varepsilon(t)$ 和应力 $\sigma(t)$：

$$\dot{\varepsilon}(t) = \frac{C_0}{L}(\varepsilon_i - \varepsilon_r - \varepsilon_t)$$

$$\varepsilon(t) = \frac{C_0}{L}\int_0^t (\varepsilon_i - \varepsilon_r - \varepsilon_t)\,\mathrm{d}t$$

$$\sigma(t) = \frac{A}{2A_0}E_0(\varepsilon_i + \varepsilon_r + \varepsilon_t)$$

式中，C_0、A_0、E_0、L 分别为弹性压杆的波速、横截面积、弹性模量及试件的原始长度。由此得到试件的动态应力、应变、应变率随时间变化趋势，进而在时间尺度上得出三者之间的对应关系。

1.5.4 膨胀环

膨胀环实验最早由 Johnson 于 1963 年提出。该实验利用爆炸或电磁脉冲驱动薄壁圆环均匀高速膨胀，通过测试记录圆环膨胀过程中的运动数据（位移-时间关系、速度-时间关系）来计算环材料的应力-应变-应变率关系。

实验系统主要包括两部分：环的驱动系统，用来驱动圆环高速膨胀；速度干涉仪，用来测试记录圆环的膨胀速度。该实验方法的相关推导过程也有两个假设前提：

1）薄壁环在未脱离驱动器之前，受到均匀的内压力作用，处于平面应力状态，轴向应力为 0；脱离驱动器后，径向应力为 0，在自由膨胀过程中只受到周向内应力的作用而做减速运动。

2）忽略驱动器与薄壁环间接触时的冲击效应。

膨胀环实验具有简单的应力状态和较小的波动效应，动力加载结构简单，因此受到了很多研究者的关注。但是其测试系统比较复杂，而且薄壁环对于很多工程材料而言加工困难，这限制了它的应用范围。

1.5.5 平板撞击

自从 20 世纪 70 年代 Baker 和 Clifton 等人发明以来，平板撞击实验获得了广泛的关注与应用。平板撞击实验包括平板正撞击实验与平板斜撞击实验，可采用炸药驱动，目前多采用一级轻气炮驱动。其中平板斜撞击又称压剪炮，能够获得材料的动态剪切特性，对于各向同性材料原则上可以获得完整的本构关系。平板正撞击实验一般用于研究材料的 Hugoniot 关系、层裂强度、动态损伤与断裂等动态特性以及获取材料的状态方程数据。

1.6　材料模型和状态方程参数应用计算算例

本节介绍三个常见的数值计算算例，这三个算例的材料参数引自本手册。

1.6.1 空中爆炸冲击波计算

本算例中，TNT 炸药参数取自第 12 章，空气材料参数取自第 10 章。

炸药在空气中爆炸后瞬间形成高温高压的爆炸产物，强烈压缩周围静止的空气，形成冲击波，向四周传播，对结构造成破坏。

由于炸药爆炸初期产生的冲击波是高频波，在数值计算模型中炸药及其附近区域需要划分细密网格才能反映出足够频宽的冲击波特性，否则计算出的压力峰值会被抹平。无限空间 TNT 空中爆炸问题具有球对称性质，一维计算模型是最佳选择，可显著降低计算规模，减少计算时间，提高计算准确度。

采用 LS-DYNA 软件中的一维梁单元球对称计算模型如图 1-12 所示。建模软件选用 TrueGrid，计算空气域为 10m，网格划分总数为 10000，网格尺寸为 1mm。

图 1-12　LS-DYNA 一维梁单元球对称计算模型

空气密度为 1.225kg/m³，采用 *EOS_LINEAR_POLYNOMIAL 状态方程，$\gamma=1.4$。空气中初始压力为 1 个标准大气压。

计算模型中的炸药为 1kg TNT，TNT 炸药爆炸产物压力用 *EOS_JWL 状态方程来描述。

图 1-13 所示是距离爆心不同距离处冲击波压力计算曲线。图中 LS-DYNA 数值计算曲线上均存在多个峰值，第二个峰值是由 TNT 炸药的爆心汇聚反射追赶造成的。由于空气密度和压强远小于爆轰产物的密度和压强，在冲击波形成的同时由界面向炸药中心反射回一个稀疏波，使爆轰产物发生膨胀，降低内部压力，此稀疏波在炸药中心汇聚后又向外传播一压缩波，由于前导冲击波已经将空气绝热压缩，此压缩波的传播速度将大于前导冲击波，并逐渐向前追赶前导冲击波。如果测点离炸药不远，此二次压力波峰值足够高，就有可能将负压区强行打断，并再次衰减到负压。

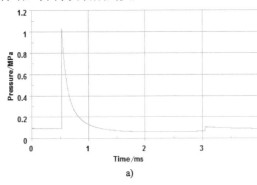

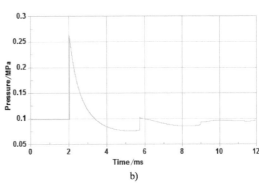

图 1-13　不同距离处冲击波压力-时间计算曲线

a) 距离爆心 1m　b) 距离爆心 2m

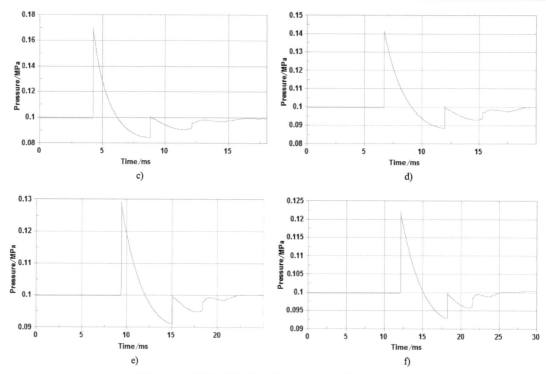

图 1-13 不同距离处冲击波压力-时间计算曲线（续）

c) 距离爆心 3m   d) 距离爆心 4m   e) 距离爆心 5m   f) 距离爆心 6m

Henrych（1979 年）提出的空气中冲击波峰值超压（MPa）表达式为：

$$P_{so} = \begin{cases} 1.40717Z^{-1} + 0.55397Z^{-2} - 0.03572Z^{-3} + 0.000625Z^{-4}, & 0.05 \leqslant Z \leqslant 0.3 \\ 0.61938Z^{-1} - 0.03262Z^{-2} + 0.21324Z^{-3}, & 0.3 \leqslant Z \leqslant 1 \\ 0.0662Z^{-1} + 0.405Z^{-2} + 0.3288Z^{-3}, & 1 \leqslant Z \leqslant 10 \end{cases}$$

式中，比例距离 $Z = R/W^{1/3}$；R 为测点与爆心之间的距离（m）；W 为等效 TNT 药量（kg）。

LS-DYNA 一维 ALE 模型与 Henrych 超压公式计算峰值对比见表 1-16。可以看出，二者吻合较好。

表 1-16　LS-DYNA 一维 ALE 模型与 Henrych 超压公式计算峰值对比　　　（单位：MPa）

距爆心距离	1m	2m	3m	4m	5m	6m
LS-DYNA	0.9406	0.1668	0.07176	0.04293	0.02796	0.02255
Henrych	0.8	0.17545	0.079244	0.047	0.03207	0.023806

1.6.2　钢球垂直入水计算

本算例中，45 钢参数取自第 2 章，空气材料与水材料参数取自第 10 章。

采用 LS-DYNA 软件作为计算软件，建模软件选用 TrueGrid。钢球以初速 100m/s 垂直入水，二维轴对称模型是最佳选择。

钢球材料为 45 钢，采用*MAT_PLASTIC_KINEMATIC 材料模型。水的材料模型和状态方程分别采用*MAT_NULL 和*EOS_GRUNEISEN 描述，而空气则采用*MAT_NULL 和 *EOS_LINEAR_POLYNOMIAL。有限元计算模型如图 1-14 所示。

图 1-14　有限元计算模型

不同时刻流场变化计算结果如图 1-15 所示。

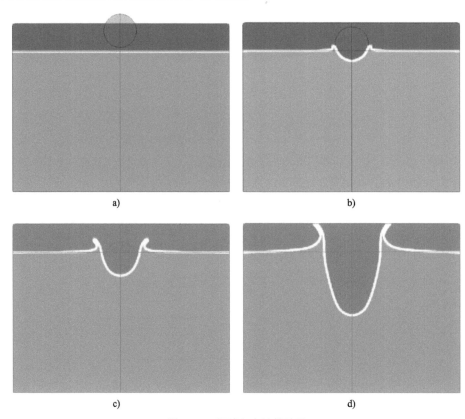

图 1-15　钢球入水计算结果

a) T=0ms　b) T=1ms　c) T=2ms　d) T=5ms

1.6.3 弹体侵彻随机块石层计算

采用 LS-DYNA 软件作为计算软件,建模软件选用 TrueGrid。计算模型中实心钢弹直径为 0.32m,长度为 1.0m,质量为 544kg,垂直侵彻,初速为 300m/s。方形靶标由石块和灰泥制成,长、宽、高均为 3.2m。块石网格随机生成,单个块石尺寸大致为 0.4m,块石之间灰泥厚度大致为 0.03m。计算模型如图 1-16 所示。

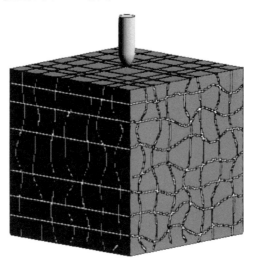

图 1-16 有限元计算模型

实心钢弹粗短,初速低,侵彻过程中不会发生变形,可以看作刚体。块石和灰泥采用 *MAT_RHT 材料模型,并通过*MAT_ADD_EROSION 添加失效方式。块石和灰泥单轴抗压强度分别为 120MPa 和 2MPa。只需输入*MAT_RHT 卡片中的密度、剪切模量和单轴抗压、强度,就可以自动生成该材料模型所需的其他参数。

图 1-17 所示是弹体侵彻过程中块石层裂纹扩展计算结果。

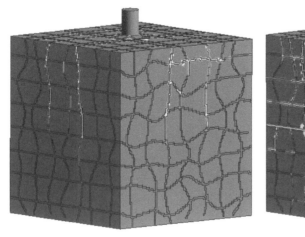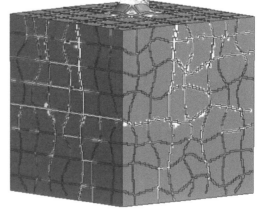

图 1-17 侵彻过程中块石层裂纹扩展计算结果

参考文献

[1] JONES N. Structure Impact [M]. Cambridge: Cambridge University Press, 1989.

[2] 陈志坚, 袁建红, 赵耀, 等. C–S 模型参数及对非接触爆炸仿真分析的影响研究[J]. 振动与冲击, 2008, 27(6): 60–63.

[3] 陈斌, 罗夕容, 曾首义. 穿甲子弹侵彻陶瓷/钢靶板的数值模拟研究[J]. 弹道学报, 2009, 21(1): 14–18.

[4] JOHNSON G R, COOK W H. A constitutive model and data for metals subjected to large strains, high strain-rates and high temperatures [C]. Seventh International Symposium on Ballistics. The Hague, The Netherlands: 1983: 541–547.

[5] STEINBERG D J, GUINAN M W. Constitutive relations for the KOSPALL code [R]. LLNL Report, 1973.

[6] STEINBERG D J, LUND C M. A constitutive model for strain rates from 10^{-4} to 10^6 s^{-1} [J]. Journal of Applied Physics, 1989,65(4): 1528–1533.

[7] HOLMQUIST T J, JOHNSON G R, COOK W H. A computational constitutive model for concrete subjected to large strains, high strain rates and high pressures,14th international symposium on ballistics [C]. 1993.

[8] 张凤国, 李恩征. 混凝土撞击损伤模型参数的确定方法[J]. 弹道学报, 2001, 13(4): 12–16.

[9] 熊益波. LS-DYNA 中简单输入混凝土模型适用性分析[C]. 第十一届全国冲击动力学学术会议论文集, 西安, 2013.

[10] TAYLOR G I. The Use of Flat-ended Projectiles for Determining Dynamic Yield Stress [J]. Proceedings of the Royal Society of London, 1948, 194: 280–300.

[11] LS-DYNA KEYWORD USER'S MANUAL[Z]. LSTC, 2017.

[12] 吕剑, 等. 泰勒杆实验对材料动态本构参数的确认和优化确定[J]. 爆炸与冲击, 2006, 26(4): 339–344.

[13] 郑伟. 含泡沫铝吸波层陶瓷复合装甲设计及其抗侵彻特性研究[D]. 哈尔滨: 哈尔滨工业大学, 2015.

[14] 辛春亮, 等. 由浅入深精通 LS-DYNA [M]. 北京: 中国水利水电出版社, 2019.

[15] 辛春亮, 等. TrueGrid 和 LS-DYNA 动力学数值计算详解 [M]. 北京：机械工业出版社, 2019.

[16] 彭建祥. Johnson-Cook 本构模型和 Steinberg 本构模型的比较研究[D]. 绵阳: 中国工程物理研究院, 2006.

[17] 郭立平, 等. GISSMO 模型在柔性防护系统环形网片破坏预测中的应用[C]. 2019 年第四届 LS-DYNA 中国用户大会论文集, 上海, 2019.

[18] NEUKAMM F, FEUCHT M, ROLL K, et al. On closing the constitutive gap between forming and crash simulation [C]. Proceedings of International Ls-Dyna® Users Conference, 2008.

[19] NEUKAMM F, FEUCHT M, HAUFE A. Considering damage history in crashworthiness simulations [C]. Proceedings of European Ls-dyna Conference, 2009.

[20] FEUCHT M, NEUKAMM F, HAUFE A. A phenomenological damage model to predict material failure in crashworthiness applications[M]. Recent Developments and Innovative Applications in Computational Mechanics. Springer, Berlin, 2011: 143–153.

[21] ANDRADE F X C, FEUCHT M, HAUFE A, et al. An incremental stress state dependent damage model for ductile failure prediction [J]. International Journal of Fracture, 2016, 200(1–2): 1–24.

[22] 冯悦. SUS301L-MT 材料的动态本构及断裂失效模型研究[D]. 成都: 西南交通大学, 2019.

[23] 李祖吉, 等. 空调塑料材料的碰撞失效模拟研究 [J].工程力学, 2020, 37(7): 240–246.

[24] Materials Data Book [R]. Cambridge University Engineering Department:[s.n.],2003.

[25] www.lancemore.jp[OL].

[26] 肖新科, 王要沛. ABAQUS 有限元程序中 Jonson-Cook 断裂准则与原始模型的差异及对比分析[J]. 南阳理工学院学报, 2018, 10(6): 38-42.

[27] 陈永发. LS-DYNA 中关于材料失效与破坏的 GISSMO 理论与应用 [R]. 上海恒士达科技有限公司, 2020.

[28] LEN SCHWER. Optional Strain-Rate Forms for the Johnson Cook Constitutive Model and the Role of the Parameter Epsilon_0 [C]. 6th European LS-DYNA Conference, Gothenburg, 2007.

[29] 孙靖超，陆淑君，李健，等. Radioss 基础理论与工程高级应用[M]. 北京：机械工业出版社，2021.

第 2 章 钢 铁

在 LS-DYNA 中可用于金属的材料模型非常多，常用的有：

*MAT_001：*MAT_ELASTIC

*MAT_003：*MAT_PLASTIC_KINEMATIC

*MAT_004：*MAT_ELASTIC_PLASTIC_THERMAL

*MAT_011：*MAT_STEINBERG

*MAT_011_LUND：*MAT_STEINBERG_LUND

*MAT_013：*MAT_ISOTROPIC_ELASTIC_FAILURE

*MAT_015：*MAT_JOHNSON_COOK

*MAT_018：*MAT_POWER_LAW_PLASTICITY

*MAT_019：*MAT_STRAIN_RATE_DEPENDENT_PLASTICITY

*MAT_024：*MAT_PIECEWISE_LINEAR_PLASTICITY

*MAT_028：*MAT_RESULTANT_PLASTICITY

*MAT_030：*MAT_SHAPE_MEMORY

*MAT_035：*MAT_PLASTIC_GREEN-NAGHDI_RATE

*MAT_036：*MAT_3-PARAMETER_BARLAT

*MAT_037：*MAT_TRANSVERSELY_ANISOTROPIC_ELASTIC_PLASTIC

*MAT_039：*MAT_FLD_TRANSVERSELY_ANISOTROPIC

*MAT_051：*MAT_BAMMAN

*MAT_052：*MAT_BAMMAN_DAMAGE

*MAT_064：*MAT_RATE_SENSITIVE_POWERLAW_PLASTICITY

*MAT_065：*MAT_MODIFIED_ZERILLI_ARMSTRONG

*MAT_081-082：*MAT_PLASTICITY_WITH_DAMAGE

*MAT_088：*MAT_MTS

*MAT_098：*MAT_SIMPLIFIED_JOHNSON_COOK

*MAT_099：*MAT_SIMPLIFIED_JOHNSON_COOK_ORTHOTROPIC_DAMAGE

*MAT_103：*MAT_ANISOTROPIC_VISCOPLASTIC

*MAT_103_P：*MAT_ANISOTROPIC_PLASTIC

*MAT_104：*MAT_DAMAGE_1

*MAT_105：*MAT_DAMAGE_2

*MAT_107：*MAT_MODIFIED_JOHNSON_COOK

*MAT_113：*MAT_TRIP

*MAT_114：*MAT_LAYERED_LINEAR_PLASTICITY

*MAT_120：*MAT_GURSON

*MAT_122：*MAT_HILL_3R

*MAT_123：*MAT_MODIFIED_PIECEWISE_LINEAR_PLASTICITY

*MAT_124：*MAT_PLASTICITY_COMPRESSION_TENSION

*MAT_125：*MAT_KINEMATIC_HARDENING_TRANSVERSELY_ANISOTROPIC

*MAT_131：*MAT_ISOTROPIC_SMEARED_CRACK

*MAT_133：*MAT_BARLAT_YLD2000

*MAT_135：*MAT_WTM_STM

*MAT_136：*MAT_VEGTER

*MAT_151：*MAT_EMMI

*MAT_153：*MAT_DAMAGE_3

*MAT_157：*MAT_ANISOTROPIC_ELASTIC_PLASTIC

*MAT_165：*MAT_PLASTIC_NONLINEAR_KINEMATIC

*MAT_167：*MAT_MCCORMICK

*MAT_188：*MAT_THERMO_ELASTO_VISCOPLASTIC_CREEP

*MAT_190：*MAT_FLD_3-PARAMETER_BARLAT

*MAT_224：*MAT_TABULATED_JOHNSON_COOK

*MAT_226：*MAT_KINEMATIC_HARDENING_BARLAT89

*MAT_233：*MAT_CAZACU_BARLAT

*MAT_238：*MAT_PERT_PIECEWISE_LINEAR_PLASTICITY

*MAT_242：*MAT_KINEMATIC_HARDENING_BARLAT2000

*MAT_243：*MAT_HILL_90

*MAT_244：*MAT_TABULATED_JOHNSON_COOK_GYS

*MAT_255：*MAT_PIECEWISE_LINEAR_PLASTIC_THERMAL

*MAT_264：*MAT_TABULATED_JOHNSON_COOK_ORTHO_PLASTICITY 等。

*MAT_270：*MAT_CWM

01 工具钢

表 2-1　Johnson-Cook 模型参数

A/MPa	B/MPa	n	C	m
391.3	723.9	0.3067	0.1144	0.9276

刘战强，吴继华，史振宇，等. 金属切削变形本构方程的研究 [J]. 工具技术, 2008,42(3): 3-9.

022Cr17Ni12Mo2(316L)不锈钢

表 2-2　Johnson-Cook 模型参数

E/Pa	ν	A/MPa	B/MPa	n	C	m	T_m/K	T_r/K
2.1E11	0.33	280	1250	0.76	0.070	0.82	1800	298

吴先前，等. 高温高应变率下激光焊接件力学性能研究 [C]. 第十届全国冲击动力学学术会议论文集, 2011.

05Cr17Ni4Cu4Nb 不锈钢

表 2-3 通过 Hopkinson 压杆测试到的 *MAT_PLASTIC_KINEMATIC 模型参数

σ_0/MPa	E/GPa	E_p/MPa	C/s^{-1}	P
1076	186.8	1705	21999	1.632

何著，等. 05Cr17Ni4Cu4Nb 不锈钢动态力学性能研究 [J]. 材料科学与工程学报, 2007, 25(3): 418-421.

06Cr18Ni10Ti 钢

表 2-4 *MAT_PLASTIC_KINEMATIC 模型参数

σ_0/MPa	E/GPa	E_t/MPa	E_p/MPa	C/s^{-1}	P
253	205	4332	4426	4332	0.85056

杨俊良. 06Cr18Ni10Ti 钢的抗冲击性能实验研究 [J]. 舰船科学技术, 2007, 29(4): 82-85.

表 2-5 *MAT_POWER_LAW_PLASTICITY 模型参数

ρ/(kg/m^3)	E/GPa	ν	σ_0/MPa	K/GPa	N
7830	205	0.29	340	1.34	0.34

王江. 线性分离装置分离性能仿真 [C]. 中国航天第八专业信息网 2010 年度技术信息交流会, 2010, 358-362.

表 2-6 06Cr18Ni10Ti 随温度变化的材料参数

T/℃	E/GPa	ν	α/10^{-6}℃$^{-1}$	σ_s/MPa
25	198	0.3	—	235
100	194	0.3	16.6	—
600	157	0.3	18.2	176
700	147	0.3	18.6	127

沈孝芹，等. Al$_2$O$_3$-TiC/06Cr18Ni10Ti 扩散焊接头应力分布 [J]. 焊接学报, 2008,29(10): 41-45.

06Cr18Ni11Ti 钢

表 2-7 06Cr18Ni11Ti 母材 Johnson-Cook 模型参数

A/MPa	B/MPa	n	C	m	T_m/K	T_r/K
540	1100	0.5	0.015	0.7	1800	298

表 2-8　06Cr18Ni11Ti 焊缝 Johnson-Cook 模型参数

A/MPa	B/MPa	n	C	m	T_m/K	T_r/K
280	1100	0.5	0.015	0.7	1800	298

许泽建，等. 不锈钢 06Cr18Ni11Ti 焊接头高温、高应变率下的动态力学性能 [J]. 金属学报, 2008, 44(1): 98-103.

06Cr19Ni10(304)不锈钢

表 2-9　Johnson-Cook 模型参数

E/Pa	ν	A/MPa	B/MPa	n	C	m	T_m/K	T_r/K
2.1E11	0.33	278	1300	0.80	0.072	0.81	1800	298

吴先前，等. 高温高应变率下激光焊接件力学性能研究 [C]. 第十届全国冲击动力学学术会议论文集, 2011.

0Cr17Mn5Ni4Mo3Al 不锈钢

利用带有温度调控系统的 SHPB 实验装置测定了 0Cr17Mn5Ni4Mo3Al 不锈钢在 3 种应变率（300s^{-1}、1000s^{-1}和2700s^{-1}）、4 种环境温度（25℃、300℃、500℃和700℃）下的应力-应变关系；在液压伺服材料试验机（MTS）上进行了 3 种温度下的准静态（0.0005s^{-1}）压缩实验。实验结果表明：该不锈钢有明显的应变率强化效应和温度软化效应，并且随着环境温度的升高，应变率强化效应减弱。对 Johnson-Cook 模型进行了修正，考虑了冲击过程中绝热升温引起的软化效应。

表 2-10　Johnson-Cook 模型参数

J-C 模型	A/MPa	B/MPa	n	C	D	m	k/℃	$\dot{\varepsilon}_0$/s^{-1}	T_m/℃
修正的 J-C 模型	700	3314	0.75	-0.0571	0.0055	0.9	2640	0.0005	1450
标准的 J-C 模型	700	3314	0.75	0.0212	0	0.9	0	0.0005	1450

$$\sigma = (A + B\varepsilon^n)\left(1 + C\ln\frac{\dot{\varepsilon}}{\dot{\varepsilon}_0} + D\ln^2\frac{\dot{\varepsilon}}{\dot{\varepsilon}_0}\right)\left[1 - \left(\frac{T + <\frac{\dot{\varepsilon}-1}{|\dot{\varepsilon}-1|}>k\varepsilon - T_r}{T_m - T_r}\right)^m\right]$$

$$<\frac{\dot{\varepsilon}-1}{|\dot{\varepsilon}-1|}> = \begin{cases} 1 & \dot{\varepsilon} > 1 \\ 0 & \dot{\varepsilon} < 1 \end{cases}$$

尚兵，等. 不锈钢材料的动态力学性能及本构模型 [J]. 爆炸与冲击, 2008, 28(6): 527-531.

10 钢

表 2-11　修正的 Johnson-Cook 模型参数（一）

ρ/(kg/m^3)	G/GPa	A/MPa	B/MPa	n	C	D_1
7830	81	205	230	0.21	0.12	0.8

刘晓蕾，等. 离散杆对 LY-12 铝合金靶板侵彻效应的数值模拟分析 [C]. 2011 年中国兵工学会学术年会论文集, 2011, 197-203.

表 2-12 Johnson-Cook 模型参数（二）

A/MPa	B/MPa	n	C	m	T_m/K	T_r/K	$\dot{\varepsilon}_0/s^{-1}$
209.3	495	0.654	0.017	0.733	1723	293	0.001

王芳芳. 螺母板温差拉深工艺研究 [D]. 上海：上海交通大学, 2013.

1006 钢

表 2-13 Johnson-Cook 模型参数

$\rho/(\text{kg/m}^3)$	洛氏硬度	$C_p/(\text{J}\cdot\text{kg}^{-1}\cdot\text{K}^{-1})$	T_m/K	A/MPa	B/MPa	n	C	m
7890	F-94	452	1811	350	275	0.36	0.022	1.0

JOHNSON G R, COOK W H. A constitutive model and data for metals subjected to large strains, high strain-rates and high temperatures [C]. Proceedings of Seventh International Symposium on Ballistics, The Hague, The Netherlands: 1983: 541-547.

1008AK 钢

带曲线的详细材料模型参数见附带文件M37_0.69mm_1008AK.k，单位制采用ton-mm-s。

表 2-14 *MAT_TRANSVERSELY_ANISOTROPIC_ELASTIC_PLASTIC 模型参数（板厚 0.69mm）

ρ	E	PR	SIGY	ETAN	R	HLCID
7.9E-9	2.07E5	0.30	179.818	0.0	1.63	90903

https://www.lstc.com.

100C6 钢

表 2-15 Johnson-Cook 模型参数

$\rho/(\text{kg/m}^3)$	K/GPa	$C_p/(\text{J}\cdot\text{kg}^{-1}\cdot\text{K}^{-1})$	G/GPa	T_m/K	T_r/K
7830	169	477	80	1793	300

A/MPa	B/MPa	n	C	m	$\dot{\varepsilon}_0/s^{-1}$
2033	895	0.3	0.0095	1.03	1

TANSEL DENİZ. Ballistic Penetration of Hardened Steel Plates [D]. Ankara: Middle East Technical University, 2010.

1010 钢

表 2-16 Johnson-Cook 模型参数

A/MPa	B/MPa	n	C	m
367	700	0.935	0.045	0.643

BRAR N S, JOSHI V S, HARRIS B W. Constitutive model constants for low carbon steels from tension and torsion data [C]. Shock Compression of Condensed Matter, 2007.

表 2-17　*MAT_TRANSVERSELY_ANISOTROPIC_ELASTIC_PLASTIC 模型参数

$\rho/(kg/m^3)$	E/GPa	PR	SIGY/MPa	ETAN/MPa	R	HLCID
7845	207	0.29	128.5	20.2	1.41	1

HLCID 定义的有效屈服应力-有效塑性应变曲线 1					
有效塑性应变	0	0.05	0.1	0.15	0.2
有效屈服应力/MPa	207	210	214	218	220

ANSYS LS-DYNA User's Guide [R]. ANSYS, 2008.

1018 钢

表 2-18　Johnson-Cook 模型参数（一）

A/MPa	B/MPa	n	C	m	v
525	3590	0.668	0.029	0.753	0.27

ZACHARY A, KENNAN. Determination of the Constitutive Equations for 1080 Steel and VascoMax 300 [D]. Wright-Patterson, USA: Air Force Institute of Technology, 2005.

表 2-19　Johnson-Cook 模型参数（二）

A/MPa	B/MPa	n	C	m
520	269	0.282	0.0476	0.053

LIST G, SUTTER G, BOUTHICHE A. Cutting Temperature Prediction in High Speed Machining by Numerical Modelling of Chip Formation and its Dependence with Crater Wear [J]. International Journal of Machine Tools & Manufacture, 2011, 1-9.

表 2-20　简化 Johnson-Cook 模型参数

A/MPa	B/MPa	n	C	$\dot{\varepsilon}_0/s^{-1}$
350.52	275.31	0.36	0.022	1

HUGH E, GARDENIER I V. An Experimental Technique for Developing Intermediate Strain Rates in Ductile Metals [D]. Wright-Patterson, USA: AIR FORCE INSTITUTE OF TECHNOLOGY, 2008.

表 2-21　*MAT_PLASTIC_KINEMATIC 模型参数

$\rho/(kg/m^3)$	E/GPa	v	σ_0/MPa	E_t/MPa	C/s^{-1}	P
7860	200	0.27	310	763	40.0	5.0

ANSYS LS-DYNA User's Guide [R]. ANSYS, 2008.

1020 钢

表 2-22　Johnson-Cook 模型参数

$\rho/(\mathrm{kg/m^3})$	E/GPa	ν	A/MPa	B/MPa	n
7800	210	0.3	333	731.7	0.1867
C	m	$\dot{\varepsilon}_0/\mathrm{s^{-1}}$	T_m/K	$C_\mathrm{P}/\mathrm{J\cdot kg^{-1}\cdot K^{-1}}$	
0.05	1.0	1	1798	450	

SACHIN S GAUTAMA, RAVINDRA K SAXENA. A numerical study on effect of strain rate and temperature in the Taylor rod impact problem [J]. International Journal of Structural Changes in Solids, 2012,4: 1-11.

1035 钢

表 2-23　Johnson-Cook 模型参数

A/MPa	B/MPa	n	C	m
490	600	0.21	0.015	0.6

ÖPÖZ T T, CHEN X. Finite Element Simulation of Chip Formation [C], School of Computing and Engineering Researchers' Conference, University of Huddersfield, 2010: 166-171.

1045 钢

带曲线的*MAT_PIECEWISE_LINEAR_PLASTICITY模型及GISSMO失效模型详细参数见附带文件M24_1045-GISSMO.k。

表 2-24　*MAT_PIECEWISE_LINEAR_PLASTICITY 模型参数（单位：kg-mm-ms）

ρ	E	PR	SIGY	ETAN
7.8E-6	220	0.30	0.55	0.0

https://www.lstc.com.

表 2-25　Johnson-Cook 模型参数（一）

A/MPa	B/MPa	n	C	m
553.1	600.8	0.23	0.0134	1

ÖZEL T, ZEREN E. Finite Element Modeling of Stresses Induced by High Speed Machining with Round Edge Cutting Tools [C], ASME International Mechanical Engineering Congress and Exposition, 2005: 1-9.

表 2-26　Johnson-Cook 模型参数（二）

A/MPa	B/MPa	n	C	m
451.6	819.5	0.1736	9E-7	1.0955

ÖZEL T, ZEREN E. Finite Element Method Simulation of Machining of AISI 1045 Steel With A Round Edge Cutting Tool [C]. Proceedings of 8th CIRP International Workshop on Modeling of Machining Operations, Chemnitz, Germany, May 10-11, 2005: 533-542.

表 2-27 Johnson-Cook 模型参数（三）

$\rho/(kg/m^3)$	E/GPa	PR	A/MPa	B/MPa	n	C	m	$\dot{\varepsilon}_0/s^{-1}$
7850	205	0.29	615.8	667.7	0.255	0.0134	1.078	1

$C_P/(J \cdot kg^{-1} \cdot K^{-1})$	T_r/K	T_m/K	D_1	D_2	D_3	D_4	D_5	
486	298	1623	0.04	1.03	1.39	0.002	0.46	

KEYAN WANG. Calibration of the Johnson-Cook failure parameters as the chip separation criterion in the modelling of the orthogonal metal cutting process [D]. Hamilton, Ontario:McMaster University, 2016.

表 2-28 Johnson-Cook 模型参数（四）

A/MPa	B/MPa	n	C	m	D_1	D_2	D_3	D_4	D_5
375.0	552.0	0.457	0.020	1.4	0.25	4.38	-2.68	0.002	0.61

BORKOVEC, J. Computer simulation of material separation process [D]. Brno: Brno University of Technology, Institute of Solid Mechanics, Mechatronics and Biomechanics, 2008.

表 2-29 Johnson-Cook 模型参数（五）

A/MPa	B/MPa	n	C	m
439.125	475.948	0.2136	0.0181201	0.848

STORCHAK MICHAEL, et al. Determination of Johnson–Cook Constitutive Parameters for Cutting Simulations [J]. Metals 2019, 9(4), 473.

1080 钢

表 2-30 Zerilli-Armstrong 模型参数

A/GPa	C_1/GPa	C_2/GPa	C_3/eV^{-1}	C_4/eV^{-1}	C_5/GPa	n
0.825	4.0	0	160.0	12.0	0.266	0.289

JOHN D CINNAMON, ANTHONY N PALAZOTTO. Analysis and simulation of hypervelocity gouging impacts for a high speed sled test [J]. International Journal of Impact Engineering, 2009, 36: 254-262.

10CrNi3MoCu 钢

表 2-31 Johnson-Cook 模型参数

A/MPa	B/MPa	n	C	m	T_r/K
660	539	0.44	0.009	1.06	293

董永香，等. 高韧钢 10CrNi3MoCu 的动态力学性能研究 [C]. 第十二届全国战斗部与毁伤技术学术交流会论文集，广州: 2011, 948-951.

10CrNi3MoV 钢

表 2-32 *MAT_PLASTIC_KINEMATIC 模型参数

$\rho/(\text{kg/m}^3)$	σ_0/MPa	E/GPa	ν	E_p/MPa	C/s^{-1}	P	F_S
7800	685	210	0.3	1218	8000	0.8	0.28

吴林杰, 朱锡, 侯海量, 等. 空中近距爆炸下加筋板架的毁伤模式仿真研究 [J]. 振动与冲击, 2013, 32(14): 77-81.

1215 钢

通过热模拟实验，研究分析了不同的应变速率和应变温度条件下 1215 钢的应力-应变曲线，以实验数据为基础，拟合了 Johnson-Cook 本构模型参数。

$$\sigma = (106.6 + 1129.7\varepsilon - 4108.6\varepsilon^2)(1 + 0.172\ln\dot{\varepsilon}^*)[1 - (T^*)^{0.41}]$$

朱国辉, 汤亨强, 柯章伟, 等. 1215 钢动态应力-应变行为 [J]. 沈阳大学学报(自然科学版), 2013, 25(2): 104-107.

12Kh18N10T 钢

表 2-33 Johnson-Cook 模型参数

$C_P/(\text{J}\cdot\text{kg}^{-1}\cdot\text{K}^{-1})$	E/GPa	G/GPa	PR	T_r/K	T_m/K	A/MPa	B/MPa	n	C	m
462	195	76	0.28	293	1573	196	615.5	0.7005	0.04071	1.479

表 2-34 *EOS_LINEAR_POLYNOMIAL 状态方程参数

C_0/GPa	C_1/GPa	C_2/GPa	C_3/GPa	C_4	C_5	C_6	E_0/GPa
148	0.0	0.0	0.0	0.0	0.0	0.0	1.01

A V SOBOLEV, M V RADCHENKO. Use of Johnson–Cook plasticity model for numerical simulations of the SNF shipping cask drop tests [J]. Nuclear Energy and Technology, 2016, 2(4): 272-276.

13Cr11Ni2W2MoV 钢

室温下修正后的 13CrllNi2W2MoV 材料的 Johnson-Cook 本构关系为:

$$\sigma = (877 + 621\varepsilon^{0.229})[1 + (0.145 - 0.149\dot{\varepsilon}^{-0.037})\ln\dot{\varepsilon}]$$

范志强, 覃志贤, 姜涛, 等. 13CrllNi2W2MoV 冲击拉伸力学性能实验研究 [C]. 第十三届发动机结构强度振动学术会暨中国一航材料院 50 周年院庆系列学术会议论文集. 北京: 2006.

1400M 钢

表 2-35 简化 Johnson-Cook 模型参数

A/MPa	B/MPa	n	C	$\dot{\varepsilon}_0/\text{s}^{-1}$
739	1232.6	0.1185	0.0059	0.01

DANIEL BJÖRKSTRÖM. FEM simulation of Electrohydraulic Forming [R], KTH Industrial Production, Joining Technology, 2008.

15-5PH 不锈钢

15-5PH 不锈钢，对应的国内牌号为 0Cr15Ni5Cu2Ti，是马氏体沉淀硬化不锈钢。

表 2-36　Johnson-Cook 模型参数

E/GPa	PR	A/MPa	B/MPa	n	C	m
197	0.27	855	448	0.14	0.0137	0.63

金子博. 大飞机吊挂应急断离保险销冲击性能研究与冲击试验设计 [D]. 大连：大连理工大学, 2017.

表 2-37　*MAT_PLASTIC_KINEMATIC 模型参数

ρ/(kg/m^3)	E/GPa	PR	SIGY/GPa	ETAN/GPa	BETA
7780	196.507	0.27	1.077	0.499	0.568

戴志成. 飞机断离销剪切强度有限元与实验研究 [D]. 沈阳：沈阳理工大学, 2017.

表 2-38　简化 Johnson-Cook 模型参数

A/MPa	B/MPa	n	C
1282	706	1.9313	0.15414

朱功，等. C72900 铜合金与 15-5PH 不锈钢的动态力学性能及本构关系 [J]. 机械工程材料, 2020, 44(10): 87-97.

16MnR 钢

表 2-39　*MAT_PLASTIC_KINEMATIC 模型参数

ρ/(kg/m^3)	E/GPa	ν	σ_0/MPa	E_{tan}/GPa
7850	208	0.29	325	10

表 2-40　*EOS_LINEAR_POLYNOMIAL 状态方程参数

C_1/GPa	C_2/GPa	C_3/GPa
107.8	101.0	672.0

胡八一，等. 球形爆炸容器动力响应的强度分析 [J]. 工程力学, 2001, 18(4): 136-139.

17-4PH 钢

表 2-41　Johnson-Cook 模型参数

A/MPa	B/MPa	n	C	m	$\dot{\varepsilon}_0/s^{-1}$	T_m/K	T_r/K
1279	630	0.64	0.02	0.56	0.001	1673	293

刘国梁. 面向耐疲劳和耐腐蚀性能的难加工材料高速切削加工性评价方法研究 [D]. 济南：山东大学, 2019.

1770 级高强钢丝

表 2-42　Johnson-Cook 模型参数

E/GPa	A/MPa	B/MPa	n	C	m	$\dot{\varepsilon}_0/s^{-1}$
202.22	1740	76.33	1.6173	0.0111	1.515	9.52381E-4

吴常玥. 1770 级钢丝动态本构模型及抗冲击性能研究 [D]. 哈尔滨：哈尔滨工业大学, 2019.

18Cr2Ni4WA 钢

表 2-43 简化 Johnson-Cook 模型参数

ρ/(kg/m^3)	E/GPa	PR	$\dot{\varepsilon}_0 / s^{-1}$	A/MPa	B/MPa	n	C	D_1	D_2	D_3	D_4
7910	191	0.27	1	1010	1409	0.67	0.04	0.09	0.46	−1.95	0.002

余运锋. 高强度钢18Cr2Ni4WA超声椭圆振动深孔镗削技术的研究 [D]. 哈尔滨:哈尔滨工业大学, 2017.

18Ni250 钢

表 2-44 Johnson-Cook 模型参数

A/MPa	B/MPa	n	C	m
1700	400	0.06	0.0055	1.5

苏静, 等. 超高强度钢18Ni250塑性流动特征及其本构关系 [C]. 第十届全国冲击动力学学术会议论文集, 2011.

1Cr18Ni9Ti 钢

表 2-45 Johnson-Cook 模型参数

A/MPa	B/MPa	n	C	m
275	539	0.531	−0.0152	1.0147

李哲. 硬质合金刀具切削高强度钢力热特性及粘结破损机理研究 [D]. 哈尔滨:哈尔滨理工大学, 2013.

表 2-46 *MAT_PLASTIC_KINEMATIC 模型参数

ρ/(kg/m^3)	E/GPa	PR	SIGY/GPa	ETAN/GPa	BETA
7900	210	0.284	1.0	0.1	1

杜龙飞, 等. 爆炸螺栓作用过程的仿真研究 [J]. 火工品, 2015,3:29-32.

2.25Cr1Mo0.25V 钢

表 2-47 Johnson-Cook 模型参数

A/MPa	B/MPa	n	C	m
600	1474.3	0.675	0.0078	0.7958

李哲. 硬质合金刀具切削高强度钢力热特性及粘结破损机理研究 [D]. 哈尔滨:哈尔滨理工大学, 2013.

20 钢

表 2-48 Johnson-Cook 模型参数（一）

ρ/(kg/m^3)	C_P / (J·kg^{-1}·K^{-1})	E/GPa	ν	A/MPa	B/MPa	n	C	m
7800	477	208	0.33	258	329	0.235	0.13	1.03

梁志刚, 等. 多层钢筒环接缝处理方式对其抗爆能力影响研究 [C]. 第十届全国冲击动力学学术会议论文集, 2011.

表 2-49　Johnson-Cook 模型参数（二）

A/MPa	B/MPa	n	C	m
298.03	212.11	0.202	0.071	0.833

杨柳，等. 20 号钢热拉伸流变特性的研究(Ⅰ)[J]. 湘潭大学自然科学学报，2004, 26(2): 37-40.

表 2-50　*MAT_PLASTIC_KINEMATIC 模型参数（一）

$\rho/(kg/m^3)$	E/GPa	ν	σ_0/MPa	E_P/GPa	F_S
7850	211	0.286	245	2.11	0.4

谢若泽，钟卫洲，黄西成，等. 包装组合结构跌落冲击的模型实验与数值模拟 [C]. 第十一届全国冲击动力学学术会议论文集，西安，2013.

表 2-51　Johnson-Cook 模型参数（三）

$C_P/(J \cdot kg^{-1} \cdot K^{-1})$	E/GPa	G/GPa	PR	T_r/K	T_m/K	A/MPa	B/MPa	n	C	m
486	212	82	0.30	293	1573	245	2988.2	0.755	0.2657	1.097

表 2-52　*EOS_LINEAR_POLYNOMIAL 状态方程参数

C_0/GPa	C_1/GPa	C_2/GPa	C_3/GPa	C_4	C_5	C_6
177	0.0	0.0	0.0	0.0	0.0	0.0

A V SOBOLEV, M V RADCHENKO. Use of Johnson–Cook plasticity model for numerical simulations of the SNF shipping cask drop tests [J]. Nuclear Energy and Technology, 2016,2(4): 272-276.

表 2-53　*MAT_PLASTIC_KINEMATIC 模型参数（二）

$\rho/(kg/m^3)$	E/GPa	ν	σ_0/MPa	E_P/GPa	F_S
7810	211	0.286	245	2.11	0.4

钟卫洲，等. 加载方向对云杉木材缓冲吸能影响数值分析 [C]. 第十届全国冲击动力学学术会议论文集，2011.

20Cr2Ni4 钢

表 2-54　Johnson-Cook 模型参数

A/MPa	B/MPa	n	C	m
1112	1063	0.2	0.01	0.62

庞璐. 弱刚度件齿圈的热力耦合仿真分析及其验证 [D]. 北京：北京理工大学，2015.

20CrMnTi 钢

表 2-55　Johnson-Cook 模型参数

A/MPa	B/MPa	n	C	m	D_1	D_2	D_3	D_4	D_5
303	192	0.5	0.1	0.9	1.508	1.094	−1.4	0.005	0.94

金永泉. 剐齿切削过程仿真模型及其应用研究 [D]. 天津：天津大学，2016.

20CrMo 钢

表 2-56 Johnson-Cook 模型参数

ρ/(kg/m³)	E/GPa	PR	C_P/(J·kg⁻¹·K⁻¹)	A/MPa	B/MPa	n	C	m
7850	210	0.28	475	626	347	0.48	0.0284	0.61

龚黎军. 20CrMo 材料本构模型及螺旋锥齿轮干切有限元仿真 [D]. 长沙: 中南大学, 2012.

250V 钢

表 2-57 Steinberg-Guinan 模型参数

ρ/(kg/m³)	C_0/(m/s)	S	Γ	G_0/GPa	Y_0/GPa
8130	3980	1.58	1.60	71.8	1.56
Y_{max}/GPa	β	n	G'_P/GPa	G'_T/(MPa/K)	Y'_P
2.5	2.0	0.5	1.479	−22.62	0.03214

李淳, 马峰, 王树山. 超空泡射弹水中运动规律的数值模拟 [C]. 2005 年弹药战斗部学术交流会论文集, 珠海, 2005, 402-405.

27SiMn 钢

表 2-58 27SiMn 钢的力学性能和热力学性能

σ_s/MPa	σ_b/MPa	E/MPa	ν
835	980	2.1E5	0.3
α/(10⁻⁶K⁻¹)	C_P/(J·kg⁻¹·K⁻¹)	λ/(W·m⁻¹·K⁻¹)	ρ/(kg/m³)
11	470	15.6	7000

李敏科, 李春强, 解文正. 基于 ABAQUS 的 27SiMn 钢管温度场变形分析 [J]. 科技传播, 2010, 147-148.

2Cr11Mo1VNbN 钢

表 2-59 Johnson-Cook 模型参数

A/MPa	B/MPa	n	C	m
138.4	38.87	0.414	0.083	0.549

王瑞. 汽轮机叶片钢热塑性变形行为及裂纹扩展研究 [D]. 重庆: 重庆大学, 2016.

2P 钢

表 2-60 Johnson-Cook 模型参数

A/MPa	B/MPa	n	C	m	D_1	D_2	D_3	D_4	D_5
1210	773	0.26	0.014	1.03	0.1	0.93	−1.08	0.000014	0.65

BUCHAR J. Ballistics Performance of the Dual Hardness Armour [C]. 20th International Symposium of Ballistics, Orlando, Florida, 2002.

300M 钢

这是美国国际镍公司于 1952 年研制的一种低合金超高强钢, 对应的国内牌号是

40CrNi2Si2MoVA。

表 2-61　Johnson-Cook 模型参数

A/MPa	B/MPa	n	C	m
1614	578	0.58	0.013	1.4

石旭. 300M 超高强钢高温本构模型的研究 [D]. 哈尔滨: 哈尔滨理工大学, 2015.

304 不锈钢

表 2-62　基于 SHPB 实验的 Johnson-Cook 模型参数

ρ/(kg/m³)	C_P/(J·kg⁻¹·K⁻¹)	T_m/K	$\dot{\varepsilon}_0/s^{-1}$	A/MPa	B/MPa	n	C	m
7850	500	1673	1200	454	1962	0.752	0.1732	0.699

表 2-63　基于直角切削实验的 Johnson-Cook 模型参数

A/MPa	B/MPa	n	C	m	$\dot{\varepsilon}_0/s^{-1}$
277	556	0.794	0.0096	0.944	0.001

李星星. 304 不锈钢本构模型参数识别研究 [D]. 武汉: 华中科技大学, 2012.

304Cu 奥氏体不锈钢

表 2-64　Johnson-Cook 模型参数

A/MPa	B/MPa	n	C	m	$\dot{\varepsilon}_0/s^{-1}$	T_m/K	T_r/K
17.135	123.841	0.242	0.091	0.852	0.1	1683	273

吴琨，等. 304Cu 奥氏体不锈钢热变形本构模型 [J]. 热加工工艺, 2013, 42(14): 15-17.

304L 不锈钢

表 2-65　*MAT_PLASTIC_KINEMATIC 模型参数

$\rho/$ (kg/m³)	$E/$GPa	v	$\sigma_0/$MPa	$E_t/$MPa	f_s
7750.373	193.053	0.305	339.222	165	0.36

CARNEY K S, PEREIRA J M, REVILOCK D M, et al. Jet engine fan blade containment using an alternate geometry [C]. International Journal of Impact Engineering, 2009, 36: 720-728.

表 2-66　Johnson-Cook 模型参数（一）

ρ/(kg/m³)	$E/$GPa	A/MPa	B/MPa	n	C
7800	200	310	1000	0.65	0.07
m	$\dot{\varepsilon}_0/s^{-1}$	$T_m/$K	$T_r/$K	$C_p/$ (J·kg⁻¹·K⁻¹)	
1.0	0.01	1673	293	440	

LEE S C, BARTHELAT F, HUTCHINSON J W , et al. Dynamic Failure of Metallic Pyramidal Truss Core Materials - Experiments and Modelling [J]. International Journal of Plasticity, 2006, 22: 2118-2145.

表 2-67 Johnson-Cook 模型参数（二）

$\rho/(\mathrm{kg/m^3})$	E/GPa	ν	A/MPa	B/MPa	n
7800	193	0.3	310	1000	0.65
C	m	$\dot{\varepsilon}_0/\mathrm{s^{-1}}$	T_m/K	T_r/K	$C_\mathrm{p}/(\mathrm{J\cdot kg^{-1}\cdot K^{-1}})$
0.034	1.05	0.001	1800	293	450

KEN NAHSHON, MICHAEL G PONTIN, ANTHONY G EVANS, et al. Dynamic shear rupture of steel plates [J]. JOURNAL OF MECHANICS OF MATERIALS AND STRUCTURES, 2007, 2(10): 2049-2066.

表 2-68 *MAT_POWER_LAW_PLASTICITY 模型参数

$\rho/(\mathrm{kg/m^3})$	E/GPa	ν	$\sigma_\mathrm{Y}/\mathrm{MPa}$	$\sigma_\mathrm{U}/\mathrm{MPa}$	K/MPa	n
7830	207	0.3	269	669	1332	0.395

BELMONT A, et al. Comparison of Single Point Incremental Forming and Conventional Stamping Simulation [C]. 15th International LS-DYNA Conference, Detroit, 2018.

30CrMnSi 钢

表 2-69 Johnson-Cook 模型参数

热处理工艺	E/GPa	A/MPa	B/MPa	n	C	m
二次淬火	204	1440	1501	0.4403	0.039	0.404
等温淬火	204	1327	1186	0.232	0.0034	1.27

李硕. 强冲击载荷下 35CrMnSi 动态力学行为与断裂机理研究 [D]. 太原：中北大学, 2015.

30CrMnSiNi2A 钢

表 2-70 简化 Johnson-Cook 模型参数（一）

A/MPa	B/MPa	n	C
1587	382.5	0.245	0.02

武海军, 姚伟, 黄风雷, 等. 超高强度钢 30CrMnSiNi2A 动态力学性能实验研究 [J]. 北京理工大学学报, 2010, 30(3): 258-262.

表 2-71 Johnson-Cook 模型参数

A/MPa	B/MPa	n	C	m	D_1	D_2	D_3	D_4	D_5
1163	753.4	0.4509	0.0648	1.53	0.317	5.504	4.161	0.0218	2.326

余万千, 郁锐, 崔世堂. 考虑应力三轴度影响的 30CrMnSiNi2A 钢韧性断裂研究 [J]. 爆炸与冲击, 2021, 41(3):031404.

表 2-72 简化 Johnson-Cook 模型参数（二）

HRC	A/MPa	B/MPa	n	C	D_1	D_2	D_3	D_4
31	742	623.11	0.424	0.061	0.351	1.650	2.589	0.020
36	814	643.57	0.446	0.055	0.348	2.673	4.333	0.012
45	1269	810.18	0.479	0.040	0.239	8.593	7.867	0.009
55	1516	1537.97	0.610	0.017	0.014	0.015	3.251	0.007

李磊, 等. 不同硬度 30CrMnSiNi2A 钢的动态本构与损伤参数[J]. 高压物理学报, 2017, 31(3):239-248.

根据静态、动态实验结果，得到了经过不同热处理后 30CrMnSiNi2A 钢屈服强度与应变率关系式：

- 正火热处理：$\sigma = 520.3\left[1+\left(\dot{\varepsilon}\middle/41357\right)^{0.778}\right]$。

- 860℃淬火、200℃回火：$\sigma = 1660.5\left[1+\left(\dot{\varepsilon}\middle/58877\right)^{0.828}\right]$。

- 860℃淬火、600℃回火：$\sigma = 863.2\left[1+\left(\dot{\varepsilon}\middle/23441066\right)^{0.256}\right]$。

文献作者还拟合了不同热处理方式下的 J-C 模型参数：

- 正火热处理：$\sigma = (656.5+580\varepsilon^{0.39})(1+0.026\ln\dot{\varepsilon}^*)$。

- 860℃淬火、200℃回火：$\sigma = (1500.5+1045\varepsilon^{0.57})(1+0.019\ln\dot{\varepsilon}^*)$。

- 860℃淬火、600℃回火：$\sigma = (836.48+704\varepsilon^{0.47})(1+0.026\ln\dot{\varepsilon}^*)$。

周义清. 30CrMnSiNi2A 钢的动态性能研究 [D]. 太原: 中北大学, 2007.

表 2-73 *MAT_PLASTIC_KINEMATIC 模型参数（一）

$\rho/(\text{kg/m}^3)$	E/GPa	ν	σ_0/MPa	β	f_s
7800	207	0.3	1720	1	0.8

郑振华, 余文力, 王涛. 钻地弹高速侵彻高强度混凝土靶的数值模拟 [J]. 弹箭与制导学报, 2008, 28(3): 143-146.

表 2-74 *MAT_PLASTIC_KINEMATIC 模型参数（二）

$\rho/(\text{kg/m}^3)$	E/GPa	ν	σ_0/MPa	E_t/MPa	f_s
7800	210	0.28	1600	100	1.5

葛超, 董永香, 冯顺山. 弹丸斜侵彻弹道稳定性研究 [C]. 第十三届全国战斗部与毁伤技术学术交流会论文集, 黄山: 2013, 535-542.

表 2-75 *MAT_PLASTIC_KINEMATIC 模型参数（三）

$\rho/(\text{kg/m}^3)$	E/GPa	ν	σ_0/MPa	E_t/MPa
7830	201	0.33	1650	300

皮爱国, 黄风雷. 大长细比动能弹体弹塑性动力响应数值模拟 [J]. 北京理工大学学报, 2007, 27(8): 666-670.

表 2-76 *MAT_PLASTIC_KINEMATIC 模型参数（四）

$\rho/(kg/m^3)$	E/GPa	ν	σ_0/Pa	E_T/Pa	C	P	ε_{eff}
7800	2.1E11	0.3	1.6E9	2.1E9	1	100	0.5

吴海军，等. 截卵形薄壁弹体穿甲过程结构相应数值模拟研究 [C]. 第十三届全国战斗部与毁伤技术学术交流会论文集，黄山: 2013, 193-197.

316L 钢

表 2-77 Johnson-Cook 模型参数（一）

A/MPa	B/MPa	n	C	m	ε_f^{JC}
238	1202.4	0.675	0.0224	1.083	0.49

FLORES-JOHNSON E A, MURÁNSKY O, HAMELIN C J, et al. Numerical analysis of the effect of weld-induced residual stress and plastic damage on the ballistic performance of welded steel plate [J]. Computational Materials Science, 2012,58: 131-139.

表 2-78 Johnson-Cook 模型参数（二）

A/MPa	B/MPa	n	C	m
305	441	0.1	0.057	1.041
305	1161	0.61	0.01	0.517

UMBRELLO D, M'SAOUBI R, OUTEIRO J C, The Influence of Johnson-Cook Material Constants on Finite Element Simulation of Machining of AISI 316L Steel [J]. International Journal of Machine Tools and Manufacture, 2007, 462-470.

表 2-79 Johnson-Cook 模型参数（三）

A/MPa	B/MPa	n	C	m
514	514	0.508	0.0417	0.533
280	1750	0.8	0.1	0.85
301	1472	0.807	0.09	0.623

刘战强，吴继华，史振宇，等. 金属切削变形本构方程的研究 [J]. 工具技术, 2008, 42(3): 3-9.

32CrMo4 钢

表 2-80 Johnson-Cook 模型参数

A/MPa	B/MPa	n	C	m	T_m/K	T_r/K
1000	480	0.3	0.02	1.05	1800	294

虞青俊. 复合射孔枪枪身材料动态本构关系的试验研究 [J]. 石油机械, 2006, 34(10): 13-15.

35CrMnSi 钢

表 2-81　淬火回火态 35CrMnSi 钢 Johnson-Cook 模型参数

A/MPa	B/MPa	n	C	m
1400	2000	0.232	0.008	1.27

表 2-82　退火态 35CrMnSi 钢 Johnson-Cook 模型参数

A/MPa	B/MPa	n	C	m
701	1186	0.232	0.0034	1.27

李硕, 王志军, 徐永杰, 等. 热处理对弹体材料侵彻能力影响的分析 [C]. 第十届全国爆炸力学学术会议, 贵阳: 2014, 271-276.

35CrMnSiA 钢

表 2-83　Johnson-Cook 模型参数（一）

A/MPa	B/MPa	n	C	m
1327	1186	0.0034	0.017	1.27

耿宝刚, 等. 35CrMnSiA 动态力学性能研究 [C]. 第十三届全国战斗部与毁伤技术学术交流会论文集, 黄山, 2013, 1350-1353.

表 2-84　Johnson-Cook 模型参数（二）

ρ/(kg/m³)	E/GPa	ν	A/MPa	B/MPa	n
7850	2.10E11	0.29	1280	346	0.372
C	m	T_m/K	T_r/K	$\dot{\varepsilon}_0$/s⁻¹	
0.015	1.027	1775	298	0.001	

吴海军, 等. 卵形弹体对双层大间隔金属靶体侵彻特性数值模拟研究 [C]. 高效毁伤技术学术研讨会论文集, 北京: 2014, 208-213.

表 2-85　*MAT_PLASTIC_KINEMATIC 模型参数

ρ/(kg/m³)	E/GPa	ν	σ_0/Pa	E_T/Pa	β
8000	2.1E11	0.284	1.275E9	2.1E9	1

左红星, 等. 减加速度历程的实验室模拟 [C]. 第十届全国冲击动力学学术会议论文集, 2011.

35NCD16 钢

表 2-86　Johnson-Cook 模型参数

A/MPa	B/MPa	n	C	m
848	474	0.288	0.023	0.54

刘战强, 吴继华, 史振宇, 等. 金属切削变形本构方程的研究 [J]. 工具技术, 2008, 42(3): 3-9.

35WW300 无取向电工钢

表 2-87 简化 Johnson-Cook 模型参数

A/MPa	B/MPa	n	C	D_1	D_2	D_3	D_4	D_5
260.5	728.5	0.8468	0.1445	0.11	0.4253	−4.034	−0.1338	0

阎秋生, 焦竞豪, 路家斌, 等. 无取向电工钢剪切仿真 Johnson-Cook 模型参数确定及剪切过程研究 [J]. 塑性工程学报, 2021, 28(1): 163-171.

38Cr1MoAl 钢

表 2-88 简化 Johnson-Cook 模型参数

A/MPa	B/MPa	n	C	D_1	D_2	D_3	D_4
450	782	0.577	0.071	0.302	2.674	−2.422	0.003

陈跃良, 等. 高应变率条件下 38CrMoAl 钢的动态力学行为及失效模型 [J]. 航空学报, 2020, 41(10): 423709.

SHPB 试验材料为东北特殊钢集团有限公司生产的 ϕ32mm 圆钢, 经过 940℃淬火、640℃回火热处理, 未进行渗氮处理。

表 2-89 简化 Johnson-Cook 模型参数

A/MPa	B/MPa	n	C	$\dot{\varepsilon}_0$ /s^{-1}
842	449	0.3673	0.01898	0.0001

包志强, 等. 38CrMoAl 高强度钢动态力学性能及其 J-C 本构模型 [J]. 机械工程材料, 2021, 45(5): 76-83.

38CrSi 钢

表 2-90 Johnson-Cook 模型参数

ρ/(kg/m^3)	E/GPa	ν	C_p /(J·kg^{-1}·K^{-1})	T_r/K	T_m/K	A/MPa
7740	2.10E11	0.33	452	300	1800	550

B/MPa	n	C	m	χ	$\dot{\varepsilon}_0$ /s^{-1}	ε_f
631.6	0.35	0.017	0.78	0.9	0.0011	0.8

肖新科. 双层金属靶的抗侵彻性能和 Taylor 杆的变形与断裂 [D]. 哈尔滨: 哈尔滨工业大学, 2010.

3Cr1Mo0.25V 钢

表 2-91 Johnson-Cook 模型参数

A/MPa	B/MPa	n	C	m
647	1847.6	0.718	−0.0175	0.3412

李哲. 硬质合金刀具切削高强度钢力热特性及粘结破损机理研究 [D]. 哈尔滨: 哈尔滨理工大学, 2013.

40Cr 钢

表 2-92　Johnson-Cook 模型参数

ρ/(kg/m³)	E/GPa	PR	C_P/(J·kg⁻¹·K⁻¹)	热导率/(W·mm⁻¹·K⁻¹)	线膨胀系数/(K⁻¹)	A/MPa
7870	211	0.277	460	44000	11.99E-6	905

B/MPa	n	C	m	$\dot{\varepsilon}_0 / s^{-1}$	T_m/K	T_r/K
226	0.21	0.03	0.83	0.004	1673	293

姚海波. 材料动态力学性能的实验装置测试系统研究 [D]. 河南科技大学, 2014.

42CrMo 钢

表 2-93　Johnson-Cook 模型参数

A/MPa	B/MPa	n	C	m
1184	928.7	0.16	0.03	0.6

是晶. 42CrMo 钢流变特性与位错动力学模型研究 [D]. 沈阳：沈阳理工大学, 2010.

4Cr13 钢

表 2-94　简化 Johnson-Cook 模型参数

ρ/(kg/m³)	E/GPa	PR	C_P/(J·kg⁻¹·K⁻¹)	A/MPa	B/MPa
7800	200	0.24	460	600	221

n	C	$\dot{\varepsilon}_0 / s^{-1}$	T_m/K	T_r/K	
0.6	0.023	0.01	1428	293	

张丽娜. 4Cr13 本构模型建立和切削性能研究 [D]. 长沙：湖南科技大学, 2014.

4140 钢

表 2-95　*MAT_STRAIN_RATE_DEPENDENT_PLASTICITY 模型参数

ρ/(kg/m³)	E/GPa	PR	LC1	ETAN/Pa	LC2
7850	209	0.29	1	22E5	2

LC1 定义的屈服应力-有效应变率曲线					
有效应变率/s⁻¹	0	0.08	0.16	0.4	1.0
屈服应力/Pa	2.07E8	2.50E8	2.75E8	2.90E8	3.00E8

LC2 定义的弹性模量-有效应变率曲线					
有效应变率/s⁻¹	0	0.08	0.16	0.4	1.0
弹性模量/GPa	209	211	212	215	218

ANSYS LS-DYNA User's Guide [R]. ANSYS, 2008.

表 2-96　Johnson-Cook 模型参数

A/MPa	B/MPa	n	C	m
612	436	0.15	0.008	1.46

刘战强, 吴继华, 史振宇, 等. 金属切削变形本构方程的研究 [J]. 工具技术, 2008, 42(3): 3-9.

4142H 钢

表 2-97 Johnson-Cook 模型参数

A/MPa	B/MPa	n	C	m
598	768	0.2092	0.0137	0.807
595	580	0.133	0.023	1.03

刘战强, 吴继华, 史振宇, 等. 金属切削变形本构方程的研究 [J]. 工具技术, 2008, 42(3): 3-9.

42CD4Ca 钢

表 2-98 Johnson-Cook 模型参数

A/MPa	B/MPa	n	C	m
560	762	0.255	0.0192	0.660

刘战强, 吴继华, 史振宇, 等. 金属切削变形本构方程的研究 [J]. 工具技术, 2008, 42(3): 3-9.

42CD4U 钢

表 2-99 Johnson-Cook 模型参数

A/MPa	B/MPa	n	C	m
598	768	0.209	0.0137	0.807
589	755	0.198	0.0149	0.800

刘战强, 吴继华, 史振宇, 等. 金属切削变形本构方程的研究 [J]. 工具技术, 2008, 42(3): 3-9.

4340 钢

表 2-100 Johnson-Cook 模型参数（一）

ρ/(kg/m^3)	洛氏硬度	C_p/(J·kg^{-1}·K^{-1})	T_m/K	A/MPa	B/MPa	n	C	m
7830	C-30	477	1793	792	510	0.26	0.014	1.03

JOHNSON G R, COOK W H. A constitutive model and data for metals subjected to large strains, high strain-rates and high temperatures [C]. Proceedings of Seventh International Symposium on Ballistics, The Hague, The Netherlands, April 1983: 541-547.

表 2-101 Gruneisen 状态方程和 Johnson-Cook 模型参数

ρ/(kg/m^3)	ν	C_0/(m/s)	S_1	Γ_0	C_v/(J·kg^{-1}·K^{-1})	T_m
7850	0.29	4500	1.49	2.17	450	1720
σ_{fail}/GPa	A/MPa	B/MPa	n	C	m	
2	735	473	0.26	0.014	1.03	

DAVID L, LITTLEFIELD, CHARLES E, ANDERSON, Jr, YEHUDA PARTOM, et al. The penetration of steel targets finite in radial extent [J]. International Journal of Impact Engineering, 1997, 19(1): 49-62.

表 2-102　Johnson-Cook 模型参数（二）

$\rho/(kg/m^3)$	G/GPa	A/MPa	B/MPa	n	C
7850	78	910	586	0.26	0.014
m	D_1	D_2	D_3	D_4	D_5
1.03	−0.80	2.1	−0.5	0.002	0.61

表 2-103　Gruneisen 状态方程参数

K_1/GPa	K_2/GPa	K_3/GPa	Γ_0
164	294	500	1.16

TIMOTHY J HOLMQUIST, DOUGLAS W TEMPLETON, KRISHAN D BISHNOI. Constitutive modeling of aluminum nitride for large strain, high-strain rate, and high-pressure applications [J]. International Journal of Impact Engineering, 2001, 25: 211-231.

表 2-104　Johnson-Cook 模型参数（三）

A/MPa	B/MPa	n	C	m	D_1	D_2	D_3	D_4	D_5
792	510	0.26	0.014	1.03	0	1.30	1.03	0	0

RYAN J, RHODES S, STAWARZ S. Application of a Ductile Damage Model to Ballistic Impact Analyses [C]. 26th International Symposium on Ballistics, Miami, 2011.

表 2-105　*MAT_PLASTIC_KINEMATIC 模型参数

$\rho/(kg/m^3)$	E/GPa	ν	σ_0/GPa	E_T/GPa	F_S
7877	207	0.33	1.03	6.9	1.2

CHIAN-FONG YEN. Ballistic impact modeling of composite materials [C]. 7th International LS-DYNA Conference, Detroit, 2002.

表 2-106　Johnson-Cook 模型参数（四）

A/MPa	B/MPa	n	C	m
950.0	725.0	0.375	0.015	0.625

NG E G, TAHANY I, DUMITRESCU M, et al. Physics-based simulation of high speed machining [J]. Machining Science and Technology, 2002, 6(3): 304-329.

表 2-107　HRC59.7 的 4340 钢 Johnson-Cook 模型和失效参数

A/MPa	B/MPa	n	C	m	D_1	D_2	D_3	D_4	D_5
2100	1750	0.65	0.0028	0.75	−0.8	2.1	−0.5	0.002	0.61

TANSEL DENİZ. Ballistic Penetration of Hardened Steel Plates [D]. Ankara: Middle East Technical University, 2010.

45 钢

表 2-108 Johnson-Cook 模型参数（一）

$\rho /(kg/m^3)$	E/GPa	$\dot{\varepsilon}_0 /s^{-1}$	ν	A/MPa	B/MPa	n	C	m
7800	200	1	0.3	507	320	0.28	0.064	1.06
$C_P /(J \cdot kg^{-1} \cdot K^{-1})$	T_r /K	T_m /K	D_1	D_2	D_3	D_4	D_5	
469	300	1795	0.10	0.76	1.57	0.005	−0.84	

陈刚. A3 钢钝头弹撞击 45 钢板破坏模式的数值分析 [J]. 爆炸与冲击, 2007, 27(5): 390-396.

表 2-109 Johnson-Cook 模型参数（二）

A/MPa	B/MPa	n	C	m	$\dot{\varepsilon}_0 /s^{-1}$	$T_r /℃$
496.0	434.0	0.307	0.07	0.804	1	25
$T_m /℃$	$\rho /(kg/m^3)$	G/GPa	K/GPa	$c_s /(km/s)$	$c_1 /(km/s)$	
1491.9	7800	81.9	164.2	3.24	5.92	

张林，等. D6A、921 和 45 钢的动态破坏与低压冲击特性 [J]. 高压物理学报, 2003, 17(4): 305-310.
贺洪亮，等. 45 钢、D6AC 钢和 921 钢的本构关系及动态断裂 [R]. 绵阳: 中国工程物理研究院, 1999.
胡昌明，贺红亮，胡时胜. 45 号钢的动态力学性能研究 [J]. 爆炸与冲击, 2003, 23(2): 188-192.

表 2-110 *MAT_PLASTIC_KINEMATIC 模型参数（一）

$\rho /(kg/m^3)$	E/GPa	ν	σ_Y /GPa	E_p /GPa	β
7830	210	0.3	0.355	10.0	1.0

南宇翔，蒋建伟，王树有，等. 子弹药落地冲击响应数值模拟及实验验证 [J]. 振动与冲击, 2013, 32(3): 182-187.

表 2-111 退火态 45 钢 Johnson-Cook 模型参数

$\rho /(kg/m^3)$	E/GPa	G/GPa	ν	$C_P /(J \cdot kg^{-1} \cdot K^{-1})$	T_m /K
7850	210	76	0.3	452	1765
T_r /K	A/MPa	B/MPa	n	C	m
298	497.75	647.15	0.393	0.06	0.626

冀建平，才鸿年，李树奎. 平板冲击绝热剪切实验的数值模拟研究 [J]. 兵器科学与工程, 2007, 30(3): 51-55.

表 2-112 Johnson-Cook 模型参数（三）

A/MPa	B/MPa	n	C	m	T_m /K
553.1	600.8	0.234	0.0134	1	1538

李风雷，等. 滚轮滚挤压过程的有限元建模与分析 [J]. 机床与液压, 2007, 35(9): 55-117.

表 2-113　45 钢热力学参数（一）

温度/℃	20	400	850	1100	1150	1200
屈服应力/MPa	420	350	192	71	71	60
弹性模量/GPa	210	188	118	95	95	90
塑性模量/MPa	750	500	400	180	180	80
比热容/$(J \cdot kg^{-1} \cdot ℃^{-1})$		400	607	636	636	636
导热系数/$(W \cdot kg^{-1} \cdot ℃^{-1})$		39.4	29.0	29.0	29.0	26.5
线膨胀系数/$℃^{-1}$				15E-6		

注：原文中的线膨胀系数为 15，编者修改为 15E-6。

张永军. 45 钢内部裂纹愈合过程孔洞闭合的数值模拟 [J]. 热加工工艺, 2008, 80-83.

表 2-114　45 钢热力学参数（二）

$\rho /(kg/m^3)$	E/GPa	ν	$\lambda /(W \cdot m^{-1} \cdot ℃^{-1})$	$\alpha /℃^{-1}$	$C_P /(J \cdot kg^{-1} \cdot ℃^{-1})$
7800	206	0.3	66.6	1.06e-5	460

王东磊, 聂少云, 路中华. 含能材料隔热防护参数影响规律有限元模拟研究 [C]. 第十三届全国战斗部与毁伤技术学术交流会论文集, 黄山, 2013, 1325-1328.

表 2-115　*MAT_PLASTIC_KINEMATIC 模型参数（二）

E/GPa	ν	σ_Y /MPa	E_t /MPa
210	0.3	353	2000

李智, 游敏, 孔凡荣. 基于 ANSYS 的两种胶粘剂劈裂接头数值模拟 [J]. 化学与粘合, 2006, 28(5): 299-301.

表 2-116　*MAT_PLASTIC_KINEMATIC 模型参数（三）

$\rho /(kg/m^3)$	E/GPa	ν	σ_Y /GPa	E_P /GPa	β	C/s^{-1}	P
7800	200	0.3	0.36	2.0	1.0	1.0	100.0

周岩, 等. 弹丸侵彻预开孔靶板的数值模拟分析 [C]. 2005 年弹药战斗部学术交流会论文集, 珠海, 2005, 387-390.

50SiMnVB 钢

表 2-117　920℃正火后的 50SiMnVB 钢的简化 Johnson-Cook 模型参数（一）

A/MPa	B/MPa	n	C	$\dot{\varepsilon}_0 /s^{-1}$
615	588	0.408	0.034	0.001

刘盼萍, 等. 正火态 50SiMnVB 钢 Johnson-Cook 本构方程的建立 [J]. 兵器材料科学与工程, 2009, 32(1): 45-49.

表 2-118 860℃淬火+600℃回火后的 50SiMnVB 钢的简化 Johnson-Cook 模型参数（一）

A/MPa	B/MPa	n	C	$\dot{\varepsilon}_0 / s^{-1}$
650	708	0.264	0.032	0.001

常列珍. 50SiMnVB 合金钢动态力学性能研究 [D]. 太原: 中北大学, 2007.

52100 钢

表 2-119 通过直角切削实验确定的 Johnson-Cook 本构模型参数

A/MPa	B/MPa	n	C	m	T_m / K	T_r / K
774.78	134.46	0.371	0.0173	3.171	1760	298

HUANG Y. Predictive modeling of tool wear rate with applications to CBN hard turning [D]. Georgia Institute of Technology, 2002.

表 2-120 Johnson-Cook 模型参数

A/MPa	B/MPa	n	C	m	T_m / K	T_r / K
688.17	150.82	0.336	0.0427	2.7786	1760	298

RAMESH A. Prediction of process-induced microstructural changes and residual stresses in orthogonal hard machining [D]. Georgia Institute of Technology, 2002.

刘战强, 吴继华, 史振宇，等. 金属切削变形本构方程的研究 [J]. 工具技术, 2008, 42(3): 3-9.

5A90 钢

表 2-121 Johnson-Cook 模型参数

A/MPa	B/MPa	n	C	m
240	300	1	0	1.7

邓志方，等. 截锥壳跌落的数值模拟及参数敏感性分析 [C]. 第十届全国冲击动力学学术会议论文集, 2011.

907 钢

表 2-122 *MAT_PLASTIC_KINEMATIC 模型参数

ρ/(kg/m^3)	K/GPa	G/GPa	σ_0/MPa	C/s^{-1}	P	F_S
7800	175	80.8	392	2500	5	0.3

陈长海, 朱锡. 接触爆炸作用下舰船箱型梁结构的止裂效应仿真分析 [J]. 中国舰船研究, 2013, 8(1): 32-38.

907A 钢

表 2-123　Johnson-Cook 模型参数（一）

$\rho/(kg/m^3)$	E/GPa	ν	A/MPa	B/MPa	n	C	m
7850	220	0.3	580	354	0.314	0.28	1.06
D_1	D_2	D_3	D_4	D_5	T_r/K	T_m/K	
−2.5	6.0	−0.5	0.005	0.94	293	1783	

陈继恩. 基于应力三轴度的材料失效研究 [D]. 武汉: 华中科技大学, 2012.

表 2-124　Johnson-Cook 模型参数（二）

A/MPa	B/MPa	n	C	m	$\dot{\varepsilon}_0/s^{-1}$	D_1	$D_2 \sim D_5$
460	320	0.36	0.022	1.0	1.0	0.2	0

王斌俊. 舰船泡沫夹芯结构在近场水下爆炸载荷下的响应特性研究 [D]. 哈尔滨: 哈尔滨工程大学, 2018.

表 2-125　简化 Johnson-Cook 模型参数

A/MPa	B/MPa	n	C	ε_0/s^{-1}
439.4	405	0.62	0.055	3.3E-4

表 2-126　Cowper-Symonds 模型参数

σ_0/MPa	C/s^{-1}	P
439.4	6180	1.59

李营，等. 船用 907A 钢的动态力学性能和本构关系 [J]. 哈尔滨工程大学学报, 2015, 36(1): 127-129.

表 2-127　Johnson-Cook 模型参数（三）

A/MPa	B/MPa	n	C	m
446	380	0.25	0.035	1.02

杨立强, 吴夏凯, 贺小建, 等. 靶标材料本构模型对战斗部穿甲速度降的影响 [C]. 高效毁伤技术学术研讨会论文集, 北京, 2014, 227-230.

921 钢

表 2-128　Johnson-Cook 模型参数

A/MPa	B/MPa	n	C	m	ε_0/s^{-1}	$T/℃$
898.6	356.0	0.586	0.022	1.05	1	25
$T_m/℃$	$\rho/(kg/m^3)$	G/GPa	K/GPa	$c_s/(km/s)$	$c_l/(km/s)$	
1490.5	7800	77.9	158.5	3.16	5.80	

张林，等. D6A、921 和 45 钢的动态破坏与低压冲击特性 [J]. 高压物理学报, 2003, 17(4): 305-310.

贺洪亮，等. 45 钢、D6AC 钢和 921 钢的本构关系及动态断裂 [R]. 绵阳: 中国工程物理研究院, 1999.

921A 钢

表 2-129 Johnson-Cook 模型参数（一）

$\rho/(\text{kg/m}^3)$	E/Pa	ν	A/MPa	B/MPa	n
7850	2.05E11	0.35	842	528	0.587
C	m	T_m/K	T_r/K	$\dot{\varepsilon}_0/\text{s}^{-1}$	
0.024	0.986	1765	298	0.001	

吴海军, 等. 卵形弹体对双层大间隔金属靶体侵彻特性数值模拟研究 [C]. 高效毁伤技术学术研讨会论文集, 北京, 2014, 208-213.

表 2-130 *MAT_PLASTIC_KINEMATIC 模型参数

$\rho/(\text{kg/m}^3)$	E/Pa	ν	σ_0/Pa	E_tan/Pa	C/s^{-1}	P	ε_eff
7800	2.06E11	0.33	6.85E8	1.96E8	1	100	0.8

吴海军, 等. 截卵形薄壁弹体穿甲过程结构相应数值模拟研究 [C]. 第十三届全国战斗部与毁伤技术学术交流会论文集, 黄山, 2013, 193-197.

922A 钢

表 2-131 *MAT_PLASTIC_KINEMATIC 材料模型参数

σ_0/MPa	E/GPa	E_t/MPa	C/s^{-1}	P
665	191	2953	9454.98	2.781022

李飞, 等. 圆柱壳结构入水过程的流固耦合仿真与试验 [J]. 北京航空航天大学学报, 2007, 33(9): 1117-1120.

945 钢

使用静态试验机及分离式 Hopkinson 压杆加载装置, 在应变率为 $0.00033 \sim 2760\text{s}^{-1}$ 范围内得到了准静态拉伸及动态压缩条件下的应力-应变曲线。对比 Cowper-Symonds 模型和 Johnson-Cook 模型, 得到了两种基于 C-S 模型的本构关系, 并进行了分析和比较。结果表明, 船用 945 钢具有明显的应变率强化效应和非线性应变硬化效应, C-S 模型比 J-C 模型更能准确地描述其应变率强化效应, 两种修正的 C-S 模型具有不同的适用范围。

- C-S 本构模型: $\sigma_\text{s} = 449.1\left(1 + \dfrac{\dot{\varepsilon}_\text{p}}{9870}\right)^{\frac{1}{2.43}}$。

- J-C 本构模型: $\sigma_\text{s} = 449.1(1 + 0.539\ln\dot{\varepsilon}_\text{p})$。

- "积形式" 的应变硬化模型: $\sigma_\text{s} = (449.1 + 574\varepsilon^{0.605})\left(1 + \dfrac{\dot{\varepsilon}_\text{p}}{9870}\right)^{\frac{1}{2.43}}$。

- "和形式" 的应变硬化模型: $\sigma_\text{s} = 574\varepsilon^{0.605} + 449.1\left(\dfrac{\dot{\varepsilon}_\text{p}}{9870}\right)^{\frac{1}{2.43}}$。

李营, 等. 基于修正 C-S 模型的船用 945 钢冲击性能研究 [J]. 中国造船, 2014, 55(3): 94-100.

9705-0768-1A-T1 软钢

表 2-132 *MAT_ISOTROPIC_ELASTIC_PLASTIC 模型参数

$\rho/(kg/m^3)$	E/GPa	σ_0/GPa	E_{tan}/GPa	G/GPa	K/GPa
7830	189.1	0.3659	0.5234	73.87	143.3

FEI-CHIN JAN, OLADIPO ONIPEDE JR. Simulation of Cold Roll Forming of Steel Panels [C]. 6th International LS-DYNA Conference, Detroit, 2000.

A2 工具钢

表 2-133 *MAT_Simplified_Johnson_Cook 模型参数

$\rho/(kg/m^3)$	E/GPa	ν	A/MPa	B/MPa	n	C
7860	203.0	0.30	999.739	1785.300	0.1401	0.000

JEREMY D SEIDT, PEREIRA J MICHAEL, AMOS GILAT, et al. Ballistic impact of anisotropic 2024 aluminum sheet and plate [J]. International Journal of Impact Engineering, 2013, 62: 27-34.

A36 钢

表 2-134 *MAT_JOHNSON_COOK 模型参数

$\rho/(kg/m^3)$	G/GPa	K/GPa	T_m/K	T_r/K	PC/MPa	SPALL	IT
7850	76.9	166.6	1773	293	-1.0E6	1.0	1.0

$C_p/(J\cdot kg^{-1}\cdot K^{-1})$	$\dot{\varepsilon}_0/s^{-1}$	A/MPa	B/MPa	n	C	m	
486	1.0	286.101	500.09	0.228	0.01705	0.917	

表 2-135 两种应变率下 JOHNSON_COOK 模型不同应变率附加模型参数

	$\dot{\varepsilon}_0 = 1.0s^{-1}$	$\dot{\varepsilon}_0 = 1.54\times10^{-4}s^{-1}$
Johnson-Cook	C=1.705E-2	C=1.622E-2
Huh-Kang	C_1=1.613E-2 C_2=6.646E-4	C_1=2.149E-3 C_2=9.112E-4
Allen-Rule-Jones	C=1.731E-2	C=1.451E-2
Cowper-Symonds	C=3.335E5s^{-1} P=2.849	C=3.335E5s^{-1} P=4.203

LEN SCHWER. Optional Strain-Rate Forms for the Johnson Cook Constitutive Model and the Role of the Parameter Epsilon_0 [C]. 6th European LS-DYNA Conference, Gothenburg, 2007.

表 2-136 Johnson-Cook 模型参数（一）

$\rho/(kg/m^3)$	A/MPa	B/MPa	n	C	m	T_m/K	T_r/K
7850	250	477	0.18	0.012	1	1811	300

表 2-137 SHOCK 状态方程参数

$\rho/(kg/m^3)$	$C/(m/s)$	S_1	γ_0
7850	4569	1.49	2.17

ELSHENAWY TAMER, Li Q M. Influences of target strength and confinement on the penetration depth of an oil well perforator [J]. International Journal of Impact Engineering, 2013, 54: 130−137.

表 2-138 Johnson-Cook 模型参数（二）

A/MPa	B/MPa	n	C	m
146.7	896.9	0.32	0.033	0.323

LACY J M, SHELLEY J K, WEATHERSBY J H, et al. Optimization−Based Constitutive Parameter Identification from Sparse Taylor Cylinder Data [C]. 81st Shock and Vibration Symposium, 2010.

A573−81 65 钢

表 2-139 *MAT_PIECEWISE_LINEAR_PLASTICITY 材料模型参数

屈服应力/MPa	切线模量/MPa	弹性模量/MPa	泊松比
270	900	219.4	0.3

SÖZEN LEVENT, GULER A MEHMET, GÖRGÜLÜARSLAN M RECEP, et al. Prediction of Springback in CNC Tube Bending Process Based on Forming Parameters [C]. 11th International LS−DYNA Conference, Detroit, 2010.

AASHTO M−180 class A type II 钢

表 2-140 *MAT_PIECEWISE_LINEAR_PLASTICITY 模型参数

参数	取值	有效塑性应力/应变	
		应变	应力/GPa
密度	7.86E−6kg/mm³		
弹性模量	200GPa	0.000	0.450
泊松比	0.28	0.025	0.508
厚度	2.67mm	0.049	0.560
屈服强度	0.450GPa	0.072	0.591
		0.095	0.613
		0.140	0.643
		0.182	0.668
		0.750	0.840

JOHN D REID, DEAN L SICKING. Design and Simulation of a Sequential Kinking Guardrail Terminal [J]. International Journal of Impact Engineering, 1998, 21(9): 761−772.

AerMet100 钢

表 2-141　Johnson-Cook 模型参数

$\rho/(\mathrm{kg/m^3})$	v	E/GPa	$C_\mathrm{P}/(\mathrm{J\cdot kg^{-1}\cdot K^{-1}})$	T_m/K	T_r/K
7850	0.28	210	465	1765	298

A/MPa	B/MPa	n	C	m	
1900	276.32	0.2	0.016	1.15	

冯雪磊, 武海军, 郭超. Aermet100 钢动态压缩剪切数值仿真研究: 第十一届全国冲击动力学学术会议文集 [C]. 西安, 2013.

AF1410 钢

表 2-142　Johnson-Cook 模型参数（一）

A/MPa	B/MPa	n	C	m
1500	650	0.18	0.005	0.73

表 2-143　Bodner-Partom 模型参数

n	Z_0/kbar	Z_1/kbar	$m/\mathrm{kbar^{-1}}$	A	B/K	n (400℃)	n（室温）
5.5	23.0	26.5	1.5	−0.23	1707	2.3	5.5

GARRETT, JR R K, LAST H R, RAJENDRAN A M. Plastic Flow and Failure in HY100, HY130 and AF1410 Alloy Steels Under High Strain Rate and Impact Loading Conditions [R]. ADA296669, 1995.

表 2-144　Johnson-Cook 模型参数（二）

A/MPa	B/MPa	n	C	m	T_r/K
1800	475	0.15	0.0045	1.5	296

苏静, 郭伟国, 曾志银, 等. 超高强度钢 AF1410 塑性流动特性及其本构关系 [J]. 固体力学学报, 2012, 33(3): 265-272.

AL-6XN 钢

表 2-145　Johnson-Cook 模型参数

$\rho/(\mathrm{kg/m^3})$	E/GPa	v	A/MPa	B/MPa	n
7850	161	0.35	400	1500	0.4

C	m	$\dot{\varepsilon}_0/\mathrm{s^{-1}}$	T_m/K	T_r/K	$C_\mathrm{P}/(\mathrm{J\cdot kg^{-1}\cdot K^{-1}})$
0.045	1.2	0.001	1800	293	452

KEN NAHSHON, MICHAEL G PONTIN, ANTHONY G EVANS, et al. Dynamic shear rupture of steel plates [J]. Journal of Mechanics of Materials and Structures, 2007, 2(10): 2049-2066.

表 2-146　*Mat_Modified_Johnson_Cook 模型参数

$\rho/(\mathrm{kg/m^3})$	E/GPa	ν	χ	$C_\mathrm{P}/(\mathrm{J \cdot kg^{-1} \cdot K^{-1}})$	$\alpha/\mathrm{K^{-1}}$	$\dot{\varepsilon}_0/\mathrm{s^{-1}}$
8060	195	0.3	0.9	500	1.5E-5	1.E-3

A/MPa	B/MPa	n	C	m	T_r/K	T_m/K
410	1902	0.82	0.024	1.03	296	1700

TENG HAILONG. Coupling of Particle Blast Method (PBM) with Discrete Element Method for buried mine blast simulation [C]. 14th International LS-DYNA Conference, Detroit, 2016.

AISI 1410 钢

表 2-147　Johnson-Cook 模型参数

A/MPa	B/MPa	n	C	m	$\dot{\varepsilon}_0/s^{-1}$	T_m/K	T_r/K
236	690	0.141	0.06	0.77	1.0E-4	1783	293

姜文. 马氏体不锈钢的切削特性及切削参数优化研究 [D]. 南京: 江苏大学, 2017.

AISI D2 钢

表 2-148　Johnson-Cook 模型参数

$\rho/(\mathrm{kg/m^3})$	E/MPa	G/MPa	T_m/K	T_r/K	$C_\mathrm{P}/(\mathrm{J \cdot kg^{-1} \cdot K^{-1}})$	A/MPa	B/MPa	n
7670	2.1E5	8.2E4	1273	293	460	1766	907	0.312

C	m	$\dot{\varepsilon}_0/s^{-1}$	D_1	D_2	D_3	D_4	D_5	
0.012	3.38	1	0.8	1.2	−0.5	0.0002	0.61	

Wang Fulin, et al. Simulation and analysis of serrated chip formation in cutting process of hardened steel considering ploughing effect [J]. Journal of Mechanical Science and Technology,2018, 32:2029-2037.

AQ225 钢

表 2-149　简化 Johnson-Cook 模型参数

A/MPa	B/MPa	n	C
221	261.4	0.442	0.0546

李冀龙, 孙涛, 张春巍. 国产 225MPa 级低屈服点钢动态本构关系实验研究 [C]. 中国力学大会 2011 暨钱学森诞辰 100 周年纪念大会论文集, 哈尔滨, 2011.

AREMA 钢

表 2-150　Johnson-Cook 模型参数（一）

$\rho/(\mathrm{kg/m^3})$	A/GPa	B/GPa	n	C	m	T_r/K	T_m/K
7890	0.175	0.379	0.33	0.006	1.44	300	1700

ROLC S, BUCHAR J, AKSTEIN Z. Influence of Impacting Explosively Formed Projectiles on Long Rod Projectiles [C]. 26th International Symposium on Ballistics, Miami, 2011.

表 2-151　Johnson-Cook 模型参数（二）

A/MPa	B/MPa	n	C	m	D_1	D_2	D_3	D_4	D_5
175	376	0.32	0.060	0.55	0.8	2.10	−0.50	0.00002	0.61

BUCHAR J. Ballistics Performance of the Dual Hardness Armour [C]. 20th International Symposium of Ballistics, Orlando, Florida, 2002.

Armco 铁

表 2-152　Johnson-Cook 模型参数（一）

ρ/(kg/m^3)	洛氏硬度	C_{p}/(J·kg^{-1}·K^{-1})	T_{m}/K	A/MPa	B/MPa	n	C	m
7890	F−72	452	1811	175	380	0.32	0.060	0.55

JOHNSON G R, COOK W H. A constitutive model and data for metals subjected to large strains, high strain-rates and high temperatures [C]. Proceedings of Seventh International Symposium on Ballistics, Hague, April 1983: 541−547.

表 2-153　Johnson-Cook 模型参数（二）

ρ/(kg/m^3)	E/GPa	ν	A/GPa	B/GPa	n	C	m	T_{m}/K	C_{p}/(J·kg^{-1}·K^{-1})
7890	210.9	0.292	0.175	0.35	0.32	0.06	0.55	1811	357

表 2-154　*EOS_LINEAR_POLYNOMIAL 状态方程参数

C_1/Mbar	C_2/Mbar	C_3	C_4
1.69	3.1	1.83	1.83

SAROHA D R. Single Point Initiated Multi-EFP Warhead [C]. 25th International Symposium on Ballistics, Beijing, 2010.

表 2-155　AUTODYN 软件中 Armco iron 的 Linear 状态方程和 Zerilli-Armstrong 模型参数

Linear 状态方程			
参考密度/(g/cm^3)	7.89	体积模量/kPa	1.64E8
参考温度/K	300	比热容/(J·kg^{-1}·K^{-1})	452
Zerilli-Armstrong 强度模型			
剪切模量/kPa	8.0E7	屈服应力/kPa	6.5E5
C_1/kPa	1.033E6	C_2/kPa	0.0
C_3	6.89E-3	C_4	4.15E-4
C_5/kPa	2.66E5	n	0.289

SRIDHAR PAPPU. Hydrocode and Microstructural Analysis of Explosively Formed Penetrators [D]. EL PASO: University of Texas, 2000.

表 2-156　*EOS_GRUNEISEN 状态方程参数

$\rho /(\text{kg/m}^3)$	$C/(\text{m/s})$	S1	γ_0
7830	4600	1.49	2.02

表 2-157　Johnson-Cook 模型参数（三）

A/GPa	B/GPa	n	C	m	$T_{\text{ref}}/℃$	$T_{\text{m}}/$K	$\dot\varepsilon_0/\text{s}^{-1}$	$G/$GPa
0.44	0.51	0.26	0.014	1.03	293	1793	1.0	77.0

表 2-158　Johnson-Cook 模型损伤参数

D_1	D_2	D_3	D_4	D_5	$\sigma_{\text{th}}^0/$GPa	$t_{\text{d}}/$us
-2.20	5.43	-0.47	0.016	0.63	0.40	5.0

徐金中，汤文辉，等. SPH 方法在层裂损伤模拟中的应用 [J]. 强度与环境, 2009, 36(1): 1-7.

Armox 440 钢

表 2-159　Johnson-Cook 模型参数（一）

A/MPa	B/MPa	n	C	m
1210	773	0.26	0.018	1.03

ROLC S. Assessment of Fragment Mitigation Using Steel Fragment Simulating Projectiles [C]. 25th International Symposium on Ballistics, Beijing, 2010.

表 2-160　Johnson-Cook 模型参数（二）

A/MPa	B/MPa	n	C	m
1470	702	0.199	0.00549	0.811

ROLC S. Assessment of Fragment Mitigation Using Steel Fragment Simulating Projectiles [C]. 25th International Symposium on Ballistics, Beijing, 2010.

Armox 500T 钢

表 2-161　Johnson-Cook 材料模型参数

$\rho/(\text{kg/m}^3)$	E/MPa	G/MPa	T_{m}/K	T_{r}/K	$C_{\text{P}}/(\text{J}\cdot\text{kg}^{-1}\cdot\text{K}^{-1})$	A/MPa	B/MPa	n
7850	2.01E5	7.556E4	1820	293	455	1372.488	835.022	0.2467

C	m	$\dot\varepsilon_0/s^{-1}$	D_1	D_2	D_3	D_4	D_5	
0.0617	0.84	1	0.04289	2.1521	-2.7575	-0.0066	0.86	

Iqbal M A, et al. An investigation of the constitutive behavior of Armox 500T steel and armor piercing incendiary projectile material [J]. International Journal of Impact Engineering, 2016, 96:146-164.

Armox 560T 钢

表 2-162　*MAT_MODIFIED_JOHNSON_COOK 模型参数

A/MPa	B/MPa	n	C	m	T_m/K	C_p/J·kg^{-1}·K^{-1}	W_{cr}/MPa
2030	568	1.0	0.001	1.0	1800	452	2310

MICHAEL SALEH, LYNDON EDWARDS. Evaluation of a Hydrocode in Modelling NATO Threats against Steel Armour [C]. 25th International Symposium on Ballistics, Beijing, 2010.

文献作者获取了 Armox 560T 钢的 Modified_Johnson_Cook 材料模型参数，该模型不需要单独的状态方程，考虑了应变率效应和材料的破坏，其本构关系表达式为：

$$\sigma_Y = (A + B\varepsilon_{eq}^n)(1 + \dot{\varepsilon}_{eq}^*)^C(1 - T^{*m})$$

绝热温升通过下式计算：

$$\Delta T = \int_0^{\varepsilon_{eq}} \chi \frac{\sigma_{eq}\mathrm{d}\varepsilon_{eq}}{\rho C_p}$$

式中，χ 是塑性功转化为热量的转化系数。

失效模型采用 CL 模型：

$$W = \int_0^{\varepsilon_{eq}} \langle \sigma_1 \rangle \mathrm{d}\varepsilon_{eq} \leqslant W_{cr}$$

除了 CL 失效准则外，还采用基于温度的失效准则：$T_c = 0.9T_m$，即当材料温度达到熔点的 90% 时，就删除该单元。

表 2-163　修正的 Johnson-Cook 模型参数

ρ/(kg/m^3)	E/GPa	ν	C_p/(J·kg^{-1}·K^{-1})	χ	a/K^{-1}	T_c^*	A/MPa	B/MPa
7850	210	0.33	452	0.9	1.2×10^{-5}	0.9	2030	568

n	C	m	T_r/K	T_m/K	$\dot{\varepsilon}_0$/s^{-1}	ε_f	W_{cr}/MPa	
1.0	0.001	1.0	293	1800	5×10^{-4}	0.92	2310	

BØRVIK T, DEY S, CLAUSEN A H. Perforation resistance of five different high-strength steel plates subjected to small-arms projectiles [J]. International Journal of Impact Engineering, 2009. 36(7): 948-964.

Armox 570T 钢

表 2-164　简化 Johnson-Cook 模型参数

ρ/(g/cm^3)	K/GPa	G/GPa	A/MPa	B/MPa	n	C
7.85	171.67	79.23	2030	568	1.0	0.03

MOXNES J F. A Modified Johnson-Cook Failure Model for Tungsten Carbide [C]. 26th International Symposium on Ballistics, Miami, 2011.

ASTM A514 钢

表 2-165 *MAT_PLASTIC_KINEMATIC 模型参数

$\rho/(kg/m^3)$	E/GPa	ν	σ_0/MPa	E_{tan}/MPa
7850	205	0.29	690	396

GENEVIÈVE TOUSSAINT, AMAL BOUAMOUL, ROBERT DUROCHER, et al. Numerical Evaluation of an Add-On Vehicle Protection System [C]. 9th European LS-DYNA Conference, Manchester, 2013.

ASTM A572 G50 钢

表 2-166 *MAT_PLASTIC_KINEMATIC 模型参数

$\rho/(kg/m^3)$	E/GPa	ν	σ_0/MPa	E_{tan}/MPa
7850	205	0.29	345	504

GENEVIÈVE TOUSSAINT, AMAL BOUAMOUL, ROBERT DUROCHER, et al. Numerical Evaluation of an Add-On Vehicle Protection System [C]. 9th European LS-DYNA Conference, Manchester, 2013.

B140 钢

带曲线的详细材料模型参数请参见附带文件 M36_0.79mm_B140.k，单位制采用 mm-ton-s。

表 2-167 *MAT_3-PARAMETER_BARLAT 模型参数（板厚 0.79mm）

ρ	E	PR	HR	P_1	P_2	M	R_{00}	R_{45}	R_{90}
7.8E-9	2.07E5	0.28	3.0	516.2	0.191	6.0	2.207	1.701	2.601
LCID	E_0	SPI	AOPT	A_1	A_2	A_3	D_1	D_2	D_3
99	0.0	0.0	2.0	1.0	0.0	0.0	0.0	1.0	0.0

ETA.

带曲线的详细材料模型参数请参见附带文件 M37_0.79mm_B140.k，单位制采用 mm-ton-s。

表 2-168 *MAT_TRANSVERSELY_ANISOTROPIC_ELASTIC_PLASTIC 模型参数（板厚 0.79mm）

ρ	E/MPa	PR	SIGY	ETAN	R	HLCID
7.8E-9	2.07E5	0.28	192.4	516.2	2.053	99

ETA.

B140H1 钢

带曲线的详细材料模型参数请参见附带文件 M36_0.70mm_B140H1.k，单位制采用 mm-ton-s。

表 2-169 *MAT_3-PARAMETER_BARLAT 模型参数（板厚 0.70mm）

ρ	E	PR	HR	P_1	P_2	M	R_{00}	R_{45}	R_{90}
7.8E-9	2.07E5	0.28	3.0	499.3	0.201	6.0	2.34	1.78	2.86
LCID	E_0	SPI	AOPT	A_1	A_2	A_3	D_1	D_2	D_3
99	0.0	0.0	2.0	1.0	0.0	0.0	0.0	1.0	0.0

ETA.

带曲线的详细材料模型参数请参见附带文件M37_0.70mm_B140H1.k，单位制采用mm-ton-s。

表 2-170 *MAT_TRANSVERSELY_ANISOTROPIC_ELASTIC_PLASTIC 模型参数（板厚 0.70mm）

ρ	E/MPa	PR	SIGY	ETAN	R	HLCID
7.8E−9	2.07E5	0.28	184.0	499.3	2.19	99

ETA.

B1500HS 钢

表 2-171 Johnson-Cook 模型参数

$\rho/(kg/m^3)$	E/GPa	PR	A/MPa	B/MPa	n	C	m
7850	210.7851	0.3823	389.22092	676.73636	0.44071	0.01283	1.5658

刘鑫. 高强钢热成形过程模具磨损的数值模拟研究 [D]. 长春：吉林大学, 2016.

B170H1 钢

带曲线的详细材料模型参数请参见附带文件 M36_0.70mm_B170H1.k，单位制采用 mm-ton-s。

表 2-172 *MAT_3-PARAMETER_BARLAT 模型参数（板厚 0.70mm）

ρ	E	PR	HR	P_1	P_2	M	R_{00}	R_{45}	R_{90}
7.8E−9	2.07E5	0.28	3.0	634.6	0.23	6.0	1.774	1.916	2.4
LCID	E_0	SPI	AOPT	A_1	A_2	A_3	D_1	D_2	D_3
99	0.0	0.0	2.0	1.0	0.0	0.0	0.0	1.0	0.0

ETA.

带曲线的详细材料模型参数请参见附带文件 M37_0.70mm_B170H1.k，单位制采用 mm-ton-s。

表 2-173 *MAT_TRANSVERSELY_ANISOTROPIC_ELASTIC_PLASTIC 模型参数（板厚 0.70mm）

ρ	E/MPa	PR	SIGY	ETAN	R	HLCID
7.8E−9	2.07E5	0.28	195.4	634.6	2.002	99

ETA.

带曲线的详细材料模型参数请参见附带文件 M36_1.00mm_B170H1.k，单位制采用 mm-ton-s。

表 2-174 *MAT_3-PARAMETER_BARLAT 模型参数（板厚 1.00mm）

ρ	E	PR	HR	P_1	P_2	M	R_{00}	R_{45}	R_{90}
7.8E−9	2.07E5	0.28	3.0	627.5	0.231	6.0	1.78	2.09	2.48
LCID	E_0	SPI	AOPT	A_1	A_2	A_3	D_1	D_2	D_3
99	0.0	0.0	2.0	1.0	0.0	0.0	0.0	1.0	0.0

ETA.

带曲线的详细材料模型参数请参见附带文件 M37_1.00mm_B170H1.k，单位制采用 mm-ton-s。

表 2-175 *MAT_TRANSVERSELY_ANISOTROPIC_ELASTIC_PLASTIC 模型参数（板厚 1.00mm）

ρ	E/MPa	PR	SIGY	ETAN	R	HLCID
7.8E-9	2.07E5	0.28	192.4	627.5	2.11	99

ETA.

B170P1 钢

带曲线的详细材料模型参数请参见附带文件 M36_1.00mm_B170P1.k，单位制采用 mm-ton-s。

表 2-176 *MAT_3-PARAMETER_BARLAT 模型参数（板厚 1.00mm）

ρ	E	PR	HR	P_1	P_2	M	R_{00}	R_{45}	R_{90}
7.8E-9	2.07E5	0.28	3.0	603.7	0.223	6.0	1.82	1.78	2.59
LCID	E_0	SPI	AOPT	A_1	A_2	A_3	D_1	D_2	D_3
99	0.0	0.0	2.0	1.0	0.0	0.0	0.0	1.0	0.0

ETA.

带曲线的详细材料模型参数请参见附带文件 M37_1.00mm_B170P1.k，单位制采用 mm-ton-s。

表 2-177 *MAT_TRANSVERSELY_ANISOTROPIC_ELASTIC_PLASTIC 模型参数（板厚 1.00mm）

ρ	E/MPa	PR	SIGY	ETAN	R	HLCID
7.8E-9	2.07E5	0.28	192.4	603.7	2.23	99

ETA.

B180H1 钢

带曲线的详细材料模型参数请参见附带文件 M36_0.75mm_B180H1.k，单位制采用 mm-ton-s。

表 2-178 *MAT_3-PARAMETER_BARLAT 模型参数（板厚 0.75mm）

ρ	E	PR	HR	P_1	P_2	M	R_{00}	R_{45}	R_{90}
7.8E-9	2.07E5	0.28	3.0	574.1	0.175	6.0	2.11	1.78	2.52
LCID	E_0	SPI	AOPT	A_1	A_2	A_3	D_1	D_2	D_3
99	0.0	0.0	2.0	1.0	0.0	0.0	0.0	1.0	0.0

ETA.

带曲线的详细材料模型参数请参见附带文件 M37_0.75mm_B180H1.k，单位制采用 mm-ton-s。

表 2-179 *MAT_TRANSVERSELY_ANISOTROPIC_ELASTIC_PLASTIC 模型参数（板厚 0.75mm）

ρ	E/MPa	PR	SIGY	ETAN	R	HLCID
7.8E-9	2.07E5	0.28	241.5	574.1	2.048	99

ETA.

B250P1 钢

带曲线的详细材料模型参数请参见附带文件 M36_1.60mm_B250P1.k，单位制采用 mm-ton-s。

表 2-180　*MAT_3-PARAMETER_BARLAT 模型参数（板厚 1.60mm）

ρ	E	PR	HR	P_1	P_2	M	R_{00}	R_{45}	R_{90}
7.8E-9	2.07E5	0.28	3.0	709.3	0.191	6.0	2.31	1.41	1.84
LCID	E_0	SPI	AOPT	A_1	A_2	A_3	D_1	D_2	D_3
99	0.0	0.0	2.0	1.0	0.0	0.0	0.0	1.0	0.0

ETA.

带曲线的详细材料模型参数请参见附带文件 M37_1.60mm_B250P1.k，单位制采用 mm-ton-s。

表 2-181　*MAT_TRANSVERSELY_ANISOTROPIC_ELASTIC_PLASTIC 模型参数（板厚 1.60mm）

ρ	E/MPa	PR	SIGY	ETAN	R	HLCID
7.8E-9	2.07E5	0.28	300.6	709.3	1.493	99

ETA.

B280VK 钢

表 2-182　简化 Johnson-Cook 模型参数（一）

A/MPa	B/MPa	n	C
320	355.8	0.369	0.04366

雷雨. 预应变高应变速率下典型高强钢的塑性变形行为研究 [D]. 武汉：武汉理工大学, 2018.

表 2-183　简化 Johnson-Cook 模型参数（二）

A/MPa	B/MPa	n	C
344.05	470.885	0.47048	0.014245

孟宪明，等. B280VK 钢动态力学性能及其本构模型研究 [J]. 新技术新工艺, 2019,3:19-23.

B610 钢

表 2-184　Johnson-Cook 模型参数

A/MPa	B/MPa	n	C	m
610	642.84	0.3807	0.001	0.85

牛晓燕，等. 汽车车架用 B610 钢的力学性能与数值模拟研究 [J], 稀有金属材料与工程, 2020, 49(12): 4215-4221.

BH180 钢

带曲线的详细模型参数见附带文件 M37_BH180_NUMI2005Decklid.k，单位采用 ton-mm-s。

表 2-185　*MAT_TRANSVERSELY_ANISOTROPIC_ELASTIC_PLASTIC 模型参数

ρ	E	PR	SIGY	ETAN	R	HLCID
7.9E-9	2.07E5	0.30	201.3	0.0	1.593	90903

https://www.lstc.com.

带曲线的详细模型参数见附带文件 M24_BH180_NUMI2005Decklid.k，单位制采用 ton-mm-s。

表 2-186　*MAT_PIECEWISE_LINEAR_PLASTICITY 模型参数

ρ	E	PR	SIGY	LCSS
7.9E-9	2.07E5	0.30	201.3884	90903

https://www.lstc.com.

BH210 钢

带曲线的详细模型参数见附带文件 M37_BH210.k，单位制采用 ton-mm-s。

表 2-187　*MAT_TRANSVERSELY_ANISOTROPIC_ELASTIC_PLASTIC 模型参数

ρ	E	PR	SIGY	ETAN	R	HLCID
7.9E-9	2.07E5	0.30	230.2	0.0	1.45	90903

https://www.lstc.com.

带曲线的详细模型参数见附带文件 M24_BH210.k，单位制采用 ton-mm-s。

表 2-188　*MAT_PIECEWISE_LINEAR_PLASTICITY 模型参数

ρ	E	PR	SIGY	LCSS
7.9E-9	2.07E5	0.30	230.1501	90903

https://www.lstc.com.

BIF340 钢

带曲线的详细材料模型参数请参见附带文件 M36_0.70mm_BIF340.k，单位制采用 mm-ton-s。

表 2-189　*MAT_3-PARAMETER_BARLAT 模型参数（板厚 0.70mm）

ρ	E	PR	HR	P_1	P_2	M	R_{00}	R_{45}	R_{90}
7.8E-9	2.07E5	0.28	3.0	638.0	0.215	6.0	1.42	1.98	1.89
LCID	E_0	SPI	AOPT	A_1	A_2	A_3	D_1	D_2	D_3
99	0.0	0.0	2.0	1.0	0.0	0.0	0.0	1.0	0.0

ETA.

带曲线的详细材料模型参数请参见附带文件 M37_0.70mm_BIF340.k，单位制采用 mm-ton-s。

表 2-190　*MAT_TRANSVERSELY_ANISOTROPIC_ELASTIC_PLASTIC 模型参数（板厚 0.70mm）

ρ	E/MPa	PR	SIGY	ETAN	R	HLCID
7.8E-9	2.07E5	0.28	207.4	638.0	1.818	99

ETA.

带曲线的详细材料模型参数请参见附带文件 M36_0.80mm_BIF340.k，单位制采用 mm-ton-s。

表 2-191 *MAT_3-PARAMETER_BARLAT 模型参数（板厚 0.80mm）

ρ	E	PR	HR	P_1	P_2	M	R_{00}	R_{45}	R_{90}
7.8E-9	2.07E5	0.28	3.0	606.5	0.22	6.0	1.53	1.92	2.05
LCID	E_0	SPI	AOPT	A_1	A_2	A_3	D_1	D_2	D_3
99	0.0	0.0	2.0	1.0	0.0	0.0	0.0	1.0	0.0

ETA.

带曲线的详细材料模型参数请参见附带文件 M37_0.80mm_BIF340.k，单位制采用 mm-ton-s。

表 2-192 *MAT_TRANSVERSELY_ANISOTROPIC_ELASTIC_PLASTIC 模型参数（板厚 0.80mm）

ρ	E/MPa	PR	SIGY	ETAN	R	HLCID
7.8E-9	2.07E5	0.28	192.4	606.5	1.855	99

ETA.

带曲线的详细材料模型参数请参见附带文件 M36_0.90mm_BIF340.k，单位制采用 mm-ton-s。

表 2-193 *MAT_3-PARAMETER_BARLAT 模型参数（板厚 0.90mm）

ρ	E	PR	HR	P_1	P_2	M	R_{00}	R_{45}	R_{90}
7.8E-9	2.07E5	0.28	3.0	627.2	0.216	6.0	1.46	1.73	1.89
LCID	E_0	SPI	AOPT	A_1	A_2	A_3	D_1	D_2	D_3
99	0.0	0.0	2.0	1.0	0.0	0.0	0.0	1.0	0.0

ETA.

带曲线的详细材料模型参数请参见附带文件 M37_0.90mm_BIF340.k，单位制采用 mm-ton-s。

表 2-194 *MAT_TRANSVERSELY_ANISOTROPIC_ELASTIC_PLASTIC 模型参数（板厚 0.90mm）

ρ	E/MPa	PR	SIGY	ETAN	R	HLCID
7.8E-9	2.07E5	0.28	199.4	627.2	1.703	99

ETA.

带曲线的详细材料模型参数请参见附带文件 M36_1.40mm_BIF340.k，单位制采用 mm-ton-s。

表 2-195 *MAT_3-PARAMETER_BARLAT 模型参数（板厚 1.40mm）

ρ	E	PR	HR	P_1	P_2	M	R_{00}	R_{45}	R_{90}
7.8E-9	2.07E5	0.28	3.0	606.8	0.225	6.0	1.42	1.74	2.89
LCID	E_0	SPI	AOPT	A_1	A_2	A_3	D_1	D_2	D_3
99	0.0	0.0	2.0	1.0	0.0	0.0	0.0	1.0	0.0

ETA.

带曲线的详细材料模型参数请参见附带文件 M37_1.40mm_BIF340.k，单位制采用 mm-ton-s。

表 2-196 *MAT_TRANSVERSELY_ANISOTROPIC_ELASTIC_PLASTIC 模型参数（板厚 1.40mm）

ρ	E/MPa	PR	SIGY	ETAN	R	HLCID
7.8E−9	2.07E5	0.28	172.3	606.8	1.698	99

ETA.

BLD 钢

带曲线的详细材料模型参数请参见附带文件 M36_0.80mm_BLD.k，单位制采用 mm-ton-s。

表 2-197 *MAT_3-PARAMETER_BARLAT 模型参数（板厚 0.80mm）

ρ	E	PR	HR	P_1	P_2	M	R_{00}	R_{45}	R_{90}
7.8E−9	2.07E5	0.28	3.0	511.1	0.228	6.0	2.018	1.71	2.465
LCID	E_0	SPI	AOPT	A_1	A_2	A_3	D_1	D_2	D_3
99	0.0	0.0	2.0	1.0	0.0	0.0	0.0	1.0	0.0

ETA.

带曲线的详细材料模型参数请参见附带文件 M37_0.80mm_BLD.k，单位制采用 mm-ton-s。

表 2-198 *MAT_TRANSVERSELY_ANISOTROPIC_ELASTIC_PLASTIC 模型参数（板厚 0.80mm）

ρ	E/MPa	PR	SIGY	ETAN	R	HLCID
7.8E−9	2.07E5	0.28	166.3	511.1	1.976	99

ETA.

Bluescope XLERPLATE 350 钢

表 2-199 Johnson-Cook 模型参数

K/GPa	G/GPa	$\dot{\varepsilon}_0$/s^{-1}	A/MPa		
			6mm 板	5mm 板	4mm 板
159	77	1	446	400	402
B/MPa	n	C	m	T_m/K	T_r/K
570	0.36	0.35	0.55	1793	300

KATHRYN ACKLAND, CHRISTOPHER ANDERSON, TUAN DUC NGO. Deformation of polyurea-coated steel plates under localised blast loading [J]. International Journal of Impact Engineering, 2013, 51: 13-22.

BP380 钢

带曲线的详细材料模型参数请参见附带文件 M36_0.90mm_BP380.k，单位制采用 mm-ton-s。

表 2-200　*MAT_3-PARAMETER_BARLAT 模型参数（板厚 0.90mm）

ρ	E	PR	HR	P_1	P_2	M	R_{00}	R_{45}	R_{90}
7.8E-9	2.07E5	0.28	3.0	655.8	0.198	6.0	1.62	1.35	1.92
LCID	E_0	SPI	AOPT	A_1	A_2	A_3	D_1	D_2	D_3
99	0.0	0.0	2.0	1.0	0.0	0.0	0.0	1.0	0.0

ETA.

带曲线的详细材料模型参数请参见附带文件 M37_0.90mm_BP380.k，单位制采用 mm-ton-s。

表 2-201　*MAT_TRANSVERSELY_ANISOTROPIC_ELASTIC_PLASTIC 模型参数（板厚 0.90mm）

ρ	E/MPa	PR	SIGY	ETAN	R	HLCID
7.8E-9	2.07E5	0.28	239.5	655.8	1.56	99

ETA.

BR450 钢

表 2-202　简化 Johnson-Cook 模型参数

热处理	A/MPa	B/MPa	n	C
175℃回火	1435	2617	0.6331	0.0112
225℃回火	1571	2082	0.53205	0.0103
275℃回火	1368	1786	0.60391	0.0129

刘洪武. BR450 钢热处理工艺及抗弹性能模拟研究 [D]. 秦皇岛：燕山大学, 2016.

BSC3 钢

带曲线的详细材料模型参数请参见附带文件 M36_0.80mm_BSC3.k，单位制采用 mm-ton-s。

表 2-203　*MAT_3-PARAMETER_BARLAT 模型参数（板厚 0.80mm）

ρ	E	PR	HR	P_1	P_2	M	R_{00}	R_{45}	R_{90}
7.8E-9	2.07E5	0.28	3.0	531.6	0.243	6.0	2.12	2.17	2.86
LCID	E_0	SPI	AOPT	A_1	A_2	A_3	D_1	D_2	D_3
99	0.0	0.0	2.0	1.0	0.0	0.0	0.0	1.0	0.0

ETA.

带曲线的详细材料模型参数请参见附带文件 M37_0.80mm_BSC3.k，单位制采用 mm-ton-s。

表 2-204　*MAT_TRANSVERSELY_ANISOTROPIC_ELASTIC_PLASTIC 模型参数（板厚 0.80mm）

ρ	E/MPa	PR	SIGY	ETAN	R	HLCID
7.8E-9	2.07E5	0.28	132.3	531.6	2.33	99

ETA.

带曲线的详细材料模型参数请参见附带文件 M36_1.00mm_BSC3.k，单位制采用 mm-ton-s。

表 2-205 *MAT_3-PARAMETER_BARLAT 模型参数（板厚 1.00mm）

ρ	E	PR	HR	P_1	P_2	M	R_{00}	R_{45}	R_{90}
7.8E-9	2.07E5	0.28	3.0	526.5	0.243	6.0	2.24	2.09	2.7
LCID	E_0	SPI	AOPT	A_1	A_2	A_3	D_1	D_2	D_3
99	0.0	0.0	2.0	1.0	0.0	0.0	0.0	1.0	0.0

ETA.

带曲线的详细材料模型参数请参见附带文件 M37_1.00mm_BSC3.k，单位制采用 mm-ton-s。

表 2-206 *MAT_TRANSVERSELY_ANISOTROPIC_ELASTIC_PLASTIC 模型参数（板厚 1.00mm）

ρ	E/MPa	PR	SIGY	ETAN	R	HLCID
7.8E-9	2.07E5	0.28	124.2	526.5	2.28	99

ETA.

带曲线的详细材料模型参数请参见附带文件 M36_1.60mm_BSC3.k，单位制采用 mm-ton-s。

表 2-207 *MAT_3-PARAMETER_BARLAT 模型参数（板厚 1.60mm）

ρ	E	PR	HR	P_1	P_2	M	R_{00}	R_{45}	R_{90}
7.8E-9	2.07E5	0.28	3.0	525.1	0.248	6.0	2.18	1.96	2.71
LCID	E_0	SPI	AOPT	A_1	A_2	A_3	D_1	D_2	D_3
99	0.0	0.0	2.0	1.0	0.0	0.0	0.0	1.0	0.0

ETA.

带曲线的详细材料模型参数请参见附带文件 M37_1.60mm_BSC3.k，单位制采用 mm-ton-s。

表 2-208 *MAT_TRANSVERSELY_ANISOTROPIC_ELASTIC_PLASTIC 模型参数（板厚 1.60mm）

ρ	E/MPa	PR	SIGY	ETAN	R	HLCID
7.8E-9	2.07E5	0.28	114.2	525.1	2.20	99

C1018 钢

表 2-209 *EOS_GRUNEISEN 状态方程参数

ρ_0/(g/cm^3)	C/(m/s)	S_1	Γ
7.85	3955	1.58	2.01

TARIQ D ASLAM, JOHN B BDZIL. Numerical and Theoretical Investigations on Detonation Confinement Sandwich Tests [C]. Proceedings of the 13th International Detonation Symposium, Norfolk, VA, 2006.

纯铁

表 2-210 Johnson-Cook 模型参数（一）

A/MPa	B/MPa	n	C	m
260	343	0.3	0.062	0.55

包卫平，等. 纯铁高温高应变率下的动态本构关系试验研究 [J]. 机械工程学报, 2010, 46(4):74-79.

表 2-211 Johnson-Cook 模型参数（二）

A/MPa	B/MPa	n	C	m
175	380	0.32	0.06	0.55

刘光宇. 纯铁超声椭圆振动切削表面完整性研究 [D]. 大连：大连理工大学, 2020.

Cr12MoV 钢

表 2-212 Johnson-Cook 模型参数（一）

硬度	ρ/(kg/m^3)	E/GPa	PR	C_P/(J·kg^{-1}·K^{-1})	T_m/K	A/MPa	B/MPa	n	C	m
HRC45	7750	180	0.3	485	1733	613	230	3.04	0.045	0.572
HRC50	7750	180	0.3	485	1733	762	264	3.04	0.045	0.572
HRC55	7750	180	0.3	485	1733	904	738	3.04	0.045	0.572
HRC60	7750	180	0.3	485	1733	1700	861	3.04	0.045	0.572

吴春雨. 干式硬态车削 Cr12MoV 表面残余应力的仿真研究 [D]. 兰州：兰州理工大学, 2017.

表 2-213 Johnson-Cook 模型参数（二）

硬度	ρ/(kg/m^3)	E/GPa	PR	C_P/(J·kg^{-1}·K^{-1})	A/MPa	B/MPa	n	C	m
HRC45	7750	210	0.3	460	1078	1879.2	2.22	0.131	0.232
HRC60	7750	210	0.3	460	1516.36	1659.37	0.315	0.046	2.65

郝胜宇. 凸曲面拼接模具铣削过程有限元仿真研究 [D]. 哈尔滨：哈尔滨理工大学, 2018.

Cr15Mn 钢

表 2-214 Johnson-Cook 模型参数

A/MPa	B/MPa	n	C	m
522	544	0.3	0.012	1.18

郭超，王爱玲，王子恒. 高铬铸铁动态力学性能研究 [J]. 机械管理开发, 2010, 25(3):49-52.

Cr15Mo 钢

表 2-215 Johnson-Cook 模型参数

A/MPa	B/MPa	n	C	m
522	544	0.3	0.012	1.18

郭超，王爱玲，王子恒. 高铬铸铁动态力学性能研究 [J]. 机械管理开发, 2010, 25(3): 49-52.

Cr18Mn18N 钢

表 2-216　低应变率和常温下修正的 Johnson-Cook 本构模型参数

A/MPa	B/MPa	n	C	m
667	873	0.93	–	1

肖扬. Cr18Mn18N 高氮无镍奥氏体不锈钢本构方程的建立和切削仿真 [D]. 湘潭: 湘潭大学, 2012.

CR3 钢

表 2-217　*MAT_BARLAT_YLD2000 材料模型参数

δ_0 / MPa	E / MPa	A(%)	A_1	A_2	A_3	A_4	A_5	A_6	A_7	A_8	m
164	204000	4	1.26	1.03	0.87	0.99	0.98	1.07	1.08	0.99	4

KLAUS WIEGAND, et al. Influence of Variations in a Mechanical Framing Station on the Shape Accuracy of S-Rail Assemblies [C]. 10th European LS-DYNA Conference, Würzburg, 2015.

CR4 钢

带曲线的详细材料模型参数请参见附带文件M36_0.72mm_CR4.k，单位制采用mm-ton-s。

表 2-218　*MAT_3-PARAMETER_BARLAT 模型参数（板厚 0.72mm）

ρ	E	PR	HR	P_1	P_2	m	R_{00}	R_{45}	R_{90}
7.8E-9	2.07E5	0.28	3.0	540.6	0.237	6.0	1.995	1.945	2.676

LCID	E_0	SPI	AOPT	A_1	A_2	A_3	D_1	D_2	D_3
99	0.0	0.0	2.0	1.0	0.0	0.0	0.0	1.0	0.0

ETA.

带曲线的详细材料模型参数请参见附带文件M37_0.72mm_CR4.k，单位制采用mm-ton-s。

表 2-219　*MAT_TRANSVERSELY_ANISOTROPIC_ELASTIC_PLASTIC 模型参数（板厚 0.72mm）

ρ	E/MPa	PR	SIGY	ETAN	R	HLCID
7.8E-9	2.07E5	0.28	151.3	540.5	2.14	99

ETA.

D1 钢

表 2-220　*MAT_PLASTIC_KINEMATIC 模型参数

ρ/(kg/m^3)	E/GPa	PR	SIGY/GPa	ETAN/GPa	C/s^{-1}	P
7800	193	0.3	0.525	19	1733	0.3

韩亮亮，敬霖，赵隆茂. 基于 Cowper-Symonds 本构模型铁路车轮扁疤激发的轮轨冲击仿真分析 [J]. 高压物理学报, 2017, 31(6):785-793.

表 2-221 Johnson-Cook 模型参数

A/MPa	B/MPa	n	C	m
583	513	0.32	0.0223	0.985

苏兴亚. 复杂载荷下高速轮/轨钢的动态力学行为与本构关系 [D]. 成都: 西南交通大学, 2019.

D2 钢

表 2-222 Johnson-Cook 模型参数

A/MPa	B/MPa	n	C	m
1776	904	0.312	0.012	3.38

刘战强, 吴继华, 史振宇, 等. 金属切削变形本构方程的研究 [J]. 工具技术, 2008, 42(3): 3-9.

D6A 钢

表 2-223 Johnson-Cook 模型参数

A/MPa	B/MPa	n	C	m	$\varepsilon_0 / \text{s}^{-1}$	$T_r / \text{℃}$
966.0	512.0	0.298	0.024	0.9	1	25
$T_m / \text{℃}$	$\rho /(\text{kg/m}^3)$	G / GPa	K / GPa	$c_s /(\text{km/s})$	$c_l /(\text{km/s})$	
1540.0	7800	81.4	165.8	3.23	5.93	

张林, 等. D6A、921 和 45 钢的动态破坏与低压冲击特性 [J]. 高压物理学报, 2003, 17(4): 305-310.

贺洪亮, 等. 45 钢、D6AC 钢和 921 钢的本构关系及动态断裂 [R]. 绵阳: 中国工程物理研究院, 1999.

表 2-224 *MAT_PLASTIC_KINEMATIC 模型参数（一）

$\rho /(\text{kg/m}^3)$	E / GPa	ν	σ_Y / GPa	E_P / GPa	β	C / s^{-1}	P
7800	210	0.3	1.37	2.1	1.0	1.0	100.0

周岩, 等. 弹丸侵彻预开孔靶板的数值模拟分析 [C]. 2005 年弹药战斗部学术交流会论文集, 珠海: 2005, 387-390.

表 2-225 *MAT_PLASTIC_KINEMATIC 模型参数（二）

$\rho /(\text{kg/m}^3)$	E / GPa	ν	σ_Y / GPa	E_t / GPa	β	C / s^{-1}	P
7850	207	0.3	2.07	22	1.0	4.0	0.6

梁斌, 等. 不同壳体材料装药对爆破威力影响分析 [C]. 战斗部与毁伤效率委员会第十届学术年会论文集, 绵阳, 2007.

桂毓林, 等. 带尾翼的翻转型爆炸成形弹丸的三维数值模拟 [J]. 爆炸与冲击, 2005, 25(4): 313-318.

DC01 钢

带曲线的详细材料模型参数请参见附带文件M37_DC01_0.8.k，单位制采用mm-ton-s。

表2-226 *MAT_TRANSVERSELY_ANISOTROPIC_ELASTIC_PLASTIC 模型参数（板厚 0.80mm）

ρ	E/MPa	PR	SIGY	ETAN	R	HLCID
7.85E-9	2.1E5	0.3	203.0	0.0	1.49	1

https://www.lstc.com.

带曲线的详细材料模型参数请参见附带文件M37_DC01_1.2.k，单位制采用mm-ton-s。

表2-227 MAT_TRANSVERSELY_ANISOTROPIC_ELASTIC_PLASTIC 模型参数（板厚 1.20mm）

ρ	E/MPa	PR	SIGY	ETAN	R	HLCID
7.85E-9	2.1E5	0.3	203.0	0.0	1.43	1

https://www.lstc.com.

带曲线的详细材料模型参数请参见附带文件M37_DC01_1.8.k，单位制采用mm-ton-s。

表2-228 *MAT_TRANSVERSELY_ANISOTROPIC_ELASTIC_PLASTIC 模型参数（板厚 1.80mm）

ρ	E/MPa	PR	SIGY	ETAN	R	HLCID
7.85E-9	2.1E5	0.3	206.0	0.0	1.33	1

https://www.lstc.com.

DC01+ZE 钢

带曲线的详细材料模型参数请参见附带文件M37_DC01+ZE_0.8.k，单位制采用mm-ton-s。

表2-229 *MAT_TRANSVERSELY_ANISOTROPIC_ELASTIC_PLASTIC 模型参数（板厚 0.80mm）

ρ	E/MPa	PR	SIGY	ETAN	R	HLCID
7.85E-9	2.1E5	0.3	193.0	0.0	1.49	1

https://www.lstc.com.

带曲线的详细材料模型参数请参见附带文件M37_DC01+ZE_1.2.k，单位制采用mm-ton-s。

表2-230 *MAT_TRANSVERSELY_ANISOTROPIC_ELASTIC_PLASTIC 模型参数（板厚 1.20mm）

ρ	E/MPa	PR	SIGY	ETAN	R	HLCID
7.85E-9	2.1E5	0.3	194.0	0.0	1.43	1

https://www.lstc.com.

带曲线的详细材料模型参数请参见附带文件 M37_DC01+ZE_1.8.k，单位制采用 mm-ton-s。

表2-231 *MAT_TRANSVERSELY_ANISOTROPIC_ELASTIC_PLASTIC 模型参数（板厚 1.80mm）

ρ	E/MPa	PR	SIGY	ETAN	R	HLCID
7.85E-9	2.1E5	0.3	202.0	0.0	1.33	1

https://www.lstc.com.

DC03 钢

带曲线的详细材料模型参数请参见附带文件M37_DC03_0.8.k，单位制采用mm-ton-s。

表 2-232　*MAT_TRANSVERSELY_ANISOTROPIC_ELASTIC_PLASTIC 模型参数（板厚 0.80mm）

ρ	E/MPa	PR	SIGY	ETAN	R	HLCID
7.85E-9	2.1E5	0.3	170.0	0.0	1.75	1

https://www.lstc.com.

带曲线的详细材料模型参数请参见附带文件M37_DC03_1.2.k，单位制采用mm-ton-s。

表 2-233　*MAT_TRANSVERSELY_ANISOTROPIC_ELASTIC_PLASTIC 模型参数（板厚 1.20mm）

ρ	E/MPa	PR	SIGY	ETAN	R	HLCID
7.85E-9	2.1E5	0.3	176.0	0.0	1.61	1

https://www.lstc.com.

带曲线的详细材料模型参数请参见附带文件M37_DC03_1.8.k，单位制采用mm-ton-s。

表 2-234　*MAT_TRANSVERSELY_ANISOTROPIC_ELASTIC_PLASTIC 模型参数（板厚 1.80mm）

ρ	E/MPa	PR	SIGY	ETAN	R	HLCID
7.85E-9	2.1E5	0.3	179.0	0.0	1.56	1

https://www.lstc.com.

DC04 钢

带曲线的详细材料模型参数请参见附带文件M36_0.80mm_DC04.k，单位制采用mm-ton-s。

表 2-235　*MAT_3-PARAMETER_BARLAT 模型参数（板厚 0.80mm）

ρ	E	PR	HR	P_1	P_2	M	R_{00}	R_{45}	R_{90}
7.8E-9	2.07E5	0.28	3.0	530.7	0.231	6.0	2.582	1.921	2.193
LCID	E_0	SPI	AOPT	A_1	A_2	A_3	D_1	D_2	D_3
99	0.0	0.0	2.0	1.0	0.0	0.0	0.0	1.0	0.0

ETA.

带曲线的详细材料模型参数请参见附带文件M37_0.80mm_DC04.k，单位制采用mm-ton-s。

表 2-236　*MAT_TRANSVERSELY_ANISOTROPIC_ELASTIC_PLASTIC 模型参数（板厚 0.80mm）（一）

ρ	E/MPa	PR	SIGY	ETAN	R	HLCID
7.8E-9	2.07E5	0.28	152.3	530.7	2.154	99

ETA.

带曲线的详细材料模型参数请参见附带文件M37_DC04_0.8.k，单位制采用mm-ton-s。

表 2-237　*MAT_TRANSVERSELY_ANISOTROPIC_ELASTIC_PLASTIC 模型参数（板厚 0.80mm）（二）

ρ	E/MPa	PR	SIGY	ETAN	R	HLCID
7.85E-9	2.07E5	0.3	163.0	0.0	1.88	1

ETA.

带曲线的详细材料模型参数请参见附带文件M37_DC04_1.2.k，单位制采用mm-ton-s。

表 2-238　*MAT_TRANSVERSELY_ANISOTROPIC_ELASTIC_PLASTIC 模型参数（板厚 1.20mm）

ρ	E/MPa	PR	SIGY	ETAN	R	HLCID
7.85E-9	2.07E5	0.3	164.0	0.0	1.82	1

ETA.

带曲线的详细材料模型参数请参见附带文件M37_DC04_1.8.k，单位制采用mm-ton-s。

表 2-239　*MAT_TRANSVERSELY_ANISOTROPIC_ELASTIC_PLASTIC 模型参数（板厚 1.80mm）

ρ	E/MPa	PR	SIGY	ETAN	R	HLCID
7.85E-9	2.07E5	0.3	166.0	0.0	1.78	1

ETA.

DC05 钢

带曲线的详细材料模型参数请参见附带文件M37_DC05_0.8.k，单位制采用mm-ton-s。

表 2-240　*MAT_TRANSVERSELY_ANISOTROPIC_ELASTIC_PLASTIC 模型参数（板厚 0.80mm）

ρ	E/MPa	PR	SIGY	ETAN	R	HLCID
7.85E-9	2.1E5	0.3	161.0	0.0	1.97	1

ETA.

带曲线的详细材料模型参数请参见附带文件M37_DC05_1.2.k，单位制采用mm-ton-s。

表 2-241　*MAT_TRANSVERSELY_ANISOTROPIC_ELASTIC_PLASTIC 模型参数（板厚 1.20mm）

ρ	E/MPa	PR	SIGY	ETAN	R	HLCID
7.85E-9	2.1E5	0.3	162.0	0.0	1.89	1

ETA.

带曲线的详细材料模型参数请参见附带文件M37_DC05_1.8.k，单位制采用mm-ton-s。

表 2-242　*MAT_TRANSVERSELY_ANISOTROPIC_ELASTIC_PLASTIC 模型参数（板厚 1.80mm）

ρ	E/MPa	PR	SIGY	ETAN	R	HLCID
7.85E-9	2.1E5	0.3	165.0	0.0	1.8	1

ETA.

DC06 钢

带曲线的详细材料模型参数请参见附带文件M36_0.80mm_DC06.k，单位制采用mm-ton-s。

表 2-243　*MAT_3-PARAMETER_BARLAT 模型参数（板厚 0.80mm）

ρ	E	PR	HR	P_1	P_2	m	R_{00}	R_{45}	R_{90}
7.8E-9	2.07E5	0.28	3.0	536.8	0.246	6.0	2.369	2.341	3.129
LCID	E_0	SPI	AOPT	A_1	A_2	A_3	D_1	D_2	D_3
99	0.0	0.0	2.0	1.0	0.0	0.0	0.0	1.0	0.0

ETA.

带曲线的详细材料模型参数请参见附带文件M37_0.80mm_DC06.k，单位制采用mm-ton-s。

表 2-244　*MAT_TRANSVERSELY_ANISOTROPIC_ELASTIC_PLASTIC 模型参数（板厚 0.80mm）

ρ	E/MPa	PR	SIGY	ETAN	R	HLCID
7.8E-9	2.07E5	0.28	142.3	536.8	2.545	99

ETA.

DC51D+Z 钢

带曲线的详细材料模型参数请参见附带文件M37_DC51D+Z_0.8.k，单位制采用mm-ton-s。

表 2-245　*MAT_TRANSVERSELY_ANISOTROPIC_ELASTIC_PLASTIC 模型参数（板厚 0.80mm）

ρ	E/MPa	PR	SIGY	ETAN	R	HLCID
7.85E-9	2.1E5	0.3	232.0	0.0	1.25	1

ETA.

带曲线的详细材料模型参数请参见附带文件M37_DC51D+Z_1.2.k，单位制采用mm-ton-s。

表 2-246　*MAT_TRANSVERSELY_ANISOTROPIC_ELASTIC_PLASTIC 模型参数（板厚 1.20mm）

ρ	E/MPa	PR	SIGY	ETAN	R	HLCID
7.85E-9	2.1E5	0.3	234.0	0.0	1.18	1

ETA.

带曲线的详细材料模型参数请参见附带文件M37_DC51D+Z_1.8.k，单位制采用mm-ton-s。

表 2-247　*MAT_TRANSVERSELY_ANISOTROPIC_ELASTIC_PLASTIC 模型参数（板厚 1.80mm）

ρ	E/MPa	PR	SIGY	ETAN	R	HLCID
7.85E-9	2.1E5	0.3	238.0	0.0	1.18	1

ETA.

DC52D+Z 钢

带曲线的详细材料模型参数请参见附带文件M37_DC52D+Z_0.8.k，单位制采用mm-ton-s。

表 2-248 *MAT_TRANSVERSELY_ANISOTROPIC_ELASTIC_PLASTIC 模型参数（板厚 0.80mm）

ρ	E/MPa	PR	SIGY	ETAN	R	HLCID
7.85E-9	2.1E5	0.3	223.0	0.0	1.32	1

ETA.

带曲线的详细材料模型参数请参见附带文件M37_DC52D+Z_1.2.k，单位制采用mm-ton-s。

表 2-249 *MAT_TRANSVERSELY_ANISOTROPIC_ELASTIC_PLASTIC 模型参数（板厚 1.20mm）

ρ	E/MPa	PR	SIGY	ETAN	R	HLCID
7.85E-9	2.1E5	0.3	227.0	0.0	1.24	1

ETA.

带曲线的详细材料模型参数请参见附带文件M37_DC52D+Z_1.8.k，单位制采用mm-ton-s。

表 2-250 *MAT_TRANSVERSELY_ANISOTROPIC_ELASTIC_PLASTIC 模型参数（板厚 1.80mm）

ρ	E/MPa	PR	SIGY	ETAN	R	HLCID
7.85E-9	2.1E5	0.3	230.0	0.0	1.24	1

ETA.

DC53D+Z 钢

带曲线的详细材料模型参数请参见附带文件M37_DC53D+Z_0.8.k，单位制采用mm-ton-s。

表 2-251 *MAT_TRANSVERSELY_ANISOTROPIC_ELASTIC_PLASTIC 模型参数（板厚 0.80mm）

ρ	E/MPa	PR	SIGY	ETAN	R	HLCID
7.85E-9	2.1E5	0.3	180.0	0.0	1.4	1

ETA.

带曲线的详细材料模型参数请参见附带文件M37_DC53D+Z_1.2.k，单位制采用mm-ton-s。

表 2-252 *MAT_TRANSVERSELY_ANISOTROPIC_ELASTIC_PLASTIC 模型参数（板厚 1.20mm）

ρ	E/MPa	PR	SIGY	ETAN	R	HLCID
7.85E-9	2.1E5	0.3	184.0	0.0	1.38	1

ETA.

带曲线的详细材料模型参数请参见附带文件M37_DC53D+Z_1.8.k，单位制采用mm-ton-s。

表 2-253 *MAT_TRANSVERSELY_ANISOTROPIC_ELASTIC_PLASTIC 模型参数（板厚 1.80mm）

ρ	E/MPa	PR	SIGY	ETAN	R	HLCID
7.85E-9	2.1E5	0.3	170.0	0.0	1.37	1

ETA.

DC53D+ZF 钢

表 2-254　简化 Johnson-Cook 模型参数

A/MPa	B/MPa	n	C
198	391	0.39	0.028

陈贵江，等. 汽车用合金化镀锌深冲钢板动态变形行为试验研究及仿真分析 [J]. 机械工程学报，2010,46(24):10-15.

DC54D+Z 钢

带曲线的详细材料模型参数请参见附带文件M37_DC54D+Z_0.8.k，单位制采用mm-ton-s。

表 2-255　*MAT_TRANSVERSELY_ANISOTROPIC_ELASTIC_PLASTIC 模型参数（板厚 0.80mm）

ρ	E/MPa	PR	SIGY	ETAN	R	HLCID
7.85E-9	2.1E5	0.3	166.0	0.0	1.7	1

ETA.

带曲线的详细材料模型参数请参见附带文件M37_DC54D+Z_1.2.k，单位制采用mm-ton-s。

表 2-256　*MAT_TRANSVERSELY_ANISOTROPIC_ELASTIC_PLASTIC 模型参数（板厚 1.20mm）

ρ	E/MPa	PR	SIGY	ETAN	R	HLCID
7.85E-9	2.1E5	0.3	170.0	0.0	1.65	1

ETA.

带曲线的详细材料模型参数请参见附带文件M37_DC54D+Z_1.8.k，单位制采用mm-ton-s。

表 2-257　*MAT_TRANSVERSELY_ANISOTROPIC_ELASTIC_PLASTIC 模型参数（板厚 1.80mm）

ρ	E/MPa	PR	SIGY	ETAN	R	HLCID
7.85E-9	2.1E5	0.3	179.0	0.0	1.73	1

ETA.

DC56 钢

带曲线的详细材料模型参数请参见附带文件M36_0.60mm_DC56.k，单位制采用mm-ton-s。

表 2-258　*MAT_3-PARAMETER_BARLAT 模型参数（板厚 0.60mm）

ρ	E	PR	HR	P_1	P_2	m	R_{00}	R_{45}	R_{90}
7.8E-9	2.07E5	0.28	3.0	495.1	0.23	6.0	1.997	1.875	2.504
LCID	E_0	SPI	AOPT	A_1	A_2	A_3	D_1	D_2	D_3
99	0.0	0.0	2.0	1.0	0.0	0.0	0.0	1.0	0.0

ETA.

带曲线的详细材料模型参数请参见附带文件M37_0.60mm_DC56.k，单位制采用mm-ton-s。

表 2-259　*MAT_TRANSVERSELY_ANISOTROPIC_ELASTIC_PLASTIC 模型参数（板厚 0.60mm）

ρ	E/MPa	PR	SIGY	ETAN	R	HLCID
7.8E-9	2.07E5	0.28	135.3	495.1	2.063	99

ETA.

DC56D+Z 钢

带曲线的详细材料模型参数请参见附带文件M37_DC56D+Z_0.8.k，单位制采用mm-ton-s。

表 2-260　*MAT_TRANSVERSELY_ANISOTROPIC_ELASTIC_PLASTIC 模型参数（板厚 0.80mm）

ρ	E/MPa	PR	SIGY	ETAN	R	HLCID
7.85E-9	2.1E5	0.3	157.0	0.0	2.06	1

ETA.

带曲线的详细材料模型参数请参见附带文件M37_DC56D+Z_1.2.k，单位制采用mm-ton-s。

表 2-261　*MAT_TRANSVERSELY_ANISOTROPIC_ELASTIC_PLASTIC 模型参数（板厚 1.20mm）

ρ	E/MPa	PR	SIGY	ETAN	R	HLCID
7.85E-9	2.1E5	0.3	160.0	0.0	1.98	1

ETA.

带曲线的详细材料模型参数请参见附带文件M37_DC56D+Z_1.8.k，单位制采用mm-ton-s。

表 2-262　*MAT_TRANSVERSELY_ANISOTROPIC_ELASTIC_PLASTIC 模型参数（板厚 1.80mm）

ρ	E/MPa	PR	SIGY	ETAN	R	HLCID
7.85E-9	2.1E5	0.3	168.0	0.0	1.89	1

ETA.

DDQ 钢

表 2-263　*MAT_KINEMATIC_HARDENING_TRANSVERSELY_ANISOTROPIC
模型参数（NUMISHEET 2008，单位制 ton-mm-s）

ρ	E	PR	R	CB	Y	SC1	K
7.85E-9	2.07E5	0.28	1.5	127.1	114.0	547.3	6.0
RSAT	SB	H	EA	COE	IOPT	C_1	C_2
459.5	46.2	1.0	0.0	0.0	1	0.001	0.26

https://www.lstc.com.

表 2-264　Johnson-Cook 模型参数（一）

厚度/mm	A/MPa	B/MPa	n	C	m
1.8	211.6	516.7	0.300	0.0346	0.822

表 2-265 Power-Law 模型参数

厚度/mm	K/MPa	n	ε_0
1.8	578.1	0.183	7.46E-4

NADER ABEDRABBO, ROBERT MAYER, ALAN THOMPSON, et al. Crash response of advanced high-strength steel tubes: Experiment and model [J]. International Journal of Impact Engineering, 2009, 36: 1044-1057.

表 2-266 Johnson-Cook 模型参数（二）

A/MPa	B/MPa	n	C	m
330.19	423.18	0.575	0.0346	0.822

表 2-267 Zerilli-Armstrong 模型参数

C_0/MPa	C_1/MPa	C_3	C_4	C_5/MPa	q
181.89	946.3	0.00688	0.00041	433.88	0.563

ALAN C THOMPSON. High Strain Rate Characterization of Advanced High Strength Steels [D]. Waterloo: University of Waterloo, 2006.

表 2-268 *MAT_KINEMATIC_HARDENING_TRANSVERSELY_ ANISOTROPIC 模型参数（单位制 ton-mm-s）

ρ/(ton/mm^3)	E/MPa	PR	R	CB	Y	SC1	K
7.85E-9	2.07E5	0.28	1.5	127.1	114.0	547.3	6.0
RSAT	SB	H	EA	COE	IOPT	C_1	C_2
459.5	46.2	1.0	0	0	1	0.001	0.26

https://www.lstc.com.

DH-36 钢

表 2-269 Johnson-Cook 模型参数（一）

A/MPa	B/MPa	n	C	m	T_r/K	T_m/K	$\dot{\varepsilon}_0$/s^{-1}
1020	1530	0.4	0.015	0.32	50	1773	10

KLEPACZKO J R, RUSINEK A, RODRÍGUEZ-MARTÍNEZ J A, et al. Modelling of thermo-viscoplastic behaviour of DH-36 and Weldox 460-E structural steels at wide ranges of strain rates and temperatures, comparison of constitutive relations for impact problems [OL]. http://e-archivo.uc3m.es/handle/10016/11948?locale-attribute= en.

表 2-270 Johnson-Cook 模型参数（二）

A/MPa	B/MPa	n	C	m	T_r/K	T_m/K	$\dot{\varepsilon}_0$/s^{-1}
844	1266	0.4	0.015	0.32	50	1773	10^{-6}

注：适用于低应变率（$10^{-3} \sim 500 \mathrm{s}^{-1}$）范围。

CHRISTIAN KELLER, UWE HERBRICH. Plastic Instability of Rate-Dependent Materials – A Theoretical Approach in Comparison to FE Analyses [C]. 11th European LS-DYNA Conference, Salzburg, 2017.

电工钢

表 2-271 电工钢（Carpenter Electrical iron）Johnson-Cook 模型参数

$\rho /(\mathrm{kg/m^3})$	洛氏硬度	$C_p /(\mathrm{J \cdot kg^{-1} \cdot K^{-1}})$	T_m / K	A / MPa	B / MPa	n	C	m
7890	F-83	452	1811	290	339	0.40	0.055	0.55

JOHNSON G R, COOK W H. A constitutive model and data for metals subjected to large strains, high strain-rates and high temperatures [C]. Proceedings of Seventh International Symposium on Ballistics, Hague, April 1983: 541-547.

Domex Protect 500 钢

文献作者获取了 Domex Protect 500 高强度装甲钢的 Modified_Johnson_Cook 材料模型参数，该模型不需要单独的状态方程，考虑了应变率效应和材料的破坏，其本构关系表达式为：

$$\sigma_Y = (A + B\varepsilon_{eq}^n)(1 + \dot{\varepsilon}_{eq}^*)^C(1 - T^{*m})$$

绝热温升通过下式计算：

$$\Delta T = \int_0^{\varepsilon_{eq}} \chi \frac{\sigma_{eq} \mathrm{d}\varepsilon_{eq}}{\rho C_p}$$

式中，χ 是塑性功转化为热量的转化系数。

失效模型采用 CL 模型：

$$W = \int_0^{\varepsilon_{eq}} \langle \sigma_1 \rangle \mathrm{d}\varepsilon_{eq} \leqslant W_{cr}$$

除了 CL 失效准则外，还采用基于温度的失效准则：$T_c = 0.9T_m$，即当材料温度达到熔点的 90% 时，就删除该单元。

表 2-272 修正的 Johnson-Cook 材料模型参数

$\rho /(\mathrm{kg/m^3})$	E / GPa	ν	$C_p /(\mathrm{J \cdot kg^{-1} \cdot K^{-1}})$	χ	$a / \mathrm{K^{-1}}$
7850	210	0.33	452	0.9	1.2×10^{-5}
T_c^*	A / MPa	B / MPa	n	C	m
0.9	2030	504	1.0	0.001	1.0
$\dot{\varepsilon}_0 / \mathrm{s^{-1}}$	T_r / K	T_m / K	ε_f	W_{cr} / MPa	
5×10^{-4}	293	1800	0.67	1484	

BØRVIK T, DEY S, CLAUSEN A H. Perforation resistance of five different high-strength steel plates subjected to small-arms projectiles [J]. International Journal of Impact Engineering, 2009, 36(7): 948-964.

DP1000 超高强冷轧双相钢

使用 CMT4105 型电子万能试验机和霍普金森拉杆（SHTB）装置研究了超高强冷轧双相钢 DP1000 在室温下的准静态和动态拉伸力学性能，并拟合了传统和修正的 Johnson-Cook 本构模型参数。

传统的 Johnson-Cook 本构模型：

$$\sigma = (467.2 + 1431\varepsilon^{0.321})(1 + 0.012\ln \dot{\varepsilon}^*)$$

修正的 Johnson-Cook 本构模型：

$$\sigma = (467.2 + 1429\varepsilon^{0.322})[1 + 0.01\ln\dot{\varepsilon}^* + 0.078(\ln\dot{\varepsilon}^*)^2]$$

代启锋, 宋仁伯, 蔡恒君, 等. 超高强冷轧双相钢 DP1000 高应变速率下的拉伸性能 [J]. 材料研究学报, 2013, 27(1): 25-31.

DP590 钢

带曲线的详细模型参数见附带文件M37_DP590_NUMI2011_BM3.k，单位制采用ton-mm-s。

表 2-273　*MAT_TRANSVERSELY_ANISOTROPIC_ELASTIC_PLASTIC 模型参数

ρ	E	PR	SIGY	ETAN	R	HLCID
7.83E-9	2.07E5	0.30	428.16322	0.0	0.7923	90903

https://www.lstc.com.

带曲线的详细材料模型参数见附带文件M24_DP590_NUMI2011_BM3.k，单位制采用ton-mm-s。

表 2-274　*MAT_PIECEWISE_LINEAR_PLASTICITY 模型参数

ρ	E	PR	SIGY	LCSS
7.83E-9	2.07E5	0.30	428.16322	90903

https://www.lstc.com.

表 2-275　简化 Johnson-Cook 模型参数

A/MPa	B/MPa	n	C
430	824	0.51	0.017

VEDANTAM K, BAJAJ D, BRARL N S, et al. JOHNSON-COOK STRENGTH MODELS FOR MILD AND DP 590 STEELS [C]. Shock Compression of Condensed Matter, 2005.

DP600 钢

带曲线的详细模型参数见附带文件M37_DP600_DFEP.k，单位制采用ton-mm-s。

表 2-276　*MAT_TRANSVERSELY_ANISOTROPIC_ELASTIC_PLASTIC 模型参数

ρ	E	PR	SIGY	ETAN	R	HLCID
7.83E-9	2.07E5	0.28	365.6581	0.0	0.95	90903

https://www.lstc.com.

带曲线的详细材料模型参数见附带文件M24_DP600_DFEP.k，单位制采用ton-mm-s。

表 2-277　*MAT_PIECEWISE_LINEAR_PLASTICITY 模型参数（一）

ρ	E	PR	SIGY	LCSS
7.83E-9	2.07E5	0.28	365.6581	90903

https://www.lstc.com.

带曲线的详细材料模型参数见附带文件M24_DP600_NUMI2005Xmbr.k，单位制采用ton-mm-s。

表 2-278 *MAT_PIECEWISE_LINEAR_PLASTICITY 模型参数（二）

ρ	E	PR	SIGY	LCSS
7.83E-9	2.07E5	0.28	395	90903

https://www.lstc.com.

带曲线的详细材料模型参数见附带文件M24_DP600_NUMI2014.k，单位制采用ton-mm-s。

表 2-279 *MAT_PIECEWISE_LINEAR_PLASTICITY 模型参数（三）

ρ	E	PR	SIGY	LCSS
7.83E-9	2.07E5	0.30	394.9	90903

https://www.lstc.com.

表 2-280 *MAT_3-PARAMETER_BARLAT 模型参数（单位制采用 mm-ton-s，板厚 1.0mm）

ρ	E	PR	HR	P_1	P_2	m	R_{00}	R_{45}	R_{90}
7.83E-9	2.07E5	0.30	2.0	1097.0	0.182	6.0	0.94	1.44	0.90
LCID	E_0	SPI	AOPT	A_1	A_2	A_3	D_1	D_2	D_3
0	0.00192	0.0	2.0	1.0	0.0	0.0	0.0	1.0	0.0

ETA.

带曲线的详细模型参数见附带文件M37_DP600_NUMI2005Xmbr.k，单位制采用ton-mm-s。

表 2-281 *MAT_TRANSVERSELY_ANISOTROPIC_ELASTIC_PLASTIC 模型参数（一）

ρ	E	PR	SIGY	ETAN	R	HLCID
7.83E-9	2.07E5	0.28	395.0	0.0	0.864	90903

https://www.lstc.com.

带曲线的详细模型参数见附带文件M37_NLP_Curve_DP600_NUMI2014，单位制采用ton-mm-s。

表 2-282 *MAT_TRANSVERSELY_ANISOTROPIC_ELASTIC_PLASTIC 模型参数（二）

ρ	E	PR	SIGY	ETAN	R	HLCID
7.83E-9	2.07E5	0.30	394.9	0.0	1.035	90903

https://www.lstc.com.

表 2-283 *MAT_KINEMATIC_HARDENING_TRANSVERSELY_ANISOTROPIC
模型参数（NUMISHEET 2014 BM1 DP600，厚度 1.00mm，单位制 ton-mm-s）

ρ	E	PR	R	CB	Y	SC1	K
7.83E-9	2.07E5	0.3	1.035	422.8	304.2	398.5	28.0
RSAT	SB	H	EA	COE	IOPT	C_1	C_2
702.7	136.9	0.91	0	0	1	0.0065	0.545

https://www.lstc.com.

表 2-284　*MAT_KINEMATIC_HARDENING_TRANSVERSELY_ANISOTROPIC
模型参数（NUMISHEET 2014 BM1 DP600，厚度 1.00mm，单位制 ton-mm-s）

ρ	E	PR	R	CB	Y	SC1	K
7.85E−9	2.07E5	0.28	0.95	368.8	258.8	471.0	45.5
RSAT	SB	H	EA	COE	IOPT	C_1	C_2
605.5	163.0	0.9	0.0	0.0	1	0.016	0.44

https://www.lstc.com.

表 2-285　*MAT_KINEMATIC_HARDENING_BARLAT89 模型参数
（NUMISHEET 2014，厚度 1.10mm，单位制 ton-mm-s）

ρ	E	PR	m	R_{00}	R_{45}	R_{90}	CB	Y
7.83E−9	2.07E5	0.3	6.0	0.94	1.44	0.9	422.8	304.2
SC1	K	RSAT	SB	H	HLCID	AOPT	IOPT	C_1
398.5	28.0	702.7	136.9	0.91	0	2	1	0.0065
C_2	A_1	A_2	A_3	V_1	V_2	V_3		
0.545	1.0	0.0	0.0	0.0	0.0	0.0		

https://www.lstc.com.

带曲线的详细材料模型及GISSMO失效模型参数见附带文件M24_DP600-GISSMO.k。

表 2-286　*MAT_PIECEWISE_LINEAR_PLASTICITY 模型参数（单位 kg-mm-ms）

ρ	E	PR	SIGY	ETAN	FAIL
7.83E−6	200	0.30	0.362	0.0	1.0E21

https://www.lstc.com.

表 2-287　*MAT_HILL_3R 模型参数（单位制采用 ton-mm-s，板厚 1.00mm）

ρ	E	PR	HR	P_1	P_2	R_{00}	R_{45}	R_{90}
7.83E−9	2.07E5	0.30	2.0	1097.0	0.182	0.94	1.44	0.9
LCID	E_0	AOPT	A_1	A_2	A_3	D_1	D_2	D_3
0	0.00192	2.0	1.0	0.0	0.0	0.0	1.0	0.0

https://www.lstc.com.

表 2-288　Johnson-Cook 模型参数（一）

厚度/mm	A/MPa	B/MPa	n	C	m
1.8	350.0	655.7	0.189	0.0144	0.867

表 2-289　Power-Law 模型参数

厚度/mm	K/MPa	n	ε_0
1.8	900.0	0.109	2.24E−3

NADER ABEDRABBO, ROBERT MAYER, ALAN THOMPSON, et al. Crash response of advanced high-strength steel tubes: Experiment and model [J]. International Journal of Impact Engineering, 2009, 36: 1044-1057.

表 2-290 Johnson-Cook 模型参数（二）

A/MPa	B/MPa	n	C	m
165	968.57	0.206	0.0145	0.868

表 2-291 Zerilli-Armstrong 模型参数

C_0/MPa	C_1/MPa	C_3	C_4	C_5/MPa	q
162.81	7829.52	0.0136	0.00032	889.21	0.288

ALAN C THOMPSON. High Strain Rate Characterization of Advanced High Strength Steels [D]. Waterloo: University of Waterloo, 2006.

表 2-292 *MAT_3-PARAMETER_BARLAT 模型参数
（NUMISHEET 2014 BM1 DP600，厚度 1.00mm，单位制 ton-mm-s）

ρ/(ton/mm³)	E/MPa	PR	HR	P_1	P_2	m	R_{00}	R_{45}	R_{90}
7.83E-9	2.07E5	0.3	2.0	1097.0	0.182	6.0	0.94	1.44	0.90
LCID	E_0	AOPT	A_1	A_2	A_3	V_1	V_2	V_3	
0	0.00192	2.0	1.0	0.0	0.0	0.0	1.0	0.0	

https://www.lstc.com.

表 2-293 *MAT_HILL_3R 模型参数（NUMISHEET 2014 BM1 DP600，
厚度 1.00mm，单位制 ton-mm-s）

ρ/(ton/mm³)	E/MPa	PR	HR	P_1	P_2	R_{00}	R_{45}	R_{90}
7.83E-9	2.07E5	0.3	2.0	1097.0	0.182	0.94	1.44	0.90
LCID	E_0	AOPT	A_1	A_2	A_3	V_1	V_2	V_3
0	0.00192	2.0	1.0	0.0	0.0	0.0	0.0	0.0
D_1	D_2	D_3	BETA					
0.0	1.0	0.0	0.0					

https://www.lstc.com.

表 2-294 *MAT_KINEMATIC_HARDENING_TRANSVERSELY_ANISOTROPIC
模型参数（单位制 ton-mm-s）

ρ/(ton/mm³)	E/MPa	PR	R	CB	Y	SC1	K
7.85E-9	2.07E5	0.28	0.95	368.80	258.8	471.0	45.5
RSAT	SB	H	EA	COE	IOPT	C_1	C_2
605.5	163.0	0.9	0	0	1	0.016	0.44

LSTC(from M. Shi's paper in NUMISHEET'08).

DP780 钢

带曲线的详细材料模型参数见附带文件M24_DP780_DFEP.k。

表 2-295　*MAT_PIECEWISE_LINEAR_PLASTICITY 模型参数（单位 kg-mm-ms）

ρ	E	PR	SIGY	ETAN	FAIL
7.85E-6	210	0.30	0.0	0.0	1.0E21

https://www.lstc.com.

带曲线的详细材料模型参数见附带文件M37_DP780_DFEP.k，单位制采用ton-mm-s。

表 2-296　*MAT_TRANSVERSELY_ANISOTROPIC_ELASTIC_PLASTIC 模型参数

ρ	E	PR	SIGY	ETAN	R	HLCID
7.85E-9	2.07E5	0.30	519.1	0.0	−0.806	90901

https://www.lstc.com.

带曲线的详细材料模型参数见附带文件M125_DP780_ASP_BplrUSS.k，单位制采用ton-mm-s。

表 2-297　*MAT_KINEMATIC_HARDENING_TRANSVERSELY_ANISOTROPIC 模型参数（一）

ρ	E	PR	R	HLCID	OPT	CB	Y
7.85E-9	2.07E5	0.30	0.806	99	2	626.0	519.0
SC1	K	RSAT	SB	H	IOPT	C_1	C_2
109.0	40.0	545.0	275.0	0.99	1	0.01	0.53

https://www.lstc.com.

带曲线的详细材料模型参数见附带文件M125_DP780_NUMI2011.k，单位制采用ton-mm-s。

表 2-298　*MAT_KINEMATIC_HARDENING_TRANSVERSELY_ANISOTROPIC 模型参数（二）

ρ	E	PR	R	HLCID	OPT	CB	Y
7.85E-9	1.988E5	0.30	0.781	90903	2	654.72	528.0
SC1	K	RSAT	SB	H	IOPT	EA	COE
110.88	29.5	496.32	166.32	1.0	1	1.668E5	95.0

https://www.lstc.com.

带曲线的详细材料模型参数见附带文件M125_DP780sscrv_NUMI2008.k，单位制采用ton-mm-s。

表 2-299　*MAT_KINEMATIC_HARDENING_TRANSVERSELY_ANISOTROPIC 模型参数（三）

ρ	E	PR	R	HLCID	OPT	CB	Y
7.83E-9	2.07E5	0.28	0.85	99	2	453.5	291.6
SC1	K	RSAT	SB	H	IOPT	C_1	C_2
513.2	62.5	700.0	449.1	0.95	1	0.052	0.955

https://www.lstc.com.

表 2-300 Johnson-Cook 模型参数

厚度/mm	A/MPa	B/MPa	n	C	m
1.5	584.0	831.0	0.348	0.0120	1.230

表 2-301 Power-Law 模型参数

厚度/mm	K/MPa	n	ε_0
1.5	1166.4	0.130	2.60E-3

NADER ABEDRABBO, ROBERT MAYER, ALAN THOMPSON, et al. Crash response of advanced high-strength steel tubes: Experiment and model [J]. International Journal of Impact Engineering, 2009, 36: 1044-1057.

表 2-302 *MAT_KINEMATIC_HARDENING_TRANSVERSELY_ ANISOTROPIC 模型参数（单位制 ton-mm-s）

ρ/(ton/mm^3)	E/MPa	PR	R	CB	Y	SC1	K
7.83E-9	2.07E5	0.28	0.85	453.5	291.6	513.2	62.5
RSAT	SB	H	EA	COE	IOPT	C_1	C_2
700.0	449.1	0.95	0	0	1	0.052	0.955

LSTC(from M. Shi's paper in NUMISHEET'08).

DP800 钢

表 2-303 简化 Johnson-Cook 模型参数（一）

A/MPa	B/MPa	n	C	$\dot{\varepsilon}_0$/s^{-1}
471.9	1025.5	0.581	0.016	0.01

DANIEL BJÖRKSTRÖM. FEM simulation of Electrohydraulic Forming [R], KTH Industrial Production, Joining Technology, 2008.

表 2-304 简化 Johnson-Cook 模型参数（二）

A/MPa	B/MPa	n	C
495	1123.08	0.46	0.012

LUIS F TRIMIÑO, DUANE S CRONIN. Non-direct similitude technique applied to the dynamic axial impact of bonded crush tubes [J]. International Journal of Impact Engineering, 2013, 64: 39-52.

DP980 钢

带曲线的详细材料模型参数见附带文件M37_DP980_DFEP.k，单位制采用ton-mm-s。

表 2-305 *MAT_TRANSVERSELY_ANISOTROPIC_ELASTIC_PLASTIC 模型参数

ρ	E	PR	R	HLCID
7.8E-9	2.07E5	0.30	0.85	99

https://www.lstc.com.

带曲线的详细材料模型参数见附带文件 M125_DP980sscrv_ASPrail.k，单位制采用 ton-mm-s。

表 2-306 *MAT_KINEMATIC_HARDENING_TRANSVERSELY_ANISOTROPIC 模型参数

ρ	E	PR	R	HLCID	OPT	CB	Y
7.83E-9	2.07E5	0.28	0.85	99	2	822.0	399.12
SC1	K	RSAT	SB	H	IOPT	C_1	C_2
275.0	44.0	0.0	405.0	0.45	1	0.001	0.0

https://www.lstc.com.

带曲线的详细材料模型参数见附带文件 M125-HC550-980DP_1.2.k，单位制采用 ton-mm-s。

表 2-307 *MAT_KINEMATIC_HARDENING_TRANSVERSELY_ANISOTROPIC 模型参数
（HC550，厚度 1.2mm）

ρ	E	PR	R	HLCID	CB	Y	SC1	K
7.83E-9	2.07E5	0.3	0.915	1	847.2	556.9	254.0	34.5
RSAT	SB	H	SC2	EA	COE	IOPT	C_1	C_2
823.3	17.2	0.703	146.7	1.782E5	45.9	1	0.001	0.128

https://www.lstc.com.

带曲线的详细材料模型参数见附带文件 M125-HC650-980DP_2.0.k，单位制采用 ton-mm-s。

表 2-308 *MAT_KINEMATIC_HARDENING_TRANSVERSELY_ANISOTROPIC 模型参数
（HC650，厚度 2.0mm）

ρ	E	PR	R	HLCID	CB	Y	SC1	K
7.83E-9	2.07E5	0.3	0.84	1	986.47	563.04	111.52	16.14
RSAT	SB	H	SC2	EA	COE	IOPT	C_1	C_2
1499.75	40.0	0.18	265.25	1.782E5	45.9	1	0.67	1.0

https://www.lstc.com.

带曲线的详细材料模型参数见附带文件 M24_DP980_DFEP.k，单位制采用 ton-mm-s。

表 2-309 *MAT_PIECEWISE_LINEAR_PLASTICITY 模型参数

ρ	E	PR	SIGY	LCSS
7.8E-9	2.07E5	0.30	783.1	90903

https://www.lstc.com.

表 2-310 *MAT_KINEMATIC_HARDENING_TRANSVERSELY_ANISOTROPIC 模型参数
（单位制 ton-mm-s）

ρ	E	PR	R	HLCID	CB	Y	SC1	K
7.83E-9	2.07E5	0.28	0.8	0	822.0	399.0	275.0	44.0
RSAT	SB	H	EA	COE	IOPT	C_1	C_2	
0.0	405.0	0.45	0.0	0.0.0	1	0.001	0.0	

https://www.lstc.com.

表 2-311 *MAT_KINEMATIC_HARDENING_TRANSVERSELY_
ANISOTROPIC 模型参数（单位制 ton-mm-s）

$\rho/(ton/mm^3)$	E/MPa	PR	R	CB	Y	SC1	K
7.83E-9	2.07E5	0.28	0.8	822.0	399.0	275.0	44.0
RSAT	SB	H	EA	COE	IOPT	C_1	C_2
0.0	405.0	0.45	0	0	1	0.001	0.0

https://www.lstc.com.

DPX800 钢

表 2-312 简化 Johnson-Cook 模型参数

A/MPa	B/MPa	n	C	$\dot{\varepsilon}_0/s^{-1}$
529.2	967.9	0.337	0.01	0.01

DANIEL BJÖRKSTRÖM. FEM simulation of Electrohydraulic Forming [R], KTH Industrial Production, Joining Technology, 2008.

DQSK25ksi 钢

带曲线的详细材料模型参数见附带文件M24_DQSK25Ksi_t069.k，单位制采用mm-ton-s。

表 2-313 *MAT_PIECEWISE_LINEAR_PLASTICITY 模型参数（板厚 0.69mm）

ρ	E	PR	SIGY	ETAN	LCSS
7.9E-9	2.07E5	0.30	179.818	0.0	90903

https://www.lstc.com.

带曲线的详细材料模型参数请参见附带文件M37_DQSK25Ksi_t069.k，单位制采用mm-ton-s。

表 2-314 *MAT_TRANSVERSELY_ANISOTROPIC_ELASTIC_PLASTIC 模型参数（板厚 0.69mm）

ρ	E/MPa	PR	SIGY	ETAN	R	HLCID
7.9E-9	2.07E5	0.30	179.818	0.0	-1.63	90903

ETA.

DT300 合金钢

表 2-315　简化 Johnson-Cook 模型参数

A/MPa	B/MPa	n	C
1603	382.5	0.245	0.025

廖雪松,等. 三种合金钢材料动态力学性能试验研究 [C]. 第十三届全国战斗部与毁伤技术学术交流会论文集, 黄山, 2013, 1345-1349.

EN-1.4016 钢

表 2-316　简化 Johnson-Cook 模型参数

A/MPa	B/MPa	n	C	$\dot{\varepsilon}_0$/s^{-1}
184.5	703.7	0.261	0.02	0.01

DANIEL BJÖRKSTRÖM. FEM simulation of Electrohydraulic Forming [R], KTH Industrial Production, Joining Technology, 2008.

EN-1.4301 钢

表 2-317　简化 Johnson-Cook 模型参数

A/MPa	B/MPa	n	C	$\dot{\varepsilon}_0$/s^{-1}
339.7	1095.6	0.801	0.025	0.01

DANIEL BJÖRKSTRÖM. FEM simulation of Electrohydraulic Forming [R], KTH Industrial Production, Joining Technology, 2008.

EN-1.4509 钢

表 2-318　简化 Johnson-Cook 模型参数

A/MPa	B/MPa	n	C	$\dot{\varepsilon}_0$/s^{-1}
335.1	590.2	0.533	0.026	0.01

DANIEL BJÖRKSTRÖM. FEM simulation of Electrohydraulic Forming [R], KTH Industrial Production, Joining Technology, 2008.

EN-1.4512 钢

表 2-319　简化 Johnson-Cook 模型参数

A/MPa	B/MPa	n	C	$\dot{\varepsilon}_0$/s^{-1}
247.2	440.0	0.446	0.043	0.01

DANIEL BJÖRKSTRÖM. FEM simulation of Electrohydraulic Forming [R], KTH Industrial Production, Joining Technology, 2008.

EN-GJS-600-3 球墨铸铁

表 2-320　*MAT_PLASTIC_KINEMATIC 模型参数

ρ/(ton/mm³)	E/MPa	ν	SIGY/MPa	ETAN/MPa
7.2E-9	174000	0.275	370	76

SWIDERGAL K, et al. Structural Analysis of an Automotive Forming Tool for Large Presses Using LS-DYNA [C]. 10th European LS-DYNA Conference, Würzburg, 2015.

FC200 灰铸铁

表 2-321　单元失效计算模型动态力学特性参数（通过*MAT_ADD_EROSION 中 SIGP1 添加失效）

ρ/(ton/mm³)	E/MPa	ν	SIGP1/MPa
7.04E-9	100000	0.26	250

表 2-322　XFEM 计算模型基本参数

ρ/(ton/mm³)	E/MPa	ν	K_{IC} / (MPa · $\sqrt{m}$)	G_{IC} /(N/mm)
7.04E-9	100000	0.26	39.306	14.41
ELFORM	**BASELM**	**DOMINT**	**FAILCR**	
54	16	1	1	

能量释放率由以下公式计算出：

$$G_{IC} = K_{IC}^2 \frac{(1 - \nu^2)}{E}$$

表 2-323　*MAT_COHESIVE_TH 内聚单元材料模型参数

SIGMAX/MPa	NLS/mm	TLS/mm	LAMDA1	LAMDA2	LAMDAF
1921	0.015	0.015	0.0	0.0	1.0

TORU TSUDA, et al. Three-Point Bending Crack Propagation Analysis of Beam Subjected to Eccentric Impact Loading by X-FEM [C]. 10th European LS-DYNA Conference, Würzburg, 2015.

Fe-Mn-C TWIP 钢

表 2-324　简化 Johnson-Cook 模型参数

A/MPa	B/MPa	n	C
550	1926	0.837	0.019

高永亮，等. 高应变速率冲击条件下 Fe-Mn-C TWIP 钢的力学性能 [J]. 材料热处理学报, 2015,Vol. 36(9):119-123.

FEP04 钢

带曲线的详细材料模型参数请参见附带文件M36_0.70mm_FEP04.k，单位制采用mm-ton-s。

表 2-325　*MAT_3-PARAMETER_BARLAT 模型参数（板厚 0.70mm）

ρ	E	PR	HR	P_1	P_2	m	R_{00}	R_{45}	R_{90}
7.8E-9	2.07E5	0.28	3.0	531.5	0.237	6.0	2.108	2.03	2.747
LCID	E_0	SPI	AOPT	A_1	A_2	A_3	D_1	D_2	D_3
99	0.0	0.0	2.0	1.0	0.0	0.0	0.0	1.0	0.0

ETA.

带曲线的详细材料模型参数请参见附带文件M37_0.70mm_FEP04.k，单位制采用mm-ton-s。

表 2-326　*MAT_TRANSVERSELY_ANISOTROPIC_ELASTIC_PLASTIC 模型参数（板厚 0.70mm）

ρ	E/MPa	PR	SIGY	ETAN	R	HLCID
7.8E-9	2.07E5	0.28	151.3	531.5	2.229	99

ETA.

FV535 钢

表 2-327　Johnson-Cook 模型和失效参数

A/MPa	B/MPa	n	C	m	D_1	D_2	D_3	D_4	D_5
1035	190	0.3	0.016	4.5	0.1133	45.5036	-4.2734	0.0125	0.6112

ERICE B. Mechanical Behavior of FV535 Steel against Ballistic Impact at High Temperatures [C]. 25th International Symposium on Ballistics, Beijing, 2010.

G31 钢

表 2-328　简化 Johnson-Cook 模型参数

A/MPa	B/MPa	n	C
1948	793	0.654	0.0087

许浩翔, 姚文进, 李文彬. 超高强度钢 G31 的动态力学性能及断裂阈值 [J]. 弹道学报, 2020, 32(1): 71-76.

G50 钢

表 2-329　G50 动态力学性能

σ_{b} / MPa	$\sigma_{0.2}$ / MPa	α_{KU} / $(J \cdot cm^{-2})$	K_{IC} / $(MPa \cdot m^{\frac{1}{2}})$
1810	1590	66.5	110

表 2-330　Johnson-Cook 模型参数

A/MPa	B/MPa	n	C	m
1445	1326	0.356	0.005	1.12

王可慧，等. G50 钢的力学性能实验研究 [J]. 兵工学报, 2009, 30(增刊 2): 247-250.

表 2-331 Johnson-Cook 模型参数

$\rho/(\mathrm{kg/m^3})$	E/GPa	G/GPa	A/MPa	B/MPa
7800	200	77	1356	442
n	C	m	$T_{\mathrm{m}}/\mathrm{℃}$	$C_{\mathrm{p}}/(\mathrm{J \cdot kg^{-1} \cdot K^{-1}})$
0.22	0.014	1.04	1793	383

韩天一,等. 弹丸高速侵彻多层间隔靶板的数值模拟 [C]. 第十二届全国战斗部与毁伤技术学术交流会论文集, 广州, 2011. 448-453.

G550 钢

表 2-332 简化 Johnson-Cook 模型参数

A/MPa	B/MPa	n	C
648	0	0	0.018

李发超. 轴向冲击下 Z 型冷弯钢构件动力失稳研究 [D]. 宁波：宁波大学, 2019.

钢材的热工特性

采用下列表达式计算钢材的导热系数:

$$\kappa_{\mathrm{s}} = \begin{cases} 48 - 0.022T\mathrm{W}/(\mathrm{m \cdot ℃}) & 0℃ \leqslant T < 900℃ \\ 28.2\mathrm{W}/(\mathrm{m \cdot ℃}) & T \geqslant 900℃ \end{cases}$$

式中, T 为温度, 单位为℃。

比热容是指温度升高1℃时单位质量的物体所需吸收的热量, 表达式为:

$$C_{\mathrm{s}} = 481.5 + 7.995 \times 10^{-4}T^2\mathrm{J}/(\mathrm{kg \cdot ℃})$$

式中, T 为温度, 单位为℃。

温海林, 余志武, 丁发兴. 高温下钢管混凝土温度场的非线性有限元分析 [J]. 铁道科学与工程学报, 2005, 2(5): 32-35.

钢材的热膨胀系数

钢材热膨胀系数计算公式:

$$a_{\mathrm{c}} = \begin{cases} (0.004T + 12) \times 10^{-6} & T < 1000℃ \\ 16 \times 10^{-6} & T \geqslant 1000℃ \end{cases}$$

式中, T 为温度, 单位为℃。

刘于, 温海林. 高温下钢管混凝土柱耐火性能分析 [J]. 工程建设与设计, 2006, 3: 28-31.

钢筋

表 2-333 *MAT_PLASTIC_KINEMATIC 模型参数（一）

E/GPa	ν	SIGY/MPa	ETAN/GPa
200	0.25	360	2

陈力,等. 体外预应力 RC 板抗爆性能的优化计算 [C]. 第十届全国爆炸与安全技术会议论文集, 昆明, 2011.

表 2-334 *MAT_PIECEWISE_LINEAR_PLASTICITY 模型参数
（单位制为：N-mm-ms-MPa）

ρ/(g/mm^3)	E/MPa	PR	FAIL	LCSS	VP	
7.85e-3	205e3	0.29	0.14	24	1.0	

*DEFINE_CURVE 定义的屈服应力-有效塑性应变曲线 LCSS=24						
A_1	A_2	A_3	A_4	A_5	A_6	A_7
0.0	3.82E-3	9.48E-3	1.42E-2	1.94E-2	1.97E-2	2.36E-2
O_1/MPa	O_2/MPa	O_3/MPa	O_4/MPa	O_5/MPa	O_6/MPa	O_7/MPa
489.78	506.58	561.93	619.20	667.90	700.29	733.48
A_8	A_9	A_{10}	A_{11}	A_{12}	A_{13}	
2.85E-2	3.72E-2	4.64E-2	5.65E-2	6.74E-2	8.03E-2	
O_8/MPa	O_9/MPa	O_{10}/MPa	O_{11}/MPa	O_{12}/MPa	O_{13}/MPa	
771.61	803.58	824.73	841.18	856.56	871.94	

表 2-335 *MAT_PLASTIC_KINEMATIC 模型参数（采用杆单元来模拟钢筋）

ρ/(kg/m^3)	E/GPa	ν	σ_0/MPa	E_t/MPa	C/s^{-1}	P	F_S
7850	205	0.29	500	5000	0.0	0.0	0.14

LEONARD E SCHWER. Modeling Rebar: The Forgotten Sister in Reinforced Concrete Modeling [C]. 13th International LS-DYNA Conference, Dearborn, 2014.

表 2-336 AUTODYN 软件中的状态方程和强度模型参数

状态方程			Linear						
参考密度/(g/cm^3)	体积模量/kPa	参考温度/K	比热容/(J·kg^{-1}·K^{-1})						
7.83	1.59E8	300	477						
强度模型			Piecewise JC						
剪切模量/kPa	屈服应力（塑性应变为0）/kPa								
8.18E7	5.49330E5								
有效塑性应变#1	有效塑性应变#2	有效塑性应变#3	有效塑性应变#4	有效塑性应变#5	有效塑性应变#6	有效塑性应变#7	有效塑性应变#8	有效塑性应变#9	有效塑性应变#10
6.7E-3	1.62E-2	2.86E-2	4.57E-2	6.45E-2	9.21E-2	1.278E-1	1.792E-1	1.79201E-1	1.0E1
屈服应力#1/kPa	屈服应力#2/kPa	屈服应力#3/kPa	屈服应力#4/kPa	屈服应力#5/kPa	屈服应力#6/kPa	屈服应力#7/kPa	屈服应力#8/kPa	屈服应力#9/kPa	屈服应力#10/kPa
5.62E5	5.68E5	6.27E5	6.78E5	7.15E5	7.46E5	7.76E5	7.95E5	7.95E5	7.95E5
应变率常数 C	热软化指数 m	熔点/K	参考应变率/s^{-1}						
0.0	0.0	0.0	1.0						

ULRIKA NYSTRÖM, KENT GYLLTOFT. Numerical studies of the combined effects of blast and fragment loading [J]. International Journal of Impact Engineering, 2009, 36: 995-1005.

表 2-337 GRUENEISEN 状态方程和 JOHNSON-COOK 模型参数

状态方程参数			
体积声速 CB	4502m/s	GRUENEISEN 系数 γ	2.17
斜率 S	1.367		
JOHNSON-COOK 模型参数			
屈服应力 σ_y	227MPa	热软化指数	1.00
硬化常数	611MPa	参考温度 T_r	300K
硬化指数	0.15	熔点 T_m	1807K
应变率常数	0.006		
强度参数			
剪切模量 G	81.80GPa	比热容	452J/(kg·K)
体积模量 K	159.0GPa	密度 ρ	7.850g/cm³

GEBBEKEN N, GREULICH S. Reliable Modelling of Explosive Loadings on Reinforced Concrete Structures [C]. International Conference on Interaction of the Effects of Munitions with Structures, San Diego, 2001.

表 2-338 *MAT_PIECEWISE_LINEAR_PLASTICITY 模型参数（单位制 inch-s-lbf-psi）

ρ/(lb·s²/in⁴)	E/psi	PR	SIGY/psi	ETAN/psi	FAIL	LCSR
7.324E-4	29.0E6	0.3	66.246E3	1.0E5	0.2	2
*DEFINE_CURVE 定义的屈服应力缩放系数-应变率曲线 LCSR=2						
A_1/s⁻¹	A_2/s⁻¹	A_3/s⁻¹	A_4/s⁻¹	A_5/s⁻¹	A_6/s⁻¹	
0.0	1.0E-5	1.0	5.0	1.0E2	1.0E5	
O_1/psi	O_2/psi	O_3/psi	O_4/psi	O_5/psi	O_6/psi	
1.000	1.010	1.210	1.710	2.000	2.000	

注：基于 Flathau 1971 WES 的钢筋实验。

http: //ftp. lstc. com.

表 2-339 *MAT_PLASTIC_KINEMATIC 模型参数（二）

ρ/(kg/m³)	E/GPa	ν	σ_0/MPa	E_t/MPa	f_s
7800	207	0.3	586	1100	0.092

MATTIAS UNOSSON. Numerical simulations of penetration and perforation of high performance concrete with 75mm steel projectile [R]. FOA, FOA-R-00, 01634-311-SE, 2000.

钢筋 HPB235

表 2-340 简化 Johnson-Cook 模型参数

A/MPa	B/MPa	n	C
329.11	190.44	0.26	0.016

李猛深，等. 爆炸载荷下钢筋混凝土梁的变形和破坏 [J]. 爆炸与冲击, 2015, 35(2): 177-183.

钢筋 **HRB335**

表 2-341　简化 Johnson-Cook 模型参数

A/MPa	B/MPa	n	C
386.70	220.02	0.30	0.018

李猛深，等. 爆炸载荷下钢筋混凝土梁的变形和破坏 [J]. 爆炸与冲击, 2015, 35(2): 177-183.

钢筋 **HRB400**

表 2-342　简化 Johnson-Cook 模型参数

A/MPa	B/MPa	n	C
404.00	232.40	0.31	0.018

李猛深，等. 爆炸载荷下钢筋混凝土梁的变形和破坏 [J]. 爆炸与冲击, 2015, 35(2): 177-183.

GB/T 712—2011 钢

表 2-343　*MAT_PLASTIC_KINEMATIC 模型参数

σ_0/MPa	E/GPa	E_t/MPa	C/s^{-1}	P
272.262	201	3181.943	3299.807	4.815147

李飞，等. 圆柱壳结构入水过程的流固耦合仿真与试验 [J]. 北京航空航天大学学报, 33(9): 1117-1120.

GCrl5 钢

文中GCrl5钢热处理过程如下：加热至85℃保温2h后用油冷却淬火，回火温度为350℃，保温时间为90min。

表 2-344　淬硬 GCrl5 钢 Johnson-Cook 模型参数

ρ/(kg/m^3)	E/GPa	PR	C_P/(J·kg^{-1}·K^{-1})	A/MPa	B/MPa	n	C	m
7827	201	0.277	458	1670	283	0.40795	0.01638	0.87987

秦泗伟. 高速干硬切削表面变质层动态再结晶的有限元—元胞自动机耦合模拟与预测 [D]. 大连理工大学, 2016.

Grade 8 钢

表 2-345　*MAT_PLASTIC_KINEMATIC 模型参数

ρ/(lb·s^2/in^4)	E/psi	ν	σ_0/psi	E_{tan}/psi	F_S
7.3E-4	3.0E7	0.30	1.3E5	1.73E5	0.12

LOU KEN-AN, PERCIBALLI WILLIAM. Finite Element Modeling of Preloaded Bolt Under Static Three-Point Bending Load [C]. 10th International LS-DYNA Conference, Detroit, 2008.

H13 钢

表 2-346　Johnson-Cook 模型参数（一）

ρ/(kg/m^3)	E/GPa	PR	C_P/(J·kg^{-1}·K^{-1})	A/MPa	B/MPa	n	C	m
7800	211	0.2	469	1695	1088	0.6272	0.0048	0.52

表 2-347 Zerilli-Armstrong 模型参数

C_0/MPa	C_1/MPa	C_3	C_4	C_5/MPa	N
500	2000	-0.012	0.00136	500	1.1923

鲁世红. 高速切削锯齿形切屑的实验研究与本构建模 [D]. 南京：南京航空航天大学, 2009.

表 2-348 Johnson-Cook 模型参数（二）

ρ/(kg/m³)	E/GPa	PR	C_P/(J·kg⁻¹·K⁻¹)	A/MPa	B/MPa	n	C	m	T_m/K	T_r/K
7800	207	0.3	430	1795	919	0.409	0.0048	1.013	1788	298

闫振国. H13 钢硬态铣削切屑相变及加工表面完整性研究 [D]. 济南：山东大学, 2017.

表 2-349 Johnson-Cook 模型参数（三）

A/MPa	B/MPa	n	C	m
675	239	0.28	0.027	1.3

刘战强, 吴继华, 史振宇，等. 金属切削变形本构方程的研究 [J]. 工具技术, 2008, 42(3): 3-9.

H220BD 钢

带曲线的详细材料模型参数请参见附带文件M36_0.70mm_H220BD.k，单位制采用mm-ton-s。

表 2-350 *MAT_3-PARAMETER_BARLAT 模型参数（板厚 0.70mm）

ρ	E	PR	HR	P_1	P_2	m	R_{00}	R_{45}	R_{90}
7.8E-9	2.07E5	0.28	3.0	593.0	0.203	6.0	1.404	1.364	1.751
LCID	E_0	SPI	AOPT	A_1	A_2	A_3	D_1	D_2	D_3
99	0.0	0.0	2.0	1.0	0.0	0.0	0.0	1.0	0.0

带曲线的详细材料模型参数请参见附带文件M37_0.70mm_H220BD.k，单位制采用mm-ton-s。

表 2-351 *MAT_TRANSVERSELY_ANISOTROPIC_ELASTIC_PLASTIC 模型参数（板厚 0.70mm）

ρ	E/MPa	PR	SIGY	ETAN	R	HLCID
7.8E-9	2.07E5	0.28	217.4	593.0	1.471	99

ETA.

Hadfield 钢

表 2-352 Johnson-Cook 模型参数

ρ/(kg/m³)	A/MPa	B/MPa	n	C	m	F_S
7880	1100	1010	0.12	0.033	1.00	0.55

STANISLAV ROLE, JAROSLAV BUCHAR, VOJTECH HRUBY. On the Ballistic Efficiency of the Three Layered Metallic Targets [C]. 22nd International Symposium of Ballistics, Vancouver, 2005.

焊缝

表 2-353　Johnson-Cook 模型参数

E/Pa	v	A/MPa	B/MPa	n	C	m	T_m/K	T_r/K
2.1E11	0.33	420	1400	0.61	0.068	0.83	1800	298

吴先前, 等. 高温高应变率下激光焊接件力学性能研究 [C]. 第十届全国冲击动力学学术会议论文集, 2011.

Hardened Arne 工具钢

表 2-354　*MAT_PLASTIC_KINEMATIC 模型参数

$\rho/(\text{kg/m}^3)$	E/GPa	v	σ_0/MPa	E_tan/MPa	F_S
7850	204	0.33	1900	15000	0.0215

BØRVIK T, HOPPERSTAD O S, BERSTAD T, et al. Perforation of 12mm thick steel plates by 20mm diameter projectiles with flat, hemispherical and conical noses Part II: numerical simulations [J]. International Journal of Impact Engineering, 2002, 27: 37-64.

Hardox 400 钢

文献作者获取了 Hardox 400 钢的修正的 Johnson-Cook 材料模型参数, 该模型不需要单独的状态方程, 考虑了应变率效应和材料的破坏, 其本构关系表达式为:

$$\sigma_\text{Y} = (A + B\varepsilon_\text{eq}^n)(1 + \dot{\varepsilon}_\text{eq}^*)^C (1 - T^{*m})$$

绝热温升通过下式计算:

$$\Delta T = \int_0^{\varepsilon_\text{eq}} \chi \frac{\sigma_\text{eq} \text{d}\varepsilon_\text{eq}}{\rho C_\text{p}}$$

式中, χ 是塑性功转化为热量的转化系数。

失效模型采用 CL 模型:

$$W = \int_0^{\varepsilon_\text{eq}} \langle \sigma_1 \rangle \, \text{d}\varepsilon_\text{eq} \leqslant W_\text{cr}$$

除了 CL 失效准则外, 还采用基于温度的失效准则: $T_\text{c} = 0.9T_\text{m}$, 即当材料温度达到熔点的 90% 时, 就删除该单元。

表 2-355　修正的 Johnson-Cook 材料模型参数

$\rho/(\text{kg/m}^3)$	E/GPa	v	$C_\text{p}/(\text{J}\cdot\text{kg}^{-1}\cdot\text{K}^{-1})$	χ	a/K^{-1}	T_c^*	A/MPa	B/MPa
7850	210	0.33	452	0.9	1.2×10^{-5}	0.9	1350	362
n	C	m	T_r/K	T_m/K	$\dot{\varepsilon}_0/\text{s}^{-1}$	ε_f	W_cr/MPa	
1.0	0.0108	1.0	293	1800	5×10^{-4}	1.16	2013	

BØRVIK T, DEY S, CLAUSEN A H. Perforation resistance of five different high-strength steel plates subjected to small-arms projectiles [J]. International Journal of Impact Engineering, 2009, 36(7): 948-964.

HC340LA 钢

表 2-356　简化 Johnson-Cook 模型参数

A/MPa	B/MPa	n	C
386.3	416.5	0.518	0.03366

毛博文，等. 预应变和应变速率对 HC340LA 低合金高强钢力学性能的影响 [J]. 塑性工程学报, 2014, Vol. 21(1):7-12.

表 2-357　简化 Johnson-Cook 模型参数

A/MPa	B/MPa	n	C
342.03	629.99	0.605	0.0183

赖兴华，尹斌. 高应变率下高强钢的塑性力学行为及本构模型 [J]. 汽车安全与节能学报, 2017, Vol. 8(2):157-163.

HHS 钢

表 2-358　GRUNEISEN 状态方程及其他参数

ρ /(kg/m³)	C /(m/s)	S_1	Γ_0	C_p / (J·kg⁻¹·K⁻¹)	G /GPa	σ_0 /MPa	ε_f	K_{IC} / (MPa·m¹ᐟ²)
7860	4610	1.73	1.67	477	64.1	1550	0.12	100

表 2-359　Johnson-Cook 模型参数

A/MPa	B/MPa	n	C	m	T_r / K	T_m / K	$\dot{\varepsilon}_0$
1550	510	0.26	0.014	1.05	300	1793	1

RAVID M. Characterization of the Fragmentation Exit Failure Mode and Fragment Distribution upon Perforation of Metallic Targets [C]. 20th International Symposium of Ballistics, Orlando, Florida, 2002.

Hi-Mi 钢

表 2-360　简化 Johnson-Cook 模型参数

A/MPa	B/MPa	n	C
497	934	0.6311	0.0446

叶嘉毅，蒋志刚，刘希月. 高强钢动态力学性能研究进展 [C]. 第 26 届全国结构工程学术会议论文集, 长沙, 2017.

HSA800 钢

表 2-361　简化 Johnson-Cook 模型参数

A/MPa	B/MPa	n	C
600	289	0.1386	0.0568

叶嘉毅，蒋志刚，刘希月. 高强钢动态力学性能研究进展 [C]. 第 26 届全国结构工程学术会议论文集, 长沙, 2017.

HS 钢

表 2-362   *MAT_PLASTIC_KINEMATIC 模型参数

$\rho/(kg/m^3)$	E/GPa	ν	σ_0/MPa	ETAN / MPa	C/s^{-1}	P	F_S
7800	210	0.3	400	250	40	5	0.23

RAMAJEYATHILAGAM K, VENDHAN C P, BHUJANGA RAO V. Non-linear transient dynamic response of rectangular plates under shock loading [J]. International Journal of Impact Engineering, 2000, 24: 999-1015.

HSLA 钢

表 2-363   简化 Johnson-Cook 模型参数

A/MPa	B/MPa	n	C	$\dot{\varepsilon}_0/s^{-1}$
25.3	425.5	0.113	0.06	0.01

DANIEL BJÖRKSTRÖM. FEM simulation of Electrohydraulic Forming [R], KTH Industrial Production, Joining Technology, 2008.

HSLA-100 钢

表 2-364   Johnson-Cook 模型参数 （一）

A/MPa	B/MPa	n	C	m	D_1	D_2	D_3	D_4	D_5
689.4	303.3	0.22	0.012	1.03	0	2.70	1.55	0	0

J RYAN, S RHODES, S STAWARZ. Application of a Ductile Damage Model to Ballistic Impact Analyses [C]. 26th International Symposium on Ballistics, Miami, 2011.

表 2-365   Johnson-Cook 失效模型参数 （二）

$\rho/(kg/m^3)$	E/GPa	G/GPa	σ_0/MPa	ν	D_1	D_2	D_3	D_4	D_5
7842	197	76.3	103	0.29	0	4.8	-2.7	0.01	0

COSTAS G FOUNTZOULAS, GEORGE A GAZONAS, BRYAN A CHEESEMAN. Computational Modeling of Tungsten carbide Sphere Impact and Penetration into High-Strength-Low-Alloy (HSLA)-100 Steel Targets [J]. Journal of Mechanics of Materials and Structures, 2007, 2(10): 1965-1979.

HSLA-350 钢

表 2-366   Johnson-Cook 模型参数 （一）

厚度/mm	A/MPa	B/MPa	n	C	m
1.5	453.0	617.5	0.615	0.0255	0.629
1.8	453.0	617.5	0.615	0.0255	0.629

表 2-367 Power-Law 模型参数

厚度/mm	K/MPa	n	ε_0
1.5	684.0	0.095	1.81E-3
1.8	679.9	0.121	1.49E-3

NADER ABEDRABBO, ROBERT MAYER, ALAN THOMPSON, et al. Crash response of advanced high-strength steel tubes: Experiment and model [J]. International Journal of Impact Engineering, 2009, 36: 1044-1057.

表 2-368 Johnson-Cook 模型参数（二）

A/MPa	B/MPa	n	C	m
399.18	700.94	0.65	0.0255	0.629

表 2-369 Zerilli-Armstrong 模型参数

C_0/MPa	C_1/MPa	C_3	C_4	C_5/MPa	q
244.37	2592.32	0.0096	0.00032	696.85	0.706

ALAN C THOMPSON. High Strain Rate Characterization of Advanced High Strength Steels [D]. Waterloo: University of Waterloo, 2006.

表 2-370 Johnson-Cook 模型参数（一）

厚度/mm	A/MPa	B/MPa	n	C	m	T_m/K	T_r/K
1.5	437.4	414.0	0.44	0.025	0.78	1494	294
1.8	437.4	414.0	0.44	0.025	0.78	1494	294

表 2-371 Power-Law 模型参数

厚度/mm	K/MPa	n
1.5	677.5	0.1
1.8	672.3	0.12

RASSIN GRANTAB. Interaction Between Forming and Crashworthiness of Advanced High Strength Steel S-Rails [D]. University of Waterloo, 2006.

表 2-372 动态力学特性参数

ρ/(g/cm^3)	K/GPa	G/GPa	流动应力/MPa	体积声速/(km/s)	u_s-u_p 曲线斜率
7.85	166.7	76.9	1100	4.570	1.49

JAMES D WALKER, SCOTT A MULLIN, CARL E WEISS, et al. Penetration of boron carbide, aluminum, and beryllium alloys by depleted uranium rods: Modeling and experimentation [J]. International Journal of Impact Engineering, 2006, 33: 826-836.

HSLA-65 钢

表 2-373 Johnson-Cook 模型参数

$\rho/(\text{kg/m}^3)$	T_m/K	T_r/K	$\dot{\varepsilon}_0/\text{s}^{-1}$	$C_p/(\text{J}\cdot\text{kg}^{-1}\cdot\text{K}^{-1})$	A/MPa	B/MPa	n	C	m
7800	1500	298	1	500	660	850	0.6	0.02	0.85

SHWETA DIKE. Dynamic Deformation of Materials at Elevated Temperatures [D]. Case Western Reserve University, 2010.

表 2-274 Johnson-Cook 模型参数（一）

A/MPa	B/MPa	n	C	m	T_r/K	T_m/K	$\dot{\varepsilon}_0/\text{s}^{-1}$
790	1320	0.25	0.022	0.35	50	1773	1

NEMAT-NASSER S, GUO W. Thermomechanical response of HSLA-65 steel plates: experimental and modeling[J]. Mechanics of Material, vol. 37, no. 5, pp. 379-405, May 2005.

HSLA50Ksi 钢

表 2-375 *MAT_KINEMATIC_HARDENING_TRANSVERSELY_ANISOTROPIC 模型参数（from M.Shi's paper in NUMISHEET'08，单位制 ton-mm-s）

ρ	E	PR	R	CB	Y	SC1	K
7.85E-9	2.07E5	0.28	1.02	396.1	224.5	452.3	9.0
RSAT	SB	H	EA	COE	IOPT	C_1	C_2
379.0	100.3	1.0	0.0	0.0	1	0.005	0.11

https://www.lstc.com.

灰铸铁

表 2-376 *MAT_POWER_LAW_PLASTICITY 模型参数（单位制 m-kg-s）

ρ	E	PR	K	N	EPSF
7.1968E3	8.9632E10	0.3	2.6362E8	0.032053	0.0027

表 2-377 *MAT_SIMPLIFIED_JOHNSON_COOK 模型参数（单位制 m-kg-s）

ρ	E	PR	A	B	n	C	PSFAIL
7.1968E3	8.9632E10	0.3	2.0995E8	2.5070E7	0.131711	0.0	0.0027

http://www.varmintal.com/aengr.htm

HY-100 钢

表 2-378 Johnson-Cook 模型参数（一）

$\rho(\text{kg/m}^3)$	E/GPa	PR	$C_p/(\text{J}\cdot\text{kg}^{-1}\cdot\text{K}^{-1})$	α/K^{-1}	χ	A/MPa
7746	207	0.3	502	14E-6	0.9	758

B/MPa	n	C	m	T_m/K	T_r/K	$\dot{\varepsilon}_0/\text{s}^{-1}$
402	0.26	0.011	1.13	1793	293	1

AMESTOY P, DAVIS T, DUFF I. Algorithm 837: AMD, an approximate minimum degree ordering algorithm[R]. ACM T Math Software 2004, 30: 381–388.

表 2-379 Johnson-Cook 模型参数（一）

A/MPa	B/MPa	n	C	m	T_m/K	T_r/K	$\dot{\varepsilon}_0/\text{s}^{-1}$
316	1067	0.107	0.0277	0.7	1500	300	3300

NAIM A JABER. Finite Element Analysis of Thermoviscoplastic Deformations of an Impact-Loaded Prenotched Plate [D]. Blacksburg: The Virginia Polytechnic Institute and State University, 2000.

表 2-380 Johnson-Cook 模型参数（二）

A/kbar	B/kbar	n	C	m
7.60	4.0	0.26	0.011	1.13

表 2-381 Bodner-Partom 模型参数

n	Z_0/kbar	Z_1/kbar	m/kbar^{-1}	A	B/K	n（400℃）	n（室温）
2.95	14.5	17.0	3.0	1.43	454	2.1	2.95

GARRETT R K JR, LAST H R, RAJENDRAN A M. Plastic Flow and Failure in HY100, HY130 and AF1410 Alloy Steels Under High Strain Rate and Impact Loading Conditions [R]. ADA296669, 1995.

HY-130 钢

表 2-382 Johnson-Cook 模型参数

A/kbar	B/kbar	n	C	m
9.20	3.30	0.39	0.008	1.15

表 2-383 Bodner-Partom 模型参数

n	Z_0/kbar	Z_1/kbar	m/kbar^{-1}	A	B/K	n（400℃）	n（室温）
3.8	14.5	16.5	2.5	1.47	694	2.5	3.80

GARRETT R K JR, LAST H. R, RAJENDRAN A M. Plastic Flow and Failure in HY100, HY130 and AF1410 Alloy Steels Under High Strain Rate and Impact Loading Conditions [R]. ADA296669, 1995.

HY-80 钢

表 2-384　Johnson-Cook 模型参数

$\rho/(kg/m^3)$	E/GPa	PR	A/MPa	B/MPa	n	C	m
7749	207	0.3	700	425	0.35	0.0	0.0

RADOSŁAW KICINSKI, BOGDAN SZTUROMSKI, ŁUKASZ Marchel. A more reasonable model for submarines rescues seat strength analysis [J]. Ocean Engineering 237 (2021) 109580.

表 2-385　Johnson-Cook 模型参数

E/GPa	A/MPa	B/MPa	n	C	m	T_m/K	T_r/K	$\dot{\varepsilon}_0/s^{-1}$
211	559	518	0.379	0.0268	1.14	1763	293.15	0.0001

SZTUROMSKI BOGDAN, KICIŃSKI RADOSŁAW. Material Properties of HY 80 Steel after 55 Years of Operation for FEM Applications [J]. Materials 2021, 14(15), 4213.

HzB-W 高硬装甲钢

表 2-386　Johnson-Cook 模型参数

A/MPa	B/MPa	n	C	m	$\dot{\varepsilon}_0/s^{-1}$
1500	569	0.22	0.003	1.17	0.001
$\rho/(kg/m^3)$	G/GPa	G/GPa	T_m/K	T_r/K	σ_{fail}/GPa
7850	0.29	77.5	1777	300	2.0

CHARLES E ANDERSON JR, VOLKER HOHLER, JAMES D WALKER, et al. Time-Resolved Penetration of Long Rods into Steel Targets [J]. International Journal of Impact Engineering, 1995, 16(1), 1-18.

IF 210 钢

表 2-387　简化 Johnson-Cook 模型参数

A/MPa	B/MPa	n	C	$\dot{\varepsilon}_0/s^{-1}$
241.9	419.5	0.445	0.027	0.01

DANIEL BJÖRKSTRÖM. FEM simulation of Electrohydraulic Forming [R], KTH Industrial Production, Joining Technology, 2008.

M1000 钢

表 2-388　Johnson-Cook 模型参数

A/MPa	B/MPa	n	C	m
1054	1575.7	0.949	0.02088	1.28

寿先涛.35CrMo 马氏体钢形变吸能特性研究 [D]. 昆明：昆明理工大学, 2018.

M700 钢

表 2-389 Johnson-Cook 模型参数

A/MPa	B/MPa	n	C	m
643	443.5	0.31564	0.1063	1.04

寿先涛. 35CrMo 马氏体钢形变吸能特性研究 [D]. 昆明：昆明理工大学, 2018.

N-1 钢

文献作者采用修正的 Johnson-Cook(MJC)模型：

$$\sigma_{eq} = (A + B\varepsilon_{eq}^n)(1 + \dot{\varepsilon}_{eq}^*)^C(1 - T^{*m})$$

MJC 模型的断裂准则部分由 Cockcroft-Latham(CL)准则定义。

表 2-390 修正的 Johnson-Cook 模型参数

A/MPa	B/MPa	n	C	m	$\dot{\varepsilon}_0/\mathrm{s}^{-1}$	W_{cr}/MPa
1400	712	0.2858	0.009	1.0	0.001	1200

谢恒, 吕振华. 一种高强度钢的动态力学本构参数识别和数值模拟 [J]. 爆炸与冲击, 2011, 31(3): 279-284.

NAK80 钢

表 2-391 Johnson-Cook 模型参数

A/MPa	B/MPa	n	C	m
1257	982.4	0.59	0.00797	1.088

吕杰，徐飞飞，刘其广. NAK80 塑料模具钢本构关系的试验研究 [J]. 兵器材料科学与工程, 2012, Vol. 35(5):60-63.

Nitronic 33 钢

表 2-392 Johnson-Cook 模型参数

A/MPa	B/MPa	n	C	m	$\dot{\varepsilon}_0/\mathrm{s}^{-1}$
455	2289	0.834	0.066	0.258	0.001

$\rho/(\mathrm{kg/m^3})$	$C_p/(\mathrm{J \cdot kg^{-1} \cdot K^{-1}})$	E/GPa	T_m/K	T_r/K	
7620	500	200	1550	293	

MILANI A S, DABBOUSSI W, NEMES J A, et al. An improved multi-objective identification of Johnson-Cook material parameters [J]. International Journal of Impact Engineering, 2009, 36: 294-302.

OL 37 钢

表 2-393 Johnson-Cook 模型参数

A/MPa	B/MPa	n	C	m
220	620	0.12	0.01	1.0

EUGEN TRANA, TEODORA ZECHERU, MIHAI BUGARU, et al. Johnson-Cook Constitutive Model for OL 37 Steel [C]. 6th WSEAS International Conference on System Science and Simulation in Engineering, Venice, 2007, 269-273.

PCrNi3MoV 钢

表 2-394　Johnson-Cook 模型参数

$\rho/(kg/m^3)$	E/GPa	A/MPa	B/MPa	n	C	m
7830	79.2	1310	1230	0.31	0.003	1.07

胡佳玉. 弹体高速侵彻混凝土靶的质量侵蚀研究 [D]. 北京：北京理工大学，2016.

Q160 钢

表 2-395　参考应变率为准静态（$4\times10^{-4}s^{-1}$）时 Q160 钢的简化 Johnson-Cook 模型参数

A/MPa	B/MPa	n	C
152	290.8	0.44208	0.0631

表 2-396　参考应变率为 $1s^{-1}$ 时 Q160 钢的简化 Johnson-Cook 模型参数

A/MPa	B/MPa	n	C
227	434.4	0.44208	0.0422

郭立波. 低屈服点钢的动态本构模型及抗爆性能研究 [D]. 哈尔滨：哈尔滨工业大学，2012.

Q235 钢（A3）

表 2-397　Johnson-Cook 模型参数（一）

A/MPa	B/MPa	n	C	m	D_1	D_2	D_3	D_4	D_5
249.2	889	0.746	0.058	0.94	0.38	1.47	2.58	-0.0015	8.07

孔祥韶. 大型水面舰船的爆炸载荷及其结构响应特性研究 [D]，武汉：武汉理工大学，2013.

表 2-398　Johnson-Cook 模型参数（二）

$\rho/(kg/m^3)$	E/GPa	v	$C_p / (J\cdot kg^{-1}\cdot K^{-1})$	T_r/K	T_m/K	$\dot{\varepsilon}_0$	A/MPa	B/MPa
7800	200	0.3	469	300	1795	1	410	20
n	C	m	D_1	D_2	D_3	D_4	D_5	
0.08	0.1	0.55	0.3	0.9	2.8	0	0	

陈刚. A3 钢钝头弹撞击 45 钢板破坏模式的数值分析 [J]. 爆炸与冲击，2007，27(5)：390-396.

表 2-399　简化 Johnson-Cook 本构模型及失效模型参数

A/MPa	B/MPa	n	C	D_1	D_2	D_3	D_4
320.7556	582.102	0.3823	0.0255	0.2028	0.9799	-1.1919	0.0247

李超. 柱面网壳结构在内爆炸下的失效机理和防爆方法 [D]. 厦门：华侨大学，2016.

表 2-400 Johnson-Cook 本构模型及失效模型参数（单位制 m-kg-s）

ρ/(kg/m³)	G/Pa	E/Pa	PR	DTF	VP	A/Pa	B/Pa
7.85E3	0.789E11	2.06E11	0.3	0.0	1.0	2.65E8	4.5E8
n	C	m	T_m/K	T_r/K	EPSO/s⁻¹	C_p/(J·kg⁻¹·K⁻¹)	PC/Pa
5.65E-1	6.7E-2	0.0	1793	293	1.0	4.50E2	2.0E8
SPALL	IT	D_1	D_2	D_3	D_4	D_5	
1.0	0.0	0.0705	1.732	-0.54	-0.015	0.0	

www.simwe.com.

表 2-401 *MAT_PLASTIC_KINEMATIC 模型参数（一）

ρ/(kg/m³)	E/GPa	ν	σ_0/MPa	E_t/MPa	C/s⁻¹	P	F_S
7850	200	0.3	235	1000	1230	4.15	0.2

www.simwe.com.

带曲线的详细材料模型参数请参见附带文件M36_Q235.k，单位制采用mm-ton-s。

表 2-402 *MAT_3-PARAMETER_BARLAT 模型参数

ρ	E	PR	HR	P_1	P_2	m	R_{00}	R_{45}	R_{90}
7.83E-9	2.07E5	0.28	3.0	680.84	0.167	6.0	1.5	1.2	1.3
LCID	E_0	SPI	AOPT	A_1	A_2	A_3	D_1	D_2	D_3
1	0.002026	241.7	2.0	1.0	0.0	0.0	0.0	1.0	0.0

ETA.

Q235B 钢

使用万能材料试验机、扭转试验机和霍普金森拉杆装置研究了 Q235B 钢在常温~950℃的准静态、动态力学性能，获得了 Q235B 强度与等效塑性应变，应变率和温度的关系以及延性与应力三轴度，应变率和温度的关系。基于实验结果，修改了 Johnson-Cook 强度模型中的应变强化项以及 Johnson-Cook 失效模型中的温度软化项，并结合数值仿真标定了相关模型参数。最后通过 Taylor 撞击实验验证了模型参数的有效性。

修改的 J-C 本构关系表达式为：

$$\sigma_{eq} = (244.8 + 400.0\varepsilon_{eq}^{0.36})(1 + 0.0391\ln\dot\varepsilon_{eq}^*)(1 - 1.989T^{*0.1515})$$

修改后的 J-C 断裂准则变为：

$$\varepsilon_f = [-43.408 + 44.608\exp(-0.016\sigma^*)][1 + 0.0145\ln\dot\varepsilon_{eq}^*][1 + 0.046\exp(7.776T^*)]$$

林莉，旭东，范锋，等. Q235B 钢 Johnson-Cook 模型参数的确定 [J]. 振动与冲击, 2014, 33(9), 153-158.

Q345 钢

表 2-403 简化 Johnson-Cook 模型参数（一）

A/MPa	B/MPa	n	C
370	405	0.374	0.074

姜涛，等. 爆炸荷载下 Q345B 钢圆管结构的损伤特性研究 [J]. 兵器装备工程学报, 2021,Vol. 42(1): 224-230.

表 2-404　简化 Johnson-Cook 模型参数（二）

A/MPa	B/MPa	n	C
406.8	1028.8	0.72	0.04

李发超. 轴向冲击下 Z 型冷弯钢构件动力失稳研究 [D]. 宁波：宁波大学, 2019.

表 2-405　简化 Johnson-Cook 模型参数（三）

A/MPa	B/MPa	n	C	D_1	D_2	D_3	D_4
389.185	565.541	0.4218	0.0263	0.4641	1.1126	−1.3072	0.0265

李超. 柱面网壳结构在内爆炸下的失效机理和防爆方法 [D]. 厦门：华侨大学, 2016.

Q345B 钢

表 2-406　参考应变率为 $0.002\mathrm{s}^{-1}$ 时的简化 Johnson-Cook 模型参数

A/MPa	B/MPa	n	C	$\dot{\varepsilon}_0$ /s^{-1}
360	700	0.547	0.046	0.002

表 2-407　参考应变率为 $1680\mathrm{s}^{-1}$ 时的简化 Johnson-Cook 模型参数

A/MPa	B/MPa	n	C	$\dot{\varepsilon}_0$ /s^{-1}	D_1	D_2	D_3
610	425	0.547	0.03	1680	−0.091	1.5326	−0.6963

伍星星，等. 大质量战斗部穿甲数值仿真对材料断裂极限参数确定分析 [C]. 第十五届全国战斗部与毁伤技术学术交流会论文集，北京：2017, 276-285.

表 2-408　简化 Johnson-Cook 模型参数

A/MPa	B/MPa	n	C
366.3	576	0.51	0.07

罗刚，谢伟，李德聪. 基于修正 JC 模型的船用 Q345B 钢动态本构研究 [J]. 武汉理工大学学报(交通科学与工程版), 2020, Vol. 44(5):823-826.

Q355B 钢

表 2-409　Johnson-Cook 模型参数

ρ/(kg/m³)	E/GPa	ν	χ	C_{P} /$(\mathrm{J}\cdot\mathrm{kg}^{-1}\cdot\mathrm{K}^{-1})$	$\dot{\varepsilon}_0$ /s^{-1}	T_{r} /K	T_{m} /K	A/MPa
7850	206	0.28	0.9	460	1.333E-3	293	1800	339.45

B/MPa	n	C	m	D_1	D_2	D_3	D_4	D_5
620	0.403	0.02	0.659	0.81998	6.04726	−7.09	−0.003	2.0

朱昱. 基于 Johnson-Cook 模型的 Q355B 钢动态本构关系研究 [D]. 哈尔滨理工大学, 2019.

球墨铸铁

表 2-410　Johnson-Cook 模型参数

E/GPa	A/MPa	B/MPa	n	C	m	$\dot{\varepsilon}_0/\mathrm{s}^{-1}$
151.1	525	650	0.6	0.0205	1.0	2312
T_m/K	T_r/K	D_1	D_2	D_3	D_4	D_5
100000	298	0.029	0.44	−1.5	0	0

SPRINGER H K. Mechanical Characterization of Nodular Ductile Iron [R], LLNL-TR-522091, 2012.

QP1180 钢

带曲线的详细材料模型参数见附带文件M125-HC820-1180QP_1.5.k，单位制采用ton-mm-s。

表 2-411　*MAT_KINEMATIC_HARDENING_TRANSVERSELY_ANISOTROPIC 模型参数（HC820, 厚度 1.5mm）

ρ	E	PR	R	HLCID	CB	Y	SC1	K
7.83E−9	2.07E5	0.3	0.843	1	1029.0	761.0	1278.0	169.0
RSAT	SB	H	SC2	EA	COE	IOPT	C1	C2
1254.0	37.0	0.529	208.0	1.821E5	59.3	1	0.013	0.354

https://www.lstc.com.

QP980 钢

带曲线的详细材料模型参数见附带文件M125-HC600-980QP_1.2.k，单位制采用ton-mm-s。

表 2-412　*MAT_KINEMATIC_HARDENING_TRANSVERSELY_ANISOTROPIC 模型参数（HC600, 厚度 1.2mm）

ρ	E	PR	R	HLCID	CB	Y	SC1	K
7.83E−9	2.07E5	0.3	0.925	1	737.8	566.8	482.8	48.2
RSAT	SB	H	SC2	EA	COE	IOPT	C1	C2
1314.6	8.1	0.361	154.2	1.805E5	35.5	1	0.002	0.284

https://www.lstc.com.

QPD+Z980 钢

带曲线的详细材料模型参数见附带文件M125-HC600-980QPD+Z_1.4.k，单位制采用ton-mm-s。

表 2-413　*MAT_KINEMATIC_HARDENING_TRANSVERSELY_ANISOTROPIC 模型参数（HC600, 厚度 1.4mm）

ρ	E	PR	R	HLCID	CB	Y	SC1	K
7.83E−9	2.07E5	0.3	0.875	1	537.2	680.1	391.7	36.9
RSAT	SB	H	SC2	EA	COE	IOPT	C1	C2
1945.3	31.1	0.172	133.4	1.782E5	30.3	1	0.001	0.128

https://www.lstc.com.

RHA 钢

表 2-414　简化 Johnson-Cook 模型参数

$\rho/(\text{g}/\text{cm}^3)$	K/GPa	G/GPa	A/MPa	B/MPa	n	C
7.85	171.67	79.23	1100	438	0.25	0.05

MOXNES J F. A Modified Johnson-Cook Failure Model for Tungsten Carbide [C]. 26th International Symposium on Ballistics, Miami, 2011.

表 2-415　*MAT_PLASTIC_KINEMATIC 模型参数（一）

$\rho/(\text{kg/m}^3)$	E/GPa	ν	σ_0/MPa	$E_{\text{tan}}/\text{MPa}$	C/s^{-1}	P
7838	212	0.28	1200	6500	300	5

TENG HAILONG, WANG JASON. Particle Blast Method (PBM) for the Simulation of Blast Loading [C]. 13th International LS-DYNA Conference, Dearborn, 2014.

表 2-416　*MAT_PLASTIC_KINEMATIC 模型参数（二）

$\rho/(\text{kg/m}^3)$	E/GPa	ν	σ_0/MPa	$E_{\text{tan}}/\text{MPa}$
7830	197.5	0.3	1320	1810

NANDLALL D, SIDHU R. The Penetration Performance of Segmented Rod Projectiles at 2.2 km/s Using Large Number of Segments [C]. 20th International Symposium of Ballistics, Orlando, Florida, 2002.

表 2-417　Johnson-Cook 模型参数（一）

$\rho/(\text{kg/m}^3)$	ν	$C/(\text{m/s})$	S_1	Γ_0	$C_V/(\text{W}\cdot\text{kg}^{-1}\cdot\text{K}^{-1})$	T_{m}/K
7850	0.29	4500	1.49	2.17	450	1783
A/MPa	B/MPa	n	C	m	$P_{\text{min}}/\text{GPa}$	
744	503	0.265	0.0147	1.02	−2	

DAVID L LITTLEFIELD, RICHARD M GARCIA, STEPHAN J. BLESS. The Effect of Offset on the Performance of Segmented Penetrators [J]. International Journal of Impact Engineering , 1999, 23: 547-560.

表 2-418　Gruneisen 状态方程和 Johnson-Cook 模型参数

$\rho/(\text{kg/m}^3)$	$C/(\text{m/s})$	S_1	Γ_0	$P_{\text{min}}/\text{GPa}$
7860	3570	1.92	1.7	−2
A/MPa	B/MPa	n	C	m
960	1330	0.85	0.06875	1.15

MICHAEL J NORMANDIA, MINHYUNG LEE. Penetration Performance of Multiple Segmented Rods at 2.6km/s [J]. International Journal of Impact Engineering, 1999, 23: 675-686.

表 2-419　Johnson-Cook 模型参数（二）

$\rho/(kg/m^3)$	K/GPa	G/GPa	A/MPa	B/MPa	n	C	m
7800	164	77.5	1400	1800	0.768	0.005	1.17

RAJENDRAN A M. Penetration of Tungsten Alloy Rods into Shallow-Cavity Steel Targets [J]. International Journal of Impact Engineering, 1998, 21(6): 451-460.

表 2-420　*MAT_PLASTIC_KINEMATIC 模型参数（三）

$\rho/(kg/m^3)$	E/GPa	v	σ_0/MPa	E_{tan}/MPa	β	F_S
7850	197.5	0.33	1320	1810	1.0	1.0

MCINTOSH G, SZYMCZAK M. Ballistic Protection Possibilities for a Light Armoured Vehicle [C]. 20th International Symposium of Ballistics, Orlando, Florida, 2002.

表 2-421　*MAT_PLASTIC_KINEMATIC 模型参数（四）

$\rho/(kg/m^3)$	E/GPa	v	σ_0/MPa	E_{tan}/MPa	F_S
7850	197.5	0.30	1320	1810	0.12

KEVIN WILLIAMS. Validation of a Loading Model for Simulating Blast Mine Effects on Armoured Vehicles [C]. 7th International LS-DYNA Conference, Detroit, 2002.

modified Zerilli-Armstrong 本构模型及其参数：

$$\sigma = C_2 e^{(C_3T + C_4T\log\dot{\varepsilon})} + (C_1 + C_5\varepsilon^n)(1.13 - 0.000445T)$$

式中，σ 为流动应力，$C_1 = 650MPa$；$C_2 = 625MPa$；ε 为有效塑性应变；$C_3 = -0.00344$；$C_4 = 0.000263$；$\dot{\varepsilon}$ 为有效塑性应变率；$C_5 = 590MPa$；$n = 0.41$；T 为温度。

表 2-422　Mie-Gruneisen 状态方程和 HULL 模型参数

$\rho/$ (kg/m³)	$C/$ (km/s)	S	Γ	$I/$ (×10⁴J/kg)	$G/$ GPa	$Y(E)/$ MPa	HULL 类型软化参数		
							$\theta_1 I_1$	$\theta_2 I_2$	$\theta_3 I_3$
7860	4.61	1.73	1.67	7.556	95	1370	1,7.556	0.9,47.63	0,87.7

CULLIS I G, LYNCH N J. Performance of Model Scale Long Rod Projectiles against Complex Targets over the Velocity Range 1700-2200 m/s [J]. International Journal of Impact Engineering, 1995, 17: 263-274.

表 2-423　*MAT_PLASTIC_KINEMATIC 模型参数（五）

$\rho/(lb \cdot s^2/in^4)$	E/psi	v	σ_0/psi	E_{tan}/psi	F_S
7.3E-4	28.6E6	0.30	1.914E5	2.625E5	0.12

LOU KEN-AN, PERCIBALLI WILLIAM. Finite Element Modeling of Preloaded Bolt Under Static Three-Point Bending Load [C]. 10th International LS-DYNA Conference, Detroit, 2008.

RT360 钢

表 2-424　Johnson-Cook 模型参数

A/MPa	B/MPa	n	C	m
115	19	0.28571	0.04	0.94286

陶军晖. 含 Ti 系微合金热轧搪瓷钢和磁轭钢的开发及应用性能研究 [D]. 武汉：华中科技大学, 2017.

Rut450 蠕墨铸铁

表 2-425　*MAT_JOHNSON_COOK 模型参数

$\rho/(\text{kg/m}^3)$	E/GPa	PR	$C_p /(\text{J} \cdot \text{kg}^{-1} \cdot \text{K}^{-1})$	A/MPa	B/MPa	n	C	m	$\dot{\varepsilon}_0 / s^{-1}$	T_r/K
7000	140	0.26	475	320	112	0.26	0.34	1.236	0.03	293

何志坚. 蠕墨铸铁高效切削性能及刀具切削状态监测研究 [D]. 长沙：湖南大学, 2018.

S-7 工具钢

表 2-426　Johnson-Cook 模型参数

$\rho/(\text{kg/m}^3)$	洛氏硬度	$C_p /(\text{J} \cdot \text{kg}^{-1} \cdot \text{K}^{-1})$	T_m / K	A/MPa	B/MPa	n	C	m
7750	C-50	477	1763	1539	477	0.18	0.012	1.00

JOHNSON G R, COOK W H. A constitutive model and data for metals subjected to large strains, high strain-rates and high temperatures [C]. Proceedings of Seventh International Symposium on Ballistics, The Hague, The Netherlands, April 1983: 541-547.

表 2-427　Johnson-Cook 失效模型参数

D_1	D_2	D_3	D_4	D_5
-0.8	2.1	-0.5	0.003	0.61

JASON K LEE. Analysis of Multi-Layered Materials Under High Velocity Impact Using CTH [D]. Wright-Patterson, USA: Air Force Institute of Technology, 2008.

S235 钢

表 2-428　*MAT_PIECEWISE_LINEAR_PLASTICITY 模型参数（单位制 ton-mm-s）

$\rho/(\text{ton/mm}^3)$	E/MPa	PR	SIGY/MPa	C/s^{-1}	P
7.85E-9	210000	0.3	235.0	4000.0	5.0
EPS1	EPS2	EPS3			
0.0	0.019	0.198			
ES1/MPa	ES2/MPa	ES2/MPa			
235.0	238.4	360.0			

表 2-429 螺钉*MAT_SPOTWELD 模型参数（采用焊接单元表示，单位制 ton-mm-s）

ρ/(ton/mm^3)	E/MPa	PR	SIGY/MPa	EH/MPa	EFAIL
7.80E-9	210000.0	0.3	240.0	500.0	0.4

KRZYSZTOF WILDE, et al. TB11 Test for Short W-Beam Road Barrier [C]. 11th European LS-DYNA Conference, Salzburg, 2017.

表 2-430 动态力学特性参数

板材厚度/mm	E/MPa	ν	σ_0/MPa	E_p/MPa	拉伸强度/MPa
3	190000	0.29	285	696	400
4	200000	0.29	330	969	450
6	210000	0.29	380	1200	480

MATEJ VESENJAK, ZORAN REN. Improving the Roadside Safety with Computational Simulations [C]. 4th European LS-DYNA Conference, Ulm, 2003.

S300 钢

表 2-431 Johnson-Cook 模型参数

A/MPa	B/MPa	n	C	m
245	608	0.35	0.0836	0.144
240	622	0.35	0.09	0.25

刘战强, 吴继华, 史振宇, 等. 金属切削变形本构方程的研究 [J]. 工具技术, 2008, 42(3): 3-9.

S300Si 钢

表 2-432 Johnson-Cook 模型参数

A/MPa	B/MPa	n	C	m
227	722	0.40	0.123	0.20

刘战强, 吴继华, 史振宇, 等. 金属切削变形本构方程的研究 [J]. 工具技术, 2008, 42(3): 3-9.

S580B 钢

表 2-433 简化 Johnson-Cook 模型参数

A/MPa	B/MPa	n	C
535	653	0.61	0.0158

葛宇静，等. S580B 钢中低应变率动态拉伸试验方法及本构表征研究 [J]. 机械科学与技术, 2018, Vol. 37(1):125-131.

SAE 1020 钢

表 2-434　*MAT_PLASTIC_KINEMATIC 模型参数（一）

$\rho/(\text{kg/m}^3)$	E/GPa	ν	σ_0/MPa	$E_{\text{tan}}/\text{MPa}$
7830	205	0.30	350	636

KEVIN WILLIAMS. Validation of a Loading Model for Simulating Blast Mine Effects on Armoured Vehicles [C]. 7th International LS-DYNA Conference, Detroit, 2002.

表 2-435　*MAT_PLASTIC_KINEMATIC 模型参数（二）

$\rho/(\text{lb}\cdot\text{s}^2/\text{in}^4)$	E/psi	ν	σ_0/psi	$E_{\text{tan}}/\text{psi}$
7.3E-4	29.7E6	0.30	5.08E4	9.22E4

LOU KEN-AN, PERCIBALLI WILLIAM. Finite Element Modeling of Preloaded Bolt Under Static Three-Point Bending Load [C]. 10th International LS-DYNA Conference, Detroit, 2008.

SiS 2541-03 钢

表 2-436　Johnson-Cook 模型参数

$\rho/(\text{kg/m}^3)$	T_{r}/K	$C_{\text{p}}/(\text{J}\cdot\text{kg}^{-1}\cdot\text{K}^{-1})$	T_{m}/K	K/GPa	G/GPa
7820	293	477	1700	172	79
A/MPa	B/MPa	n	C	m	
750	1150	0.49	0.014	1.00	

LIDÉN E, ANDERSSON O, JOHANSSON B. Influence of the Direction of Flight of Moving Plates Interacting with Long Rod Projectiles [C]. 20th International Symposium of Ballistics, Orlando, Florida, 2002.

spiral-strand cable

表 2-437　*MAT_MODIFIED_JOHNSON_COOK 模型参数

应变硬化	应变率硬化	温度软化	CL 失效准则	失效温度
A=1670/MPa B=375/MPa n=0.81	$\dot{\varepsilon}_0$=5×10^{-4}/s^{-1} C=0.0010	T_{r}=293/K T_{m}=1775/K m=1.0	ε_{f}=0.635 W_{cr}=1350/MPa	T_{c}*=1598/K

R JUDGE1, Z YANG, S W JONES1, G BEATTIE. Numerical simulation of spiral-strand cables subjected to high velocity fragment impact [C]. 8th European LS-DYNA Conference, Strasburg, 2011.

SPRC340S 钢

表 2-438　Johnson-Cook 模型参数

A/MPa	B/MPa	n	C	m	$\dot{\varepsilon}_0/s^{-1}$
338.4	579.8	0.6589	0.0262	0.3452	1

尚宏春，武鹏飞，娄燕山. SPRC340S 金属在不同应变率下的本构模型评估 [J]. 精密成形工程, 2020,Vol. 12(6):44-48.

SS2541-03 钢

表 2-439　Johnson-Cook 模型参数

E/GPa	G/GPa	A/MPa	B/MPa	n	C	m	T_m/K	$\dot{\varepsilon}_0$/s^{-1}
172	79	750	1150	0.49	0.014	1.0	1700	1

EWA LIDÉN, OLOF ANDERSSON, ANDERS TJERNBERG. Influence of Side-Impacting Dynamic Armour Components on Long Rod Projectiles [C]. 23rd International Symposium of Ballistics, Tarragona, Spain, 2007.

SS304 钢

表 2-440　*MAT_POWER_LAW_PLASTICITY 材料模型参数

E/GPa	屈服应力/MPa	应变硬化系数/MPa	n	ν
210	215	1451	0.6	0.3

SÖZEN LEVENT, GULER A MEHMET, GÖRGÜLÜARSLAN M RECEP, et al. Prediction of Springback in CNC Tube Bending Process Based on Forming Parameters [C]. 11th International LS-DYNA Conference, Detroit, 2010.

表 2-441　SHOCK 状态方程参数

ρ/(g/cm^3)	C/(cm/μs)	S_1	C_p/(J·kg^{-1}·K^{-1})	Gruneisen 系数
7.90	0.457	1.49	440	2.2

M A MEYERS. Dynamic behavior of materials [M]. John Wiley & Sons, New York, 1994.

表 2-442　*MAT_PLASTIC_KINEMATIC 模型参数

ρ/(kg/m^3)	E/GPa	PR	SIGY/MPa	ETAN/MPa
7800	200	0.3	400	90.3

表 2-443　简化 Johnson-Cook 模型参数

ρ/(kg/m^3)	E/GPa	PR	A/MPa	B/MPa	n	C	PSFAIL
7850	200	0.3	310	1000	0.65	0.07	0.28

POUYA SHOJAEI, et al. An Approach for Modeling Shock Propagation Through a Bolted Joint Structure [C]. 16th International LS-DYNA Conference, Virtual Event, 2020.

St13 钢

带曲线的详细材料模型参数请参见附带文件M36_1.00mm_St13.k，单位制采用mm-ton-s。

表 2-444　*MAT_3-PARAMETER_BARLAT 模型参数（板厚 1.00mm）

ρ	E	PR	HR	P_1	P_2	m	R_{00}	R_{45}	R_{90}
7.8E-9	2.07E5	0.28	3.0	527.6	0.212	6.0	1.89	1.15	2.05
LCID	E_0	SPI	AOPT	A_1	A_2	A_3	D_1	D_2	D_3
99	0.0	0.0	2.0	1.0	0.0	0.0	0.0	1.0	0.0

ETA.

带曲线的详细材料模型参数请参见附带文件M37_1.00mm_St13.k，单位制采用mm-ton-s。

表 2-445 ***MAT_TRANSVERSELY_ANISOTROPIC_ELASTIC_PLASTIC** 模型参数（板厚 1.00mm）

ρ	E/MPa	PR	SIGY	ETAN	R	HLCID
7.8E-9	2.07E5	0.28	169.3	527.6	1.56	99

ETA.

带曲线的详细材料模型参数请参见附带文件M36_1.75mm_St13.k，单位制采用mm-ton-s。

表 2-446 ***MAT_3-PARAMETER_BARLAT** 模型参数（板厚 1.75mm）

ρ	E	PR	HR	P_1	P_2	M	R_{00}	R_{45}	R_{90}
7.8E-9	2.07E5	0.28	3.0	528.3	0.217	6.0	2.73	1.10	1.98
LCID	E_0	SPI	AOPT	A_1	A_2	A_3	D_1	D_2	D_3
99	0.0	0.0	2.0	1.0	0.0	0.0	0.0	1.0	0.0

ETA.

带曲线的详细材料模型参数请参见附带文件M37_1.75mm_St13.k，单位制采用mm-ton-s。

表 2-447 ***MAT_TRANSVERSELY_ANISOTROPIC_ELASTIC_PLASTIC** 模型参数（板厚 1.75mm）

ρ	E/MPa	PR	SIGY	ETAN	R	HLCID
7.8E-9	2.07E5	0.28	163.3	528.3	1.48	99

ETA.

St14F 钢

带曲线的详细材料模型参数请参见附带文件M36_0.70mm_St14F.k，单位制采用mm-ton-s。

表 2-448 ***MAT_3-PARAMETER_BARLAT** 模型参数（板厚 0.70mm）

ρ	E	PR	HR	P_1	P_2	M	R_{00}	R_{45}	R_{90}
7.8E-9	2.07E5	0.28	3.0	548.4	0.21	6.0	1.68	1.33	2.15
LCID	E_0	SPI	AOPT	A_1	A_2	A_3	D_1	D_2	D_3
99	0.0	0.0	2.0	1.0	0.0	0.0	0.0	1.0	0.0

ETA.

带曲线的详细材料模型参数请参见附带文件M37_0.70mm_St14F.k，单位制采用mm-ton-s。

表 2-449 ***MAT_TRANSVERSELY_ANISOTROPIC_ELASTIC_PLASTIC** 模型参数（板厚 0.70mm）

ρ	E/MPa	PR	SIGY	ETAN	R	HLCID
7.8E-9	2.07E5	0.28	173.3	548.4	1.623	99

ETA.

带曲线的详细材料模型参数请参见附带文件M36_0.80mm_St14F.k，单位制采用mm-ton-s。

表 2-450 *MAT_3-PARAMETER_BARLAT 模型参数（板厚 0.80mm）

ρ	E	PR	HR	P_1	P_2	M	R_{00}	R_{45}	R_{90}
7.8E-9	2.07E5	0.28	3.0	556.4	0.226	6.0	1.790	2.240	2.060
LCID	E_0	SPI	AOPT	A_1	A_2	A_3	D_1	D_2	D_3
99	0.0	0.0	2.0	1.0	0.0	0.0	0.0	1.0	0.0

ETA.

带曲线的详细材料模型参数请参见附带文件M37_0.80mm_St14F.k，单位制采用mm-ton-s。

表 2-451 *MAT_TRANSVERSELY_ANISOTROPIC_ELASTIC_PLASTIC 模型参数（板厚 0.80mm）

ρ	E/MPa	PR	SIGY	ETAN	R	HLCID
7.8E-9	2.07E5	0.28	165.3	556.4	1.582	99

ETA.

带曲线的详细材料模型参数请参见附带文件M36_1.00mm_St14F.k，单位制采用mm-ton-s。

表 2-452 *MAT_3-PARAMETER_BARLAT 模型参数（板厚 1.00mm）

ρ	E	PR	HR	P_1	P_2	M	R_{00}	R_{45}	R_{90}
7.8E-9	2.07E5	0.28	3.0	537.1	0.219	6.0	1.84	1.22	2.60
LCID	E_0	SPI	AOPT	A_1	A_2	A_3	D_1	D_2	D_3
99	0.0	0.0	2.0	1.0	0.0	0.0	0.0	1.0	0.0

ETA.

带曲线的详细材料模型参数请参见附带文件M37_1.00mm_St14F.k，单位制采用mm-ton-s。

表 2-453 *MAT_TRANSVERSELY_ANISOTROPIC_ELASTIC_PLASTIC 模型参数（板厚 1.00mm）

ρ	E/MPa	PR	SIGY	ETAN	R	HLCID
7.8E-9	2.07E5	0.28	171.3	542.4	1.46	99

ETA.

带曲线的详细材料模型参数请参见附带文件M36_1.20mm_St14F.k，单位制采用mm-ton-s。

表 2-454 *MAT_3-PARAMETER_BARLAT 模型参数（板厚 1.20mm）

ρ	E	PR	HR	P_1	P_2	M	R_{00}	R_{45}	R_{90}
7.8E-9	2.07E5	0.28	3.0	530.5	0.215	6.0	1.88	1.22	2.17
LCID	E_0	SPI	AOPT	A_1	A_2	A_3	D_1	D_2	D_3
99	0.0	0.0	2.0	1.0	0.0	0.0	0.0	1.0	0.0

ETA.

带曲线的详细材料模型参数请参见附带文件M37_1.20mm_St14F.k，单位制采用mm-ton-s。

表 2-455　*MAT_TRANSVERSELY_ANISOTROPIC_ELASTIC_PLASTIC 模型参数（板厚 1.20mm）

ρ	E/MPa	PR	SIGY	ETAN	R	HLCID
7.8E-9	2.07E5	0.28	160.3	530.5	2.15	99

ETA.

带曲线的详细材料模型参数请参见附带文件M36_1.75mm_St14F.k，单位制采用mm-ton-s。

表 2-456　*MAT_3-PARAMETER_BARLAT 模型参数（板厚 1.75mm）

ρ	E	PR	HR	P_1	P_2	M	R_{00}	R_{45}	R_{90}
7.8E-9	2.07E5	0.28	3.0	542.4	0.211	6.0	1.67	1.12	1.93
LCID	E_0	SPI	AOPT	A_1	A_2	A_3	D_1	D_2	D_3
99	0.0	0.0	2.0	1.0	0.0	0.0	0.0	1.0	0.0

ETA.

带曲线的详细材料模型参数请参见附带文件M37_1.75mm_St14F.k，单位制采用mm-ton-s。

表 2-457　*MAT_TRANSVERSELY_ANISOTROPIC_ELASTIC_PLASTIC 模型参数（板厚 1.75mm）

ρ	E/MPa	PR	SIGY	ETAN	R	HLCID
7.8E-9	2.07E5	0.28	171.3	542.4	1.46	99

ETA.

St14ZF 钢

带曲线的详细材料模型参数请参见附带文件M36_0.80mm_St14ZF.k，单位制采用mm-ton-s。

表 2-458　*MAT_3-PARAMETER_BARLAT 模型参数（板厚 0.80mm）

ρ	E	PR	HR	P_1	P_2	M	R_{00}	R_{45}	R_{90}
7.8E-9	2.07E5	0.28	3.0	538.8	0.211	6.0	1.94	1.33	2.22
LCID	E_0	SPI	AOPT	A_1	A_2	A_3	D_1	D_2	D_3
99	0.0	0.0	2.0	1.0	0.0	0.0	0.0	1.0	0.0

ETA.

带曲线的详细材料模型参数请参见附带文件M37_0.80mm_St14ZF.k，单位制采用mm-ton-s。

表 2-459　*MAT_TRANSVERSELY_ANISOTROPIC_ELASTIC_PLASTIC 模型参数（板厚 0.80mm）

ρ	E/MPa	PR	SIGY	ETAN	R	HLCID
7.8E-9	2.07E5	0.28	172.3	538.8	1.705	99

ETA.

St16 钢

带曲线的详细材料模型参数请参见附带文件M36_0.70mm_St16.k，单位制采用mm-ton-s。

表 2-460 *MAT_3-PARAMETER_BARLAT 模型参数（板厚 0.70mm）

ρ	E	PR	HR	P_1	P_2	M	R_{00}	R_{45}	R_{90}
7.8E-9	2.07E5	0.28	3.0	534.9	0.242	6.0	2.03	2.1	2.6
LCID	E_0	SPI	AOPT	A_1	A_2	A_3	D_1	D_2	D_3
99	0.0	0.0	2.0	1.0	0.0	0.0	0.0	1.0	0.0

ETA.

带曲线的详细材料模型参数请参见附带文件M37_0.70mm_St16.k，单位制采用mm-ton-s。

表 2-461 *MAT_TRANSVERSELY_ANISOTROPIC_ELASTIC_PLASTIC 模型参数（板厚 0.70mm）

ρ	E/MPa	PR	SIGY	ETAN	R	HLCID
7.8E-9	2.07E5	0.28	124.2	534.9	2.208	99

ETA.

带曲线的详细材料模型参数请参见附带文件M36_0.80mm_St16.k，单位制采用mm-ton-s。

表 2-462 *MAT_3-PARAMETER_BARLAT 模型参数（板厚 0.80mm）

ρ	E	PR	HR	P_1	P_2	M	R_{00}	R_{45}	R_{90}
7.8E-9	2.07E5	0.28	3.0	526.4	0.243	6.0	2.22	2.04	2.67
LCID	E_0	SPI	AOPT	A_1	A_2	A_3	D_1	D_2	D_3
99	0.0	0.0	2.0	1.0	0.0	0.0	0.0	1.0	0.0

ETA.

带曲线的详细材料模型参数请参见附带文件M37_0.80mm_St16.k，单位制采用mm-ton-s。

表 2-463 *MAT_TRANSVERSELY_ANISOTROPIC_ELASTIC_PLASTIC 模型参数（板厚 0.80mm）

ρ	E/MPa	PR	SIGY	ETAN	R	HLCID
7.8E-9	2.07E5	0.28	126.3	526.4	2.243	99

ETA.

带曲线的详细材料模型参数请参见附带文件M36_1.00mm_St16.k，单位制采用mm-ton-s。

表 2-464 *MAT_3-PARAMETER_BARLAT 模型参数（板厚 1.00mm）

ρ	E	PR	HR	P_1	P_2	M	R_{00}	R_{45}	R_{90}
7.8E-9	2.07E5	0.28	3.0	525.4	0.244	6.0	2.15	2.29	2.92
LCID	E_0	SPI	AOPT	A_1	A_2	A_3	D_1	D_2	D_3
99	0.0	0.0	2.0	1.0	0.0	0.0	0.0	1.0	0.0

ETA.

带曲线的详细材料模型参数请参见附带文件M37_1.00mm_St16.k，单位制采用mm-ton-s。

表 2-465　***MAT_TRANSVERSELY_ANISOTROPIC_ELASTIC_PLASTIC** 模型参数（板厚 1.00mm）

ρ	E/MPa	PR	SIGY	ETAN	R	HLCID
7.8E-9	2.07E5	0.28	124.2	525.4	2.413	99

ETA.

带曲线的详细材料模型参数请参见附带文件M36_1.20mm_St16.k，单位制采用mm-ton-s。

表 2-466　***MAT_3-PARAMETER_BARLAT** 模型参数（板厚 1.20mm）

ρ	E	PR	HR	P_1	P_2	M	R_{00}	R_{45}	R_{90}
7.8E-9	2.07E5	0.28	3.0	542.4	0.238	6.0	2.06	1.93	2.55
LCID	E_0	SPI	AOPT	A_1	A_2	A_3	D_1	D_2	D_3
99	0.0	0.0	2.0	1.0	0.0	0.0	0.0	1.0	0.0

ETA.

带曲线的详细材料模型参数请参见附带文件M37_1.20mm_St16.k，单位制采用mm-ton-s。

表 2-467　***MAT_TRANSVERSELY_ANISOTROPIC_ELASTIC_PLASTIC** 模型参数（板厚 1.20mm）

ρ	E/MPa	PR	SIGY	ETAN	R	HLCID
7.8E-9	2.07E5	0.28	133.3	542.4	2.118	99

ETA.

带曲线的详细材料模型参数请参见附带文件M36_2.00mm_St16.k，单位制采用mm-ton-s。

表 2-468　***MAT_3-PARAMETER_BARLAT** 模型参数（板厚 2.00mm）

ρ	E	PR	HR	P_1	P_2	M	R_{00}	R_{45}	R_{90}
7.8E-9	2.07E5	0.28	3.0	520.7	0.24	6.0	1.86	1.72	2.28
LCID	E_0	SPI	AOPT	A_1	A_2	A_3	D_1	D_2	D_3
99	0.0	0.0	2.0	1.0	0.0	0.0	0.0	1.0	0.0

ETA.

带曲线的详细材料模型参数请参见附带文件M37_2.00mm_St16.k，单位制采用mm-ton-s。

表 2-469　***MAT_TRANSVERSELY_ANISOTROPIC_ELASTIC_PLASTIC** 模型参数（板厚 2.00mm）

ρ	E/MPa	PR	SIGY	ETAN	R	HLCID
7.8E-9	2.07E5	0.28	126.2	520.7	1.895	99

ETA.

Steel Cable

表 2-470 Steel Cable(钢缆)的 *MAT_CABLE_DISCRETE_BEAM 材料
模型参数(单位制 m-kg-s)

ρ	E	LCID	F_0	TMAX0	TRAMP	IREAD
7850	2.1E11	0	7.91E6	10.0	0.50	

CEZARY BOJANOWSKI, MARCIN BALCERZAK. Response of a Large Span Stay Cable Bridge to Blast Loading [C]. 13th International LS-DYNA Conference, Dearborn, 2014.

表 2-471 *MAT_CABLE_DISCRETE_BEAM 模型参数

$\rho/(kg/m^3)$	E/GPa	LCID	
7850	207	1	

*DEFINE_CURVE 定义应力-工程应变曲线 1			
A_1	A_2	A_3	A_4
0.02	0.04	0.06	0.08
O_1/Pa	O_2/Pa	O_3/Pa	O_4/Pa
207E6	210E6	215E6	220E6

ANSYS LS-DYNA User's Guide [R]. ANSYS, 2008.

T24 钢

表 2-472 Johnson-Cook 模型参数

A/MPa	B/MPa	n	C	m
100	78	0.27416	0.08	0.58474

表 2-473 modified Zerilli-Armstrong 模型参数

C_1	C_2/MPa	C_3	C_4	C_5	C_6	N
100	76	0.00334	−0.00096	0.11146	0.000147	0.30111

王晓峰. 超临界机组用耐热钢的开发及相关基础研究 [D]. 长沙:中南大学, 2013.

TENAX 钢

表 2-474 Johnson-Cook 模型参数

A/MPa	B/MPa	n	C	m	D_1	D_2	D_3	D_4	D_5
1440	492	0.24	0.011	1.03	0	1.07	−1.22	0.000016	0.63

BUCHAR J. Ballistics Performance of the Dual Hardness Armour [C]. 20th International Symposium of Ballistics, Orlando, Florida, 2002.

铁

表 2-475 SHOCK 状态方程参数

ρ/(g/cm^3)	C/(cm/μs)	S_1	Gruneisen 系数
7.86	0.461	1.73	1.61

Selected Hugoniots [R]. Los Alamos Scientific Laboratory, LA-4167-MS:[s.n.], 1 May 1969.

表 2-476 SHOCK 状态方程参数

ρ/(g/cm^3)	C/(cm/μs)	S_1	C_P/(J/(kg.K))	Gruneisen 系数
7.85	0.357	1.92	450	1.8

MEYERS M. Dynamic behavior of materials [M]. John Wiley & Sons, New York, 1994.

铁锭

表 2-477 铁锭（纯度 99.99%，退火状态）*MAT_POWER_LAW_PLASTICITY 模型参数（单位制 m-kg-s）

ρ	E	PR	K	N	EPSF
7.8611E3	2.0753E11	0.29	4.4545E8	0.205542	1.2941

表 2-478 *MAT_SIMPLIFIED_JOHNSON_COOK 模型参数（单位制 m-kg-s）

ρ	E	PR	A	B	n	C	PSFAIL
7.8611E3	2.0753E11	0.29	9.1787E6	4.3907E8	0.214698	0.0	1.2941

http://www.varmintal.com/aengr.htm

TH200 合金钢

表 2-479 简化 Johnson-Cook 模型参数

A/MPa	B/MPa	n	C
1657	382.5	0.245	0.026

廖雪松，等. 三种合金钢材料动态力学性能试验研究：第十三届全国战斗部与毁伤技术学术交流会论文集 [C]. 黄山: 2013, 1345-1349.

TRIP 700 钢

表 2-480 简化 Johnson-Cook 模型参数

A/MPa	B/MPa	n	C	$\dot{\varepsilon}_0$/s^{-1}
419.7	1110.5	0.522	0.008	0.01

DANIEL BJÖRKSTRÖM. FEM simulation of Electrohydraulic Forming [R], KTH Industrial Production, Joining Technology, 2008.

TRIP780 钢

表 2-481　*MAT_KINEMATIC_HARDENING_TRANSVERSELY_ANISOTROPIC
模型参数（NUMISHEET 2008，单位制 ton-mm-s）

ρ	E	PR	R	CB	Y	SC1	K
7.85E-9	2.07E5	0.28	1.02	396.1	224.5	452.3	9.0
RSAT	SB	H	EA	COE	IOPT	C_1	C_2
379.0	100.3	1.0	0.0	0.0	1	0.005	0.11

https://www.lstc.com.

带曲线的详细材料模型参数请参见附带文件M36_TRIP780_NUMI2014.k，单位制采用mm-ton-s。

表 2-482　*MAT_3-PARAMETER_BARLAT 模型参数（板厚 1.05mm）

ρ	E	PR	HR	M	R_{00}	R_{45}	R_{90}
7.83E-9	2.0E5	0.33	3.0	6.0	0.72	0.92	0.83
LCID	AOPT	A_1	A_2	A_3	V_1	V_2	V_3
90903	2.0	1.0	0.0	0.0	0.0	1.0	0.0

https://www.lstc.com.

带曲线的详细材料模型参数见附带文件M37_NLP_Curve_TRIP780_NUMI2014.k，单位制采用ton-mm-s。

表 2-483　*MAT_TRANSVERSELY_ANISOTROPIC_ELASTIC_PLASTIC_NLP_FAILURE
模型参数（厚度 1.05mm）

ρ	E	PR	SIGY	ETAN	R	HLCID
7.83E-9	2.0E5	0.33	463.5	0.0	-0.8475	200

https://www.lstc.com.

带曲线的详细材料模型参数见附带文件 M122_TRIP780_NUMI2014.k，单位制采用 ton-mm-s。

表 2-484　*MAT_HILL_3R 模型参数（板厚 14.7 厘米）

ρ	E	PR	HR	R_{00}	R_{45}	R_{90}	LCID
7.83E-9	2.0E5	0.33	3.0	0.72	0.92	0.83	90903

https://www.lstc.com.

U71Mn 钢

表 2-485　*MAT_PLASTIC_KINEMATIC 模型参数

ρ/(kg/m^3)	E/GPa	PR	SIGY/GPa	ETAN/GPa	C/s^{-1}	P
7800	213	0.3	0.561	21	45635	3.21

韩亮亮，敬霖，赵隆茂. 基于 Cowper-Symonds 本构模型铁路车轮扁疤激发的轮轨冲击仿真分析 [J]. 高压物理学报, 2017,Vol. 31(6):785-793.

U71MnG 钢

表 2-486　Johnson-Cook 模型参数

A/MPa	B/MPa	n	C	m
525	837	0.23	0.0085	1.392

苏兴亚. 复杂载荷下高速轮/轨钢的动态力学行为与本构关系 [D]. 成都：西南交通大学, 2019.

U75V 钢轨钢

表 2-487　简化 Johnson-Cook 模型参数

ρ/(kg/m³)	E/GPa	PR	$\dot{\varepsilon}_0/s^{-1}$	A/MPa	B/MPa	n	C
7790	205	0.3	454	620	738	0.22	0.15

庞兴, 等. U75V 焊接接头三维轮轨滚动接触有限元分析 [J]. 成都大学学报(自然科学版), 2019, 38(1): 73-77.

VascoMax 300 钢

表 2-488　Zerilli-Armstrong 模型参数

A/GPa	C_1/GPa	C_2/GPa	C_3/eV⁻¹	C_4/eV⁻¹	C_5/GPa	n
1.42	4.0	0	79.0	3.0	0.266	0.289

JOHN D, CINNAMON, ANTHONY N PALAZOTTO. Analysis and simulation of hypervelocity gouging impacts for a high speed sled test [C]. International Journal of Impact Engineering, 2009, 36: 254-262.

表 2-489　Johnson-Cook 模型参数

A/MPa	B/MPa	n	C	m	ν
2170	9400	1.175	0.0046	0.7799	0.283

ZACHARY A KENNAN. Determination of the Constitutive Equations for 1080 Steel and VascoMax 300 [D]. Wright-Patterson, USA: AIR FORCE INSTITUTE OF TECHNOLOGY, 2005.

VCh-40 铸铁

表 2-290　Johnson-Cook 模型参数

C_P/(J·kg⁻¹·K⁻¹)	E/GPa	G/GPa	PR	T_r/K	T_m/K	A/MPa	B/MPa	n	C	m
525	162	64.8	0.25	293	1523	253.7	638.9	0.4969	0.26573	1.037

表 2-491　*EOS_LINEAR_POLYNOMIAL 状态方程参数

C_0/GPa	C_1/GPa	C_2/GPa	C_3/GPa	C_4	C_5	C_6
108	0.0	0.0	0.0	0.0	0.0	0.0

A V SOBOLEV M V RADCHENKO. Use of Johnson–Cook plasticity model for numerical simulations of the SNF shipping cask drop tests [J]. Nuclear Energy and Technology,Volume 2, Issue 4, December 2016, Pages 272-276.

VDA239 CR4-GI 钢

表 2-492　*MAT_BARLAT_YLD2000 模型参数（板厚 0.7mm）

$\rho/(kg/m^3)$	E/GPa	PR	SIG00/MPa	SIG45/MPa	SIG90/MPa	R00
7800	210	0.3	156.6	160.0	156.0	1.805

R_{45}	R_{90}	SIGXX/MPa	SIGYY/MPa	DXX	DYY	A
1.336	1.876	187.0	187.0	1.0	−0.982	4.5

JOHAN PITHAMMAR, et al. Simulation of Sheet Metal Forming using Elastic Dies [C]. 12th European LS-DYNA Conference, Koblenz, Germany, 2019.

Weldox 460E 钢

表 2-493　Johnson-Cook 模型参数（一）

$\rho/(kg/m^3)$	E/GPa	ν	A/MPa	B/MPa	n	C	m
7850	200	0.33	490	807	0.73	0.012	0.94

$C_p/(J \cdot kg^{-1} \cdot K^{-1})$	T_m/K	T_r/K	D_1	D_2	D_3	D_4	D_5
452	1800	293	0.0705	1.732	−0.54	−0.015	0

ARIAS A, RODRIGUEZ-MARTINEZ J A, RUSINEK A. Numerical simulations of impact behavior of thin steel plates subjected to cylindrical, conical and hemispherical non-deformable projectiles [J]. Engineering Fracture Mechanics, 2008, 75(6): 1635-1656.

表 2-494　动态力学特性参数

$\rho/(kg/m^3)$	E/GPa	ν	$C_p/(J \cdot kg^{-1} \cdot K^{-1})$	χ	α/K^{-1}
7850	210	0.33	452	0.9	1.2E-5

表 2-495　Johnson-Cook 模型及失效参数

A/MPa	B/MPa	n	C	m	$\dot{\varepsilon}_0/s^{-1}$	T_r/K
499	382	0.458	0.0079	0.893	5E-4	293

T_m/K	D_1	D_2	D_3	D_4	D_5	
1800	0.636	1.936	−2.969	−0.014	1.014	

表 2-496　Zerilli-Armstrong 模型参数

	σ_a/MPa	B/MPa	β_0	β_1	A/MPa	n	α_0	α_1
ZAbcc	11	388	1.80E-4	6.91E-5	553	0.2704	—	—
ZAhcp*	20	378	2.73E-4	6.35E-5	563	0.2704	−6.52E-5	1.64E-5
ZAbcc（更多数据）	246	594	5.19E-3	2.13E-4	553	0.2704	—	—
ZAhcp*（更多数据）	243	496	4.65E-3	1.88E-4	579	0.2704	1.17E-4	4.99E-6

DEY S, BØRVIK T, HOPPERSTAD O S, et al. On the influence of constitutive relation in projectile impact of steel plates [J]. International Journal of Impact Engineering, 2007, 34: 464-486.

表 2-497　Johnson-Cook 模型参数（二）

$\rho/(\text{kg/m}^3)$	E/GPa	ν	A/MPa	B/MPa	n	C	m
7850	200	0.33	490	383	0.45	0.0123	0.94
$C_p/(\text{J}\cdot\text{kg}^{-1}\cdot\text{K}^{-1})$	T_m/K	T_r/K	$\dot{\varepsilon}_0/\text{s}^{-1}$	D_1	D_2	D_3	
452	1800	293	5E-4	0.0705	1.732	-0.54	

MIN HUANG. Ballistic Resistance of Multi-layered Steel Shields [D]. Massachusetts Institute of Technology, 2007.

Weldox 500E 钢

文献作者获取了 Weldox 500E 钢的 Modified_Johnson_Cook 材料模型参数，该模型不需要单独的状态方程，考虑了应变率效应和材料的破坏，其本构关系表达式为：

$$\sigma_Y = (A + B\varepsilon_{eq}^n)(1 + \dot{\varepsilon}_{eq}^*)^C(1 - T^{*m})$$

绝热温升通过下式计算：

$$\Delta T = \int_0^{\varepsilon_{eq}} \chi\frac{\sigma_{eq}\mathrm{d}\varepsilon_{eq}}{\rho C_p}$$

式中，χ 是塑性功转化为热量的转化系数。

失效模型采用 CL 模型：

$$W = \int_0^{\varepsilon_{eq}} \langle\sigma_1\rangle\mathrm{d}\varepsilon_{eq} \leqslant W_{cr}$$

除了 CL 失效准则外，还采用基于温度的失效准则：$T_c = 0.9T_m$，即当材料温度达到熔点的 90% 时，就删除该单元。

表 2-498　Modified_Johnson_Cook 材料模型参数

$\rho/(\text{kg/m}^3)$	E/GPa	ν	$C_p/(\text{J}\cdot\text{kg}^{-1}\cdot\text{K}^{-1})$	χ	a/K^{-1}	T_c^*	A/MPa	B/MPa
7850	210	0.33	452	0.9	1.2E-5	0.9	605	409
n	C	m	T_r/K	T_m/K	W_{cr}/MPa	ε_f	$\dot{\varepsilon}_0/\text{s}^{-1}$	
0.5	0.0166	1.0	293	1800	1516	1.46	5E-4	

BØRVIK T, DEY S, CLAUSEN A H. Perforation resistance of five different high-strength steel plates subjected to small-arms projectiles [J]. International Journal of Impact Engineering, 2009, 36(7): 948-964.

Weldox 700E 钢

表 2-499　Johnson-Cook 模型参数

A/MPa	B/MPa	n	C	m	$\dot{\varepsilon}_0/\text{s}^{-1}$
859	329	0.579	0.0115	1.071	5E-4
D_1	D_2	D_3	D_4	D_5	
0.361	4.768	-5.107	-0.0013	1.333	

DEY S, BØRVIK T, HOPPERSTAD O S, et al. The effect of target strength on the perforation of steel plates using three different projectile nose shapes [J]. International Journal of Impact Engineering, 2004, 30: 1005-1038.

文献作者获取了 Weldox 700E 钢的 Modified_Johnson_Cook 材料模型参数，该模型不需要单独的状态方程，考虑了应变率效应和材料的破坏，其本构关系表达式为：

$$\sigma_Y = (A + B\varepsilon_{eq}^n)(1 + \dot{\varepsilon}_{eq}^*)^C(1 - T^{*m})$$

绝热温升通过下式计算：

$$\Delta T = \int_0^{\varepsilon_{eq}} \chi \frac{\sigma_{eq} \mathrm{d}\varepsilon_{eq}}{\rho C_p}$$

式中，χ 是塑性功转化为热量的转化系数。

失效模型采用 CL 模型：

$$W = \int_0^{\varepsilon_{eq}} \langle \sigma_1 \rangle \mathrm{d}\varepsilon_{eq} \leqslant W_{cr}$$

除了 CL 失效准则外，还采用基于温度的失效准则：$T_c = 0.9T_m$，即当材料温度达到熔点的 90% 时，就删除该单元。

表 2-500 Modified_Johnson_Cook 材料模型参数

$\rho/(\mathrm{kg/m^3})$	E/GPa	ν	$C_p/(\mathrm{J \cdot kg^{-1} \cdot K^{-1}})$	χ	$a/\mathrm{K^{-1}}$	T_c^*	A/MPa	B/MPa
7850	210	0.33	452	0.9	1.2E-5	0.9	819	308
n	C	m	T_r/K	T_m/K	$\dot{\varepsilon}_0/\mathrm{s^{-1}}$	ε_f	W_{cr}/MPa	
0.64	9.8E-3	1.0	293	1800	5E-4	1.31	1486	

BØRVIK T, DEY S, CLAUSEN A H. Perforation resistance of five different high-strength steel plates subjected to small-arms projectiles [J]. International Journal of Impact Engineering, 2009. 36(7): 948-964.

Weldox 900E 钢

表 2-501 Johnson-Cook 模型参数

A/MPa	B/MPa	n	C	m	$\dot{\varepsilon}_0/\mathrm{s^{-1}}$	D_1	D_2	D_3	D_4	D_5
992	364	0.568	0.0087	1.131	5E-4	0.294	5.149	-5.583	0.0023	0.951

DEY S, BØRVIK T, HOPPERSTAD O S, et al. The effect of target strength on the perforation of steel plates using three different projectile nose shapes [J]. International Journal of Impact Engineering, 2004, 30: 1005-1038.

X100 管线钢

表 2-502 Johnson-Cook 模型参数

$\rho/(\mathrm{kg/m^3})$	E/GPa	PR	A/MPa	B/MPa	n	C
7850	210	0.3	687.6097	495.5723	0.3277	0.0155
m	$\dot{\varepsilon}_0/s^{-1}$	D_1	D_2	D_3	D_4	D_5
0.4106	0.001	0.4846	2.6379	-2.7102	-0.0259	2.1439

杨鹏飞. X100 高强度管线钢损伤本构模型研究 [D]. 秦皇岛：燕山大学, 2017.

X4CrMnN16-12（VP159）钢

表 2-503　Johnson-Cook 模型参数

A/MPa	B/MPa	n	C	m	T_m/K	T_r/K	$\dot{\varepsilon}_0/\mathrm{s}^{-1}$
525	2230	0.7	0.037	0.6	1800	296	3E-4

修正的 Johnson-Cook 本构模型：

$$\sigma = (A + B\varepsilon^n)\left(\frac{\dot{\varepsilon}}{\dot{\varepsilon}_0}\right)^C \left(1 - \left(\frac{T - T_\mathrm{r}}{T_\mathrm{m} - T_\mathrm{r}}\right)^m\right)$$

表 2-504　修正的 Johnson-Cook 模型参数

A/MPa	B/MPa	n	C	m	T_m/K	T_r/K	$\dot{\varepsilon}_0/\mathrm{s}^{-1}$
525	2230	0.7	0.029	0.6	1800	296	3E-4

表 2-505　Johnson-Cook 失效模型参数

D_1	D_2	D_3	D_4	D_5	T_m/K	T_r/K	$\dot{\varepsilon}_0/\mathrm{s}^{-1}$
0.45	0.6	3	−0.0123	0	1600	300	5E-4

表 2-506　Zerilli-Armstrong 模型参数

Y_0/MPa	B_0/MPa	n	β_0	β_1	$\dot{\varepsilon}_0/\mathrm{s}^{-1}$	T_m/K	T_r/K
480	9600	0.65	0.0052	0.00014	3E-4	1800	296

MOCKO W, KOWALEWSKI Z L. Perforation Test as an Accuracy Evaluation Tool for a Constitutive Model of Austenitic Steel [J]. Archives of Metallurgy and Materials, 2013, 58(4): 1105-1110.

X80 管线钢

表 2-507　Johnson-Cook 模型参数

A/MPa	B/MPa	n	C
614	1658.4	0.95582	0.0937

李星, 曾祥国, 姚安林, 等. X80 管线钢的动态力学性能研究 [C]. 四川省第二届实验力学学术会议论文集, 绵阳, 2011.

X90 管线钢

表 2-508　简化 Johnson-Cook 模型参数

A/MPa	B/MPa	n	C	D_1	D_2	D_3	D_4
680	468.8	0.586	9.65E-3	−3.331	5.215	−0.199	0.0034

杨锋平, 等. X90 超高强度输气钢管材料本构关系及断裂准则 [J]. 石油学报, 2017, 38(1): 112-118.

XC48 钢

表 2-509 Johnson-Cook 材料模型参数

$\rho/(kg/m^3)$	E/MPa	G/MPa	T_m/K	T_r/K	$C_P/(J \cdot kg^{-1} \cdot K^{-1})$	A/MPa	B/MPa	n
7850	2.05E5	7.946E4	1480	293	486	553.1	600.8	0.234

C	m	$\dot{\varepsilon}_0/s^{-1}$	D_1	D_2	D_3	D_4	D_5	
0.013	1	1	0.25	4.38	−2.68	0.002	0.61	

N MELZI, MUSTAPHA TEMMAR, QUALI MOHAMMED. Applying a Numerical Model to Obtain the Temperature Distribution while Machining [J]. Acta Physica Polonica Series a, 2017,131(3):504−507.

XH129 钢

表 2-510 Johnson-Cook 模型及相关状态方程参数

Johnson-Cook 强度模型						
G/GPa	A/GPa	B/MPa	n	C	m	T_{melt}/K
81	1.3	753.4	0.42	0	0.822	1800
Mie-Grüneisen/Shock 状态方程						
$\rho/(g/cm^3)$	Γ	$c_B/(m/s)$	S	T_{ref}/K	$C_V/(J/(kg \cdot K))$	
7.81	1.93	5044	0.3238	300	420	
失效参数						
$\sigma_{fail,11}/GPa$	$\sigma_{fail,22}/GPa$	$\varepsilon_{fail,11}$	$\varepsilon_{fail,12}$			
10	5	0.65	0.5			

RIEDEL W. Fragment Impact on Bi-Layered Light Armours Experimental Analysis, Material Modeling and Numerical Studies [C]. 19th International Symposium of Ballistics, Interlaken, Switzerland, 2001.

氧化铁

表 2-511 Johnson-Cook 模型参数

$\rho/(kg/m^3)$	G/GPa	A/MPa	B/MPa	n	C
5274	93.5	337	343	0.3	0.01

m	T_r/K	T_m/K	$\dot{\varepsilon}_0/s^{-1}$	$C_p/(J \cdot kg^{-1} \cdot K^{-1})$	
0.5	300	1935	105	1100	

表 2-512 Gruneisen 状态方程参数

Gruneisen 系数	$C/(m/s)$	S_1
2.00	7435	0.035

王新征,等. 非均匀二元颗粒含能材料细观模型建立的研究 [C]. 第十届全国冲击动力学学术会议论文集, 2011.

ZG32Mn13 钢

表 2-513　*MAT_JOHNSON_COOK 模型参数

$\rho/(\text{kg/m}^3)$	E/GPa	PR	T_m/K	T_r/K	A/MPa	B/MPa	n	C	m	$\dot{\varepsilon}_0/s^{-1}$
7980	210	0.3	1633	293	634	897	0.913	0.04	1	3.39E-3

许立, 等. ZGMn13 高锰钢本构方程及仿真实验的研究 [J]. 制造技术与机床, 2011:62-65.

ZG32MnMo 铸钢

表 2-514　Johnson-Cook 模型参数

A/MPa	B/MPa	n	C	m
775	221	0.556	0.094	1.02

张纯喜. 基于残余应力的外轮毂加工变形仿真与实验 [D]. 北京：北京理工大学, 2015.

铸铁

表 2-515　铸铁（Cast Iron）的 Johnson-Cook 模型参数

A/MPa	B/MPa	n	C	m	$\dot{\varepsilon}_0/s^{-1}$	T/℃
270	275	0.35	0.0042	1.23	1	27

STANISLAV ROLE, JAROSLAV BUCHAR. Effect of the Temperature on the Ballistic Efficiency of Plates [C]. 22nd International Symposium of Ballistics, Vancouver, Canada, 2005.

ZSt180BH 钢

带曲线的详细材料模型参数请参见附带文件M36_0.75mm_ZSt180BH.k，单位制采用 mm-ton-s。

表 2-516　*MAT_3-PARAMETER_BARLAT 模型参数（板厚 0.75mm）

ρ	E	PR	HR	P_1	P_2	M	R_{00}	R_{45}	R_{90}
7.8E-9	2.07E5	0.28	3.0	541.1	0.174	6.0	1.86	1.45	2.31
LCID	E_0	SPI	AOPT	A_1	A_2	A_3	D_1	D_2	D_3
99	0.0	0.0	2.0	1.0	0.0	0.0	0.0	1.0	0.0

ETA.

带曲线的详细材料模型参数请参见附带文件M37_0.75mm_ZSt180BH.k，单位制采用 mm-ton-s。

表 2-517　*MAT_TRANSVERSELY_ANISOTROPIC_ELASTIC_PLASTIC 模型参数（板厚 0.75mm）

ρ	E/MPa	PR	SIGY	ETAN	R	HLCID
7.8E-9	2.07E5	0.28	204.4	541.1	1.768	99

ETA.

第3章 铝、铝合金及泡沫铝

一般认为铝的应变率敏感性并不明显，但是有许多研究者认为铝或者铝合金在室温下当应变率达到 $1000s^{-1}$ 时，应变率敏感性会有所增强。

1060 铝合金

表 3-1 Johnson-Cook 模型参数

A/MPa	B/MPa	n	C	m	D_1	D_2	D_3	D_4	D_5
66.0435	215.196	0.2052	0.01	0	0.015	0.11	−1.3	0.011	0

孔海勇. 多层梯度铝蜂窝板冲击大变形力学行为研究 [D]. 兰州：兰州理工大学，2020.

1100 铝合金

表 3-2 *MAT_POWER_LAW_PLASTICITY 模型参数

ρ/(kg/m^3)	E/GPa	PR	K	N	SRC/s^{-1}	SRP
2710	69	0.33	0.598	0.216	6500.0	4.0

ANSYS LS-DYNA User's Guide [R]. ANSYS, 2008.

1100-H14 铝合金

表 3-3 Johnson-Cook 模型参数

ρ_0(g/cm^3)	E/GPa	ν	T_m/K	T_r/K	C_p/(J·kg^{-1}·K^{-1})
2.7126	68.948	0.33	893	293	920
A/GPa	B/GPa	n	C	m	$\dot{\varepsilon}_0$/s^{-1}
0.10282	0.04979	0.197	0.001	0.859	1
D_1	D_2	D_3	D_4	D_5	κ/(W·m^{-1}·K^{-1})
0.071	1.248	−1.142	0.147	0.0	222

IQBAL M A, KHAN S H, ANSARI R, et al. Experimental and numerical studies of double-nosed projectile impact on aluminum plates [J]. International Journal of Impact Engineering, 2013, 54: 232-245.

1235 型铝箔

1235 型铝箔的力学性能为：屈服强度 $\sigma_{0.2} = 145\text{MPa}$，弹性模量 $E = 69\text{GPa}$，剪切强度 $\tau = 100\text{MPa}$。

王霄，等. 激光驱动飞片加载金属箔板成形及数值模拟 [J]. 塑性工程学报, 2009, 16(1): 25-30.

2008-T4 铝合金

表 3-4 *MAT_BARLAT_ANISOTROPIC_PLASTICITY 模型参数

$\rho/(kg/m^3)$	E/Pa	PR	K/Pa	E_0	N	M
2720	76E9	0.34	1.04E6	0.65	0.254	11.0

A	B	C	F	G	H	
1.017	1.023	0.9761	0.9861	0.9861	0.8875	

ANSYS LS-DYNA User's Guide [R]. ANSYS, 2008.

2024 铝合金

表 3-5 Johnson-Cook 模型参数（一）

A/MPa	B/MPa	n	C	m	T_m/K	T_r/K
218	546	0.355	0.038	3.73	775	298

王金鹏, 曾攀, 雷丽萍. 2024Al 高温高应变率下动态塑性本构关系的实验研究 [J]. 塑性工程学报, 2008, 15(3): 101-118.

表 3-6 Johnson-Cook 模型参数（二）

$\rho_0(kg/m^3)$	ν	E/GPa	T_r/K	T_m/K	A/MPa	B/MPa	n
2780	0.33	73.083	300	775	369	684	0.73
C	m	$C_p/(J \cdot kg^{-1} \cdot K^{-1})$	D_1	D_2	D_3	D_4	D_5
0.0083	1.7	875	0.13	0.13	−1.5	0.011	0.0

BUYUK M, KURTARAN H, MARZOUGUI D, et al. Automated design of threats and shields under hypervelocity impacts by using successive optimization methodology [C]. International Journal of Impact Engineering, 2008, 35: 1449-1458.

表 3-7 SHOCK 状态方程参数

$\rho/(g/cm^3)$	$C/(cm/\mu s)$	S_1	$C_p/(J/(kg \cdot K))$	Gruneisen 系数
2.79	0.533	1.34	890	2.0

M A Meyers. Dynamic behavior of materials [M]. John Wiley & Sons, New York, 1994.

表 3-8 Gruneisen 状态方程参数

$C/(m/s)$	S_1	S_2	S_3	γ	A	E_0	V_0
5328	1.338	0.00	0.00	2.0	0.875	0.00	1.00

MEDINA S F, HEMADERZ C A. General expression of the Zener-Hollomon on parameter as a function of the chemical composition of low alloy and microalloyed steels [J]. Acta Mater, 1996.

表 3-9　Johnson-Cook 模型参数（三）

$\rho_0(\text{kg/m}^3)$	ν	$C_p / (\text{J} \cdot \text{kg}^{-1} \cdot \text{K}^{-1})$	T_r / K	T_m / K	A/MPa	B/MPa	n
2700	0.33	877.6	298	793	352	440	0.42
C	m	D_1	D_2	D_3	D_4	D_5	
0.0083	1.70	0.13	0.13	−1.5	0.011	0.0	

ASAD M. Elaboration of concepts and methodologies to study peripheral down-cut milling process from macro-to-micro scales [D]. INSA Lyon, France, 2010.

2024-T3 铝合金

表 3-10　Johnson-Cook 材料模型参数（一）

A/MPa	B/MPa	n	C	m	D_1	D_2	D_3	D_4	D_5
369	684	0.73	0.0083	1.7	0.13	0.13	−1.5	0.011	0.0

DONALD R LESUER. Experimental Investigations of Material Models for Ti-6Al-4V Titanium and 2024-T3 Aluminum [R]. ADA384431, 2000.

表 3-11　*MAT_PLASTIC_KINEMATIC 模型参数

$\rho/(\text{kg/m}^3)$	E/GPa	ν	σ_0/MPa	E_{tan}/MPa	β
2780	72.4	0.33	345	777	0.5

ABDULLATIF K ZAOUK. Development and Validation of a US Side Impact Moveable Deformable Barrier fE Model [C]. 3rd European LS-DYNA Conference, Paris, 2001.

表 3-12　*MAT_PLASTIC_KINEMATIC 模型参数

$\rho/(\text{kg/m}^3)$	E/GPa	ν	σ_0/MPa	E_{tan}/MPa	极限应力/MPa	极限应变
2923	71	0.334	345	460	427	0.186

VELDMAN R L. Effects of Pre-Pressurization on Plastic Deformation of Blast-Loaded Square Aluminum Plates [C]. 8th International LS-DYNA Conference, Detroit, 2004.

表 3-13　Johnson-Cook 材料模型参数（二）

A/MPa	B/MPa	n	C	m
325	414	0.2	0.015	1

刘战强，吴继华，史振宇，等. 金属切削变形本构方程的研究 [J]. 工具技术, 2008, 42(3): 3-9.

2024-T351 铝合金

表 3-14　Johnson-Cook 模型参数（一）

$\rho/(\text{kg/m}^3)$	洛氏硬度	$C_p / (\text{J} \cdot \text{kg}^{-1} \cdot \text{K}^{-1})$	T_m / K	A/MPa	B/MPa	n	C	m
2770	B-75	875	775	265	426	0.34	0.015	1.0

JOHNSON G R, COOK W H. A constitutive model and data for metals subjected to large strains, high strain-rates and high temperatures [C]. Proceedings of Seventh International Symposium on Ballistics, The Hague, The Netherlands, April 1983: 541-547.

表 3-15 Johnson-Cook 模型参数（二）

$\rho /(\text{kg/m}^3)$	$C_{\mathrm{p}}/(\text{J}\cdot\text{kg}^{-1}\cdot\text{K}^{-1})$	T_{m}/K	A/MPa	B/MPa	n	C	m
2770	877.5	775	345	462	0.25	0.001	2.75

李娜, 李玉龙, 郭伟国. 三种铝合金材料动态性能及其温度相关性对比研究 [J]. 航空学报, 2008, 29(4): 903-908.

带曲线的*MAT_PIECEWISE_LINEAR_PLASTICITY模型及GISSMO失效模型参数见附带文件M24_AL2024_T351-GISSMO.k。

表 3-16 *MAT_PIECEWISE_LINEAR_PLASTICITY 模型参数（单位 kg-mm-ms）

ρ	E	PR	SIGY	ETAN
2.78E-6	73.1	0.33	0.324	0.0

https://www.lstc.com.

带曲线的*MAT_TABULATED_JOHNSON_COOK模型参数见附带文件M224_AL2024_US_V2-1.k。

表 3-17 *MAT_TABULATED_JOHNSON_COOK 模型参数（单位 lbfs^2/in—in-s）

ρ	E	PR	CP	TR	BETA	NUMIT
2.432E-4	1.015269E7	0.33	776348.0	540.0	0.4	1.0

https://www.lstc.com.

表 3-18 简化 Johnson-Cook 模型参数

A/MPa	B/MPa	n	C
280	400	0.20	0.015

王雷, 李玉龙, 索涛, 等. 航空常用铝合金动态拉伸力学性能探究 [J]. 航空材料学报, 2013, 33(4): 71-77.

2024-T6 铝合金

表 3-19 Johnson-Cook 模型参数

A/MPa	B/MPa	n	C	m
369	684	0.73	0.0083	1.7

刘战强, 吴继华, 史振宇, 等. 金属切削变形本构方程的研究 [J]. 工具技术, 2008, 42(3): 3-9.

2026-T3511 铝合金

表 3-20 Johnson-Cook 模型参数

A/MPa	B/MPa	n	C	m
373	1821.4	0.76344	0.0113	1.6383

李玉杨. 长桁类零件弯曲成型技术的研究 [D]. 哈尔滨: 哈尔滨工业大学, 2016.

211Z 铝合金

表 3-21 Johnson-Cook 模型参数

$\rho/(kg/m^3)$	E/GPa	PR	T_m/K	A/MPa	B/MPa	n	C	m
2810	74.615	0.33	900.9	383.5	311.46	0.632	0.0044	2.367

张蓉蓉. 车削工艺参数对铝合金 211Z 加工表面质量的影响 [D]. 贵阳：贵州大学, 2016.

2219 铝合金

表 3-22 Johnson-Cook 模型参数

A/MPa	B/MPa	n	C	m
170	228	0.31	0.028	2.75

张子群. 铝合金 2219 弧板件铣削力建模及其对残余应力的影响规律研究 [D]. 济南：山东大学, 2018.

2618 铝合金

表 3-23 Johnson-Cook 材料模型参数

$\rho/(kg/m^3)$	E/MPa	G/MPa	T_m/K	T_r/K	$C_P/(J \cdot kg^{-1} \cdot K^{-1})$	A/MPa	B/MPa	n
2760	7.45E4	2.8E4	868	293	875	360	315	0.44
C	m	$\dot{\varepsilon}_0/s^{-1}$	D_1	D_2	D_3	D_4	D_5	
0.003	2.4	0.001	0.032	0.662	−1.771	0.0131	0.867	

WANG Cunxian, et al. A New Experimental and Numerical Framework for Determining of Revised J-C Failure Parameters [J]. Metals, 2018, 8(6):396.

2A10 铝合金

表 3-24 Johnson-Cook 模型参数

A/MPa	B/MPa	n	C	m
243	618.8	0.2	0.01	1.6

张旭. 电磁铆接过程铆钉动态塑性变形行为及组织性能研究 [D]. 哈尔滨：哈尔滨工业大学, 2016.

2A10-T4 铝合金

表 3-25 Johnson-Cook 模型参数

A/MPa	B/MPa	n	C	m
256.81	623.7	0.2002	0.0133	1.539

殷俊清. 航空薄壁件铆接变形分析及预测研究 [D]. 西安：西北工业大学, 2015.

2A12 铝合金

表 3-26　Johnson-Cook 模型参数（一）

$\rho/(kg/m^3)$	T_m / K	A/MPa	B/MPa	n	C	m
2770	570.5	370.4	1798.7	0.73	0.0128	1.53

李春雷. 2A12 铝合金本构关系实验研究 [D]. 哈尔滨: 哈尔滨工业大学, 2006.

表 3-27　Johnson-Cook 模型参数（二）

铝合金类型	A/MPa	B/MPa	n	C
2A12CZ	380	520	0.46	0.030
2A12M	150	170	0.20	0.018

王雷, 李玉龙, 索涛, 等. 航空常用铝合金动态拉伸力学性能探究 [J]. 航空材料学报, 2013, 33(4): 71-77.

表 3-28　2A12-CZ 不同温度下的材料参数

$T/℃$	20	100	200	300	400	500	600	650
$C/(J\cdot kg^{-1}\cdot ℃^{-1})$	900	921	1047	1130	1232	1352	1483	1553
E/GPa	68	64	54	42	33.9	24.4	15.0	10.3
$\kappa/(W\cdot m^{-1}\cdot ℃^{-1})$	121	$\rho/(kg/m^3)$		2800	ν		0.33	

王吉, 等. 强激光辐照下预载圆柱壳热屈曲失效的数值分析 [C]. 第七届全国爆炸力学学术会议论文集, 昆明, 2003.

表 3-29　*MAT_PLASTIC_KINEMATIC 模型参数

σ_0/MPa	E/GPa	E_t/MPa	E_p/MPa	C/s^{-1}	P
290	68.5	1530	1565	22515.4	4.843

赵寿根, 等. 几种航空铝材动态力学性能实验 [J]. 北京航空航天大学学报, 2007, 33(8): 982-985.

表 3-30　Johnson-Cook 模型参数（三）

$\rho/(kg/m^3)$	$C_p/(J\cdot kg^{-1}\cdot K^{-1})$	T_m / K	A/MPa	B/MPa	n	C	m
2780	921	775	325	555	0.28	−0.001	2.20

李娜, 李玉龙, 郭伟国. 三种铝合金材料动态性能及其温度相关性对比研究 [J]. 航空学报, 2008, 29(4): 903-908.

表 3-31　修正的 Johnson-Cook 模型参数

ρ /(kg/m^3)	G/GPa	A/MPa	B/MPa	n	C	D_1
2740	28	195	230	0.31	0.42	0.75

刘晓蕾，等. 离散杆对 2A12 铝合金靶板侵彻效应的数值模拟分析 [C]. 2011 年中国兵工学会学术年会论文集, 2011, 197-203.

表 3-32　简化 Johnson-Cook 模型参数

A/MPa	B/MPa	n	C
300	465	0.35	0.010

许兵. 线型切割索侵彻硬铝板的实验研究及数值模拟仿真 [D]. 南京: 南京理工大学, 2003.

表 3-33　Zerilli-Armstrong 模型参数

ρ /(kg/m^3)	c_b /(m/s)	T_m / K	G_0 / GPa	$\dfrac{G_P'}{G_0}$ /GPa^{-1}	$\dfrac{G_T'}{G_0}$ /GPa^{-1}	α /10^{-6}K^{-1}
2785	5328	933	37.5	0.065	-0.62	23.1

王永刚，等. 冲击加载下 2A12 铝合金的动态屈服强度和层裂强度与温度的相关性 [J]. 物理学报, 2006, 55(8): 4202-4206

表 3-34　利用一维应力实验结果拟合出的 Johnson-Cook 模型参数（四）

ρ /(kg/m^3)	E/GPa	G/GPa	A/MPa	B/MPa	n	C	m
2770	72.2	27.7	310	1134	0.6893	0.01505	0.8842

彭建祥，等. 多种应力状态下铝合金本构行为的实验研究 [C]. 第四届全国爆炸力学实验技术会议, 120-124.

表 3-35　Johnson-Cook 模型参数（五）

A/MPa	B/MPa	n	C	m	D_1	D_2	D_3	D_4	D_5
396	540	0.41	0	1	0.22	0.12	2.8	0	0

颜怡霞，等. 截锥壳跌落撞击的数值模拟与实验 [C]. 第十届全国冲击动力学学术会议论文集, 2011.

表 3-36　Johnson-Cook 模型参数（六）

ρ /(kg/m^3)	E/GPa	ν	A/MPa	B/MPa	n	C	m	$\dot{\varepsilon}_0$/s^{-1}	T_r / K	T_m / K
2700	70.6	0.33	275	356	0.794	0.1	0.0285	0.001	293	1200

王建刚，等. 球形钨破片侵彻复合靶板的有限元分析 [C]. 战斗部与毁伤效率委员会第十届学术年会论文集, 绵阳, 2007. 261-266.

2A70 铝合金

为了研究高速冲击条件下铝合金 2A70 的动态力学行为，开展了低应变率缺口试样拉伸实验及光滑试样应变率范围在 $0.1\sim4000s^{-1}$ 的动态拉伸实验。实验结果表明 2A70 合金具有一定的应变率敏感性，尤其在应变率高于 $1000s^{-1}$ 的情况下更为明显。实验数据被用来校核不同应变率修正形式的 Johnson-Cook 模型应变率修正项，拟合结果表明相对于其他的应变率修正，Cowper-Symonds 修正能够更好地描述 2A70 合金的应变率效应。低应变率缺口拉伸实验和不同应变率下光滑试样拉伸实验得到的失效应变还被用来校核 Johnson-Cook 断裂模型参数。通过数值仿真动态拉伸实验，证明了采用 Cowper-Symonds 修正的 Johnson-Cook 模型以及断裂模型可以很好地描述 2A70 合金的动态特性。

二次项形式：$1+C\ln\dot{\varepsilon}^{*}+C_{2}(\ln\dot{\varepsilon}^{*})^{2}$。

指数形式：$(\dot{\varepsilon}^{*})^{C}$。

Cowper-Symonds 形式：$1+\left(\dfrac{\dot{\varepsilon}_{\mathrm{eff}}^{p}}{C}\right)^{\frac{1}{C_{2}}}$。

表 3-37　Johnson-Cook 模型参数

应变率形式	A/MPa	B/MPa	n	C	C_2	m
标准形式	364.386	436.222	0.559	0.00542		1.398
二次项形式	364.386	436.222	0.559	−0.017	0.00234	1.398
指数形式	364.386	436.222	0.559	0.00529		1.398
Cowper-Symonds 形式	364.386	436.222	0.559	7.583E6	2.057	1.398

表 3-38　Johnson-Cook 失效模型参数

D_1	D_2	D_3	D_4	D_5
0.140	0.136	−2.020	0.0272	0

张涛, 陈伟, 关玉璞. 2A70 合金动态力学性能与本构关系的研究 [J]. 南京航空航天大学学报, 2013, 45(3): 367-372.

3003 H14 铝合金

表 3-39　*MAT_PLASTIC_KINEMATIC 模型参数

ρ/(g/mm^3)	E/MPa	ν	σ_0/MPa	E_p/MPa
2.73E−3	68.9E3	0.33	145.0	50.0

SCHWER LEN, TENG HAILONG, SOULI MHAMED. LS-DYNA Air Blast Techniques: Comparisons with Experiments for Close-in Charges [C]. 10th European LS-DYNA Conference, Würzburg, 2015.

3003 H18 铝合金

表 3-40　Johnson-Cook 模型参数

A/MPa	B/MPa	n	C	m	D_1	D_2	D_3	D_4	D_5
123	177.143	0.06795	0.0106	0	0.05	0.1	−1.5	0.007	0

孔海勇. 多层梯度铝蜂窝板冲击大变形力学行为研究 [D]. 兰州：兰州理工大学, 2020.

表 3-41　*MAT_PLASTIC_KINEMATIC 模型参数

$\rho/(\mathrm{kg/m^3})$	E/GPa	ν	σ_0/MPa	E_p/MPa
2730	68.9	0.33	186	5.5

Gaetano Caserta, Lorenzo Iannucci, Ugo Galvanetto. Micromechanics analysis applied to the modelling of aluminium honeycomb and EPS foam composites [C]. 7th European LS-DYNA Conference, Salzburg, 2009.

3004 铝合金

表 3-42　Johnson-Cook 模型参数

A/MPa	B/MPa	n	C	m
127	282.55	0.44	0.0832	2.09

王洪欣，查晓雄. 3004 铝的动态力学性能及本构模型 [J]. 华中科技大学学报(自然科学版), 2011, Vol. 39(5):39-42.

3104-H19 铝合金

表 3-43　*MAT_PIECEWISE_LINEAR_PLASTICITY 模型参数（单位制 ton-mm-s）

$\rho/(\mathrm{ton/mm^3})$	E/MPa	ν	FAIL	TDEL	C	P	硬化曲线 $\sigma = K\varepsilon^n$	
							K/MPa	n
2.72E-9	5.82E4	0.33	0	0	0	0	356	0.0425

ARTUR REKAS, et al. Numerical Analysis of Multistep Ironing of Thin-Wall Aluminium Drawpiece [C]. 10th European LS-DYNA Conference, Würzburg, 2015.

5042 铝合金

表 3-44　*MAT_BARLAT_YLD2000 材料模型参数

基本参数							
$\rho/(\mathrm{g/mm^3})$	E/MPa	ν					
0.00272	68900	0.33					
YLD2000 参数 ($a = 8.0$)							
A_1	A_2	A_3	A_4	A_5	A_6	A_7	A_8
0.5891	1.4024	1.0892	0.994	1.065	0.7757	1.084	1.2064
Voce 常数							
A	B	C					
404.16MPa	107.17MPa	18.416					

ALLEN G MACKEY. Numerical Analysis of the Effects of Orthogonal Friction and Work Piece Misalignment during an AA5042 Cup Drawing Process [C]. 14th International LS-DYNA Conference, Detroit, 2016.

5052 铝合金

表 3-45　Johnson-Cook 模型参数（一）

A/MPa	B/MPa	n	C	m
95	330	0.47	0.12	1.45

韩善灵，等. 成形速度及温度对无铆冲压连接工艺的影响 [J]. 机械制造与自动化, 2018, Vol. 1:14-18.

表 3-46　简化 Johnson-Cook 模型参数

A/MPa	B/MPa	n	C	$\dot{\varepsilon}_0 / s^{-1}$
125	216.08	0.587	0.0156	0.1

邢继刚. 铝合金板材冲压成形数值模拟及变压边力技术研究 [D]. 长春：长春工业大学, 2020.

表 3-47　*MAT_PLASTIC_KINEMATIC 模型参数

$\rho/(kg/m^3)$	E/GPa	ν	σ_0 / MPa	E_{tan} / MPa
2680	72	0.34	300	50

NAYAK, S K , SINGH, A K , BELEGUNDU, A D, et al. Process for Design Optimization of Honeycomb Core Sandwich Panels for Blast Load Mitigation [R]. ADA570354, Army Research Lab Aberdeen Proving Ground MD, 2012.

5052-H34 铝合金

表 3-48　*MAT_PLASTIC_KINEMATIC 模型参数

$\rho/(kg/m^3)$	E/GPa	ν	σ_0 / MPa	E_{tan} / MPa	β
2680	70	0.33	215	450	0.5

ABDULLATIF K ZAOUK. Development and Validation of a US Side Impact Moveable Deformable Barrier FE Model [C]. 3rd European LS-DYNA Conference, Paris, 2001.

5083 铝合金

表 3-49　*MAT_PLASTIC_KINEMATIC 模型参数

$\rho/(kg/m^3)$	E/GPa	ν	σ_0 / MPa	E_{tan} / GPa
2700	62	0.3	150	1.61

编者注：原文中 E_{tan} 为 G。

李松宴，郑志军，虞吉林. 高速列车吸能结构设计和耐撞性分析 [J]. 爆炸与冲击, 2015, 35(2): 164-170.

5083-H116 铝合金

表 3-50　*MAT_JOHNSON_COOK 材料模型参数

$\rho/(kg/m^3)$	E/GPa	ν	$C_p / (J \cdot kg^{-1} \cdot K^{-1})$	α	$\bar{\alpha}/K^{-1}$	$\dot{\varepsilon}/s^{-1}$
2700	70	0.3	910	0.9	2.3E-5	1
A/MPa	B/MPa	n	C	m	T_r / K	T_m / K
167	596	0.551	0.001	0.859	293	893
D_1	D_2	D_3	D_4	D_5	D_C	
0.0261	0.263	−0.349	0.147	16.8	1	

BØRVIK T, ARILD H CLAUSEN, ODD STURE HOPPERSTAD, et al. Perforation of AA5083-H116 aluminium plates with conical-nose steel projectiles-experimental study [J]. International Journal of Impact Engineering, 2004, 30: 367-384.

表 3-51　Johnson-Cook 模型参数

A/MPa	B/MPa	n	C	m
167	300	0.12	0	0.89

刘战强，吴继华，史振宇，等. 金属切削变形本构方程的研究 [J]. 工具技术，2008, 42(3): 3-9.

表 3-52　*MAT_MODIFIED_JOHNSON_COOK 材料模型参数

铝板厚度	A/MPa	B/MPa	n	C	$\dot{\varepsilon}_0$	D_1	D_2	D_3	D_4	D_5
5mm、10mm	206	423	0.362	0.001	1	0.178	0.389	−2.25	0.147	0.0
3mm	223	423	0.441								

GRYTTEN F, BØRVIK T, HOPPERSTAD O S, et al. On the Quasi-Static Perforation Resistance of Circular AA5083-H116 Aluminium Plates [C]. 9th International LS-DYNA Conference, Detroit, 2006.

表 3-53　*MAT_PLASTIC_KINEMATIC 模型参数（一）

ρ/(kg/m^3)	E/GPa	v	σ_0/MPa	E_{tan}/MPa	F_S
2768	70.33	0.33	322	340	0.25

KEVIN WILLIAMS. Validation of a Loading Model for Simulating Blast Mine Effects on Armoured Vehicles [C]. 7th International LS-DYNA Conference Detroit, 2002.

表 3-54　*MAT_PLASTIC_KINEMATIC 模型参数（二）

ρ/(kg/m^3)	E/GPa	v	σ_0/MPa	E_{tan}/MPa
2660	70.3	0.33	200	726

GENEVIÈVE TOUSSAINT, AMAL BOUAMOUL, ROBERT DUROCHER, et al. Numerical Evaluation of an Add-On Vehicle Protection System [C]. 9th European LS-DYNA Conference, Manchester, 2013.

5182 铝合金

表 3-55　*MAT_226 和*MAT_242 材料模型参数

*MAT_226	CB	SIGY	C	K	R_{sat}	SB	H	C_1	C_2	R_0	R_{45}	R_{90}
	162.0	128.0	451.0	10.0	171.0	243.0	0.19	0.01	0.32	0.957	0.934	1.058
*MAT_242	α_1	α_2	α_3	α_4	α_5	α_6	α_7	α_8				
	0.9360330	128.0	451.0	10.0	171.0	243.0	0.19	0.01				

ZHU XINHAI, ZHANG LI. Advancements in Material Modeling and Implicit Method for Metal Stamping Applications [C]. 11th International LS-DYNA Conference, Detroit, 2010.

表 3-56　*MAT_3-PARAMETER_BARLAT 模型参数

ρ/(kg/m^3)	E/Pa	v	HR	P_1/Pa	P_2/Pa	M	R_{00}	R_{45}	R_{90}
2720	0.76E11	0.34	1.0	0.25E8	0.145E9	0.17	0.73	0.68	0.65

ANSYS LS-DYNA User's Guide [R]. ANSYS, 2008.

5182-O 铝合金

表 3-57　***MAT_BARLAT_YLD96** 模型参数（NUMISHEET 2005，厚度 1.625mm，单位制 ton-mm-s）

ρ	E	PR	K	E0	N	ESR0	M	HARD
2.89E-9	7.06E4	0.341	366.84	251.07	11.166	0.0	0.0	2.0
A	C_1	C_2	C_3	C_4	AX	AY	AZ0	AZ1
8.0	1.057924	0.920731	1.016333	1.092887	0.8204	1.44	1.0	0.63756
AOPT	OFFANG	A_1	A_2	A_3	D_1	D_2	D_3	
2.0	0.0	1.0	0.0	0.0	0.0	1.0	0.0	

https://www.lstc.com.

表 3-58　***MAT_BARLAT_YLD96** 模型参数（**NUMISHEET 2005**，厚度 1.625mm，单位制 ton-mm-s）

ρ	E	PR	K	E_0	N	ESR0	M	HARD
2.89E-9	7.06E4	0.341	586.72	0.002	0.319	0.0	0.0	1.0
A	C_1	C_2	C_3	C_4	AX	AY	AZ0	AZ1
8.0	1.057924	0.920731	1.016333	1.092887	0.8204	1.44	1.0	0.63756
AOPT	OFFANG	A_1	A_2	A_3	D_1	D_2	D_3	
2.0	0.0	1.0	0.0	0.0	0.0	1.0	0.0	

https://www.lstc.com.

带曲线的详细材料模型参数见附带文件M36_AA5182O_NUMI2014.k。

表 3-59　***MAT_3-PARAMETER_BARLAT** 模型参数（单位制 ton-mm-s）

ρ	E	PR	HR	P_1	P_2	M	R_{00}	R_{45}	R_{90}
2.89E-9	7.0E04	0.333	3.0	376.7	9.781	8.0	0.699	0.776	0.775
LCID	E_0	AOPT	A_1	A_2	A_3	V_1	V_2	V_3	
200	260.9	2.0	1.0	0.0	0.0	0.0	1.0	0.0	

https://www.lstc.com.

表 3-60　***MAT_3-PARAMETER_BARLAT** 模型参数（NUMISHEET 2005，厚度 1.625mm，
单位制 ton-mm-s）

ρ	E	PR	HR	P_1	P_2	M	R_{00}	R_{45}	R_{90}	LCID
2.89E-9	7.06E04	0.341	6.0	366.84	11.166	8.0	0.957	0.934	1.058	0
E_0	SPI	P3	AOPT	A_1	A_2	A_3	D_1	D_2	D_3	
251.07	0.0	1.0	2.0	1.0	0.0	0.0	0.0	1.0	0.0	

https://www.lstc.com.

表 3-61　***MAT_3-PARAMETER_BARLAT** 模型参数（NUMISHEET 2005，厚度 1.625mm，
单位制 ton-mm-s）

ρ	E	PR	HR	P_1	P_2	M	R_{00}	R_{45}	R_{90}
2.89E-9	7.06E04	0.341	2.0	586.72	0.319	8.0	0.957	0.934	1.058

（续）

LCID	E_0	SPI	AOPT	A_1	A_2	A_3	D_1	D_2	D_3
0	0.0	0.0	2.0	1.0	0.0	0.0	0.0	1.0	0.0

https://www.lstc.com.

表 3-62 *MAT_3-PARAMETER_BARLAT 模型参数（NUMISHEET 2005，厚度 1.625mm，单位制 ton-mm-s）

ρ	E	PR	HR	P_1	P_2	M	R_{00}	R_{45}	R_{90}
2.89E-9	7.06E04	0.341	4.0	366.84	11.166	8.0	0.957	0.934	1.058

LCID	E_0	SPI	AOPT	A_1	A_2	A_3	D_1	D_2	D_3
0	251.07	0.0	2.0	1.0	0.0	0.0	0.0	1.0	0.0

https://www.lstc.com.

带曲线的详细材料模型参数见附带文件M37_AA5182O_NUMI2005.k，单位制采用 ton-mm-s。

表 3-63 *MAT_TRANSVERSELY_ANISOTROPIC_ELASTIC_PLASTIC 模型参数（板厚 1.625mm）

ρ	E	PR	SIGY	ETAN	R	HLCID
2.89E-9	7.06E4	0.341	127.7	0.0	-0.971	90903

https://www.lstc.com.

带曲线的详细材料模型参数见附带文件M37_AA5182O_NUMI2014.k，单位制采用 ton-mm-s。

表 3-64 *MAT_TRANSVERSELY_ANISOTROPIC_ELASTIC_PLASTIC 模型参数（板厚 1.10mm）

ρ	E	PR	SIGY	ETAN	R	HLCID
2.89E-9	7.0E4	0.333	115.8	0.0	-0.75	90903

https://www.lstc.com.

带曲线的详细材料模型参数见附带文件M122_AA5182O_NUMI2014.k，单位制采用 ton-mm-s。

表 3-65 *MAT_HILL_3R 模型参数（板厚 1.10mm）

ρ	E	PR	HR	R00	R45	R90	LCID
2.89E-9	7.0E4	0.333	115.8	0.699	0.776	0.775	200

https://www.lstc.com.

表 3-66 *MAT_KINEMATIC_HARDENING_TRANSVERSELY_ANISOTROPIC 模型参数（单位制采用 ton-mm-s）

ρ	E	PR	R	CB	Y	SC1
2.89E-9	7.0E4	0.333	0.795	122.3	110.2	577.5

（续）

K	RSAT	SB	H	EA	COE	IOPT
12.0	201.7	16.5	0.16	0.0	0.0	0

https://www.lstc.com.

表 3-67　*MAT_BARLAT_YLD2000 模型参数（NUMISHEET 2005，厚度 1.625mm，单位制 ton-mm-s）

ρ	E	PR	FIT	BETA	ITER	ISCALE	K
2.89E−9	7.06E4	0.341	0.0	0.0	0.0	0.0	586.72
E_0	N	HARD	A	ALPHA1	ALPHA2	ALPHA3	ALPHA4
0.002	0.319	4.0	8.0	0.936033	1.078701	0.966889	1.004853
ALPHA5	ALPHA6	ALPHA7	ALPHA8	AOPT	P4	A_1	A_2
1.002609	1.016975	1.032625	1.114336	2.0	0.0	1.0	0.0
A_3	V1	V2	V3	D_1	D_2	D_3	
0.0	0.0	0.0	0.0	0.0	0.0	0.0	

https://www.lstc.com.

表 3-68　*MAT_BARLAT_YLD2000 模型参数（NUMISHEET 2005，厚度 1.625mm，单位制 ton-mm-s）

ρ	E	PR	FIT	BETA	ITER	ISCALE	K
2.89E−9	7.06E4	0.341	0.0	0.0	0.0	0.0	366.84
E_0	N	HARD	A	ALPHA1	ALPHA2	ALPHA3	ALPHA4
251.07	11.166	5.0	8.0	0.936033	1.078701	0.966889	1.004853
ALPHA5	ALPHA6	ALPHA7	ALPHA8	AOPT	P_4	A_1	A_2
1.002609	1.016975	1.032625	1.114336	2.0	1.0	1.0	0.0
A_3	V_1	V_2	V_3	D_1	D_2	D_3	
0.0	0.0	0.0	0.0	0.0	0.0	0.0	

https://www.lstc.com.

表 3-69　*MAT_BARLAT_YLD2000 模型参数（NUMISHEET 2005，厚度 1.625mm，单位制 ton-mm-s）

ρ	E	PR	FIT	BETA	ITER	ISCALE	K
2.89E−9	7.06E4	0.341	0.0	0.0	0.0	0.0	586.72
E_0	N	HARD	A	ALPHA1	ALPHA2	ALPHA3	ALPHA4
0.002	0.319	1.0	8.0	0.936033	1.078701	0.966889	1.004853
ALPHA5	ALPHA6	ALPHA7	ALPHA8	AOPT	P_4	A_1	A_2
1.002609	1.016975	1.032625	1.114336	2.0	0.0	1.0	0.0
A_3	V_1	V_2	V_3	D_1	D_2	D_3	
0.0	0.0	0.0	0.0	0.0	0.0	0.0	

https://www.lstc.com.

表 3-70　*MAT_BARLAT_YLD2000 模型参数（NUMISHEET 2005，厚度 1.625mm，单位制 ton-mm-s）

ρ	E	PR	FIT	BETA	ITER	ISCALE	K
2.89E-9	7.06E4	0.341	0.0	0.0	0.0	0.0	366.84
E_0	N	HARD	A	ALPHA1	ALPHA2	ALPHA3	ALPHA4
251.07	11.166	2.0	8.0	0.936033	1.078701	0.966889	1.004853
ALPHA5	ALPHA6	ALPHA7	ALPHA8	AOPT	P_4	A_1	A_2
1.002609	1.016975	1.032625	1.114336	2.0	0.0	1.0	0.0
A_3	V1	V2	V3	D_1	D_2	D_3	
0.0	0.0	0.0	0.0	0.0	0.0	0.0	

https://www.lstc.com.

表 3-71　*MAT_BARLAT_YLD2000 模型参数（NUMISHEET 2005，厚度 1.625mm，单位制 ton-mm-s）

ρ	E	PR	FIT	BETA	ITER	ISCALE	K
2.89E-9	7.06E4	0.341	0.0	0.0	0.0	0.0	376.70001
E_0	N	HARD	A	ALPHA1	ALPHA2	ALPHA3	ALPHA4
260.89999	9.781	2.0	8.0	0.94	1.08	0.97	1.00
ALPHA5	ALPHA6	ALPHA7	ALPHA8	AOPT	P4	A_1	A_2
1.00	1.02	1.03	1.11	2.0	0.0	1.0	0.0
A_3	V1	V2	V3	D_1	D_2	D_3	
0.0	0.0	0.0	0.0	0.0	0.0	0.0	

https://www.lstc.com.

带曲线的详细材料模型参数见附带文件M24_AA5182O_NUMI2005.k。

表 3-72　*MAT_PIECEWISE_LINEAR_PLASTICITY 模型参数（单位 ton-mm-s）

ρ	E	PR	SIGY	LCSS
2.8E-9	7.06E4	0.341	127.7	90903

https://www.lstc.com.

带曲线的详细材料模型参数见附带文件M24_AA5182O_NUMI2014.k。

表 3-73　*MAT_PIECEWISE_LINEAR_PLASTICITY 模型参数（单位 ton-mm-s）

ρ	E	PR	SIGY	LCSS
2.89E-9	7.0E4	0.333	115.8	90903

https://www.lstc.com.

5754 铝合金

带曲线的详细材料模型参数见附带文件M37_AA5754_DFEP.k，单位制采用ton-mm-s。

表 3-74 *MAT_TRANSVERSELY_ANISOTROPIC_ELASTIC_PLASTIC 模型参数（板厚 1.60mm）

ρ	E	PR	SIGY	ETAN	R	HLCID
2.89E-9	6.9E4	0.33	98.7	0.0	0.66	90903

https://www.lstc.com.

带曲线的详细材料模型参数见附带文件M24_AA5754_DFEP.k。

表 3-75 *MAT_PIECEWISE_LINEAR_PLASTICITY 模型参数（单位 ton-mm-s）

ρ	E	PR	SIGY	LCSS
2.89E-9	6.9E4	0.33	98.7	90903

https://www.lstc.com.

5A06 铝合金

林木森等运用材料试验机和分离式霍普金森压杆装置（SHPB）对三种不同加工及热处理状态的 5A06 铝合金在常温～500℃、应变率为 10^{-4}～$10^3 \mathrm{s}^{-1}$ 下的力学行为进行了实验研究。

三种状态 5A06 铝合金为：

5A06-H112：直接经过热挤压成形的状态。

5A06-O：5A06-H112 状态在 370～390℃ 退火 2h。

5A06-C：5A06-H112 状态棒料经过截面积减小 13%左右冷拔处理。

基于 Johnson-Cook 本构模型，通过实验数据拟合得到了每种状态下材料的本构模型参数。

表 3-76 Johnson-Cook 模型参数

材料	A/MPa	B/MPa	n	C	m
5A06-H112	218.3	704.6	0.62	0.0157	0.93
5A06-O	168.4	950.5	0.71	0.0165	1.08
5A06-C	235.4	622.3	0.58	0.0174	1.05

该文作者认为 Johnson-Cook 本构模型并不能很好地描述三种状态 5A06 铝合金的应力-应变行为，因此对其中的应变率敏感参数 C 进行修正，取 C 为 $\dot{\varepsilon}$ 的函数，即 $C = f(\dot{\varepsilon})$。相应的 Johnson-Cook 本构模型表达式修正为：

$$\sigma = (A + B\varepsilon^n)[1 + f(\dot{\varepsilon})\ln\dot{\varepsilon}^*](1 - T^{*m})$$

修正后的 5A06 铝合金 Johnson-Cook 本构模型为：

5A06-H112 ：$\sigma = (218.3 + 704.6\varepsilon^{0.62})(1 + 10^{-4}\dot{\varepsilon}^{0.5}\ln\dot{\varepsilon}^*)[1 - (T^*)^{0.93}]$

5A06-O：$\sigma = (168.4 + 950.5\varepsilon^{0.71})(1 + 7.5 \times 10^{-5}\dot{\varepsilon}^{0.6}\ln\dot{\varepsilon}^*)[1 - (T^*)^{1.08}]$

5A06-C：$\sigma = (235.4 + 622.3\varepsilon^{0.58})(1 + 2 \times 10^{-5}\dot{\varepsilon}^{0.75}\ln\dot{\varepsilon}^{*})[1 - (T^{*})^{1.05}]$

林木森，等. 5A06 铝合金的动态本构关系实验 [J]. 爆炸与冲击, 2009, 29(3): 306-311.

6005-T6 铝合金

表 3-77　Johnson-Cook 模型参数

ρ/(kg/m³)	E/GPa	ν	$\dot{\varepsilon}$/(s⁻¹)	D_c	C_p/(J·kg⁻¹·K⁻¹)	α
2700	70	0.3	0.001	1	910	0.9
$\bar{\alpha}$/K⁻¹	A/MPa	B/MPa	n	C	m	D_1
2.3E-5	270	134	0.514	0.0082	0.703	0.06
D_2	D_3	D_4	D_5	T_r/K	T_m/K	
0.497	−1.551	0.0286	6.8	293	893	

BØRVIK T, CLAUSEN A H, ERIKSSON M, et al. Experimental and numerical study on the perforation of AA6005-T6 panels [J]. International Journal of Impact Engineering, 2005, 32: 35-64.

6008 铝合金

表 3-78　Johnson-Cook 模型参数

A/MPa	B/MPa	n	C	m	D_1	D_2	D_3	D_4	D_5
150	101	0.19	0.0079	1.06	0.284	0.677	−2.461	0.013	1.6

高玉龙，孙晓红. 高速列车用 6008 铝合金动态变形本构与损伤模型参数研究 [J]. 爆炸与冲击, 2021, Vol. 41(3):033101.

6013-T4 铝合金

表 3-79　Johnson-Cook 模型参数

A/MPa	B/MPa	n	C	m
85	200	0.2	0.015	1.7

唐徐，等. 6013-T4 铝合金不同温度下的动态流变应力及组织演变 [J]. 材料导报, 2017, Vol. 31(5):87-91.

6014 铝合金

表 3-80　Johnson-Cook 模型参数

A/MPa	B/MPa	n	C	m	T_m/K	T_r/K
123	441.58	0.60613	−0.004	1.207	923	293

金飞翔. 不同预变形不同应变速率铝合金板材变形行为及应用研究 [D]. 北京：机械科学研究总院, 2017.

6022-T43 铝合金

表 3-81　*MAT_BARLAT_YLD96 模型参数（NUMISHEET 2005，厚度 1.00mm，
单位制 ton-mm-s）

ρ	E	PR	K	E0	N	ESR0	M
2.89E-9	70200	0.363	339.05	202.5	10.357	0.0	0.0
HARD	A	C_1	C_2	C_3	C_4	AX	AY
2.0	8.0	1.026169	0.887357	1.010265	1.055135	1.34165	1.4889

（续）

AZ0	AZ1	AOPT	OFFANG	A_1	A_2	A_3	D_2
1.0	0.4415	2.0	0.0	1.0	0.0	0.0	1.0

https://www.lstc.com.

表 3-82 *MAT_BARLAT_YLD96 模型参数（NUMISHEET 2005，厚度 1.00mm，单位制 ton-mm-s）

ρ	E	PR	K	E_0	N	ESR0	M
2.89E-9	70200	0.363	479.92	0.002	0.258	0.0	0.0
HARD	A	C_1	C_2	C_3	C_4	AX	AY
1.0	8.0	1.026169	0.887357	1.010265	1.055135	1.34165	1.4889
AZ0	AZ1	AOPT	OFFANG	A_1	A_2	A_3	D_2
1.0	0.4415	2.0	0.0	1.0	0.0	0.0	1.0

https://www.lstc.com.

表 3-83 *MAT_3-PARAMETER_BARLAT 模型参数（NUMISHEET 2005，厚度 1.00mm，单位制 ton-mm-s）

ρ	E	PR	HR	P_1	P_2	M	R_{00}	R_{45}	R_{90}	LCID
2.89E-9	7.02E4	0.363	6.0	339.05	10.357	8.0	1.029	0.532	0.728	0
E_0	SPI	P_3	AOPT	A_1	A_2	A_3	D_1	D_2	D_3	
202.5	0.0	1.0	2.0	1.0	0.0	0.0	0.0	1.0	0.0	

https://www.lstc.com.

表 3-84 *MAT_3-PARAMETER_BARLAT 模型参数（NUMISHEET 2005，厚度 1.00mm，单位制 ton-mm-s）

ρ	E	PR	HR	P_1	P_2	M	R_{00}	R_{45}	R_{90}
2.89E-9	7.02E4	0.363	2.0	479.92	0.258	8.0	1.029	0.532	0.728
LCID	E_0	SPI	AOPT	A_1	A_2	A_3	D_1	D_2	D_3
0	0.0	0.0	2.0	1.0	0.0	0.0	0.0	1.0	0.0

https://www.lstc.com.

表 3-85 *MAT_3-PARAMETER_BARLAT 模型参数（NUMISHEET 2005，厚度 1.00mm，单位制 ton-mm-s）

ρ	E	PR	HR	P_1	P_2	M	R_{00}	R_{45}	R_{90}
2.89E-9	7.02E4	0.363	5.0	479.92	0.258	8.0	1.029	0.532	0.728
LCID	E_0	SPI	AOPT	A_1	A_2	A_3	D_1	D_2	D_3
0	0.0	0.0	2.0	1.0	0.0	0.0	0.0	1.0	0.0

https://www.lstc.com.

表 3-86 *MAT_3-PARAMETER_BARLAT 模型参数（NUMISHEET 2005，厚度 1.00mm，单位制 ton-mm-s）

ρ	E	PR	HR	P_1	P_2	M	R_{00}	R_{45}	R_{90}
2.89E−9	7.02E4	0.363	4.0	339.05	10.357	8.0	1.029	0.532	0.728
LCID	E_0	SPI	AOPT	A_1	A_2	A_3	D_1	D_2	D_3
0	202.5	0.0	2.0	1.0	0.0	0.0	0.0	1.0	0.0

https://www.lstc.com.

带曲线的详细材料模型参数见附带文件 M37_AA6022T43_NUMI2005.k，单位制采用 ton-mm-s。

表 3-87 *MAT_TRANSVERSELY_ANISOTROPIC_ELASTIC_PLASTIC 模型参数（板厚 1.0mm）

ρ	E	PR	SIGY	ETAN	R	HLCID
2.89E−9	7.02E4	0.363	131.6	0.0	0.705	90903

https://www.lstc.com.

表 3-88 *MAT_BARLAT_YLD2000 模型参数（NUMISHEET 2005，厚度 1.0mm，单位制 ton-mm-s）

ρ	E	PR	FIT	BETA	ITER	ISCALE	K
2.89E−9	7.02E4	0.363	0.0	0.0	0.0	0.0	339.05
E_0	N	HARD	A	ALPHA1	ALPHA2	ALPHA3	ALPHA4
202.5	10.357	5.0	8.0	0.938049	1.045181	0.929135	1.029875
ALPHA5	ALPHA6	ALPHA7	ALPHA8	AOPT	P_4	A_1	A_2
0.987446	1.035941	0.952861	1.101099	2.0	1.0	1.0	0.0
A_3	V_1	V_2	V_3	D_1	D_2	D_3	
0.0	0.0	0.0	0.0	0.0	0.0	0.0	

https://www.lstc.com.

表 3-89 *MAT_BARLAT_YLD2000 模型参数（NUMISHEET 2005，厚度 1.0mm，单位制 ton-mm-s）

ρ	E	PR	FIT	BETA	ITER	ISCALE	K
2.89E−9	7.02E4	0.363	0.0	0.0	0.0	0.0	479.92
E_0	N	HARD	A	ALPHA1	ALPHA2	ALPHA3	ALPHA4
0.002	0.258	1.0	8.0	0.938049	1.045181	0.929135	1.029875
ALPHA5	ALPHA6	ALPHA7	ALPHA8	AOPT	P_4	A_1	A_2
0.987446	1.035941	0.952861	1.101099	2.0	1.0	1.0	0.0
A_3	V_1	V_2	V_3	D_1	D_2	D_3	
0.0	0.0	0.0	0.0	0.0	0.0	0.0	

https://www.lstc.com.

表 3-90 *MAT_BARLAT_YLD2000 模型参数（NUMISHEET 2005，厚度 1.0mm，单位制 ton-mm-s）

ρ	E	PR	FIT	BETA	ITER	ISCALE	K
2.89E-9	7.02E4	0.363	0.0	0.0	0.0	0.0	339.05
E_0	N	HARD	A	ALPHA1	ALPHA2	ALPHA3	ALPHA4
202.5	10.357	2.0	8.0	0.938049	1.045181	0.929135	1.029875
ALPHA5	ALPHA6	ALPHA7	ALPHA8	AOPT	P_4	A_1	A_2
0.987446	1.035941	0.952861	1.101099	2.0	1.0	1.0	0.0
A_3	V_1	V_2	V_3	D_1	D_2	D_3	
0.0	0.0	0.0	0.0	0.0	0.0	0.0	

https://www.lstc.com.

带曲线的详细材料模型参数见附带文件M24_AA6022T43_NUMI2005.k。

表 3-91 *MAT_PIECEWISE_LINEAR_PLASTICITY 模型参数（单位 ton-mm-s）

ρ	E	PR	SIGY	LCSS
2.89E-9	7.02E4	0.363	131.6	90903

https://www.lstc.com.

6061 铝合金

表 3-92 SHOCK 状态方程参数

$\rho/(\text{g/cm}^3)$	$C/(\text{cm/μs})$	S_1	$C_p/(\text{J}\cdot\text{kg}^{-1}\cdot\text{K}^{-1})$	Gruneisen 系数
2.70	0.535	1.34	890	2.0

M A Meyers. Dynamic behavior of materials [M]. John Wiley & Sons, New York, 1994.

表 3-93 Gruneisen 状态方程参数

$\rho_0/(\text{g/cm}^3)$	$C/(\text{m/s})$	S_1	S_2	S_3	Γ	α
2.703	5240	1.4	0.0	0.0	1.97	0.48

CRAIG M TARVER, ESTELLA M MCGUIRE. Reactive Flow Modeling of the Interaction of TATB Detonation Waves with Inert Materials [C]. Proceedings of the 12th International Detonation Symposium, San Diego, California, 2002.

表 3-94 Johnson-Cook 模型参数（一）

A/MPa	B/MPa	n	C	m	T_m/K	$\dot{\varepsilon}_0/s^{-1}$
200	203.4	0.35	0.011	1.34	925	1

T Eden, J Schreiber. Finite element analysis of cold spray particle impact[C]. Cold Spray Action Team Meeting (6/22-6/23), 2015.

表 3-95　Johnson-Cook 模型参数（二）

A/MPa	B/MPa	n	C	m	T_{m}/K	$\dot{\varepsilon}_0/s^{-1}$
270	154.3	0.2215	0.002	1.34	925	1

A Manes, L Peroni, M Scapin, M Giglio. Analysis of Strain Rate Behavior of an Al 6061-T6 Alloy[C]. Procedia Engineering, vol. 10, pp. 3477-3482, 2011.

6061-T4 铝合金

表 3-96　Johnson-Cook 模型参数

$\rho/(\text{kg/m}^3)$	v	A/MPa	B/MPa	n	C	m	$C_{\text{p}}/(\text{J}\cdot\text{kg}^{-1}\cdot\text{K}^{-1})$
2700	0.33	110	256	0.34	0.015	1.0	896

ZHANG PEIHUI. Joining Enabled by High Velocity Deformation [D]. The Ohio State University, 2003.

6061-T6 铝合金

表 3-97　Johnson-Cook 模型和 Gruneisen 状态方程参数

$\rho/(\text{kg/m}^3)$	E/GPa	A/MPa	B/MPa	n	C	m
2704	71	324.1	113.8	0.42	0.002	1.34
$C_{\text{p}}/(\text{J}\cdot\text{kg}^{-1}\cdot\text{K}^{-1})$	T_{r}/K	T_{m}/K	K_1/GPa	K_2/GPa	K_3/GPa	$\varGamma_0$
875.6	293	877.6	76.74	128.3	125.1	2.0

黄晶, 许希武. 飞机壁板结构击穿的数值模拟 [J]. 兵器材料科学与工程, 2007, 30(2): 17-22.

ROBBINS J R, DING J L, GUPTA Y M. Load spreading and penetration resistance of layered structures - A numerical study [J]. International Journal of Impact Engineering, 2004, 30: 593-615.

表 3-98　Steinberg-Guinan 模型参数

剪切模量/kPa	最大屈服应力/kPa	硬化指数	$\text{d}G/\text{d}T/\text{kPa}$
2.76E7	6.8E5	0.1	-1.7E4
屈服应力/kPa	硬化常数	$\text{d}G/\text{d}P$	$\text{d}\sigma ys/\text{d}P$
2.9E5	125	1.8	1.8908E-2

表 3-99　Gruneisen 状态方程参数（一）

$\rho_0/(\text{g/cm}^3)$	$C/(\text{m/s})$	S_1	$\varGamma$	T_{r}/K	T_{m}/K	$C_{\text{v}}/(\text{J}\cdot\text{kg}^{-1}\cdot\text{K}^{-1})$
2.703	5240	1.4	1.97	300	900	885

SRIDHAR PAPPU. Hydrocode and Microstructural Analysis of Explosively Formed Penetrators [D]. EL PASO, USAL: University of Texas, 2000.

表 3-100　Johnson-Cook 模型参数（一）

$\rho/(\text{kg/m}^3)$	G/GPa	A/MPa	B/MPa	n	C
2704	28	324	114	0.42	0.002
m	D_1	D_2	D_3	D_4	D_5
1.34	-0.77	1.45	-0.47	0.0	1.6

表 3-101 Gruneisen 状态方程参数（二）

K_1/GPa	K_2/GPa	K_3/GPa	Γ_0
77	128	125	2.0

TIMOTHY J HOLMQUIST, DOUGLAS W TEMPLETON, KRISHAN D BISHNOI. Constitutive modeling of aluminum nitride for large strain, high-strain rate, and high-pressure applications [J]. International Journal of Impact Engineering, 2001, 25: 211-231.

表 3-102 Johnson-Cook 模型参数（二）

A/MPa	B/MPa	n	C	m
293.4	121.26	0.23	0.002	1.34

刘战强, 吴继华, 史振宇, 等. 金属切削变形本构方程的研究 [J]. 工具技术, 2008, 42(3): 3-9.

表 3-103 动态力学特性参数

$\rho/(\text{kg/m}^3)$	G/GPa	ν	σ_0/GPa	F_S
2750	25	0.28	0.298	0.88

表 3-104 *EOS_LINEAR_POLYNOMIAL 状态方程参数

C_0	C_1	C_2	C_3	C_4	C_5	C_6
0	0.742	0.605	0.365	1.97	0	0

KHODADAD VAHEDI, NAJMEH KHAZRAIYAN. Numerical Modeling of Ballistic Penetration of Long Rods into Ceramic/Metal Armors [C]. 8th International LS-DYNA Conference, Detroit, 2004.

表 3-105 *MAT_PLASTIC_KINEMATIC 模型参数（一）

$\rho/(\text{kg/m}^3)$	E/GPa	$C=\sqrt{E/\rho}/(\text{m/s})$	ν	σ_0/MPa	E_tan/MPa
2690	70	5101	0.33	276	646

BOUAMOUL A, BOLDUC M. Characterization of Al 6061-T6 using Split Hopkinson Bar Tests and Numerical Simulations [C]. 22nd International Symposium of Ballistics, Vancouver, Canada, 2005.

表 3-106 *MAT_PLASTIC_KINEMATIC 模型参数（二）

$\rho/(\text{kg/m}^3)$	E/GPa	$C_\text{v}/(\text{J}\cdot\text{kg}^{-1}\cdot\text{K}^{-1})$	ν	σ_0/MPa	E_tan/MPa
2686	72.4	937.4	0.32	286.8	542.6

LI Q M, JONES N. Shear and Adiabatic Shear Failures in an Impulsively Loaded Fully Clamped Beam [J]. International Journal of Impact Engineering, 1999, 22: 589-607.

表 3-107 Johnson-Cook 模型参数（三）

A/MPa	B/MPa	n	C	m
150	300	0	1.0	0.41

LITTLEFIELD D L. The Effect of Electromagnetic Fields on Taylor Anvil Impacts [C]. 20th International Symposium of Ballistics, Orlando, Florida, 2002.

6063 铝合金

表 3-108　Johnson-Cook 模型参数

A/MPa	B/MPa	n	C	m	D_1	D_2	D_3	D_4	D_5
176.45	63.99	0.07	0.0036	0	0.07413	0.0892	−2.441	−4.76	0

ZHU HAO, ZHU LIANG, CHEN JIANHONG. Damage and fracture mechanism of 6063 aluminum alloy under three kinds of stress states [J]. RARE METALS, 2008, 27(1): 64-69.

表 3-109　Gurson 模型参数

q_1	q_2	q_3	f_n	f_c	f_F	f_N	ε_N	S_N
1.5	1.0	2.25	0.0025	0.035	0.0475	0.02	0.3	0.1

表 3-110　Johnson-Cook 模型参数

A/MPa	B/MPa	n	C	m	D_1	D_2	D_3	D_4	D_5
176.45	63.99	0.07	0	0	0.07413	0.0892	−2.441	0	0

朱浩, 朱亮, 陈剑虹. 铝合金在两种应力状态下损伤的有限元模拟 [J]. 稀有金属, 2006, 30(6): 888-892.

6063-T5 铝合金

表 3-111　Johnson-Cook 模型参数

ρ/(kg/m³)	E/GPa	ν	A/MPa	B/MPa	n	C	m	D_1
2700	71	0.33	200	144	0.62	0	1	0.2

VARAS D, ZAERA R, LÒPEZ-PUENTE J. Numerical modelling of the hydrodynamic ram phenomenon [C]. International Journal of Impact Engineering, 2009, 36: 363-374.

6082-T6 铝合金

表 3-112　Johnson-Cook 模型参数（一）

A/MPa	B/MPa	n	C	m
250	243.6	0.17	0.00747	1.31
428.5	327.7	1.008	0.00747	1.31

刘战强, 吴继华, 史振宇, 等. 金属切削变形本构方程的研究 [J]. 工具技术, 2008, 42(3): 3-9.

表 3-113　Johnson-Cook 模型参数（二）

A/MPa	B/MPa	n	C	m
270	498	1.8280	0.0130	1.003

Devesh Rajput, et al. Evaluation of Johnson-Cook Material Model Parameters of AA6063-T6 [J]. International Research Journal of Engineering and Technology, Volume: 07 Issue: 05, May 2020.

表 3-114　Johnson-Cook 模型参数（三）

A/MPa	B/MPa	n	C	m	D_1	D_2	D_3	D_4	D_5
399	217.5	1.008	0.0115	2.3	0.059	0.246	−2.41	−0.1	0

秦翔宇. 铝合金—高聚物层状复合靶板抗冲击性能研究 [D]. 北京：北京理工大学, 2016.

6111-T4 铝合金

表 3-115 *MAT_3-PARAMETER_BARLAT 模型参数（NUMISHEET 2002，厚度 1.00mm，单位制 ton-mm-s）（一）

ρ	E	PR	HR	P_1	P_2	M	R_{00}	R_{45}	R_{90}	LCID
2.89E-9	7.05E4	0.34	6.0	429.8	8.504	8.0	0.894	0.611	0.660	0
E_0	SPI	P_3	AOPT	A_1	A_2	A_3	D_1	D_2	D_3	
237.7	0.0	1.0	2.0	1.0	0.0	0.0	0.0	1.0	0.0	

https://www.lstc.com.

表 3-116 *MAT_3-PARAMETER_BARLAT 模型参数（NUMISHEET 2002，厚度 1.00mm，单位制 ton-mm-s）（二）

ρ	E	PR	HR	P_1	P_2	M	R_{00}	R_{45}	R_{90}
2.89E-9	7.05E4	0.34	2.0	550.4	0.223	8.0	0.894	0.611	0.660
LCID	E_0	SPI	AOPT	A_1	A_2	A_3	D_1	D_2	D_3
0	0.0	0.0	2.0	1.0	0.0	0.0	0.0	1.0	0.0

https://www.lstc.com.

表 3-117 *MAT_3-PARAMETER_BARLAT 模型参数（NUMISHEET 2002，厚度 1.00mm，单位制 ton-mm-s）（三）

ρ	E	PR	HR	P_1	P_2	M	R_{00}	R_{45}	R_{90}
2.89E-9	7.05E4	0.34	5.0	550.4	0.223	8.0	0.894	0.611	0.660
LCID	E_0	SPI	AOPT	A_1	A_2	A_3	D_1	D_2	D_3
0	0.002	0.0	2.0	1.0	0.0	0.0	0.0	1.0	0.0

https://www.lstc.com.

表 3-118 *MAT_3-PARAMETER_BARLAT 模型参数（NUMISHEET 2002，厚度 1.00mm，单位制 ton-mm-s）（四）

ρ	E	PR	HR	P_1	P_2	M	R_{00}	R_{45}	R_{90}
2.89E-9	7.05E4	0.34	4.0	429.8	8.504	8.0	0.894	0.611	0.660
LCID	E_0	SPI	AOPT	A_1	A_2	A_3	D_1	D_2	D_3
0	237.7	0.0	2.0	1.0	0.0	0.0	0.0	1.0	0.0

https://www.lstc.com.

带曲线的详细材料模型参数见附带文件M37_AA6111T4_NUMI2002Fender.k，单位制采用mm-ton-s。

表 3-119　*MAT_3-PARAMETER_BARLAT 模型参数（板厚 1.00mm）

ρ	E	PR	SIGY	ETAN	R	HLCID
2.89E-9	7.05E4	0.34	192.1	0.0	2.214	90903

https://www.lstc.com.

带曲线的详细材料模型参数见附带文件M37_AA6111T4_NUMI2005Decklid.k，单位制采用ton-mm-s。

表 3-120　*MAT_TRANSVERSELY_ANISOTROPIC_ELASTIC_PLASTIC 模型参数

ρ	E	PR	SIGY	ETAN	R	HLCID
2.89E-9	6.9E4	0.33	127.24	0.0	0.672	90903

https://www.lstc.com.

带曲线的详细材料模型参数见附带文件M24_AA6111T4_NUMI2002Fender.k。

表 3-121　*MAT_PIECEWISE_LINEAR_PLASTICITY 模型参数（单位 ton-mm-s）（一）

ρ	E	PR	SIGY	LCSS
2.89E-9	7.05E4	0.34	192.1	90903

https://www.lstc.com.

带曲线的详细材料模型参数见附带文件M24_AA6111T4_NUMI2005Decklid.k。

表 3-122　*MAT_PIECEWISE_LINEAR_PLASTICITY 模型参数（单位 ton-mm-s）（二）

ρ	E	PR	SIGY	LCSS
2.89E-9	6.9E4	0.33	127.24	90903

https://www.lstc.com.

616 铝合金

表 3-123　Johnson-Cook 模型参数

A/MPa	B/MPa	n	C	m
620	524	0.544	0.011	0.814

林琳. 防护型车身焊接结构防护机理及优化设计研究 [D]. 南京：南京理工大学, 2019.

6211 铝合金

表 3-124　Johnson-Cook 模型参数

A/MPa	B/MPa	n	C	m
1532	415	0.121	0.00315	0.689

林琳. 防护型车身焊接结构防护机理及优化设计研究 [D]. 南京：南京理工大学, 2019.

6N01 铝合金

表 3-125 *MAT_PLASTIC_KINEMATIC 模型参数

ρ /(kg/m³)	E/GPa	ν	σ_0 /MPa	E_{tan}/GPa
2700	70	0.3	250	0.573

注：原文中 E_{tan} 为 G。

李松宴，郑志军，虞吉林. 高速列车吸能结构设计和耐撞性分析 [J]. 爆炸与冲击，2015, 35(2): 164-170.

7020-T651 铝合金

表 3-126 Johnson-Cook 模型和失效模型参数

ρ/(kg/m³)	G/GPa	E/GPa	ν	C_p /(J·kg⁻¹·K⁻¹)	T_m/K	硬度
2770	25	71	0.3	452	880	133HV±2
A/MPa	B/MPa	n	C	m	D_1	D_2
295	260	1.65	0.000889	1.26	0.011	0.42
D_3	D_4	D_5	D_c	P_d	$\dot{\varepsilon}_0$/s⁻¹	
-3.26	0.016	1.1	1.0	0	0.0001	

TERESA FRAS, LEON COLARD, BERNHARD RECK. Modeling of Ballistic Impact of Fragment Simulating Projectiles against Aluminum Plates [C]. 10th European LS-DYNA Conference, Würzburg, 2015.

7039 铝合金

表 3-127 Johnson-Cook 模型参数

ρ/(kg/m³)	洛氏硬度	C_p /(J·kg⁻¹·K⁻¹)	T_m/K	A/MPa	B/MPa	n	C	m
2770	B-76	875	775	337	343	0.41	0.010	1.0

JOHNSON G R, COOK W H. A Constitutive Model and Data for Metals Subjected to Large Strains, High Strain-rates and High Temperatures [C]. Proceedings of Seventh International Symposium on Ballistics, The Hague, The Netherlands, April 1983: 541-547.

表 3-128 Johnson-Cook 模型和失效模型参数

ρ/(kg/m³)	G/GPa	C_p /(J·kg⁻¹·K⁻¹)	T_r/K	T_m/K	A/MPa
2768	26.2	875.6	294.3	877.6	336.5
B/MPa	n	C	m	D_1	D_2
342.7	0.41	0.010	1.0	0.14	0.14
D_3	D_4	D_5	e_{min}^f	σ_{spall}/GPa	
-1.5	0.018	0.0	0.06	4.62	

注：原文中 m、n 分别为 0.41 和 1.0，编者进行了调换。

MARTIN N RAFTENBERG. A shear Banding Model for Penetration Calculations [J]. International Journal of Impact Engineering, 2001, 25: 123-146.

7050-T74 铝合金

表 3-129　简化 Johnson-Cook 模型参数

A/MPa	B/MPa	n	C
300	400	0.13	0.013

王雷, 李玉龙, 索涛, 等. 航空常用铝合金动态拉伸力学性能探究 [J]. 航空材料学报, 2013, 33(4): 71-77.

7050-T7451 铝合金

表 3-130　Johnson-Cook 模型参数

$\rho/(\mathrm{kg/m^3})$	$C_\mathrm{p}/(\mathrm{J \cdot kg^{-1} \cdot K^{-1}})$	T_m/K	A/MPa	B/MPa	n	C	m
2830	860	761	500	240	0.22	0.003	2.55

李娜, 李玉龙, 郭伟国. 三种铝合金材料动态性能及其温度相关性对比研究 [J]. 航空学报, 2008, 29(4): 903-908.

表 3-131　简化 Johnson-Cook 模型参数

A/MPa	B/MPa	n	C
150	550	0.08	0.013

王雷, 李玉龙, 索涛, 等. 航空常用铝合金动态拉伸力学性能探究 [J]. 航空材料学报, 2013, 33(4): 71-77.

表 3-132　Johnson-Cook 模型参数

A/MPa	B/MPa	n	C	m
490	206.9	0.344	0.005	1.80

董辉跃. 铝合金高速加工及整体结构件加工变形的试验与仿真研究 [D]. 杭州: 浙江大学, 2006.

7055 铝合金

表 3-133　Johnson-Cook 模型参数

A/MPa	B/MPa	n	C	m	T_m/K
571	184.9	0.253	0	0.733	826

朱耀. AA 7055 铝合金在不同温度及应变率下力学性能的实验研究 [D]. 哈尔滨: 哈尔滨工业大学, 2010.

7055-T76511 铝合金

表 3-134　Johnson-Cook 模型参数

A/MPa	B/MPa	n	C	m
259	411	0.29	0.018	1

李玉杨. 长桁类零件弯曲成型技术的研究 [D]. 哈尔滨: 哈尔滨工业大学, 2016.

7075-T651 铝合金

表 3-135　Modified-Johnson-Cook 模型参数

参数	与轧制方向夹角为 0°	与轧制方向夹角为 45°	与轧制方向夹角为 90°
E/GPa	70	70	70
ν	0.3	0.3	0.3
$\rho/(\mathrm{kg/m^3})$	2700	2700	2700
A/MPa	520	426	478
B/MPa	477	339	414
n	0.52	0.31	0.38
$\dot{\varepsilon}_0/\mathrm{s^{-1}}$	5e-4	5e-4	5e-4
C	0.001	0.001	0.001
T_r/K	293	293	293
T_m/K	893	893	893
T_C/K	800	800	800
m	1	1	1
$C_\mathrm{p}/(\mathrm{J\cdot kg^{-1}\cdot K^{-1}})$	910	910	910
Taylor-Quinney 系数 χ	0.9	0.9	0.9
α	2.3e-5	2.3e-5	2.3e-5
$W_\mathrm{cr}/\mathrm{MPa}$	106	292	164

　　BØRVIK T, HOPPERSTAD O S, PEDERSON K O. Quasi-brittle fracture during structural impact of AA7075-T651 aluminum plates [J]. International Journal of Impact Engineering, 2010, 37: 537-551.

表 3-136　Modified-Johnson-Cook 模型参数

$\rho/(\mathrm{kg/m^3})$	E/GPa	ν	$C_\mathrm{p}/(\mathrm{J\cdot kg^{-1}\cdot K^{-1}})$	T_C/K	T_m/K	T_r/K	A/MPa
2810	71.7	0.33	910	804	893	293	520
B/MPa	n	C	m	x	α	$W_\mathrm{cr}/\mathrm{MPa}$	$\dot{\varepsilon}_0/\mathrm{s^{-1}}$
477	0.52	0.001	1.61	0.9	2.3E-5	106	5E-4

表 3-137　Johnson-Cook 模型和失效模型参数

$\rho/(\mathrm{kg/m^3})$	E/GPa	G/GPa	ν	$C_\mathrm{p}/(\mathrm{J\cdot kg^{-1}\cdot K^{-1}})$	T_m/K
2810	71.7	26.9	0.33	910	893
T_r/K	A/MPa	B/MPa	n	C	m
293	520	477	0.52	0.0025	1.61
D_1	D_2	D_3	D_4	D_5	$\dot{\varepsilon}_0/\mathrm{s^{-1}}$
0.096	0.049	3.465	0.016	1.099	5e-4

表 3-138　Gruneisen 状态方程参数

$C/(km/s)$	S_1	γ_0	V_0
5.24	1.4	1.97	1

KASPER CRAMON JØGENSEN, VIVIAN SWAN. Modelling of Armour-piercing Projectile Perforation of Thick Aluminium Plates [C]. 13th International LS-DYNA Conference, Dearborn, 2014.

表 3-139　Johnson-Cook 模型参数

A/MPa	B/MPa	n	C	m	T_m/K
542.24	273	0.194	0.136	0.271	838

张平. 宽温域与多介质混合微量润滑条件下铝合金 7055-T6I4 切削加工性与表面完整性研究 [D]. 青岛：青岛理工大学, 2018.

表 3-140　Johnson-Cook 模型参数

A/MPa	B/MPa	n	C	m
503	670.3	0.6913	0.0184	1.786

殷俊清. 航空薄壁件铆接变形分析及预测研究 [D]. 西安：西北工业大学, 2015.

7075-T7351 铝合金

表 3-141　Johnson-Cook 模型参数

$\rho_0 /(g/cm^3)$	$C_L /(m/s)$	$C_S /(m/s)$	E/GPa	v	A/GPa	B/GPa	n	C
2.81	6320	3110	71.7	0.34	0.3	0.678	0.45	0.024
m	T_m/K	$\dot{\varepsilon}_0 /s^{-1}$	$C_p /(J \cdot kg^{-1} \cdot K^{-1})$	D_1	D_2	D_3	D_4	D_5
1.56	925	1	895	-0.068	0.451	0.952	0	1.6

FAVORSKY V. Experimental-Numerical Study of Inclined Impact in AI7075-T7351 Targets by 0. 3 AP Projectiles [C]. 26th International Symposium on Ballistics, Miami, FL, 2011.

7A52 铝合金

表 3-142　Johnson-Cook 模型参数

A/MPa	B/MPa	n	C	m
410	293	0.38	0.142	0.425

贾翠玲，陈芙蓉. 7A52 铝合金 Johnson-Cook 本构模型的有限元模拟 [J]. 兵器材料科学与工程, 2018, Vol. 41(1):30-33.

7A62 铝合金

表 3-143　Johnson-Cook 模型参数

E/GPa	A/MPa	B/MPa	n	C	m
75.7	608	907	0.9424	0.011	1.98

周古昕，等. 高强 7A62 铝合金动态力学响应及其 J–C 本构关系 [J]. 中国有色金属学报, 2021, 31(1): 21-29.

7N01 铝合金

表 3-144　*MAT_PLASTIC_KINEMATIC 模型参数

ρ/(kg/m^3)	E/GPa	ν	σ_0/MPa	$E_{\tan}$/GPa
2700	66	0.3	290	1.232

注：原文中 $E_{\tan}$ 为 G。

李松宴, 郑志军, 虞吉林. 高速列车吸能结构设计和耐撞性分析 [J]. 爆炸与冲击, 2015, 35(2): 164-170.

A356 铝合金

表 3-145　*MAT_RATE_SENSITIVE_POWERLAW_PLASTICITY 模型参数

ρ/(kg/m^3)	E/Pa	PR	K/MPa	M	N	E_0/s^{-1}
2750	75E9	0.33	1.002	0.7	0.32	5.0

ANSYS LS-DYNA User's Guide [R]. ANSYS, 2008.

A357 铝合金

表 3-146　Johnson-Cook 模型参数（一）

ρ_0/(g/cm^3)	E/GPa	ν	A/GPa	B/GPa	n	C	m
2.68	79	0.33	0.37	0.17987	0.73315	0.0128	1.5282

表 3-147　热学参数

温度 Θ/K	300	400	500	600	700	800
导热系数 k/(W·m^{-1}·℃$^{-1}$)	18	19	20	20.6	21.6	22.2
比热容 C/(J·kg^{-1}·K^{-1})	253.0	259.0	265.2	271.6	278.1	285.4
线膨胀系数 α/10^{-6}K	14.26	14.78	15.31	15.85	16.43	17.06

张怡雯. 铝合金 A357 切削加工有限元模拟 [R/OL]. https://wenku.baidu.com/view/3d55627180eb6294dd886cec.html?sxts=1552601603136.

表 3-148　Johnson-Cook 模型参数（二）

ρ/(kg/m^3)	E/GPa	PR	A/MPa	B/MPa	n	C
2680	79	0.33	370.4	1798.7	0.73315	0.0128
m	D_1	D_2	D_3	D_4	D_5	C_P/(J·kg^{-1}·K^{-1})
1.5282	−0.09	0.25	−0.5	0.014	3.87	253

舒平生. 基于 Abaqus 的 A357 铝合金正交切削加工有限元仿真及其实验研究 [J]. 组合机床与自动化加工技术, 2015, 8: 43-50.

丁吉凯. 切削速度与切削深度对切削力影响的有限元模拟 [J]. 科技信息, 2012, 33: 41-42.

A6C16 铝合金

表 3-149　简化 Johnson-Cook 模型参数

$\rho/(kg/m^3)$	E/GPa	PR	A/MPa	B/MPa	n	C
2700	70.038	0.33	125.1	499.8999	0.58076	0.0053

刘军. 某车用铝合金动态力学性能及其断裂失效行为研究 [D]. 宁波：宁波大学, 2017.

AW-1050A H24 铝合金

表 3-150　Johnson-Cook 模型参数

$\rho_0/(g/cm^3)$	E/GPa	ν	T_m/K	$C_p/(J \cdot kg^{-1} \cdot K^{-1})$	A/GPa	B/GPa	n	C	m
2.71	69	0.33	918.15	899	0.11	0.15	0.36	0.014	1.0

SPRANGHERS K, VASILAKOS I, LECOMPTE D, et al. Numerical Simulation and Experimental Validation of the Dynamic Response of Aluminum Plates under Free Air Explosions [J]. International Journal of Impact Engineering, 2013, 54: 83-95.

L167 铝合金

表 3-151　*MAT_PLASTIC_KINEMATIC 模型参数

$\rho/(kg/m^3)$	E/GPa	G/GPa	ν	σ_0/MPa	E_t/MPa
2700	72	27	0.33	326	710

MCCALLUM C, CONSTANTINOU C. The Influence of Bird-shape in Bird-strike Analysis [C]. 5th European LS-DYNA Conference, Birmingham, 2005.

LC4CS 铝合金

表 3-152　*MAT_PLASTIC_KINEMATIC 模型参数

σ_0/MPa	E/GPa	E_t/MPa	E_p/MPa	$C/(s^{-1})$	P
430	70.1	2291	2368	34295.5	1.904

赵寿根，等. 几种航空铝材动态力学性能实验 [J]. 北京航空航天大学学报, 2007, 33(8): 982-985.

LC9 铝合金

表 3-153　Johnson-Cook 模型参数（一）

$\rho/(kg/m^3)$	A/MPa	B/MPa	n	C	m
2820	568.5	140.9	0.3012	0.019	2.1483

覃金贵. LC9 铝合金在高温和不同动载条件下力学性能研究 [D]. 长沙：国防科学技术大学, 2009.

表 3-154　Johnson-Cook 模型参数（二）

A/MPa	B/MPa	n	C	m
583	220	0.286	0.0148	2.13

苗应刚，等. LC9 铝合金的动态力学性能及温度相关性研究 [J]. 兵工学报, 2009, 30(增刊 2): 90-93.

LF21M 铝合金

表 3-155 *MAT_PLASTIC_KINEMATIC 模型参数

σ_0 /MPa	E /GPa	E_t /MPa	E_p /MPa	C /s^{-1}	P
127	69.5	586	592	97146.4	3.556

赵寿根, 等. 几种航空铝材动态力学性能实验 [J]. 北京航空航天大学学报, 2007, 33(8): 982-985.

LF6 铝合金

表 3-156 *MAT_PLASTIC_KINEMATIC 模型参数

ρ /(kg/m^3)	σ_0 /MPa	E /GPa	E_t /MPa	C /s^{-1}	P
2640	200	71	266	6000	10

陈成军, 等. 高速碰撞问题的 SPH 算法模拟 [C]. 第七届全国爆炸力学学术会议论文集, 昆明, 2003.

LF6R 铝合金

表 3-157 *MAT_PLASTIC_KINEMATIC 模型参数

σ_0 /MPa	E /GPa	E_t /MPa	E_p /MPa	C /s^{-1}	P
160	68.6	1105	1123	3342.7	1.972

赵寿根, 等. 几种航空铝材动态力学性能实验 [J]. 北京航空航天大学学报, 2007, 33(8): 982-985.

铝

表 3-158 Gruneisen 状态方程参数 (一)

ρ_0 /(g/cm^3)	C /(km/s)	S_1	γ_0	α
2.703	5.24	1.49	1.97	0.48

CRAIG M TARVER, CHADD M MAY. Short Pulse Shock Initiation Experiments and Modeling on LX16, LX10, and Ultrafine TATB [C]. Proceedings of the 14th International Detonation Symposium, Coeur d'Alene, Idaho, 2010.

表 3-159 Gruneisen 状态方程参数 (二)

ρ_0 /(kg/m^3)	C_0 /(m/s)	S_1	Γ	C_V /J·kg^{-1}·K^{-1}
2700	5350	1.34	3.36	890

GERARD BAUDIN, FABIEN PETITPAS, RICHARD SAUREL. Thermal Non Equilibrium Modeling of the Detonation Waves in Highly Heterogeneous Condensed HE: a Multiphase Approach for Metalized High Explosives [C]. Proceedings of the 14th International Detonation Symposium, Coeur d'Alene, Idaho, 2010.

表 3-160 *MAT_SIMPLIFIED_JOHNSON_COOK 模型参数

A /MPa	B /MPa	n	C	$\dot{\varepsilon}_0$ /s^{-1}
41.16	98.99	0.4054	0.008	0.001

黄少林, 周钟. 中应变率下材料力学性能的测试和试验研究 [J]. 建筑技术开发, 2005, 32(11): 59-60.

表 3-161 *MAT_SIMPLIFIED_JOHNSON_COOK 模型参数

A/MPa	B/MPa	n	C
140	75.2	0.6474	0.0125

PETER GROCHE, CHRISTIAN PABST. Numerical Simulation of Impact Welding Processes with LS-DYNA [C]. 10th European LS-DYNA Conference, Würzburg, 2015.

铝（纯度 99.996%，退火状态）

表 3-162 *MAT_POWER_LAW_PLASTICITY 模型参数（单位制 m-kg-s）

ρ	E	PR	K	N	EPSF
2.6849E3	6.8948E10	0.33	9.7406E7	0.335778	0.4876

http://www.varmintal.com/aengr.htm

铝箔

表 3-163 *MAT_PLASTIC_KINEMATIC 模型参数

ρ/(kg/m³)	E/GPa	ν	σ_0/MPa	E_t/MPa	F_S
2700	68.9	0.33	340	25.78	0.8

JIANG HUA, CHENG XIAOMIN, RAJIV SHIVPURI. Process Modeling of Piercing Micro-hole with High Pressure Water Beam [C]. 9th International LS-DYNA Conference, Detroit, 2006.

MB2 铝镁合金

利用 SHPB 实验技术，对 MB2 合金进行不同温度、不同应变率的压缩实验，并利用实验结果拟合出该合金修正后的 Johnson-Cook 本构关系：

$$\sigma = (55.2 + 3060\varepsilon - 9530\varepsilon^2)\left(1 + 0.001\ln\frac{\dot{\varepsilon}}{\dot{\varepsilon}_0}\right)(1 - T^{*1.08})$$

胡昌明. 镁铝合金（MB2）的动态力学性能研究 [D]. 合肥: 中国科学技术大学, 2003.

泡沫铝

表 3-164 第一套*MAT_HONEYCOMB 参数（单位制为 cm-g-μs）

*MAT_HONEYCOMB							
ρ	E	PR	SIGY	VF	MU	BULK	AOPT
0.15	0.7	0.285	0.0024	0.137	0.05	0	0
EAAU	EBBU	ECCU	GABU	GBCU	GCAU		
2.48E-3	2.48E-3	2.48E-3	9.65E-4	9.65E-4	9.65E-4		

（续）

*DEFINE_CURVE(STRESS−VOLUME STRAIN)							
A_1	A_2	A_3					
0.0	8.63E−1	8.66E−1					
O_1	O_2	O_3					
1.0E−5	1.0E−5	2.4E−3					

*DEFINE_CURVE(SHEAR STRESS−VOLUME STRAIN)							
A_1	A_2	A_3					
0.0	8.63E−1	8.66E−1					
O_1	O_2	O_3					
4.0E−6	4.0E−6	9.34E−4					

表 3-165　第二套*MAT_HONEYCOMB 参数（单位制为 cm-g-μs）

*MAT_HONEYCOMB							
ρ	E	PR	SIGY	VF	MU	BULK	AOPT
0.36	0.7	0.285	0.0024	0.3	0.05	0	0
EAAU	EBBU	ECCU	GABU	GBCU	GCAU		
2.48E−3	2.48E−3	2.48E−3	9.65E−4	9.65E−4	9.65E−4		

*DEFINE_CURVE(STRESS−VOLUME STRAIN)							
A_1	A_2	A_3					
0.0	7.0E−1	7.03E−1					
O_1	O_2	O_3					
5.0E−5	5.0E−5	2.4E−3					

*DEFINE_CURVE(SHEAR STRESS−VOLUME STRAIN)							
A_1	A_2	A_3					
0.0	7.0E−1	7.03E−1					
O_1	O_2	O_3					
1.9E−5	1.9E−5	9.34E−4					

MICHAEL J MULLIN, BRENDAN J O'TOOLE. Simulation of Energy Absorbing Materials in Blast Loaded Structures [C]. 8th International LS-DYNA Conference, Detroit, 2004.

表 3-166　*MAT_MODIFIED_HONEYCOMB 模型参数

ρ/(ton/mm^3)	E/MPa	PR	SIGY/MPa	VF	MU
1E−10	4.06E3	0.0	5.588E1	1.0E−3	1.0E−9
LCA	LCB	LCC	LCS		
66	66	66	66		

（续）

EAAU	EBBU	ECCU	GABU	GBCU	GCAU
4060	4060	4060	2028	2028	2028
*DEFINE_CURVE 定义曲线 66					
A_1	A_2	A_3	A_4		
0.005	0.02	2.3026	3.0		
O_1/MPa	O_2/MPa	O_3/MPa	O_4/MPa		
13.75	55.16	60.0	4060		

TABIEI, ALA, CHOWDHURY, MOSTAFIZ R. Development of an Air Gun Simulation Model Using LS-DYNA [R]. ADA417052, 2003.

　　泡沫铝采用*MAT_CRUSHABLE_FOAM 本构模型来模拟，泡沫的本构关系需要输入材料的工程应力-应变曲线，计算中所用的泡沫铝的应力-应变曲线如图 3-1 所示，模型中其他参数根据 SHPB 实验确定。

表 3-167　*MAT_CRUSHABLE_FOAM 模型参数（一）

ρ/(kg/m^3)	E/MPa	ν	σ_S/MPa	P_{out}/MPa
1200	1.2E3	0.3	20	10

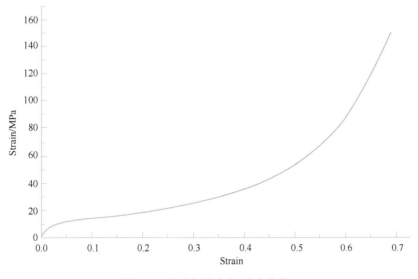

图 3-1　泡沫铝的应力-应变曲线

　　文献作者结合静态实验数据还拟合了另一种形式的泡沫铝率相关本构方程及其参数：

$$\sigma = E(A_1\varepsilon + A_2\varepsilon^2 + A_3\varepsilon^3)\left[1 + \lambda\left(\frac{\dot{\varepsilon}}{\dot{\varepsilon}_0}\right)^n\right]$$

式中，参考应变率 $\dot{\varepsilon}_0 = 10^{-4}/\text{s}$。

表 3-168　泡沫铝率相关本构方程参数

E/MPa	A_1	A_2	A_3	λ	n
8.53	23.3	-73.58	97.62	1.48E-5	0.66

王永刚. 泡沫铝动态力学性能与波传播特性研究 [D]. 宁波: 宁波大学, 2003.

　　泡沫铝的材料模型采用*MAT_CRUSHABLE_FOAM 本构模型来模拟。泡沫的本构关系需要输入如图 3-2 所示的材料应力-应变曲线。

表 3-169　*MAT_CRUSHABLE_FOAM 模型参数（二）

ρ/(kg/m^3)	E/GPa	ν	TSC/GPa	DAMP
1300	1.0	0.3	0.1	0.1

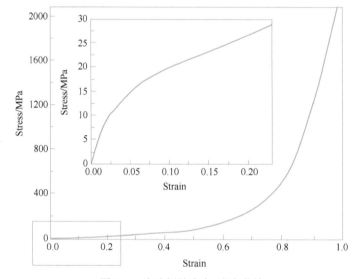

图 3-2　泡沫铝的应力-应变曲线

田杰. 泡沫铝的冲击波衰减和抗爆震特性研究 [D]. 合肥: 中国科技大学, 2006.

表 3-170　*MAT_CRUSHABLE_FOAM 材料模型参数（三）

ρ/(kg/m^3)	E/GPa	ν	P_{out}/MPa	γ_0	E_0/GPa	V_0
1200	1.2	0.3	10	1.07	0	1

叶小军. 数值模拟分析在选取战斗部缓冲材料时的应用 [J]. 微电子学与计算机, 2009, 26(4): 226-229.

表 3-171　*MAT_CRUSHABLE_FOAM 模型参数（四）

ρ/(kg/m^3)	E/GPa	ν	σ_Y/MPa	P_{out}/MPa
650	1.15	0.3	20	10

谌河水, 伍昕茹, 陈素红. 泡沫铝芯体夹层板的抗侵彻性能数值模拟计算 [J]. 山西建筑, 2009, 35(7): 180-181.

表 3-172　*MAT_CRUSHABLE_FOAM 模型参数（五）

$\rho/(kg/m^3)$	E/GPa	ν	σ_C/MPa	DAMP
800	0.5	0.21	15.0	0.1

表 3-173　泡沫铝屈服应力-体积应变关系

体积应变	0.0	20.0	30.0	70.0
屈服应力/MPa	0.0	0.07	0.45	0.60

董永香, 冯顺山. 爆炸波在多层介质中的传播特性数值分析 [C]. 2005 年弹药战斗部学术交流会论文集, 珠海, 2005, 201-205.

ZL105-T5 铝合金

表 3-174　Johnson-Cook 模型参数

A/MPa	B/MPa	n	C	m	D_1	D_2	D_3	D_4	D_5
225	417	0.73	0.083	1.7	0.068	0.075	0.915	0.007	0

李宏钦, 等. 航空发动机空气涡轮起动机包容结构研究 [J]. 航空发动机, 2019, 45(3): 51-57.

ZL109 铝合金

表 3-175　Johnson-Cook 模型参数（一）

$\rho/(kg/m^3)$	E/GPa	PR	$C_P/(J \cdot kg^{-1} \cdot K^{-1})$	A/MPa	B/MPa	n	C	m
2680	72	0.3	963	143.72	36.43	0.26	0.011	0.62

康红军. ZL109 铝合金车削加工的数值仿真及实验研究 [D]. 长沙：湖南科技大学, 2015.

表 3-176　Johnson-Cook 模型参数（二）

$\rho/(kg/m^3)$	E/GPa	PR	$C_P/(J \cdot kg^{-1} \cdot K^{-1})$	导热系数/$(Wm^{-1} \cdot K^{-1})$	热膨胀系数/K^{-1}
2700	82.9	0.3	921.1	186.6	20.03E-6

A/MPa	B/MPa	n	C	m
323.25	301.54	0.50	0.00965	0.624

宋世平. 活塞硅铝合金抗疲劳加工研究 [D]. 济南：山东大学, 2020.

第 4 章　铜及铜合金

B10 镍白铜

表 4-1　Johnson-Cook 模型参数

A/MPa	B/MPa	n	C	m
315	3809	2.3	0.02604	1.1804

闫玉珍. 镍白铜 B10 高速切削物理仿真与实验研究 [D]. 北京：北京林业大学, 2018.

B19 白铜

表 4-2　Johnson-Cook 模型参数

$\rho/(kg/m^3)$	$C_P/(J \cdot kg^{-1} \cdot K^{-1})$	A/MPa	B/MPa	n	C	m
8900	378	207	774	0.737	0.096	0.917

王生煦. 高速切削过程绝热剪切损伤破坏规律研究 [D]. 沈阳：沈阳理工大学, 2014.

C5191-H 磷青铜

表 4-3　Johnson-Cook 模型参数

A/MPa	B/MPa	n	C	m
449.42	195.57	0.4947	0.031	1.53

胡道春, 王蕾, 王红军. 基于修正 JOHNSON-COOK 模型的 C5191-H 磷青铜高速冲裁本构关系 [J]. 塑性工程学报, 2019, 26(4): 234-240.

C72900 铜合金

表 4-4　简化 Johnson-Cook 模型参数

A/MPa	B/MPa	n	C
1100	2980	1.3856	0.37

朱功，等. C72900 铜合金与 15-5PH 不锈钢的动态力学性能及本构关系 [J]. 机械工程材料, 2020, 44(10): 87-97.

Cu-ETP

表 4-5　电解精炼含氧铜（Cu-ETP）Johnson-Cook 模型参数

A/MPa	B/MPa	n	C	m
100	263	0.23	0.029	0.98

GRĄZKA M, JANISZEWSKI J. An Identification of Johnson-Cook Equation Constants using Finite Element Method [J]. Engineering Transactions, 2012, 60(3):215-223.

弹壳黄铜

文献作者在文章中首次提出了著名的 Johnson-Cook 本构模型，并根据霍普金森杆拉杆和扭曲实验获得了 Johnson-Cook 本构模型参数。

表 4-6 弹壳黄铜（Cartridge Brass）Johnson-Cook 模型参数

$\rho/(kg/m^3)$	洛氏硬度	$C_p/(J \cdot kg^{-1} \cdot K^{-1})$	T_m/K	A/MPa	B/MPa	n	C	m
8520	F-67	385	1189	112	505	0.42	0.009	1.68

JOHNSON G R, COOK W H. A constitutive model and data for metals subjected to large strains, high strain-rates and high temperatures [C]. Proceedings of Seventh International Symposium on Ballistics, The Hague, The Netherlands, April 1983: 541-547.

H62 黄铜

表 4-7 Johnson-Cook 模型参数（一）

$\rho/(kg/m^3)$	E/GPa	PR	$C_p/(J \cdot kg^{-1} \cdot K^{-1})$	A/MPa	B/MPa	n	C	m	$\dot{\varepsilon}_0/s^{-1}$	T_m/K
8430	100	0.346	384	375	446	0.85	0.017	2.0	0.001	1314

陈琳. 高速切削切屑破坏特性及本构关系的研究 [D]. 沈阳：沈阳理工大学, 2015.

表 4-8 Johnson-Cook 模型参数（二）

$\rho/(kg/m^3)$	$C_p/(J \cdot kg^{-1} \cdot K^{-1})$	A/MPa	B/MPa	n	C	m
8520	385	130	526	0.417	0.087	0.933

王生煦. 高速切削过程绝热剪切损伤破坏规律研究 [D]. 沈阳：沈阳理工大学, 2014.

黄铜

表 4-9 黄铜（Brass）*MAT_MODIFIED_JOHNSON_COOK 模型参数

A/MPa	B/MPa	n	C	m	T_m/K	$C_p/(J \cdot kg^{-1} \cdot K^{-1})$	W_{cr}/MPa
206	505	0.42	0.01	1.68	1189	385	91

SALEH M, EDWARDS L. Evaluation of a Hydrocode in Modelling NATO Threats against Steel Armour [C]. 25th International Symposium on Ballistics, Beijing, China, 2010.

表 4-10 SHOCK 状态方程参数

$\rho/(g/cm^3)$	$C/(cm/\mu s)$	S_1	$C_p/(J \cdot kg^{-1} \cdot K^{-1})$	Gruneisen 系数
8.45	0.373	1.43	380	2.0

MEYERS M A. Dynamic behavior of materials [M]. John Wiley & Sons, New York, 1994.

表 4-11 *MAT_Modified_Johnson_Cook 模型参数

$\rho/(kg/m^3)$	E/GPa	ν	$C_p/(J \cdot kg^{-1} \cdot K^{-1})$	T_C/K	T_m/K	T_r/K	A/MPa
9095	115	0.31	385	1070	1189	293	206
B/MPa	n	C	m	χ	α	$\dot{\varepsilon}_0/s^{-1}$	
505	0.42	0.01	1.68	0.9	1.9e-5	5e-4	

JØGENSEN K C, SWAN V. Modelling of Armour-piercing Projectile Perforation of Thick Aluminium Plates [C]. 13th International LS-DYNA Conference, Dearborn, 2014.

表 4-12　Gruneisen 状态方程参数

ρ_0 /(g/cm^3)	C /(m/s)	S_1	S_2	S_3	Γ	α
8.45	3834	1.43	0.0	0.0	2.0	0.0

TARVER C M, MCGUIRE E M. Reactive Flow Modeling of the Interaction of TATB Detonation Waves with Inert Materials [C]. Proceedings of the 12th International Detonation Symposium, San Diego, California, 2002.

QAl9-4 铝青铜

表 4-13　Johnson-Cook 模型参数

ρ/(kg/m^3)	E/GPa	PR	C_P/(J·kg^{-1}·K^{-1})	A/MPa	B/MPa	n	C	m	$\dot{\varepsilon}_0 / s^{-1}$	T_m/K	T_r/K
7500	116	0.33	377	430	904	0.66	0.016	2.4	0.001	1179	293

陈琳. 高速切削切屑破坏特性及本构关系的研究 [D]. 沈阳：沈阳理工大学,2015.

表 4-14　Johnson-Cook 模型参数

ρ/(kg/m^3)	C_P/(J·kg^{-1}·K^{-1})	A/MPa	B/MPa	n	C	m
7600	435	434	476	0.533	0.048	2.376

王生煦. 高速切削过程绝热剪切损伤破坏规律研究 [D]. 沈阳：沈阳理工大学, 2014.

铜

表 4-15　SHOCK 状态方程参数

ρ_0 /(g/cm^3)	C /(m/s)	S_1	Gruneisen 系数
8.93	3940	1.489	1.99

Selected Hugoniots [R]. Los Alamos Scientific Laboratory, LA-4167-MS:[s.n.], 1 May 1969.

表 4-16　Gruneisen 状态方程参数

ρ_0 /(g/cm^3)	C /(m/s)	S_1	S_2	S_3	Γ	α
8.93	3940	1.489	0.0	0.0	2.02	0.47

TARVER C M, MCGUIRE E M. Reactive Flow Modeling of the Interaction of TATB Detonation Waves with Inert Materials [C]. Proceedings of the 12th International Detonation Symposium, San Diego, California, 2002.

采用 TSHB 技术测试获得了纯铜的 Johnson-Cook 本构模型参数。

表 4-17　Johnson-Cook 模型参数（一）

A/MPa	B/MPa	n	C	m
85	308	0.54	0.025	1.09

表 4-18 Z-A 模型参数

C_0^*/MPa	C_2^*/MPa	C_3^*/K^{-1}	C_4^*/K^{-1}
85	770	0.0031	0.000113

MA D F, et al. Analysis of thermoviscoplastic effects on dynamic necking of pure copper bars during impact tension [C]. The International Symposium on Shock & Impact Dynamics, 2011.

表 4-19 Johnson-Cook 模型参数（二）

$\rho/(\text{kg/m}^3)$	$C_P/(\text{J}\cdot\text{kg}^{-1}\cdot\text{K}^{-1})$	A/MPa	B/MPa	n	C	m
8958	386	200	564	0.312	0.014	0.821

王生煦. 高速切削过程绝热剪切损伤破坏规律研究 [D]. 沈阳：沈阳理工大学, 2014.

铜（退火状态）

表 4-20 退火铜（Annealed copper）MTS 模型参数

参数	描述	取值
$\hat{\sigma}_a$	率无关阈值应力	40.0MPa
g_0	归一化的活化能	1.6
$\dot{\varepsilon}_0$	热激活方程常数	$10^7 s^{-1}$
b	Burgers 矢量幅值	2.55 Å
A	饱和应力方程常数	0.312
$\hat{\sigma}_{s0}$	0° 时的饱和应力	900.0MPa
$\dot{\varepsilon}_{s0}$	饱和应力参考应变率	$6.2\text{E}10 s^{-1}$
p	自由能方程指数	2.3
q	自由能方程指数	1
a_0	硬化函数常数	2370.7MPa
a_1	硬化函数常数	8.295MPa
a_2	硬化函数常数	3.506MPa
b_0	剪切模量常数	47.3GPa
b_1	剪切模量常数	2.4GPa
b_2	剪切模量常数	130K

表 4-21 MIE Gruneisen 状态方程参数

参数	描述	取值
A_1	线性系数	137.0GPa
A_2	二次系数	175.0GPa
A_3	三次系数	564.0GPa

（续）

参数	描述	取值
Γ	Gruneisen 系数	1.96
ρ_0	初始密度	8950.0kg/m^3

MAUDLIN P J, FOSTER J C, JONES S E. A Continuum Mechanics Code Analysis of Steady Plastic Wave Propagation in the Taylor Test [J]. International Journal of Impact Engineering, 1997, 19(3): 231-256.

铜箔

表 4-22　铜箔（Copper foil）的*MAT_PLASTIC_KINEMATIC 模型参数

$\rho/(kg/m^3)$	E/GPa	ν	σ_0/MPa	E_t/MPa	F_S
7930	115	0.33	195	137.5	0.8

HUA J, CHENG X M, SHIVPURI R. Process Modeling of Piercing Micro-hole with High Pressure Water Beam [C]. 9th International LS-DYNA Conference, Detroit, 2006.

TP2 紫铜

表 4-23　动态力学特性参数

$\rho/(kg/m^3)$	E/GPa	ν	$\dot{\varepsilon}_0$	σ_s/MPa
8940	117.2	0.3	1	62

袁安营，王忠堂，张士宏. 管材液压胀形有限元模拟 [J]. 计算机辅助工程, 2006, (15 增刊): 370-373.

无氧铜

表 4-24　无氧铜（OFHC COPPER）Johnson-Cook 模型参数

$\rho/(kg/m^3)$	洛氏硬度	$C_p/(J\cdot kg^{-1}\cdot K^{-1})$	T_m/K	A/MPa	B/MPa	n	C	m
8960	F-30	383	1356	90	292	0.31	0.025	1.09

JOHNSON G R, COOK W H. A constitutive model and data for metals subjected to large strains, high strain-rates and high temperatures [C]. Proceedings of Seventh International Symposium on Ballistics, The Hague, The Netherlands, April 1983: 541-547.

　　Johnson 和 Cook 曾给出了数种材料的 Johnson-Cook 本构模型的材料参数，但当时拟合材料参数时依据的实验数据应变率大多在 10^3s^{-1} 以下。后来又有许多一维应力 SHPB 的实验结果发表，这些实验数据的应变率范围较 Johnson 等当时拟合模型参数时有较大的拓宽。文献作者利用 Johnson、Cook 以及后续学者实验获得的金属屈服应力-应变率数据，拟合了材料的 Johnson-Cook 及 Steinberg-Lund 本构模型参数，新的 Johnson-Cook 参数对高应变率的数据有所兼顾，但同样不能预测到塑性变形机制的这一转变，而 Steinberg-Lund 本构模型能够较好地描述应变率效应在应变率>10^3s^{-1} 后的转变。

表 4-25 Johnson-Cook 模型参数（一）

A/MPa	B/MPa	n	C	m
107	213	0.26	0.024	1.09

表 4-26 Steinberg-Lund 模型参数

$C_1/10^6\,\text{s}^{-1}$	$C_2/\text{MPa s}$	Y_A	Y_P	U_K/eU
0.70	0.013	190	135	0.29

表 4-27 Steinberg-Guinan 模型参数

Y_0/GPa	$Y_{\max}/\text{GPa}$	β	n	$\dfrac{G'_P}{G_0}/\text{GPa}^{-1}$	$\dfrac{G'_T}{G_0}/\text{K}^{-1}$	T_{m0}^b/K	G_0/GPa
0.12	0.6	36	0.45	0.03	0.0008	1356	47.7

注：除 G'_P/G_0 和 G'_T/G_0 是文献作者由动高压实验数据确定外，其他 Steinberg–Guinan 本构模型参数取自 Steinberg 的文章。

彭建祥. Johnson-Cook 本构模型和 Steinberg 本构模型的比较研究 [D]. 绵阳: 中国工程物理研究院, 2006.

STEINBERG D J，COCHRAN S G，GUINAN M W. A constitutive model for metals applicable at high strain rate [J]. Journal of Applied Physics, 1980, 51(3): 1498-1503.

表 4-28 GRUNEISEN 状态方程参数

$\rho/(\text{kg/m}^3)$	$C/(\text{m/s})$	S_l	γ_0
8920	3940	1.45	2.04

表 4-29 Johnson-Cook 模型参数（二）

A/GPa	B/GPa	n	C	m	T_r/K	T_m/K	$\dot{\varepsilon}_0/\text{s}^{-1}$	G/GPa
0.15	0.17	0.34	0.025	1.09	300	923	1.0	48.0

表 4-30 Johnson-Cook 模型失效参数

D_1	D_2	D_3	D_4	D_5	$\sigma_{\text{th}}^0/\text{GPa}$	$t_d/\mu\text{s}$
0.54	4.89	−3.03	0.014	1.12	0.30	4.5

徐金中, 汤文辉, 等. SPH 方法在层裂损伤模拟中的应用 [J]. 强度与环境, 2009, 36(1): 1-7.

通过实验数据和数值模拟结果的对比，研究了泰勒杆实验在材料动态本构关系参数确认和优化方面的应用。以 Johnson-Cook 模型描述的 OFHC copper 材料为例进行了具体说明，并对实验中的部分不确定因素进行了分析。

表4-31 Johnson-Cook 模型参数（三）

	A/MPa	B/MPa	n	C	m
Johnson 和 Cook 给出的参数	89.63	291.64	0.31	0.025	1.09
优化后的参数	149.54	305.36	0.096	0.034	1.09

吕剑, 等. 泰勒杆实验对材料动态本构参数的确认和优化确定 [J]. 爆炸与冲击, 2006, 26(4): 339-344.

Johnson-Cook 模型不关心材料的变形过程，即忽略了材料变形历史的影响。同时 Johnson-Cook 模型中的应变率硬化项采用了简单的对数关系，而金属材料在 $10^3 \sim 10^4 \mathrm{s}^{-1}$ 附近流动应力呈现明显增大的趋势，因此 Johnson-Cook 模型在 $10^3 \sim 10^4 \mathrm{s}^{-1}$ 附近对应变率敏感的金属材料的变形过程就不能很好地描述。

通常认为金属材料的拉压行为是对称的，在弹性变形阶段这是没有问题的，对于大塑性变形过程，压缩变形和拉伸变形可能就不一定相同了。通过压缩实验获得的 Johnson-Cook 模型参数是否能很好地描述拉伸变形过程，是汤铁钢等人的文献关心的问题。该文献作者利用新型的爆炸膨胀环实验技术开展了无氧铜试样环的高应变率拉伸加载实验研究，采用激光干涉测试技术获得了试样环拉伸变形过程的径向膨胀速度历史。对经典 Johnson-Cook 模型进行了修改，提出了适合拉伸变形的 JCT 模型，利用实验数据拟合了模型参数，JCT 模型对无氧铜试样环的高应变率拉伸变形过程可以较好地描述。

为了能更好地描述无氧铜试样环的膨胀运动，对 Johnson-Cook 模型进行了修改，在应变函数项中增加应变的指数硬化项，描述材料拉伸变形历史对材料性能的影响；在应变率函数项中增加应变率的线性项，描述应变率对流动应力随应变率呈现明显的增大趋势。将修改后的模型称为 JCT 模型（Johnson-Cook for Tension），其表达式为：

$$\sigma_{\mathrm{JC}} = (A + B\varepsilon^{p^n} + B_1 \mathrm{e}^{-n_1 \varepsilon p})(1 + C \ln \dot{\varepsilon} + C_1 \dot{\varepsilon}) \left[1 - \left(\frac{T - T_{\mathrm{r}}}{T_{\mathrm{m}} - T_{\mathrm{r}}} \right)^m \right]$$

表4-32 Johnson-Cook 模型参数（四）

模型	A/MPa	B/MPa	B_1/MPa	n	n_1	C	C_1	m	T_{m}
JC	90	292	—	0.31	—	0.025	—	1.09	1356
JCT	90	292	20	0.31	0.3	0.025	0.00003	1.09	1356

汤铁钢, 刘仓理. 高应变率拉伸加载下无氧铜的本构模型研究 [C]. 第十届全国冲击动力学学术会议论文集, 2011.

利用 Split-Hopkinson bar 装置上所得变形数据，研究并比较了冲击预变形铜的神经网络本构关系模型以及 Zerrilli-Armstrong 本构关系模型。其中，Zerrilli-Armstrong 本构关系模型参数为：

$$\sigma = 420 + 380\varepsilon^{1/2} \exp(-0.0031T + 0.00025T \ln \dot{\varepsilon})$$

朱远志, 等. 利用人工神经网络模型和 Z_A 模型对无氧铜本构关系的对比研究 [J]. 湖南科技大学学报: 自然科学版, 2004, 19(2): 32-36.

表 4-33　Johnson-Cook 模型参数（五）

A/MPa	B/MPa	n	C	m
70	228	0.31	0.025	1.09

LITTLEFIELD D L. The Effect of Electromagnetic Fields on Taylor Anvil Impacts [C]. 20th International Symposium of Ballistics, Orlando, Florida, 2002.

细晶 T2 纯铜

表 4-34　Johnson-Cook 模型参数

A/MPa	B/MPa	n	C	m
50	312.4	0.3572	0.0438	0.6261

吴尚霖，等. 细晶 T2 纯铜动态力学性能及本构模型 [J]. 工具技术, 2019, 53(11):16-20.

ZCuAl9Fe4Ni4Mn2 镍铝青铜

表 4-35　Johnson-Cook 模型参数

$\rho/(kg/m^3)$	E/GPa	PR	$C_P/(J \cdot kg^{-1} \cdot K^{-1})$	A/MPa	B/MPa	n	C	m
7530	110	0.32	419	295	759.5	0.405	0.011	1.09

付中涛. 基于切削力预测模型的复杂曲面铣削进给速度优化研究 [D]. 武汉：华中科技大学, 2015.

第5章 钨及钨合金

WHA

表 5-1 Johnson-Cook 模型参数（一）

$\rho /(\mathrm{kg/m^3})$	$C_0 /(\mathrm{m/s})$	v	T_m/K	A/MPa	B/MPa	n	C	m	D_1	D_2	D_3
18000	4100	0.32	1723	1300	214	0.16	0.025	1.0	0.00	0.81	−6.80

ANDERSON C E, HOLMQUIST T J, SHARRON T R. Quantification of the Effect of Using the Johnson-Cook Damage Model in Numerical Simulations of Penetration and Perforation [C]. 22nd International Symposium of Ballistics, Vancouver, Canada, 2005.

表 5-2 Johnson-Cook 模型参数（二）

$\rho /(\mathrm{kg/m^3})$	$C_\mathrm{p} /(\mathrm{J \cdot kg^{-1} \cdot K^{-1}})$	T_r/K	T_m/K	A/MPa	B/MPa	n	C	m
18600	134	293	1850	1093	1270	0.42	0.0188	0.78

WEI Z, YU J, LI J, et al. Influence of Stress Condition on Adiabatic Shear Localization of Tungsten Heavy Alloys [J]. International Journal of Impact Engineering, 2001, 26: 843-852.

表 5-3 Johnson-Cook 模型参数（三）

$\rho /(\mathrm{kg/m^3})$	K/GPa	G/GPa	A/MPa	B/MPa	n	C	m
17350	302	124	1500	180	0.12	0.016	1.0

RAJENDRAN A M. Penetration of Tungsten Alloy Rods into Shallow-cavity Steel Targets [J]. International Journal of Impact Engineering, 1998, 21(6): 451-460.

钨

表 5-4 SHOCK 状态方程参数

$\rho /(\mathrm{g/cm^3})$	$C/(\mathrm{cm/\mu s})$	S_1	Gruneisen 系数
19.224	0.4029	1.237	1.54

Selected Hugoniots [R]. Los Alamos Scientific Laboratory, LA-4167-MS:[s.n.], 1 May 1969.

表 5-5 SHOCK 状态方程参数

$\rho /(\mathrm{g/cm^3})$	$C/(\mathrm{cm/\mu s})$	S_1	$C_\mathrm{p} /(\mathrm{J \cdot kg^{-1} \cdot K^{-1}})$	Gruneisen 系数
19.22	0.403	1.24	130	1.8

MEYERS M A. Dynamic behavior of materials [M]. John Wiley & Sons, New York, 1994.

表 5-6 Johnson-Cook 模型参数

A/MPa	B/MPa	n	C	m
1200	1030	0.019	0.034	0.4

表 5-7 Steinberg-Lund 模型参数

$C_1/10^6\,\mathrm{s}^{-1}$	C_2/MPa	Y_A	Y_P	U_K/eU
0.71	0.012	1200	1650	0.31

表 5-8 Steinberg-Guinan 模型参数

Y_0/GPa	Y_{max}/GPa	β	n	$\dfrac{G'_P}{G_0}$/GPa^{-1}	$\dfrac{G'_T}{G_0}$/K^{-1}	T^b_{m0}/K	G_0/GPa
2.2	4.0	7.7	0.13	0.01	0.00024	3695	160

注：除 G'_P/G_0 和 G'_T/G_0 是文献作者由动高压实验数据确定外，其他 Steinberg-Guinan 本构模型参数取自 Steinberg 的文章。

彭建祥. Johnson-Cook 本构模型和 Steinberg 本构模型的比较研究 [D]. 绵阳: 中国工程物理研究院, 2006.

STEINBERG D J，COCHRAN S G，GUINAN M W. A constitutive model for metals applicable at high strain rate [J]. Journal of Applied Physics, 1980, 51(3): 1498-1503.

钨合金

表 5-9 Johnson-Cook 模型参数（一）

ρ/(kg/m^3)	T_r/K	C_p/(J·kg^{-1}·K^{-1})	T_m/K	K/GPa	G/GPa
17700	293	134	1723	200	150
A/MPa	B/MPa	n	C	m	F_S
1342	351	0.25	0.018	0.59	0.12

LIDÉN E, ANDERSSON O, JOHANSSON B. Influence of the Direction of Flight of Moving Plates Interacting with Long Rod Projectiles [C]. 20th International Symposium of Ballistics, Orlando, Florida, 2002.

表 5-10 *MAT_PLASTIC_KINEMATIC 模型参数

ρ/(kg/m^3)	E/GPa	ν	σ_0/MPa	E_{tan}/MPa
17700	324	0.303	670	4050

NANDLALL D, SIDHU R. The Penetration Performance of Segmented Rod Projectiles at 2.2km/s Using Large Number of Segments [C]. 20th International Symposium of Ballistics, Orlando, Florida, 2002.

表 5-11　**Gruneisen 状态方程参数**

$\rho /(\mathrm{kg/m^3})$	$C_0 /(\mathrm{m/s})$	s	Γ	$C_V / (\mathrm{J \cdot kg^{-1} \cdot K^{-1}})$
19220	4030	1.24	2.96	131

BAUDIN G, PETITPAS F, SAUREL RICHARD. Thermal non equilibrium modeling of the detonation waves in highly heterogeneous condensed HE: a multiphase approach for metalized high explosives [C]. Proceedings of the 14th International Detonation Symposium, Coeur d'Alene, Idaho, 2010.

成分（质量分数）为：93% W，3.5% Ni，2.1%Co，1.4% Fe。

表 5-12　**Gruneisen 状态方程和 Johnson-Cook 模型参数**

$\rho /(\mathrm{kg/m^3})$	ν	$C_0 /(\mathrm{m/s})$	S	Γ_0	$C_v / (\mathrm{J \cdot kg^{-1} \cdot K^{-1}})$	T_m/K
17700	0.3	3850	1.44	1.58	135	1790

A/MPa	B/MPa	n	C	m	$\sigma_{\mathrm{fail}}/\mathrm{GPa}$	
1350	0	1.0	0.06	0	2.5	

LITTLEFIELD D L, ANDERSON C E, PARTOM Y, et al. The Penetration of Steel Targets Finite in Radial Extent [J]. International Journal of Impact Engineering, 1997, 19(1): 49-62.

表 5-13　**Johnson-Cook 模型参数（二）**

$\rho /(\mathrm{kg/m^3})$	A/GPa	B/GPa	n	C	m	$T_r/\mathrm{^\circ C}$	$T_m/\mathrm{^\circ C}$
17400	1.07	0.165	0.11	0.0028	1.0	300	1723

ROLC S, BUCHAR J, AKSTEIN Z. Influence of Impacting Explosively Formed Projectiles on Long Rod Projectiles [C]. 26th International Symposium on Ballistics, Miami, FL, 2011.

表 5-14　**Johnson-Cook 模型参数（三）**

$\rho /(\mathrm{kg/m^3})$	E/GPa	ν	$C_p / (\mathrm{J \cdot kg^{-1} \cdot K^{-1}})$	T_r / K	T_m / K
17600	411	0.28	134	293	1850

A/MPa	B/MPa	n	C	m
1093	1270	0.42	0.0188	0.78

李剑荣，虞吉林，魏志刚. 冲击载荷下钨合金圆台试件绝热剪切变形局部化的数值模拟 [J]. 爆炸与冲击，2002, 22(3): 257-261.

YADAV S, RAMESH K T. The Mechanical Properties of Tungsten-based Composites at Very High Strain Rates [J]. Material Science and Engineering, 1995, 203: 140-153.

表 5-15　***Mat_Elastic_Plastic_Hydro 流体弹塑性模型和*EOS_Gruneisen 状态方程参数**

$\rho /(\mathrm{kg/m^3})$	G/GPa	σ_Y /GPa	$\varepsilon_{\mathrm{FS}}$	$C_0 /(\mathrm{m/s})$	S_1	γ_0
17700	137	1.5	1.5	3850	1.44	1.58

楼建锋，等. 钨合金杆侵彻半无限厚铝合金靶的数值研究 [J]. 高压物理学报，2009, 23(1): 65-70.

钨合金（0.07Ni,0.03Fe）

文献作者在文章中首次提出了著名的 Johnson-Cook 模型，并根据霍普金森杆拉杆和扭曲实验获得了 Johnson-Cook 本构模型参数。

表5-16　Johnson-Cook 模型参数

$\rho/(\text{kg/m}^3)$	洛氏硬度	$C_p/(\text{J}\cdot\text{kg}^{-1}\cdot\text{K}^{-1})$	T_m/K	A/MPa	B/MPa	n	C	m
17000	C-47	134	1723	1506	177	0.12	0.016	1.00

JOHNSON G R, COOK W H. A constitutive model and data for metals subjected to large strains, high strain-rates and high temperatures [C]. Proceedings of Seventh International Symposium on Ballistics, The Hague, The Netherlands, April 1983: 541-547.

表5-17　Johnson-Cook 模型和 Mie-Grüneisen 状态方程参数

A/MPa	B/MPa	n	C	m	T_m/K	T_r/K
1506	177	0.12	0.016	1.0	1723	300
$\rho/(\text{kg/m}^3)$	G/GPa	$C_0/(\text{m/s})$	S	Γ	$C_p/\text{J}\cdot\text{kg}^{-1}\cdot\text{K}^{-1}$	$\dot{\varepsilon}_0/\text{s}^{-1}$
17600	160	4029	1.237	1.54	134	1

LUNDBERG P, WESTERLING L, LUNDBERG B. Influence of Scale on the Penetration of Tungsten Rods into Steel-backed Alumina Targets [J]. International Journal of Impact Engineering, 1996, 18(4): 403-416.

钨合金（78W）

表5-18　流体弹塑性模型及状态方程参数

$\rho/(\text{kg/m}^3)$	$C_0/(\text{m/s})$	λ	G_0/GPa	Y_0/GPa
15730	4093	1.34	150	1.7

华劲松，等. 爆轰波对碰下金属圆管的运动特性研究 [C]. 第七届全国爆炸力学学术会议论文集，昆明，2003.

钨合金（91W）

在应变率为 $10^3\sim10^5\text{s}^{-1}$ 的范围内分别对晶粒度为 $1\sim3\mu\text{m}$、$10\sim15\mu\text{m}$ 和 $30\sim40\mu\text{m}$ 的 91W 钨合金在轻气炮上做飞片实验，拟合得到了 Johnson-Cook 模型参数：

$$\sigma = (269.078 + 281523\varepsilon)(1 + 0.064658\ln\dot{\varepsilon}^*)$$

刘海燕，王刚，宁建国. 细化钨合金的动态力学性能 [C]. 第六届全国爆轰学术会议，井冈山，2003，400-405.

钨合金（质量分数：92.5% W,4.85% Ni,1.15% Fe,1.5% Co）

文献作者通过材料拉伸实验、Taylor 杆实验和平板撞击实验，获得了烧结钨合金材料的 Johnson-Cook 模型和 SHOCK 状态方程参数。在 Taylor 杆撞击计算模型中，采用最大主应力和应变失效准则，阈值分别为 3500MPa 和 1.2，弹靶之间的摩擦系数为 0.2。

表 5-19　Johnson-Cook 模型参数

$\rho /(\mathrm{kg/m^3})$	E/GPa	G/GPa	ν	T_m/K	A/MPa	B/MPa	n	C	m
17680	343	134	0.28	1730	1197	580	0.05	0.025	1.9

表 5-20　SHOCK 状态方程参数

$c_\mathrm{B} /(\mathrm{m/s})$	S	Gruneisen 系数 $\varGamma_0$	T_r/K	$C_\mathrm{p} /(\mathrm{J \cdot kg^{-1} \cdot K^{-1}})$
4066.2	1.368	1.736	300	134

ROHR I, et al. Material characterization and constitutive modelling of a tungsten-sintered alloy for a wide range of strain rates [J]. International Journal of Impact Engineering, 2007, 35: 811-819.

钨合金（93W）

通过静高压实验、动高压实验及理论计算相结合的方法，确定了钨合金的 Steinberg 模型中的各参数。

表 5-21　Steinberg 模型参数

$\rho /(\mathrm{kg/m^3})$	G_0 /GPa	$G'_\mathrm{P} /\mathrm{GPa}$	$G'_\mathrm{T} /\mathrm{GPa/K}$	Y_0 /GPa	Y'_P	β	n
17000	132	1.794	−0.04	1.4	0.019	1.3	0.1

华劲松，等. 钨合金的高压本构研究 [J]. 物理学报, 2003, 52(8): 2005-2009.

表 5-22　*MAT_PLASTIC_KINEMATIC 模型参数

$\rho /(\mathrm{kg/m^3})$	E/GPa	ν	σ_0 /MPa	$E_\mathrm{tan} /\mathrm{MPa}$	β
17200	117	0.22	1790	618	1

张虎生，等. 飞鞭式多功能爆炸反应装甲防护性能的动态有限元分析 [C]. 第七届全国爆炸力学学术会议论文集, 昆明, 2003.

钨合金（93W-4.9Ni-2.1Fe）

作者在温度范围296～1273K、应变率范围0.0005～6000s^{-1}内，对93钨合金材料（93%W-4.9%Ni-2.1%Fe）的力学行为进行了系统研究，获得了Johnson-Cook模型参数。

表 5-23　Johnson-Cook 模型参数

A/MPa	B/MPa	n	C	m
600.8	1200	0.4944	0.059	0.8203

陈青山，等. 比较 93 钨合金材料的 3 种本构模型 [J], 高压物理学报, 2017, 31(6): 753-760.

W-Ni-Fe 合金由于具有高密度、高强度和良好延展性，是一种典型的动能穿甲材料，但传统钨合金与贫铀弹相比穿甲自锐性差。细化钨晶粒和添加稀土元素提高穿甲自锐性，有利于产生局部绝热剪切。93W-4.9Ni-2.1Fe 晶粒细化和添加 Y_2O_3 制备的细晶钨合金不需要过高的应变率即可诱发形成绝热剪切带。文献作者利用霍普金森压杆（SHPB）分别对传统粗晶 93W-4.9Ni-2.1Fe 和两种晶粒尺寸不同的 93W-4.9Ni-2.1Fe-0.03%Y 进行动态力学性能测试。在温度（298～623K）和应变率（$10^2 \sim 10^3 \mathrm{s}^{-1}$）范围内获得了相应的应力-应变曲线。根据实验所得曲线，利用最小二乘法拟合了 Johnson-Cook 模型和更好地吻合修正的 Johnson-Cook 模型的参数。

表 5-24 Johnson-Cook 模型参数

钨合金类型	A/MPa	B/MPa	n	C	m
93W-4.9Ni-2.1Fe（热处理：1490℃，120 min）	1700	432.6807	0.43261	0.02933	0.88
93W-4.9Ni-2.1Fe-0.03%Y（热处理：1490℃，120 min）	1800	201.4679	0.36117	0.0389	0.99
93W-4.9Ni-2.1Fe-0.03%Y（热处理：1490℃，90 min）	1820	220.000	0.17436	0.03716	0.78

修正的 Johnson-Cook 模型为：

$$\sigma = (A + B\varepsilon^n)(\dot{\varepsilon}^*)^C [1 - (T^*)^m]$$

其参数如下。

表 5-25 修正的 Johnson-Cook 模型参数

钨合金类型	A/MPa	B/MPa	n	C	m
93W-4.9Ni-2.1Fe（热处理：1490℃，120 min）	1700	432.6807	0.43261	0.03942	0.91
93W-4.9Ni-2.1Fe-0.03%Y（热处理：1490℃，120 min）	1800	201.4679	0.36117	0.01583	0.90
93W-4.9Ni-2.1Fe-0.03%Y（热处理：1490℃，90 min）	1820	220.000	0.17436	0.02086	0.48

郑春晓，范景莲，龚星，等. 细晶 93W-4.9Ni-2.1Fe 合金动态本构关系的研究 [J]. 稀有金属材料与工程，2013, 42(10): 2043-2047.

钨合金(DX2HCMF)

表 5-26 Johnson-Cook 模型参数

$\rho/(\text{kg/m}^3)$	A/MPa	B/MPa	n	C	m	T_r/K	T_m/K
17600	1410	220	0.11	0.022	1.0	293	1700

LEE M, KIM E Y, YOO Y. H. Simulation of high speed impact into ceramic composite systems using cohesive-law fracture model [J]. International Journal of Impact Engineering, 2008, 35: 1636-1641.

钨合金 Y925

表 5-27 Johnson-Cook 模型和 Gruneisen 状态方程参数

A/MPa	B/MPa	n	C	m	T_m/K	T_r/K
631	1258	0.092	0.014	0.94	1723	293
$\rho/(\text{kg/m}^3)$	G/GPa	$C_0/(\text{m/s})$	S	Γ	$C_p/(\text{J} \cdot \text{kg}^{-1} \cdot \text{K}^{-1})$	$\dot{\varepsilon}_0/\text{s}^{-1}$
17700	160	4029	1.237	1.54	150	1

LUNDBERG P, RENSTRÖM R, LUNDBERG B. Impact of conical tungsten projectiles on flat silicon carbide targets: Transition from interface defeat to penetration [J]. International Journal of Impact Engineering, 2006, 32: 1842-1856.

表 5-28 Johnson-Cook 模型参数

A/MPa	B/MPa	n	C	m	T_m/K	$\dot{\varepsilon}_0$/s^{-1}	D_2	D_3
631	1258	0.092	0.014	0.94	1720	1	0.27	−3.4

LIDÉN E, ANDERSSON O, TJERNBERG A. Influence of Side-Impacting Dynamic Armour Components on Long Rod Projectiles [C]. 23rd International Symposium of Ballistics, Tarragona, Spain, 2007.

钨合金（锻造退火状态 93W）

表 5-29 通过 Hopkinson 压杆测试到的锻造退火状态 93W 的 J-C 模型参数

ρ/(kg/m^3)	E/GPa	ν	G/GPa	A/MPa	B/MPa
17000	410	0.28	150	1350	1670
n	C	m	T_r/K	T_m/K	C/(J·kg^{-1}·K^{-1})
0.91	0.03	0.82	300	1850	135

刘铁，等. 钨合金帽形试样的绝热剪切带数值模拟研究 [J]. 兵器材料科学与工程, 2008, 31(2): 75-79.

钨钼合金

利用分离式 Hopkinson 杆对钨钼合金进行了动态压缩和扭转实验。采用 Johnson-Cook 本构模型拟合了钨钼合金动态压缩本构关系（应变率 $10^0 \sim 10^3$s^{-1} 范围）：

$$\sigma = (942.6 + 2461.6\varepsilon^{0.61})(1 + 0.0296\ln\dot{\varepsilon}^*)$$

应变率 300s^{-1} 左右时硬化模量大幅度降低，对这组数据进行单独拟合：

$$\sigma = (876.5 + 21145.3\varepsilon^{0.42})(1 + 0.0296\ln\dot{\varepsilon}^*)$$

叶作亮. 钨钼合金动态力学性能研究 [D]. 成都: 西南石油学院, 2003.

第6章 钛及钛合金

BT3-1 钛合金

表 6-1 Johnson-Cook 模型参数

A/MPa	B/MPa	n	C	m
1167	1150	0.94	0.03	1.1

舒畅，程礼，许煜. JOHNSON-COOK 本构模型参数估计研究 [J]. 中国有色金属学报, 2020, 30(5):1073-1083.

多孔钛

表 6-2 Johnson-Cook 模型参数

孔隙度	A/MPa	B/MPa	n	C	m
26%	250	400	0.4237	0.01604	0.6646
36%	115	370	0.7121	0.02811	0.749

祝天宇. 人工骨多孔钛材料性能测试与微切削仿真实验研究 [D]. 镇江：江苏科技大学, 2016.

工业纯钛

表 6-3 简化 Johnson-Cook 模型参数

A/MPa	B/MPa	n	C	$\dot{\varepsilon}_0$/s^{-1}
285.7	566.1	0.5866	0.0494	1

HUGH E, GARDENIER I V. An Experimental Technique for Developing Intermediate Strain Rates in Ductile Metals [D]. Wright-Patterson, USA: Air Force Institute of Technology, 2008.

TA1 钛合金

表 6-4 Johnson-Cook 模型参数

A/MPa	B/MPa	n	C	m
260	488	0.5	0.1	1.4

张旭. 电磁铆接过程铆钉动态塑性变形行为及组织性能研究 [D]. 哈尔滨：哈尔滨工业大学, 2016.

TA2 工业纯钛

表 6-5 Johnson-Cook 模型参数（一）

A/MPa	B/MPa	n	C	m	T_r/K	T_m/K
428	1129	0.59	0.13	1.26	293	1344

刘慧磊. 切削加工表层特性的试验研究与数值模拟 [D]. 沈阳：沈阳理工大学, 2020.

表 6-6　Johnson-Cook 模型参数（二）

A/MPa	B/MPa	n	C	m
97.793	162.663	0.294	0.0267	0.992

尚筱迪. 工业纯钛 TA2 热压缩变形行为及微观组织演变 [D]. 西安：西安建筑科技大学, 2019.

表 6-7　Johnson-Cook 模型参数（三）

A/MPa	B/MPa	n	C	m
90.2	812.5	0.52	0.078	0.4

代野,等. 纯钛 TA2 线性摩擦焊接过程温度场模拟 [J]. 电焊机, 2015, 45(5):117-121

表 6-8　简化 Johnson-Cook 模型参数

A/MPa	B/MPa	n	C	$\dot{\varepsilon}_0/\mathrm{s}^{-1}$
383.6774	755.58	0.790526	0.030432	0.0001

彭剑, 周昌玉, 代巧, 等. 工业纯钛室温下的应变速率敏感性及 Hollomon 经验公式的改进 [J]. 稀有金属材料与工程, 2013, 42(3): 483-487.

TA32 钛合金

采用分离式霍普金森压杆实验装置对 TA32 合金进行室温动态压缩实验，得到了该合金在 $1000 \sim 5000\mathrm{s}^{-1}$ 范围内的真实应力-应变曲线，建立了动态本构模型。

Johnson-Cook 本构模型：

$$\sigma = (813.3 + 752.4\varepsilon^{0.655})[1 + 2.13 \times 10^{-2}\ln(\dot{\varepsilon}^*)]$$

改进的 Johnson-Cook 本构模型：

$$\sigma = (813.3 + 752.4\varepsilon^{0.655})(1 + 2.13 \times 10^{-2}\ln\dot{\varepsilon}^* + 3.75 \times 10^{-3}\ln^2\dot{\varepsilon}^*\left\{1 - \left[\frac{(1.43 \times 10^{-5}\dot{\varepsilon}^* + 425.94)\varepsilon}{1640}\right]^{0.65}\right\}$$

龚宗辉. TA32 钛合金高温变形及动态力学行为的研究 [D]. 南京：南京航空航天大学, 2018.

TA7 钛合金

表 6-9　Johnson-Cook 模型参数

ρ/(kg/m³)	E/GPa	PR	A/MPa	B/MPa	n	C	m
4500	108	0.34	852	796	0.63	0.022	0.92

王艳玲. 钛合金动态力学性能与抗弹性能关系研究 [D]. 北京：北京有色金属研究总院, 2015.

钛

表 6-10　SHOCK 状态方程参数

ρ/(g/cm³)	C/(cm/μs)	S_1	Gruneisen 系数
4.528	0.522	0.767	1.09

Selected Hugoniots [R]. Los Alamos Scientific Laboratory, LA-4167-MS:[s.n.], 1 May 1969.

表 6-11 *MAT_PLASTIC_KINEMATIC 模型参数

E/GPa	ν	σ_0/MPa	$E_{\text{tan}}/\text{MPa}$	F_S
116	0.30	450	6000	0.08

BENSON D J. On The Application of LS-OPT to Identify Non-linear Material Models in LS-DYNA [C]. 7th International LS-DYNA Conference, Detroit, 2002.

TB6 钛合金

表 6-12 Johnson-Cook 模型参数

A/MPa	B/MPa	n	C	m
797.457	574.432	0.107668	0	0.651758

陈国定, 王涛, 程凤军. TB6 钛合金材料本构关系的试验研究 [J]. 机械科学与技术, 2013, 32(2):157-159.

TC11 钛合金

表 6-13 Johnson-Cook 模型参数

$\rho/(\text{kg/m}^3)$	$C_p/(\text{J}\cdot\text{kg}^{-1}\cdot\text{K}^{-1})$	A/MPa	B/MPa	n	C	m	$\dot{\varepsilon}_0/\text{s}^{-1}$
4485	544.2	791.3	842.5	0.342	0.0263	5.03	0.001

云飞, 曾祥国. 动态拉伸过程 TC11 钛合金绝热温升的功热转化系数确定方法 [J]. 稀有金属材料与工程, 2018, 47(7): 2056-2060.

修正的 Johnson-Cook 模型:

$$\sigma_Y = (A + B\varepsilon_p^n)(1 + C\ln\dot{\varepsilon}_p^*)e^{-\lambda\Delta T}$$

表 6-14 修正的 Johnson-Cook 模型参数

$\rho/(\text{kg/m}^3)$	$\dot{\varepsilon}_0$	A/MPa	B/MPa	n	C	λ/K^{-1}	$C_p/(\text{J}\cdot\text{kg}^{-1}\cdot\text{K}^{-1})$
4486	0.001	983.38	564.32	0.454	0.025	0.0035	544

张军, 汪洋. 钛合金 TC11 动态拉伸力学行为的实验研究: 第十一届全国冲击动力学学术会议论文集 [C]. 西安, 2013.

TC16 钛合金

利用 Instron 液压实验机和分离式 Hopkinson 压杆动态加载实验, 在温度为 298~773K、应变率为 0.001~15550s^{-1} 范围内得到 TC16 钛合金的准静态拉伸及动态压缩条件下的真应力-真应变曲线, 并拟合了 Johnson-Cook 本构模型参数:

$$\sigma = 1143.54\left[1 + 2.54\times10^{-27}\times\left(\ln\frac{\varepsilon}{0.001}\right)\right]\left[1 - 0.28\times\left(\frac{T-293}{293}\right)^{0.99}\right] + (111.53 + 0.66T)(\varepsilon - 0.015)$$

杨扬, 曾毅, 汪冰峰. 基于 Johnson-Cook 模型的 TC16 钛合金动态本构关系 [J]. 中国有色金属学报, 2008, 18(3): 505-510.

TC17 钛合金

表 6-15 Johnson-Cook 模型参数

$\rho/(kg/m^3)$	A/MPa	B/MPa	n	C	m
4770	1100	590	0.41	0.0152	0.833

王宝林. 钛合金 TC17 力学性能及其切削加工特性研究 [D]. 济南：山东大学, 2013.

TC18 钛合金

表 6-16 Johnson-Cook 模型参数

A/MPa	B/MPa	n	C	m
1089	742	0.46	0.023	1.38

王艳玲. 钛合金动态力学性能与抗弹性能关系研究 [D]. 北京：北京有色金属研究总院, 2015.

TC21 钛合金

表 6-17 简化 Johnson-Cook 模型参数

A/MPa	B/MPa	n	C
1030.7	105.9	0.21	0.014

张长清. 高应变率下损伤容限型钛合金的动态力学性能及断裂行为研究 [D]. 南京：南京航空航天大学, 2015.

TC4（Ti6Al4V）钛合金

带曲线的详细材料模型参数见附带文件M224_Ti-6Al-4V.k。

表 6-18 *MAT_TABULATED_JOHNSON_COOK 模型参数（单位 mm-ms-kg）

ρ	E	PR	CP	TR	BETA	NUMIT
4.43E-6	110	0.342	526.3	293	0.8	1.0

https://www.lstc.com.

带曲线的详细材料模型参数见附带文件M264_Ti-6Al-4V.k。

表 6-19 *MAT_TABULATED_JOHNSON_COOK_ORTHO_PLASTICITY 模型参数（单位 mm-ms-kg）

ρ	E	PR	CP	TR	BETA	NUMIT	SFIEPM	NITER	AOPT	TOL
4.43E-6	110	0.342	526.3	293	0.8	0.0	2.5	100	2	0.01

https://www.lstc.com.

运用静态实验机和 SHPB 装置，对 TC4 在常温～750℃、应变率 10^{-4}～$10^3 s^{-1}$ 下的力学行为进行了研究，得到了相应的塑性本构模型参量。

$$\sigma = (1135 + 250\varepsilon^{0.2})(1 + 0.032\ln\dot{\varepsilon}^*)[1 - (T^*)^{1.1}]$$

表 6-20 Johnson-Cook 模型失效参数（一）

D_1	D_2	D_3	D_4	D_5
0	0.33	0.48	0.004	3.9

陈刚, 等. TC4 动态力学性能研究 [J]. 实验力学, 2005, 20(4): 605-609.

陈刚. 半穿甲战斗部弹体穿甲效应数值模拟与实验研究 [D]. 绵阳：中国工程物理研究院, 2006.

表 6-21 Johnson-Cook 材料模型参数（一）

A/MPa	B/MPa	n	C	m	D_1	D_2	D_3	D_4	D_5
862	331	0.34	0.012	0.8	−0.09	0.25	−0.5	0.014	3.87

JOHNSN G R. Strength and Fracture Characteristics of a Titanium Alloy /(0. 06Al, . 04V) Subjected to Various Strain Rates, Temperatures and Pressures [R]. Naval Surface Weapons Center NSWC TR 86-144, 1985.

表 6-22 Johnson-Cook 材料模型参数（二）

A/MPa	B/MPa	n	C	m	D_1	D_2	D_3	D_4	D_5
1098	1092	0.93	0.014	1.1	−0.09	0.25	−0.5	0.014	3.87

LESUER D R. Experimental Investigations of Material Models for Ti-6Al-4V Titanium and 2024-T3 Aluminum [R]. ADA384431, 2000.

文献作者基于 TC4 合金的应变率和温度相关单轴应力-应变曲线实验数据，优化估计了 Johnson-Cook，修正了 Zerilli-Armstrong 和 Bammann 黏塑性三种动态本构模型的材料参数，对比分析了三种本构模型对 TC4 单轴变形实验数据的描述能力。结果表明：在 TC4 变形实验参数范围内，Bammann 黏塑性模型可以较好地描述 TC4 合金的应变率和温度相关变形行为；Johnson-Cook 模型和修正 Zerilli-Armstrong 模型的单轴应力-应变曲线计算结果比较接近，但与实验数据的相关性较差，均不能如实反映 TC4 室温动态压缩实验的应变率敏感性。

表 6-23 Johnson-Cook 模型参数（三）

A/MPa	B/MPa	n	C	m
985	830	0.3794	0.0161	0.7646

Zerilli-Armstrong 模型基于位错动力学提出，具有一定的物理基础。

表 6-24 Zerilli-Armstrong 模型参数

C_1/MPa	C_2/MPa	C_3/K^{-1}	C_4/K^{-1}	C_5/MPa	C_6/MPa	n
255	1145	3.03E-3	1.52 E-4	738	246	0.3813

Bammann 模型是一种基于内状态变量理论提出的黏塑性本构模型。

表 6-25 Bammann 模型参数

C_1/MPa	C_2/K	C_3/MPa	C_4/K	C_5/s^{-1}	C_6/K
10.45	−805	428	230	0.010	−3270
C_7/MPa^{-1}	C_8/K	C_9/MPa	C_{10}/K	C_{11}/(s^{-1}/MPa)	C_{12}/K
29485	7029	451	355	0	0
C_{13}/MPa^{-1}	C_{14}/K	C_{15}/MPa	C_{16}/K	C_{17}/(s^{-1}/MPa)	C_{18}/K
0.028	−806	2410	−84	0	0

胡绪腾, 宋迎东. TC4 钛合金三种动态本构模型的对比分析 [J]. 兵器材料科学与工程, 2013, 36(1): 32-25.

文献作者以《TC4 动态力学性能试验研究》中的实验结果为基础。采用 Levenberg-Marquarat 算法估计出 Johnson-Cook 材料模型中的相关参数。

表 6-26 简化 Johnson-Cook 模型及失效参数（一）

A/MPa	B/MPa	n	C	D_1	D_2	D_3	D_4	D_5
749.6766	9912.2	3.0983	0.0947	−0.09	0.27	0.48	0.014	3.87

陈敏, 陈伟, 关玉璞, 等. Investigation on Dynamic Constitutive Model of Titanium TC4 [J]. 机械强度, 2013, 35(4): 406-501.

陈刚, 等. TC4 动态力学性能研究 [J]. 实验力学, 2005, 20(4): 605-609.

LS-DYNA 中关于 J-C 本构模型的应变率项有五种不同形式，并且后三种形式计算屈服函数时其应变率相关项只可采用黏塑性形式。运用 L-M 算法估计了四种黏塑性 J-C 本构模型的材料参数。

表 6-27 Johnson-Cook 模型参数（四）

	A/MPa	B/MPa	n	C	m	C_2/P
J-C 应变率缩放 J-C	862.40	1084.64	0.34101	0.01823	0.76728	—
黏塑性	1016.97	1070.45	0.52214	0.01991	0.79969	—
Huh & Kang	1014.14	1061.52	0.51861	0.02030	0.79499	5.286e-5
Allen，Rule & Jones	1006.03	1050.63	0.51703	0.02036	0.79247	—
Cowper-Symonds	834.27	762.16	0.37682	80060.77	0.75947	3.44589

宋迎东. 基于 Johnson-Cook 模型的硬物损伤数值模拟研究 [D]. 南京: 南京航空航天大学, 2009.

胡绪腾, 外物损伤及其对钛合金叶片高循环疲劳强度的影响研究 [D]. 南京: 南京航空航天大学, 2009.

文献作者通过 Hopkinson 拉伸实验确定了 TC4 的 Johnson-Cook 材料模型参数。

表 6-28 Johnson-Cook 模型参数（五）

$\rho/(\text{kg/m}^3)$	E/GPa	ν	$\dot{\varepsilon}_0$	A/MPa	B/MPa	n
4510	113	0.33	1	800	0	0
C	m	D_1	D_2	D_3	D_4	D_5
0.011	1	1.23	0	0	0.01	0

表 6-29 Gruneisen 状态方程参数

$C_g/(\text{m/s})$	S_1	γ_0
5130	1.028	1.23

范亚夫, 段祝平. Johnson-Cook 材料模型参数的实验测定 [J]. 力学与实践, 2003, 25: 40-43.

用电子万能试验机、高速液压伺服试验机和分离式霍普金森压杆（SHPB）装置，对 TC4 进行常温下准静态、中应变率和高应变率动态力学性能实验，得到不同应变率下的应力-应变曲线，拟合得到 Johnson-Cook 本构模型，并分析了材料中应变率力学特性对本构模型参数的影响。结果表明：TC4 钛合金在应变率 $10^{-4} \sim 10^3 \text{s}^{-1}$ 范围内具有明显的应变率强化效应和一定的应变硬化效应，且应变率强化效应随应变的增大而减小，应变硬化效应随应变率的增大而减小。

表6-30　Johnson-Cook 模型参数（六）

$\rho/(kg/m^3)$	E/GPa	ν	T_m/K	A/MPa	B/MPa	n	C
4430	135	0.33	1878	1060	1090	0.884	0.0117

m	$\dot{\varepsilon}/s^{-1}$	D_1	D_2	D_3	D_4	D_5	
1.1	4×10^{-4}	−0.09	0.27	0.48	0.014	3.87	

惠旭龙，等. TC4 钛合金动态力学性能及本构模型研究 [J]. 振动与冲击, 2016, 35(22): 161-168.

表6-31　*MAT_Simplified_Johnson_Cook 模型参数

$\rho/(kg/m^3)$	E/GPa	ν	A/MPa	B/MPa	n	C
4430	114.0	0.33	862.000	331.000	0.34	0.012

JEREMY D SEIDT, J MICHAEL PEREIRA, AMOS GILAT, et al. Ballistic impact of anisotropic 2024 aluminum sheet and plate [J]. International Journal of Impact Engineering, 2013, 62: 27-34.

表6-32　基本材料参数

$\rho/(kg/m^3)$	E/GPa	ν	T_m/K	T_r/K	$C_p/(J \cdot kg^{-1} \cdot K^{-1})$
4430	113	0.33	1878	293	580

表6-33　Johnson-Cook 材料模型参数

$\dot{\varepsilon}_0/s^{-1}$	A/MPa	B/MPa	n	C	m
1	1098	1092	0.93	0.014	1.1

表6-34　Johnson-Cook 模型失效参数（二）

D_1	D_2	D_3	D_4	D_5
−0.09	0.27	0.48	0.014	3.87

何庆，宣海军，刘璐璐. 航空发动机风扇叶片撞击机匣的响应机理研究 [C]. 第十届全国冲击动力学学术会议论文集, 2011.

表6-35　Johnson-Cook 模型参数（七）

A/MPa	B/MPa	n	C	m	$\dot{\varepsilon}_0/s^{-1}$
1051	924	0.52	0.00253	0.98	0.001
$\rho/(kg/m^3)$	$C_p/(J \cdot kg^{-1} \cdot K^{-1})$	E/GPa	T_m/K	T_r/K	
4428	580	114	1605	293	

A S MILANI, W DABBOUSSI, J A NEMES, et al. An improved multi-objective identification of Johnson-Cook material parameters [J]. International Journal of Impact Engineering, 2009, 36: 294-302.

表 6-36 Johnson-Cook 模型参数（八）

	A/MPa	B/MPa	n	C	m
低成本材料	896	656	0.0128	0.5	0.8
标准材料	862.5	331.5	0.012	0.34	0.8

表 6-37 Zerilli-Armstrong 模型参数

	C_0/MPa	C_1/MPa	C_3/K^{-1}	C_4/K^{-1}	C_5/MPa	n
低成本材料	740	240	0.0024	0.00043	656	0.5

HUBERT W MEYER JR, DAVID S KLEPONIS. Modeling the high strain rate behavior of titanium undergoing ballistic impact and penetration [J]. International Journal of Impact Engineering, 2001, 26: 509-521.

表 6-38 Johnson-Cook 模型及失效参数

ρ/(kg/m^3)	G/GPa	ν	T_m/K	C_ρ/(J·kg^{-1}·K^{-1})	A/MPa	B/MPa	n
4428	41.9	0.31	1878	560	1098	1092	0.93

C	m	D_1	D_2	D_3	D_4	D_5	
0.014	1.1	−0.09	0.27	0.48	0.014	3.87	

表 6-39 Gruneisen 状态方程参数

C_g/(m/s)	S_1	γ_0
5130	1.028	1.23

WANG X M, SHI J. Validation of Johnson-Cook plasticity and damage model using impact experiment [J]. International Journal of Impact Engineering, 2013, 60: 67-75.

表 6-40 Johnson-Cook 模型参数（九）

A/MPa	B/MPa	n	C	m
782.7	498.4	0.28	0.028	1.0
862.5	331.2	0.34	0.012	0.8
896	656	0.5	0.0128	0.8
870	990	1.01	0.008	1.4

刘战强, 吴继华, 史振宇, 等. 金属切削变形本构方程的研究 [J]. 工具技术, 2008, 42(3): 3-9.

表 6-41 Johnson-Cook 模型参数（十）

A/MPa	B/MPa	n	C	m
724.7	683.1	0.47	0.035	1.0

表 6-42 Johnson–Cook 模型失效参数（一）

D_1	D_2	D_3	D_4	D_5
−0.09	0.25	−0.5	0.014	3.87

LEE W S, LIN C F. Plastic deformation and fracture behavior of Ti6Al4V alloy loaded with high strain rate under various temperatures [J]. Materials Science and engineering A, 1998, 241(1/2): 48–56.

Recht R. F. Catastrophic Thermoplastic Shear, ASME. Transactions [J]. Journal of Applied Mechanics, 1964, 86: 189–193.

表 6-43 Johnson–Cook 模型及失效参数（二）

$\rho/(\mathrm{kg/m^3})$	E/GPa	ν	T_m/K	T_r/K	$C_\rho/(\mathrm{J \cdot kg^{-1} \cdot K^{-1}})$	$\dot{\varepsilon}_0/\mathrm{s^{-1}}$	A/MPa	B/MPa
4440	110	0.34	1913	293	630	1	1130	250

n	C	m	D_1	D_2	D_3	D_4	D_5	
0.2	0.032	1.1	−0.005	0.2	0.3	0.004	3.9	

陈光涛, 宣海军, 刘璐璐. 钛合金加筋板抗碎片冲击性能研究 [C]. 第十一届全国冲击动力学学术会议论文集, 西安: 中国力学学会爆炸力学专业委员会, 2013.

表 6-44 *MAT_PLASTIC_KINEMATIC 模型参数

$\rho/(\mathrm{kg/m^3})$	E/GPa	ν	σ_0/MPa	E_t/MPa	f_S
4650.22	110.316	0.31	1006.63	1592.69	0.22

CARNEY K S, PEREIRA J M, REVILOCK D M, et al. Jet engine fan blade containment using an alternate geometry [C]. International Journal of Impact Engineering, 2009, 36: 720–728.

应用霍普金森压杆实验装置，确定了航空用钛合金 Ti6Al4V 高应变和高温条件下的应力-应变关系，结合 Ti6Al4V 合金准静态实验数据，建立了适合高速切削仿真的 Johnson-Cook 本构模型：

$$\sigma = (875 + 793\varepsilon^{0.386})\left(1 + 0.01\ln\frac{\dot{\varepsilon}}{\dot{\varepsilon}_0}\right)(1 - T^{*0.71})$$

室温 T_r=20℃，参考应变率 $\dot{\varepsilon}_0 = 0.001\mathrm{s^{-1}}$。

曹自洋，等. 高速切削钛合金 Ti6Al4V 切屑的形成及其数值模拟 [J]. 中国机械工程, 2008, 19(20): 2450–2454.

TC4-DT 钛合金

表 6-45 Johnson–Cook 模型参数

$\rho/(\mathrm{kg/m^3})$	E/GPa	PR	T_m/K	T_r/K	$\dot{\varepsilon}_0/s^{-1}$	A/MPa	B/MPa	n	C	m
4420	114	0.342	1858	293	1000	985	2485	0.55	0.0178	0.89

姜振喜. TC4-DT 钛合金切削性能研究与仿生刀具结构设计 [D]. 济南：山东大学, 2016.

表 6-46　Johnson-Cook 模型参数

T_m/K	T_r/K	$\dot{\varepsilon}_0 / s^{-1}$	A/MPa	B/MPa	n	C	m
1773	293	0.001	874	583	0.316	0.003	0.95

张恒. 难加工材料螺旋铣孔的数值模拟与实验研究 [D]. 杭州：浙江大学, 2014.

Ti-1023 钛合金

表 6-47　Johnson-Cook 模型参数

A/MPa	B/MPa	n	C	m
976.9	502.3	0.22	0.028	0.8

STORCHAK M, et al. Determination of Johnson–Cook Constitutive Parameters for Cutting Simulations [J]. Metals 2019, 9(4), 473.

Ti-1300 钛合金

Ti-1300 合金是西北有色金属研究院自主开发的一种新型高强近 β 钛合金。该合金具有强度高的特点，抗拉强度达到 1300MPa 以上，可以应用于高强度航空结构件或兵器工业领域。为了探索该合金在高应变率下的动态力学性能，文献作者采用霍普金森拉杆对 Ti-1300 在高应变率下的响应进行了实验研究，研究应变率范围 600～3000s^{-1}。为了研究温度对材料性能的影响，进行了 300℃下的霍普金森拉杆实验。综合分析实验结果，拟合了材料的 John-Cook 模型参数。

表 6-48　Johnson-Cook 模型参数

A/MPa	B/MPa	n	C	m
772	574	0.053	0.043	1.7

耿宝刚, 王可慧, 戴湘, 等. Ti-1300 合金的动态力学性能研究 [C]. 第十一届全国冲击动力学学术会议文集, 西安: 中国力学学会爆炸力学专业委员会, 2013.

Ti-3Al-2.5V 合金

表 6-49　Johnson-Cook 模型参数

ρ/(kg/m³)	ν	C_p / (J·kg^{-1}·K^{-1})	A/MPa	B/MPa	n	C	m
4480	0.3	525	500	1168	0.63	0.027	1.0

ZHANG P H. Joining Enabled by High Velocity Deformation [D]. The Ohio State University, 2003.

Ti-5553 钛合金

表 6-50　Johnson-Cook 模型参数

A/MPa	B/MPa	n	C	m
1256	257	0.54	0.0176	0.61

王明明. Ti-5553 高温动态力学性能及其与刀具材料匹配性试验研究 [D]. 哈尔滨：哈尔滨理工大学, 2018.

Ti16V 钛合金

表 6-51 Johnson-Cook 模型参数

A/MPa	B/MPa	n	C	m
580	1495	0.71	0.065	0.17

王翘楚. Ti-xV(x=2,4,8,16,32)合金动态塑性变形及失稳行为研究 [D]. 北京：北京有色金属研究总院，2018.

Ti2V 钛合金

表 6-52 Johnson-Cook 模型参数

A/MPa	B/MPa	n	C	m
302	735	0.6	0.05	0.41

王翘楚. Ti-xV(x=2,4,8,16,32)合金动态塑性变形及失稳行为研究 [D]. 北京：北京有色金属研究总院，2018.

Ti32V 钛合金

表 6-53 Johnson-Cook 模型参数

A/MPa	B/MPa	n	C	m
473	446	0.42	0.026	0.57

王翘楚. Ti-xV(x=2,4,8,16,32)合金动态塑性变形及失稳行为研究 [D]. 北京：北京有色金属研究总院，2018.

Ti4V 钛合金

表 6-54 Johnson-Cook 模型参数

A/MPa	B/MPa	n	C	m
320	742	0.53	0.05	0.52

王翘楚. Ti-xV(x=2,4,8,16,32)合金动态塑性变形及失稳行为研究 [D]. 北京：北京有色金属研究总院，2018.

Ti6321 钛合金

表 6-55 Johnson-Cook 模型参数

A/MPa	B/MPa	n	C	m
1271.81	133.91	0.3524	0.0755	0.7987

周哲，等. 高温、高应变率下 Ti6321 合金的力学行为及本构模型 [J]. 钛工业进展, 2020, 37(5): 1-6.

Ti8V 钛合金

表 6-56 Johnson-Cook 模型参数

A/MPa	B/MPa	n	C	m
353	796	0.52	0.05	0.54

王翘楚. Ti-xV(x=2,4,8,16,32)合金动态塑性变形及失稳行为研究 [D]. 北京：北京有色金属研究总院，2018.

第7章 其他金属及合金材料

2A97-T84 铝锂合金

表 7-1 Johnson-Cook 模型参数

A/MPa	B/MPa	n	C	m	$\dot{\varepsilon}_0$/s^{-1}	D_1	D_2	D_3	D_4	D_5
440	450	2.5	0.35	0.0146	1	−0.13	0.256	−0.47	−0.0122	1.97

任冀宾, 汪存显, 张欣玥, 等. 2A97 铝锂合金的 Johnson-Cook 本构模型及失效参数 [J]. 华南理工大学学报(自然科学版), 2019, 47(8): 136-144.

A286 合金

A286 是 Fe-25Ni-15Cr 基高温合金,文献作者采用 Gleeble-1500D 热模拟试验机研究 A286 材料室温下不同应变速率下的流变力学行为,利用简化的 Johnson-Cook 本构模型拟合得到固溶态 A286 材料的动态塑性本构关系。

表 7-2 简化 Johnson-Cook 模型参数

ρ_0/(g/cm^3)	C_p/(J·kg^{-1}·K^{-1})	A/MPa	B/MPa	n	C
7.92	460	345	619.795	0.287554	0.0072

辛选荣, 梁坤, 谢田, 等. 高温合金 A286 室温动态力学性能研究 [J]. 锻压技术, 2013, 38(4): 144-147.

ADC12 铝硅合金

表 7-3 Johnson-Cook 模型参数

ρ/(kg/m^3)	E/GPa	PR	C_p/(J·kg^{-1}·K^{-1})	T_m/K	A/MPa	B/MPa	n	C	m
2670	76	0.33	962	993.4	246.5	775.09	0.77758	0.01252	0.51481

毕京宇. 针对铝硅合金 ADC12 的高速切削仿真及实验分析 [D]. 大连:大连理工大学, 2016.

表 7-4 Johnson-Cook 模型参数

A/MPa	B/MPa	n	C	m
355.9	45.06	1.3141	0.00812	0.51481

毕京宇, 丛明, 韩玉婷等. ADC12 铝硅合金 Johnson-Cook 本构模型的研究 [J]. 组合机床与自动化加工技术, 2016, 9; 1-8.

Al-Mg-Sc 合金

采用微型 SHPB 实验装置对 Al-Mg-Sc 材料在应变率为 $10^3 \sim 10^4$s^{-1} 范围内进行动态力学行为测试。结果表明:Al-Mg-Sc 合金材料随应变率的提高,真实应力-应变曲线略有升高,表明 Al-Mg-Sc 材料不是一种对应变率敏感的材料。根据遗传算法确定 Al-Mg-Sc 材料 Johnson-Cook 模型参数：

$$\sigma = \left(328.12 + 180\varepsilon^{0.05}\right)\left(1 + 0.002\ln\frac{\dot{\varepsilon}}{\dot{\varepsilon}_0}\right)$$

鲁世红, 何宁. 高应变速率下 Al–Mg–Sc 合金压缩变形的流变方程 [J]. 中国有色金属学报, 2008, 18(5): 897–902.

Al₃Ti

表 7-5　*MAT_JOHNSON_HOLMQUIST_CERAMICS 模型参数

$\rho/(\mathrm{kg/m^3})$	G/GPa	K_1/GPa	K_2/GPa	K_3/GPa	A	B	C
3350	84.6	106.25	0	0	0.887	0.29	0.00377
M	N	$\sigma_{\mathrm{HEL}}/\mathrm{GPa}$	T/GPa	D_1	D_2	β	$P_{\mathrm{HEL}}/\mathrm{GPa}$
0.53	0.748	3.841	0.2	0.011	−0.325	1	1.842

曹阳. 层状复合材料 Ti/Al₃Ti 动态力学行为与防护能力研究 [D]. 哈尔滨工程大学, 2015.

AM60 镁合金

表 7-6　Johnson-Cook 模型参数

$\dot{\varepsilon}_0/\mathrm{s^{-1}}$	T_r/K	T_m/K	A/MPa	B/MPa	n	C	m	D_1	D_2	D_3	D_4
0.01	293	888	115	2514.9	1.5462	0.01582	1.497	0.1	0.09	−1.52	0.052

冯鑫. AM60 镁合金精密车削性能研究及残余应力分析 [D]. 西宁：青海大学, 2019.

AM80 镁合金

表 7-7　简化 Johnson-Cook 模型参数

A/MPa	B/MPa	n	C
120	292	0.32	0.025

常变红, 等. AZ80 镁合金的动态力学性能研究 [J]. 中北大学学报(自然科学版), 2015, 36(3): 389–398.

AZ31 镁合金

表 7-8　简化 Johnson-Cook 模型参数

方向	A/MPa	B/MPa	n	C
板材法向	103.5	369.02	0.871	0.0604
45° 方向	92.2	337.32	0.884	0.0391
轧制方向	73.8	302.87	0.912	0.0154

陈扬, 等. 不同加载方向时轧制态 AZ31 镁合金高速变形行为的实验研究与数值模拟 [J]. 中国有色金属学报, 2020, 30(5): 998–1009.

表 7-9　Johnson-Cook 模型参数（一）

A/MPa	B/MPa	n	C	m
170	23	0.15	0.013	1

杨蒙蒙. AZ31 镁合金绝热剪切行为数值模拟 [D]. 沈阳：沈阳工业大学, 2015.

表 7-10 Johnson-Cook 模型参数（二）

A/MPa	B/MPa	n	C	m
183	804.48313	0.95018	0.09575	0.86029

薛翠鹤. AZ31 镁合金板材温热高速率本构关系研究 [D]. 武汉：武汉理工大学, 2010.

AZ31B 镁合金

表 7-11 Johnson-Cook 模型参数（一）

$\rho/(kg/m^3)$	E/GPa	PR	$C_P/(J \cdot kg^{-1} \cdot K^{-1})$	T_m/K	A/MPa	B/MPa	n	C	m
1780	45	0.35	250	903	170	235	0.15	0.013	1.0

理俊杰. AZ31B 镁合金的切削本构方程建立及加工分析 [D]. 太原：太原理工大学, 2012.

表 7-12 Johnson-Cook 模型参数（二）

$\rho/(kg/m^3)$	E/GPa	PR	$C_P/(J \cdot kg^{-1} \cdot K^{-1})$	T_m/K	A/MPa	B/MPa	n	C	m
1770	45	0.35	1000	903	183	804.483	0.95	0.096	0.86

唐维，等. 基于自适应 SVR-ELM 混合近似模型的镁合金差温成形本构参数反求 [J]. 工程设计学报, 2017,24(5):536-544.

表 7-13 Johnson-Cook 模型参数（三）

A/MPa	B/MPa	n	C	m
217.816	707.0766	0.7218	0.0945	1.0244

唐维. 基于自适应 SVR-ELM 混合近似模型的镁合金差温成形研究 [D]. 成都：西南交通大学, 2018.

表 7-14 Johnson-Cook 模型参数（四）

A/MPa	B/MPa	n	C	m
175.655	332.272	0.448	0.0198	1.468

徐俊瑞, 文智生, 苏继爱, 等. 镁合金板材高速率 Johnson-Cook 本构模型的建立 [C]. 创新塑性加工技术，推动智能制造发展——第十五届全国塑性工程学会年会暨第七届全球华人塑性加工技术交流会学术会议论文集, 2017.

AZ31B-O 镁合金

表 7-15 *MAT_SIMPLIFIED_JOHNSON_COOK 材料模型参数

A/MPa	B/MPa	n	C
180.002	344.548	0.12	0.554

ULACIA I, HURTADO I, IMBERT J, et al. Influence of the Coupling Strategy in the Numerical Simulation of Electromagnetic Sheet Metal Forming [C]. 10th International LS-DYNA Conference, Detroit, 2008.

AZ80 镁合金

表 7-16　简化 Johnson-Cook 模型参数

方向	A/MPa	B/MPa	n	C
45°	66.6	1368.6	0.69959	0.01189
0°	139.7	6528.5	1.30664	0.00495
90°	216.8	4829.5	1.29499	0.00502

常旭青. AZ80 镁合金负重轮冲击响应特性测试分析 [D]. 太原：中北大学, 2014.

AZ91D 镁合金

表 7-17　简化 Johnson-Cook 模型参数（一）

A/MPa	B/MPa	n	C
164	343	0.283	0.021

周霞，等. 基于 SHPB 实验的挤压 AZ91D 镁合金动态力学行为数值模拟 [J]. 中国有色金属学报, 2014,24(8):1968-1975.

表 7-18　简化 Johnson-Cook 模型参数（二）

A/MPa	B/MPa	n	C
121.5	318.5	0.2145	0.0221

廖慧敏，龙思远，蔡军. 应变速率对 AZ91D 镁合金力学行为影响 [J]. 材料科学与工艺, 2010, 18(1): 120-123.

钯

表 7-19　SHOCK 状态方程参数

ρ/(g/cm^3)	C/(cm/μs)	S_1	Gruneisen 系数
11.991	0.3948	1.588	2.26

Selected Hugoniots [R]. Los Alamos Scientific Laboratory, LA-4167-MS:[s.n.], 1 May 1969.

表 7-20　SHOCK 状态方程参数

ρ/(g/cm^3)	C/(cm/μs)	S_1	C_p/(J/(kg·K))	Gruneisen 系数
11.99	0.395	1.59	240	2.5

MEYERS M A. Dynamic Behavior of Materials [M]. John Wiley & Sons, New York, 1994.

钡

表 7-21　SHOCK 状态方程参数

ρ/(g/cm^3)	C/(cm/μs)	S_1	Gruneisen 系数
3.705	0.07	1.60	0.55

Selected Hugoniots [R]. Los Alamos Scientific Laboratory, LA-4167-MS:[s.n.], 1 May 1969.

铋

表 7-22　SHOCK 状态方程参数

$\rho/(g/cm^3)$	$C/(cm/\mu s)$	S_1	Gruneisen 系数
9.836	0.1826	1.473	1.1

Selected Hugoniots [R]. Los Alamos Scientific Laboratory, LA-4167-MS:[s.n.], 1 May 1969.

表 7-23　SHOCK 状态方程参数

$\rho/(g/cm^3)$	$C/(cm/\mu s)$	S_1	$C_p/(J/(kg \cdot K))$	Gruneisen 系数
9.84	0.183	1.47	120	1.1

MEYERS M A. Dynamic Behavior of Materials [M]. John Wiley & Sons, New York, 1994.

铂

表 7-24　SHOCK 状态方程参数

$\rho/(g/cm^3)$	$C/(cm/\mu s)$	S_1	Gruneisen 系数
21.419	0.3598	1.544	2.4

Selected Hugoniots [R]. Los Alamos Scientific Laboratory, LA-4167-MS:[s.n.], 1 May 1969.

表 7-25　SHOCK 状态方程参数

$\rho/(g/cm^3)$	$C/(cm/\mu s)$	S_1	$C_p/(J/(kg \cdot K))$	Gruneisen 系数
21.42	0.360	1.54	130	2.9

MEYERS M A. Dynamic Behavior of Materials [M]. John Wiley & Sons, New York, 1994.

钚（纯度 99.996%，冷轧）

表 7-26　*MAT_POWER_LAW_PLASTICITY 模型参数（单位制 m-kg-s）

ρ	E	PR	K	N	EPSF
2.1369E4	1.4479E11	0.39	4.4804E8	0.152978	0.0233

表 7-27　*MAT_SIMPLIFIED_JOHNSON_COOK 模型参数（单位制 m-kg-s）

ρ	E	PR	A	B	n	C	PSFAIL
2.1369E4	1.4479E11	0.39	1.2513E8	4.2038E8	0.318739	0.0	0.0233

http: //www.varmintal. com/aengr. Htm

钙

表 7-28　SHOCK 状态方程参数

$\rho/(g/cm^3)$	$C/(cm/\mu s)$	S_1	Gruneisen 系数
1.547	0.3602	0.948	1.2

Selected Hugoniots [R]. Los Alamos Scientific Laboratory, LA-4167-MS:[s.n.], 1 May 1969.

表 7-29　SHOCK 状态方程参数

$\rho/(\text{g/cm}^3)$	$C/(\text{cm/}\mu\text{s})$	S_1	$C_P/(\text{J/(kg}\cdot\text{K)})$	Gruneisen 系数
1.55	0.360	0.95	660	1.1

MEYERS M A. Dynamic behavior of materials [M]. John Wiley & Sons, New York, 1994.

CrNi80TiNbAl 合金

表 7-30　*MAT_PLASTIC_KINEMATIC 模型参数

$\rho/(\text{kg/m}^3)$	E/GPa	ν	σ_0/MPa	E_t/GPa
8300	215.8	0.3	650	7.2

谢永慧，等. 高速液固撞击弹塑性响应的数值模拟 [C]. 第十届全国冲击动力学学术会议论文集, 2011.

钒

表 7-31　SHOCK 状态方程参数

$\rho/(\text{g/cm}^3)$	$C/(\text{cm/}\mu\text{s})$	S_1	Gruneisen 系数
6.1	0.5077	1.201	1.29

Selected Hugoniots [R]. Los Alamos Scientific Laboratory, LA-4167-MS:[s.n.], 1 May 1969.

钒合金

表 7-32　Johnson-Cook 模型及失效参数

$\rho/(\text{kg/m}^3)$	E/GPa	G/GPa	ν	T_m/K	T_r/K	$C_P/(\text{J}\cdot\text{kg}^{-1}\cdot\text{K}^{-1})$	A/MPa	B/MPa
6050	125.6	48.3	0.3	2073	293	486.5	440	708

n	C	m	D_1	D_2	D_3	D_4	D_5
0.7	0.0283	0.9	0.9	0	0	0	0

颜怡霞，黄西成，胡文军，等. 钒合金帽状试件绝热剪切过程的数值模拟 [C]. 第十一届全国冲击动力学学术会议论文集. 西安: 中国力学学会爆炸力学专业委员会 2013.

Fe-Si 合金

表 7-33　Johnson-Cook 模型参数

E/GPa	A/MPa	B/MPa	n	C	m	T_m/K	T_r/K	$\dot{\varepsilon}_0/\text{s}^{-1}$
167	560	625	0.5	0.02	1.0	100000[①]	298	2850

① 不考虑温度软化效应

SPRINGER H K. Mechanical Characterization of Nodular Ductile Iron [R], LLNL-TR-522091, 2012.

FeCrNi 合金

采用材料试验机和霍普金森压杆，拟合了 FeCrNi 合金的 Johnson-Cook 本构模型参数。

表 7-34 Johnson-Cook 模型参数

A/MPa	B/MPa	n	C	m	T_r/K	T_m/K
600	1300	1	0.0527	0.7	288	1688

潘晓霞. FeCrNi 合金动态特性研究 [D]. 四川成都: 四川大学, 2005.

锆

表 7-35 SHOCK 状态方程参数

ρ/(g/cm^3)	C/(cm/μs)	S_1	Gruneisen 系数
6.505	0.3757	1.018	1.09

Selected Hugoniots [R]. Los Alamos Scientific Laboratory, LA-4167-MS:[s.n.]. 1969-05-01.

文献作者在 $3.3 \times 10^{-4} \sim 1.5 \times 10^3 s^{-1}$ 应变率范围内获得了 α-锆和 ω-锆的应力-应变曲线，给出了 Johnson-Cook 本构拟合参数。

表 7-36 α-锆 Johnson-Cook 模型参数

ρ/(kg/m^3)	C_V/J·kg^{-1}·K^{-1}	T_m/K	A/MPa	B/MPa	n	C	m
6484	270	1473	283	338.2	0.48439	0.027	1.0

表 7-37 ω-锆 Johnson-Cook 模型参数

ρ/(kg/m^3)	C_V/(J·kg^{-1}·K^{-1})	T_m/K	A/MPa	B/MPa	n	C	m
6484	270	1473	303.8	549.12	0.64638	0.027	0.827

李英华. 锆的低压冲击相变特性研究 [D]. 绵阳: 中国工程物理研究院, 2006

铬

表 7-38 SHOCK 状态方程参数

ρ/(g/cm^3)	C/(cm/μs)	S_1	Gruneisen 系数
7.117	0.5173	1.473	1.19

Selected Hugoniots [R]. Los Alamos Scientific Laboratory, LA-4167-MS:[s.n.]. 1969-05-01.

表 7-39 SHOCK 状态方程参数

ρ/(g/cm^3)	C/(cm/μs)	S_1	C_p/(J·kg^{-1}·K^{-1})	Gruneisen 系数
7.12	0.517	1.47	450	1.5

MEYERS M A. Dynamic behavior of materials [M]. John Wiley & Sons, New York, 1994.

镉

表 7-40　SHOCK 状态方程参数

$\rho/(\text{g/cm}^3)$	$C/(\text{cm/}\mu\text{s})$	S_1	Gruneisen 系数
8.639	0.2434	1.684	2.27

Selected Hugoniots [R]. Los Alamos Scientific Laboratory, LA-4167-MS:[s.n.]. 1969-05-01.

表 7-41　*MAT_ANISOTROPIC_ELASTIC 模型参数

$\rho/(\text{kg/m}^3)$	C_{11}/Pa	C_{12}/Pa	C_{22}/Pa	C_{13}/Pa
3400	121E9	48.1E9	121E9	44.2E9
C_{23}/Pa	C_{33}/Pa	C_{44}/Pa	C_{55}/Pa	C_{66}/Pa
44.2E9	51.3E9	18.5	18.5	24.2

ANSYS LS-DYNA User's Guide [R]. ANSYS, 2008.

GH2136 合金

表 7-42　Johnson-Cook 模型参数

$\rho/(\text{kg/m}^3)$	$C_P/(\text{J}\cdot\text{kg}^{-1}\cdot\text{K}^{-1})$	T_r/K	A/MPa	B/MPa	n	C	m
7940	420	293	932.3	1276.8	0.648	0.0022	0.64

薛鸿垚，等. 基于梯形锯齿切屑的切削法构建 GH2136 合金本构模型 [J]. 有限元仿真, 2019,4:92-95.

GH4099 合金

表 7-43　*MAT_PLASTIC_KINEMATIC 模型参数

$\rho/(\text{kg/m}^3)$	E/GPa	PR	SIGY/MPa	ETAN/MPa
8470	210	0.3	632	1042

岳小康. 热防护结构高温合金蜂窝板的力学性能研究 [D]. 南京：南京航空航天大学, 2017.

GH4169 合金

表 7-44　25℃下 Johnson-Cook 模型参数

$\rho/(\text{kg/m}^3)$	E/GPa	PR	$C_P/(\text{J}\cdot\text{kg}^{-1}\cdot\text{K}^{-1})$	T_m/K	T_r/K	$\dot{\varepsilon}_0/s^{-1}$	A/MPa	B/MPa
8240	205	0.321	440	2073	298	1500	1290	1100
n	C	m	D_1	D_2	D_3	D_4	D_5	
0.51	0.01	1.05	0.02	0.75	−1.1	0.0255	−0.275	

表 7-45　600℃下 Johnson-Cook 模型参数

$\rho/(\text{kg/m}^3)$	E/GPa	PR	$C_P/(\text{J}\cdot\text{kg}^{-1}\cdot\text{K}^{-1})$	T_m/K	T_r/K	$\dot{\varepsilon}_0/s^{-1}$	A/MPa	B/MPa
8240	150.8	0.35	539	2073	298	1500	1063.5	681.1
n	C	m	D_1	D_2	D_3	D_4	D_5	
0.508	0.104	2.5	0.02	0.75	−1.1	0.0255	−0.275	

表 7-46　***EOS_GRUNEISEN 状态方程参数**

$C/(m/s)$	S_1	S_2	S_3	GAMMA0	A
4578	1.33	0	0	1.67	0.43

刘焦，等. 镍基合金薄板不同温度下的弹道冲击行为 [J]. 航空材料学报, 2019,39(1):79-88.

表 7-47　**Johnson-Cook 模型参数（一）**

A/MPa	B/MPa	n	C	m
963	937	0.333	0.022	1.3

王相宇. 高温合金 GH4169 的切削加工性评价方法和本构模型研究 [D]. 济南：山东大学, 2016.

表 7-48　**Johnson-Cook 模型及失效参数**

A/MPa	B/MPa	n	C	m	$\dot{\varepsilon}_0/s^{-1}$	D_1	D_2	D_3	D_4	D_5
980	1370	0.02	0.164	1.03	0.001	0.239	0.456	-0.3	0.07	2.5

编者注：怀疑 n 和 C 的数值颠倒了。

高东强, 王俊杰, 王悉颖. 镍基高温合金切削过程有限元仿真及刀具参数研究 [J]. 工具技术, 2017, 51(10): 80-83.

表 7-49　**Johnson-Cook 模型参数（二）**

A/MPa	B/MPa	n	C	m
985	949	0.4	0.01	1.61

姬芳芳. 高速切削 GH4169 切削区材料塑性行为研究 [D]. 长春：长春工业大学, 2018.

表 7-50　**GH4169 合金铸锭 Johnson-Cook 模型参数**

A/MPa	B/MPa	n	C	m
215	336.713	0.325	0.0626	1.154

张兵，等. 铸态 GH4169 合金热变形行为及三种本构模型对比 [J]. 稀有金属材料与工程, 2021,50(1): 212-222.

汞

表 7-51　**SHOCK 状态方程参数**

$\rho/(g/cm^3)$	$C/(cm/\mu s)$	S_1	Gruneisen 系数
13.54	0.149	2.047	1.96

Selected Hugoniots [R]. Los Alamos Scientific Laboratory, LA-4167- MS:[s.n.]. 1969-05-01.

表 7-52　**SHOCK 状态方程参数**

$\rho/(g/cm^3)$	$C/(cm/\mu s)$	S_1	$C_p/(J/(kg \cdot K))$	Gruneisen 系数
13.54	0.149	2.05	140	3.0

MEYERS M A. Dynamic behavior of materials [M]. John Wiley & Sons, New York, 1994.

钴

表 7-53　SHOCK 状态方程参数

$\rho/(g/cm^3)$	$C/(cm/\mu s)$	S_1	Gruneisen 系数
8.82	0.4752	1.315	1.97

Selected Hugoniots [R]. Los Alamos Scientific Laboratory, LA-4167-MS:[s.n.]. 1969-05-01.

铪

表 7-54　SHOCK 状态方程参数

$\rho/(g/cm^3)$	$C/(cm/\mu s)$	S_1	Gruneisen 系数
12.885	0.2954	1.121	0.98

Selected Hugoniots [R]. Los Alamos Scientific Laboratory, LA-4167- MS:[s.n.]. 1969-05-01.

焊锡

表 7-55　Johnson-Cook 材料模型参数

$\rho/(kg/m^3)$	E/GPa	ν	A/MPa	B/MPa	n
7384	54	0.363	38	275	0.71
C	m	T_m/K	T_r/K	$C_p/(J \cdot kg^{-1} \cdot K^{-1})$	
0.0713	1	490	298	233.6	

李建刚. 应变率效应对无铅焊锡接点跌落冲击力学行为的影响 [D]. 北京: 北京工业大学, 2009.

QIN F, AN T, CHEN N. Strain Rate Effect and Johnson-Cook Models of Lead-Free Solder Alloys [C]. International Conference on Electronic Packaging Technology and High Density Packaging, Shanghai, China, IEEE, 2008: 734-739.

IC10 合金

IC10 合金的优点是比刚度高，屈服应力高，密度低，熔点高，在较大温度范围内具有良好的延展性、抗氧化和抗蠕变能力，可作为航空发动机涡轮导向叶片材料在 1100℃的高温环境下使用。文献作者利用材料试验机（MTS809）测得 IC10 合金在很宽的温度范围（25~800℃）和不同应变率（$10^{-5} \sim 10^{-2} s^{-1}$）内的应力-应变曲线。实验结果表明：室温下 IC10 合金的流变行为对应变率不太敏感；相同应变率（$10^{-4} s^{-1}$）下，流变行为对温度较敏感；在不同应变率、25~800℃温度范围内，IC10 合金的屈服应力变化很小。基于实验数据，修正并拟合了 Johnson-Cook 方程参数：

$$\sigma = (816 + 31.13816\varepsilon^{1.7404})e^{0.00409\ln\dot{\varepsilon}^*}[1 - (T^*)^{6.87098}]$$

张宏建，等. 不同温度下 IC10 合金的本构关系 [J]. 航空学报, 2008, 29(2): 500-504.

文献作者拟合了 IC10 合金材料的 Z-A 模型参数：

$$\sigma = 815.73 + 10989.96\exp\left[-0.0007 \times T\ln\left(\frac{10^{11}}{\dot{\varepsilon}}\right)\right] + 119.48\exp\left(6.13 \times 10^{-8} \times T\ln\frac{10^5}{\dot{\varepsilon}}\right)\sqrt{\varepsilon}$$

张宏建，等. Z-A 模型的修正及在预测本构关系中的应用 [J]. 航空动力学报, 2009, 24(6): 1311-1315.

在 MTS 材料试验机上进行了 IC10 合金的拉伸实验，测量了 IC10 合金在不同温度（20～900℃）和不同应变速率（10^{-5}～10^{-2}s^{-1}）下的应力-应变曲线，拟合获得了加工硬化和动态回复再结晶机制下的 Johnson-Cook 本构方程及修正的 Johnson-Cook 方程参数：

$$\sigma = (808.209 + 20.55605\varepsilon^{1.17761})(1 + 0.0052\ln\dot{\varepsilon}^*)[1 - (T^*)^{5.68833}]$$

其中，IC10 的熔化温度 $T_m = 1628$K。

陶永昌. Ni3Al 基金属间化合物本构关系研究 [D]. 南京: 南京航空航天大学, 2007.

INCO Alloy HX

表 7-56　Johnson-Cook 模型参数

$\rho/(\text{kg/m}^3)$	A/MPa	B/MPa	n	C	m	F_S
8230	380	1520	0.78	0.029	1.0	0.55

ROLE S, BUCHAR J, HRUBY V. On the Ballistic Efficiency of the Three Layered Metallic Targets [C]. 22nd International Symposium of Ballistics, Vancouver, Canada, 2005.

INCOLOY Alloy 800 HT

表 7-57　Johnson-Cook 模型参数

$\rho/(\text{kg/m}^3)$	A/MPa	B/MPa	n	C	m	F_S
7940	205	670	0.65	0.005	1.0	0.45

ROLE S, BUCHAR J, HRUBY V. On the Ballistic Efficiency of the Three Layered Metallic Targets [C]. 22nd International Symposium of Ballistics, Vancouver, Canada, 2005.

INCONEL Alloy 600

表 7-58　Johnson-Cook 模型参数

$\rho/(\text{kg/m}^3)$	A/MPa	B/MPa	n	C	m	F_S
8470	240	720	0.62	0.006	1.0	0.5

ROLE S, BUCHAR J, HRUBY V. On the Ballistic Efficiency of the Three Layered Metallic Targets [C]. 22nd International Symposium of Ballistics, Vancouver, Canada, 2005.

INCONEL Alloy 625

表 7-59　Johnson-Cook 模型参数

$\rho/(\text{kg/m}^3)$	A/MPa	B/MPa	n	C	m	F_S
8440	400	1798	0.91	0.031	1.0	0.67

ROLE S, BUCHAR J, HRUBY V. On the Ballistic Efficiency of the Three Layered Metallic Targets [C]. 22nd International Symposium of Ballistics, Vancouver, Canada, 2005.

俞秋景等人通过热压缩实验对 Inconel 625 合金的热变形行为进行了测试。结果显示真应力-真应变曲线的斜率随着温度的降低和应变速率的升高而增大。这表明温度、应变和应变速率之间通过一种复杂的交互作用共同对应变硬化和再结晶产生影响。用 Johnson-Cook 模型建立的本构方程由于忽略了这个交互作用而不能很好地预测此合金的应力-应变关系，为此对 Johnson-Cook 模型做了改进。新的模型考虑了温度、应变和应变速率的交互作用。对比结果表明：修正的 Johnson-Cook 模型的预测值和实验值符合得很好。

表 7-60　Johnson-Cook 模型参数

A/MPa	B/MPa	n	C	m
183.7	189.998	0.0799568	0.107528	1.17159

表 7-61　修正的 Johnson-Cook 模型参数

A/MPa	B/MPa	n	C	m
183.7	173.696	0.001 033 99	$-0.1196+0.2617T^*+0.8158\varepsilon-0.4824T^*\varepsilon+0.4072T^{*2}-0.697\varepsilon^2$	0.869 377

俞秋景，刘军，张伟红，等. Inconel 625 合金 Johnson-Cook 本构模型的一种改进 [J]. 稀有金属材料与工程, 2013, 42(8): 1679-1684.

Inconel 713LC 合金

表 7-62　Johnson-Cook 模型参数

A/MPa	B/MPa	n	C	m	ε_0/s^{-1}	T_r/℃
760	230	0.25	0.0031	1.07	1	27

ROLE S, BUCHAR. J Effect of the Temperature on the Ballistic Efficiency of Plates [C]. 22nd International Symposium of Ballistics, Vancouver, Canada, 2005.

Inconel 718 合金

Inconel718 为镍基高温合金，在较高温度下仍能保持较高的强度。带曲线的详细材料模型参数见附带文件 M224_Inconel_718.k。

表 7-63　*MAT_TABULATED_JOHNSON_COOK 模型参数（单位 lbfs^2-in-s）

ρ	E	PR	CP	TR	BETA
7.694E-4	-100	0.284583	3.96e4	75	1.0

https://www.lstc.com.

表 7-64　退火 Inconel 718 合金 Johnson-Cook 模型参数（一）

A/MPa	B/MPa	n	C	m
337	1642	0.7835	0.049	1.20
$\dot{\varepsilon}_0$/s^{-1}	T_m/℃	C_p/(J·kg^{-1}·K^{-1})	α/(10^{-6}K^{-1})	K/(W/m·K)
0.03	1300	435	13.0	11.4

表 7-65　脱溶硬化 Inconel 718 合金 Johnson-Cook 模型参数（一）

A/MPa	B/MPa	n	C	m
1290	895	0.5260	0.016	1.55
$\dot{\varepsilon}_0/\text{s}^{-1}$	$T_{\text{m}}/℃$	$C_{\text{p}}/(\text{J}\cdot\text{kg}^{-1}\cdot\text{K}^{-1})$	$\alpha/(10^{-6}\text{K}^{-1})$	$K/(\text{W/m}\cdot\text{K})$
0.03	1300	435	13.0	11.4

DEMANGE J J, PRAKASH V, PEREIRA J M . Effects of material microstructure on blunt projectile penetration of a nickel-based super alloy [J]. International Journal of Impact Engineering, 2009, 36: 1027-1043.

表 7-66　脱溶硬化 Inconel 718 合金 Johnson-Cook 模型参数（二）

A/MPa	B/MPa	n	C	m
1138	1324	0.5	0.0092	1.27

BRAR N S, SAWAS O, HILFI H. Johnson-Cook strength model parameters for inconel-718[D]. University of Dayton, 1996.

表 7-67　退火 Inconel 718 合金的简化 Johnson-Cook 模型参数（二）

A/MPa	B/MPa	n	C
400	1798	0.9143	0.0312

表 7-68　时效 Inconel 718 合金的简化 Johnson-Cook 模型参数

A/MPa	B/MPa	n	C
1350	1139	0.6522	0.0134

PEREIRA J M, LERCH B A . Effects of heat treatment on the ballistic impact properties of Inconel 718 for jet engine fan containment applications [J]. International Journal of Impact Engineering, 2001, 25: 715-733.

表 7-69　Johnson-Cook 模型参数

$\rho_0/(\text{kg/m}^3)$	$C_{\text{p}}/(\text{J}\cdot\text{kg}^{-1}\cdot\text{K}^{-1})$	E/GPa	A/MPa	B/MPa	n	C	m	$\dot{\varepsilon}_0/\text{s}^{-1}$
8240	435	200	450	1700	0.65	0.017	1.3	0.001

苏国胜, 刘战强, 万熠, 等. 高速切削中切削速度对工件材料力学性能和切屑形态的影响机理 [J]. 中国科学: 技术科学, 2012, 42(11): 1305-1317.

UHLMANN E, SCHULENBURG M G, ZETTIER R. Finite element modeling and cutting simulation of Inconel 718 [J]. Ann CIRP, 2007, 56(1): 61-64.

表 7-70　动态力学特性参数

$\rho_0/(\text{kg/m}^3)$	$C_{\text{p}}/(\text{J}\cdot\text{kg}^{-1}\cdot\text{K}^{-1})$	$K/(\text{W}\cdot\text{m}^{-1}\cdot\text{K}^{-1})$	E/GPa	σ_0/MPa	$\sigma_{\text{b}}/\text{MPa}$	$T_{\text{m}}/℃$
8240	435	10.63	200	1200	1580	1260-1336

苏国胜, 刘战强, 万熠, 等. 高速切削中切削速度对工件材料力学性能和切屑形态的影响机理 [J]. 中国科学: 技术科学, 2012, 42(11): 1305-1317.

JACOBSSON L, PERSSON C, MELIN S. Thermo-mechanical fatigue crack propagation experiments in Inconel718 [J]. International Journal of Fatigue, 2009, 31: 1318-1326.

THAKUR D G, RAMAMOORTHY B, VIJAYARAGHAVAN L. Study on the machinability characteristics of superalloy inconel 718 during high speed turning [J]. Materials and Design, 2009, 30: 1718‑1725.

Inconel 718 合金（沉淀硬化）

表 7-71　Johnson-Cook 模型参数

A/MPa	B/MPa	n	C	m
1138	1324	0.5	0.0092	1.27

DIKE S. Dynamic Deformation of Materials at Elevated Temperatures [D]. Case Western Reserve University, 2010.

钾

表 7-72　SHOCK 状态方程参数

ρ/(g/cm^3)	C/(cm/μs)	S_1	Gruneisen 系数
0.86	0.1974	1.179	1.23

Selected Hugoniots [R]. Los Alamos Scientific Laboratory, LA‑4167‑ MS:[s.n.]. 1 May 1969.

表 7-73　SHOCK 状态方程参数

ρ/(g/cm^3)	C/(cm/μs)	S_1	C_p/(J·kg^{-1}·K^{-1})	Gruneisen 系数
0.86	0.197	1.18	760	1.4

MEYERS M A. Dynamic behavior of materials [M]. John Wiley & Sons, New York, 1994.

金

文献作者采用 CTH 作为计算软件，Steinberg-Guinan 本构关系如下：

$$\sigma_{eq} = Y_0(1 + \beta\varepsilon_p)^n[1 + A^*P\eta^{1/3} - B^*(T - 300)]$$

式中，$\eta = 1 - \rho_0/\rho$，$A^* = A/(1.0\text{GPa})$，$B^* = B/(1.0\text{K})$。

表 7-74　状态方程和 Steinberg-Guinan 模型参数

ρ_0/(g/cm^3)	C_0/(km/s)	ν	Y_0/MPa	β	n	A	B	T_r/K	T_m/K	Γ_0
19.3	3.08	0.427	20	49	0.39	0.0375	0.000311	300	1970	2.99

CHOCRON I S , ANDERSON C E JR, BEHNER T, et al. Lateral confinement effects in long‑rod penetration of ceramics at hypervelocity [J]. International Journal of Impact Engineering, 2006, 33: 169‑179.

表 7-75　SHOCK 状态方程参数

ρ/(g/cm^3)	C/(cm/μs)	S_1	C_p/(J·kg^{-1}·K^{-1})	Gruneisen 系数
19.24	0.306	1.57	130	3.1

MEYERS M A. Dynamic behavior of materials [M]. John Wiley & Sons, New York, 1994.

表 7-76 Gruneisen 状态方程参数

$\rho /(\text{kg/m}^3)$	$C_0 /(\text{m/s})$	S_I	Γ_0
19240	3060	1.57	3.0

CHARLES E, ANDERSON JR, DENNIS L O, ROLAND R F, et al. On the hydrodynamic approximation for long-rod penetration [J]. International Journal of Impact Engineering, 1999, 22: 23-43.

K10 硬质合金

表 7-77 钻头材料 K10 硬质合金机械物理参数

$\rho /(\text{g/cm}^3)$	杨氏模量/GPa	泊松比	导热系数/(W/(m·K))	比热(J·kg^{-1}·K^{-1})
14.6	640	0.25	79.6	176

李之源. 印制电路板微钻结构优化 [D]. 广东工业大学, 2018.

锂

表 7-78 SHOCK 状态方程参数

$\rho /(\text{g/cm}^3)$	$C/(\text{cm/µs})$	S_1	Gruneisen 系数
0.53	0.4645	1.133	0.81

Selected Hugoniots [R]. Los Alamos Scientific Laboratory, LA-4167- MS:[s.n.], 1969-05-01.

表 7-79 SHOCK 状态方程参数

$\rho /(\text{g/cm}^3)$	$C/(\text{cm/µs})$	S_1	$C_p/(\text{J·kg}^{-1}\text{·K}^{-1})$	Gruneisen 系数
0.53	0.465	1.13	3410	0.9

MEYERS M A. Dynamic behavior of materials [M]. John Wiley & Sons, New York, 1994.

MB2 镁合金

表 7-80 Johnson-Cook 模型参数

$\rho /(\text{kg/m}^3)$	A/MPa	B/MPa	n	C	m	$\dot{\varepsilon}_0 /\text{s}^{-1}$	$C_P/(\text{J·kg}^{-1}\text{·K}^{-1})$
925	192	218.3	0.37056	0.015	0.95	0.001	1040~1148

贾东, 黄西成, 胡文军等. 基于 J-C 模型的镁合金 MB2 动静态拉伸破坏行为 [J]. 爆炸与冲击, 2017, 37(6): 1010-1016.

镁

表 7-81 SHOCK 状态方程参数

$\rho /(\text{g/cm}^3)$	$C/(\text{cm/µs})$	S_1	Gruneisen 系数
1.74	0.4492	1.263	1.42

Selected Hugoniots [R]. Los Alamos Scientific Laboratory, LA-4167- MS:[s.n.]. 1969-05-01.

表 7-82　SHOCK 状态方程参数

$\rho/(g/cm^3)$	$C/(cm/\mu s)$	S_1	$C_p/(J \cdot kg^{-1} \cdot K^{-1})$	Gruneisen 系数
1.74	0.449	1.24	1020	1.6

MEYERS M A. Dynamic behavior of materials [M]. John Wiley & Sons, New York, 1994.

镁锂合金

表 7-83　SHOCK 状态方程参数

$\rho/(g/cm^3)$	$C/(cm/\mu s)$	S_1	Gruneisen 系数
1.403	0.4247	1.284	1.45

Selected Hugoniots [R]. Los Alamos Scientific Laboratory, LA-4167- MS:[s.n.]. 1969-05-01.

MONEL Alloy 400

表 7-84　Johnson-Cook 模型参数

$\rho/(kg/m^3)$	A/MPa	B/MPa	n	C	m	F_S
8800	540	260	0.1	0.035	1.05	0.5

ROLE S, BUCHAR J, HRUBY V. On the Ballistic Efficiency of the Three Layered Metallic Targets [C]. 22nd International Symposium of Ballistics, Vancouver, Canada, 2005.

钼

表 7-85　AUTODYN 软件中的 SHOCK 状态方程 Steinberg-Guinan 模型参数

shock 状态方程			
密度	$10.2g/cm^3$	参数 C_0	5143m/s
Gruneisen 系数	1.59	参数 S_1	1.255
Steinberg Guinan 强度模型			
剪切模量	1.25E8kPa	dG/dP	1.425
屈服应力	1.60E6kPa	dG/dT	-1.90E4kPa
最大屈服应力	2.80E6kPa	dG/dY	0.01824
硬化常数	10	熔化温度	3660K
硬化指数	0.1	失效应变	17%

QUAN X, CLEGG R A, COWLER M S, et al. Numerical simulation of long rods impacting silicon carbide targets using JH-1 model [J]. International Journal of Impact Engineering, 2006, 33: 634-644.

表 7-86　SHOCK 状态方程参数

$\rho/(g/cm^3)$	$C/(cm/\mu s)$	S_1	$C_p/(J \cdot kg^{-1} \cdot K^{-1})$	Gruneisen 系数
10.21	0.512	1.23	250	1.7

MEYERS M A. Dynamic behavior of materials [M]. John Wiley & Sons, New York, 1994.

钠

表 7-87　SHOCK 状态方程参数

$\rho/(g/cm^3)$	$C/(cm/\mu s)$	S_1	Gruneisen 系数
0.968	0.2629	1.223	1.17

Selected Hugoniots [R]. Los Alamos Scientific Laboratory, LA-4167-MS:[s.n.], 1 May 1969.

表 7-88　SHOCK 状态方程参数

$\rho/(g/cm^3)$	$C/(cm/\mu s)$	S_1	$C_p/(J \cdot kg^{-1} \cdot K^{-1})$	Gruneisen 系数
0.97	0.258	1.24	1230	1.3

MEYERS M A. Dynamic behavior of materials [M]. John Wiley & Sons, New York, 1994.

铌

表 7-89　SHOCK 状态方程参数

$\rho/(g/cm^3)$	$C/(cm/\mu s)$	S_1	Gruneisen 系数
8.586	0.4439	1.207	1.47

Selected Hugoniots [R]. Los Alamos Scientific Laboratory, LA-4167-MS:[s.n.], 1 May 1969.

表 7-90　SHOCK 状态方程参数

$\rho/(g/cm^3)$	$C/(cm/\mu s)$	S_1	$C_p/(J \cdot kg^{-1} \cdot K^{-1})$	Gruneisen 系数
8.59	0.444	1.21	270	1.7

MEYERS M A. Dynamic behavior of materials [M]. John Wiley & Sons, New York, 1994.

镍

表 7-91　SHOCK 状态方程参数

$\rho/(g/cm^3)$	$C/(cm/\mu s)$	S_1	Gruneisen 系数
8.874	0.4602	1.437	1.93

Selected Hugoniots [R]. Los Alamos Scientific Laboratory, LA-4167-MS:[s.n.], 1 May 1969.

表 7-92　Steinberg-Guinan 模型参数

$\rho/(kg/m^3)$	$C_p/(J \cdot kg^{-1} \cdot K^{-1})$	T_r/K	T_m/K	G/GPa
8900	401	300	2330	65
屈服应力/MPa	最大屈服应力/MPa	硬化常数	硬化指数	
170	3000	46	0.53	

HERNANDEZ V S. Experimental observations and computer simulations of metallic projectile fragmentation and impact crater development in metal targets [D]. El Paso, USA: University of Texas, 2004.

表 7-93　SHOCK 状态方程参数

$\rho/(\text{g/cm}^3)$	$C/(\text{cm/μs})$	S_1	$C_p/(\text{J·kg}^{-1}\text{·K}^{-1})$	Gruneisen 系数
8.87	0.460	1.44	440	2.0

MEYERS M A. Dynamic behavior of materials [M]. John Wiley & Sons, New York, 1994.

Nickel 200

表 7-94　Johnson-Cook 模型参数

$\rho/(\text{kg/m}^3)$	洛氏硬度	$C_p/(\text{J·kg}^{-1}\text{·K}^{-1})$	T_m/K	A/MPa	B/MPa	n	C	m
8900	F-79	446	1726	163	648	0.33	0.006	1.44

JOHNSON G R, COOK W H. A constitutive model and data for metals subjected to large strains, high strain-rates and high temperatures [C]. Proceedings of Seventh International Symposium on Ballistics, The Hague, The Netherlands, April 1983: 541-547.

Nickel 合金

表 7-95　*MAT_PLASTIC_KINEMATIC 模型参数

$\rho/(\text{kg/m}^3)$	E/GPa	v	σ_0/MPa	E_t/MPa	β	C/s^{-1}	P
8490	180	0.31	900	445	1.0	0	0

ANSYS LS-DYNA User's Guide [R]. ANSYS, 2008.

Nimonic 80A 合金

表 7-96　Johnson-Cook 模型参数

$\rho/(\text{kg/m}^3)$	E/GPa	PR	$C_p/(\text{J·kg}^{-1}\text{·K}^{-1})$	T_m/K	$k/(\text{W·m}^{-1}\text{·℃}^{-1})$	$\alpha/\text{℃}^{-1}$
8190	183	0.3	448	1638	11.2	12.7E-6

A/MPa	B/MPa	n	C	m	$\dot{\varepsilon}_0/s^{-1}$
487	2511	0.983	0.0116	1.162	0.001

Korkmaz M E, Verleysen P, Günay M. Identification of Constitutive Model Parameters for Nimonic 80A Superalloy [J]. Trans Indian Inst Met (2018) 71(12):2945-2952.

钕

表 7-97　Johnson-Cook 模型参数

A/MPa	B/MPa	n	C	m
154	197	0.38	0.058	1.42

JOHNSON G R, COOK W H. A constitutive model and data for metals subjected to large strains, high strain-rates and high temperatures [C]. Proceedings of Seventh International Symposium on Ballistics, The Hague, The Netherlands, April 1983: 541-547.

表 7-98 Gruneisen 状态方程参数

$C_0/(\text{cm/μs})$	S_1	Γ_0
0.208	1.015	0.82

MARSH S P. LASL Shock Hugoniot Data [M]. University of California Press, Los Angels, London & Berkely, 1980.

GSCHNEIDNER K A in: F. Seitz, D. Turnbull(Eds.), Solid State Physics, Vol. 16, Academic Press, New York & London, 1965, pp. 275–426.

表 7-99 SHOCK 状态方程参数

$\rho/(\text{g/cm}^3)$	$C/(\text{cm/μs})$	S_1	$C_\text{p}/(\text{J}\cdot\text{kg}^{-1}\cdot\text{K}^{-1})$	Gruneisen 系数
1.53	0.113	1.27	360	1.9

MEYERS M A. Dynamic behavior of materials [M]. John Wiley & Sons, New York, 1994.

通过 SHPB 实验测试得到了 Johnson-Cook 本构模型参数:

$$\sigma = \begin{cases} (154+197\varepsilon^{0.38})(1+0.058\ln\dot{\varepsilon})[1-(T^*)^{1.42}], & \varepsilon \leqslant 0.3 \\ (154+197\varepsilon^{0.48})(1+0.058\ln\dot{\varepsilon})[1-(T^*)^{1.42}], & \varepsilon > 0.3 \end{cases}$$

WANG H R, et al. Compressive Constitutive behavior of Metallic Neodymium at different strain rates and temperatures [C]. The International Symposium on Shock & Impact Dynamics, 2011.

铍

表 7-100 动态力学特性参数

$\rho_0/(\text{g/cm}^3)$	K/GPa	G/GPa	σ_0/MPa	$C/(\text{m/s})$	S_1
1.85	110	146	241	8000	1.124

RIHA D S. Modeling Impact and Penetration using a Deterministic and Probabilistic Design Tool [C]. 22nd International Symposium of Ballistics, Vancouver, Canada, 2005.

表 7-101 Gruneisen 状态方程参数

$\rho_0/(\text{g/cm}^3)$	$C/(\text{m/s})$	S_1	S_2	S_3	Γ	α
1.85	8000	1.124	0.0	0.0	1.11	0.16

TARVER C M, MCGUIRE E M. Reactive flow modeling of the interaction of TATB detonation waves with inert materials [C]. Proceedings of the 12th International Detonation Symposium, San Diego, California, 2002.

表 7-102 SHOCK 状态方程参数

$\rho/(\text{g/cm}^3)$	$C/(\text{cm/μs})$	S_1	$C_\text{p}/(\text{J}\cdot\text{kg}^{-1}\cdot\text{K}^{-1})$	Gruneisen 系数
1.85	0.800	1.12	180	1.2

MEYERS M A. Dynamic behavior of materials [M]. John Wiley & Sons, New York, 1994.

铅

表 7-103　*MAT_MODIFIED_JOHNSON_COOK 模型参数

A/MPa	B/MPa	n	C	m	T_m/K	C_p/(J·kg^{-1}·K^{-1})	CL-W$_{cr}$/MPa
24	300	1.0	0.1	1.0	760	124	175

SALEH M, EDWARDS L. Evaluation of a Hydrocode in Modelling NATO Threats against Steel Armour [C]. 25th International Symposium on Ballistics, Beijing, China, 2010.

表 7-104　*MAT_PLASTIC_KINEMATIC 模型参数

ρ_0/(kg/m^3)	E/Pa	ν	σ_0/Pa	E_{tan}/Pa	β	C	P
11270	1.7E10	0.4	8.00E6	1.5E7	0.1～0.2	600	3

BARAUSKAS R, ABRAITIENĖ A. Computational analysis of impact of a bullet against the multilayer fabrics in LS-DYNA [J].

表 7-105　Steinberg-Guinan-Lund 模型参数

ν	Y_0/MPa	Y_{max}/MPa	β_{SGL}	ε_i	n	G_0/MPa	A_{SGL}/MPa^{-1}	B_{SGL}/K^{-1}	T_{mo}/K	α
0.43	8	100	110	0	0.52	8600	1.163E-4	1.16E-3	760	2.2

表 7-106　Gruneisen 状态方程参数

ρ/(kg/m^3)	T_0/K	C_S/(m/s)	S_1	Γ_0	C_p/(J·kg^{-1}·K^{-1})
11350	298	1980	1.58	2.77	121

GORFAIN J E, KEY C T. Damage prediction of rib-stiffened composite structures subjected to ballistic impact [J]. International Journal of Impact Engineering, 2013, 57: 159-172.

表 7-107　*MAT_GURSON 模型参数

ρ(ton/mm^3)	E/MPa	ν	σ_Y	q_1	q_2
1.133E-8	15250	0.45	4.99	1.90188662	1.14535555
f_c	f_0	ε_N	S_N	f_N	f_F
0.074870368	0.001117206	0.309696007	0.091531935	0.029673004	0.168703767

SUNAO T. Necking and Failure Simulation of Lead Material Using ALE and Mesh Free Methods in LS-DYNA ® [C]. 14th International LS-DYNA Conference, Detroit, 2016.

表 7-108　AUTODYN 软件中的线性硬化模型参数

ρ/(kg/m^3)	ν	E/GPa	σ_0/MPa	极限应力	初始温度/K	C_p/(J·kg^{-1}·K^{-1})
11350	0.3	30	70	95.5	298	132

ZHANG P H. Joining Enabled by High Velocity Deformation [D]. The Ohio State University, 2003.

表 7-109　*MAT_MODIFIED_JOHNSON_COOK 模型参数

$\rho/(kg/m^3)$	E/MPa	PR	A/MPa	B/MPa	n	C	m	D_1
10100	18400	0.42	24	40	1.0	0.01	1.0	3.0

ZOCHOWSKI, P et al. Numerical methods for the analysis of behind armor ballistic trauma[C]. 12th European LS-DYNA Conference, Koblenz, Germany,2019.

表 7-110　SHOCK 状态方程参数

$\rho/(g/cm^3)$	$C/(cm/\mu s)$	S_1	$C_p/(J \cdot kg^{-1} \cdot K^{-1})$	Gruneisen 系数
11.35	0.205	1.46	130	2.8

MEYERS M A. Dynamic behavior of materials [M]. John Wiley & Sons, New York, 1994.

SAC305 无铅焊料

表 7-111　Johnson-Cook 模型参数

$\rho/(kg/m^3)$	E/GPa	PR	A/MPa	B/MPa	n	C	m
7400	54	0.4	38	275	0.71	0.0713	0.7

黄建林. 柔性板上 FBGA 组件的机械可靠性研究 [D]. 桂林：桂林电子科技大学, 2010.

铯

表 7-112　SHOCK 状态方程参数

$\rho/(g/cm^3)$	$C/(cm/\mu s)$	S_1	$C_p/(J \cdot kg^{-1} \cdot K^{-1})$	Gruneisen 系数
1.83	0.105	1.04	240	1.5

MEYERS M A. Dynamic behavior of materials [M]. John Wiley & Sons, New York, 1994.

铈

表 7-113　简化 Johnson-Cook 模型参数

$\rho/(kg/m^3)$	E/GPa	PR	A/MPa	B/MPa	n	C
6800	7.989	0.24	46.3922	43.0771	0.548	0.0101

金铭. 金属铈金刚石切削加工表面质量的有限元仿真及实验研究 [D]. 哈尔滨：哈尔滨工业大学, 2018.

SnSbCu 合金

表 7-114　Johnson-Cook 模型参数

A/MPa	B/MPa	n	C	m
89.96	312.4	1.107	0.07537	0.5725

LI T Y, et al. Zerilli–Armstrong, and Arrhenius-Type Constitutive Models to Predict Compression Flow Behavior of SnSbCu Alloy [J]. Materials 2019, 12, 1726.

贫铀合金

文献作者在文章中首次提出了著名的 Johnson-Cook 模型，并根据霍普金森杆拉杆和扭曲实验获得了 DU-0.75Ti 的 Johnson-Cook 本构模型参数。

表 7-115　Johnson-Cook 模型参数

$\rho/(kg/m^3)$	洛氏硬度	$C_p/(J \cdot kg^{-1} \cdot K^{-1})$	T_m/K	A/MPa	B/MPa	n	C	m
18600	C-45	447	1473	1079	1120	0.25	0.007	1.00

JOHNSON G R, COOK W H. A constitutive model and data for metals subjected to large strains, high strain-rates and high temperatures [C]. Proceedings of Seventh International. Symposium on Ballistics, The Hague, The Netherlands, April 1983: 541-547.

表 7-116　SHOCK 状态方程参数

$\rho/(g/cm^3)$	$C/(cm/\mu s)$	S_1	Gruneisen 系数
18.6	0.2565	2.2	2.03

Selected Hugoniots [R]. Los Alamos Scientific Laboratory, LA-4167-MS:[s.n.], 1 May, 1969.

表 7-117　Johnson-Cook 模型参数

$\rho/(kg/m^3)$	E/GPa	PR	$C_p/(J \cdot kg^{-1} \cdot K^{-1})$	T_r/K	T_m/K	$\dot{\varepsilon}_0/s^{-1}$	A/MPa	B/MPa
18600	182.8	0.22	117	293	1473	1	1022	1081
n	C	m	D_1	D_2	D_3	D_4	D_5	
0.32	0.0199	1.0	0.18	3.30	-1.50	0.021	0	

表 7-118　*EOS_GRUNEISEN 状态方程参数

$C/(m/s)$	S_1/GPa	GAMMA0
2563	1.49	2.07

邵先锋, 等. 贫铀合金破片侵彻性能的数值模拟及试验研究 [J]. 火炸药学报, 2017,40(6):108-118.

U-Ti 合金是核工业中重要的结构材料, 合金中 Ti 含量在（0.5%~0.8%, 质量分数）之间。U-Ti 合金具有高密度、高强度、易产生"自锐"等特点。文献作者利用材料试验机和 SHPB 实验装置研究了 U-Ti 合金在室温下的压缩力学行为, 采用修正的 Johnson-Cook 本构模型对实验结果进行了拟合, 模型预测结果与实验结果吻合很好。

$$\sigma = (1050 + 900\varepsilon^{0.45})\left[1 + 0.014\ln\left(\frac{\dot{\varepsilon}}{\dot{\varepsilon}_0}\right)\right]\left[1 + 1.49 \times 10^{-3}\exp\left(\frac{\dot{\varepsilon}}{590} - 7.0\right)\right]$$

何立峰, 肖大武, 巫祥超, 等. U-Ti 合金变形及失效机理的 SHPB 研究 [J]. 稀有金属材料与工程, 2013, 42(7): 1382-1386.

铊

表 7-119　SHOCK 状态方程参数

$\rho/(g/cm^3)$	$C/(cm/\mu s)$	S_1	Gruneisen 系数
8.586	0.4439	1.207	1.47

Selected Hugoniots [R]. Los Alamos Scientific Laboratory, LA-4167-MS:[s.n.], 1 May, 1969.

表 7-120　SHOCK 状态方程参数

ρ/(g/cm^3)	C/(cm/μs)	S_1	Gruneisen 系数
11.184	0.1862	1.523	2.25

Selected Hugoniots [R]. Los Alamos Scientific Laboratory, LA-4167-MS:[s.n.], 1 May, 1969.

Ta-10%W

表 7-121　Gruneisen 状态方程参数

ρ_0/(g/cm^3)	C/(m/s)	S_1	S_2	S_3	Γ	α
16.96	3460	1.2	0.0	0.0	1.67	0.42

TARVER C M. Shock Initiation of the PETN-based Explosive LX-16 [C]. Proceedings of the 13th International Detonation Symposium, Norfolk, VA, 2006.

Johnson-Cook 本构方程:

$$\sigma = (484 + 1100\varepsilon^{1.43})\left[1 + 0.0135\ln\frac{\dot{\varepsilon}}{\dot{\varepsilon}_0} + 0.00157\ln^2\frac{\dot{\varepsilon}}{\dot{\varepsilon}_0}\right][1 - (T^*)^{0.749}]$$

白润，等. Ta-W 合金的动态力学特性及其本构关系 [J]. 稀有金属材料与工程, 2008, 37(9): 1526-1529.

Ta-2.5%W

文献作者利用 MTS 材料试验机和 SHPB 实验装置对 Ta-2.5W 合金进行了准静态和动态实验，给出了材料在较宽温度（400~1000K）和应变率（2×10^{-4}~3.5×10^3s^{-1}）范围内的应力-应变曲线，并拟合了 Johnson-Cook 本构模型参数。

表 7-122　Johnson-Cook 模型参数

ρ/(kg/m^3)	A/MPa	B/MPa	n	C	m
16650	238	565	0.743	0.06335	0.94271

高飞, 张先锋. Ta-2.5W 合金动态本构关系的实验研究及仿真验证 [C]. 智能弹药技术发展学术研讨会论文集, 敦化, 2014, 548-552.

表 7-123　Johnson-Cook 模型参数

A/MPa	B/MPa	n	C	m
216	166	0.315	0.057	0.88

骆建华. 紧凑型钽合金 EFP 战斗部研究 [D]. 南京: 南京理工大学, 2019

Ta12W 钽钨合金

表 7-124　动态力学特性参数

σ_{HEL}/GPa	Y_0/GPa	G/GPa	K/GPa	E/GPa	ν
2.07	0.975	70.36	204.95	189.41	0.35

张万甲. 钽-钨合金动态响应特性研究 [J]. 爆炸与冲击, 2000, 20(1): 45-51.

钽

表 7-125 SHOCK 状态方程参数

$\rho/(\mathrm{g/cm^3})$	$C/(\mathrm{cm/\mu s})$	S_1	Gruneisen 系数
16.654	0.3414	1.201	1.6

Selected Hugoniots [R]. Los Alamos Scientific Laboratory, LA-4167-MS:[s.n.], 1 May 1969.

利用 SHPB 实验获得的应力-应变数据拟合了钽的 Johnson-Cook 本构模型参数:

$$\sigma = (342.4 + 263.5\varepsilon^{0.3148})(1 + 0.0572\dot{\varepsilon}^*)(1 - T^{*0.8836})$$

由于 Johnson-Cook 本构模型不能很好地描述钽的应力-应变行为,文献作者进一步拟合得到了钽的修正后的 J-C 模型参数:

$$\sigma = (342.4 + 263.5\varepsilon^{0.3148})(1 - T^{*0.8836})\exp(0.0418\dot{\varepsilon}^*)$$

以及钽的 Zerilli-Armstrong 模型参数:

$$\sigma = 295 + 1519\exp(-0.00953T + 0.00032T\ln\dot{\varepsilon}) + 407\varepsilon^{0.582}$$

彭建祥. 钽的本构关系研究 [D]. 绵阳: 中国工程物理研究院, 2001.

表 7-126 SHOCK 状态方程参数

$\rho/(\mathrm{g/cm^3})$	$C/(\mathrm{cm/\mu s})$	S_1	$C_p/(\mathrm{J \cdot kg^{-1} \cdot K^{-1}})$	Gruneisen 系数
16.65	0.341	1.20	140	1.8

MEYERS M A. Dynamic behavior of materials [M]. John Wiley & Sons, New York, 1994.

文献作者利用 MTS 万能材料实验机和 SHPB 技术对纯钽材料进行动态本构关系研究,给出了不同条件下的应力-应变关系曲线,从而拟合了纯钽材料的 Johnson-Cook 本构模型参数。

表 7-127 Johnson-Cook 模型参数 (一)

A/MPa	B/MPa	n	C	m	T_m/K	T_r/K
204	1470	0.8	0.093	0.4	3269	298

杨宝良,等. 纯钽本构关系在 EFP 中的应用研究:第十五届全国战斗部与毁伤技术学术交流会论文集 [C]. 重庆, 2015, 1248-1252.

表 7-128 Johnson-Cook 模型参数 (二)

A/MPa	B/MPa	n	C	m	T_m/K
611	704	0.608	0.015	0.251	3250

MAUDLIN P J, BINGERT J F, HOUSE J W, et al. On the modeling of the Taylor cylinder impact test for orthotropic textured materials: experiments and simulations [J]. International Journal of Plasticity 1999, 15: 139-66.

表 7-129　Zerilli-Armstrong 模型参数 （一）

C_0 / Mbar	C_1 / Mbar	C_3	C_4	C_5 / Mbar	n
3.0E−4	1.125E−2	5.35E−3	3.27E−4	3.1E−3	0.44

ZERILLI F J, ARMSTRONG R W. Description of tantalum deformation behavior by dislocation mechanics based constitutive relations[J]. Journal of Applied Physics, 1990, 68: 1580−91.

表 7-130　Johnson-Cook 模型参数 （三）

A / MPa	B / MPa	n	C	m	T_m / K
220	520	0.325	0.055	0.475	3250

CHEN S R, GRAY G T. Constitutive Behavior of Tantalum and Tantalum−Tungsten Alloys [J]. Metal lurgical and Materials Transactions. A, 1996, 27: 2994–3006.

表 7-131　Zerilli_Armstrong 模型参数 （二）

C_0 / Mbar	C_1 / Mbar	C_3 / K^{-1}	C_4 / $(K^{-1} \cdot s^{-1})$	C_5 / Mbar	n
1.46E−3	1.74E−2	4.8E−3	2.8E−5	4.5E−3	0.7

MAUDLINP J, BINGERT J F, HOUSE J W, et al. On the modeling of Taylor cylinder impact test for orthotropic textured materials: experiment and simulation [J]. International J. Plast. , 1999, 15: 139.

表 7-132　Zerilli_Armstrong 模型参数 （三）

C_0 / Mbar	C_1 / Mbar	C_3	C_4	C_5	n
3.0E−4	1.125E−2	5.35E−3	3.27E−4	3.1E−3	0.44

ZERILLI F J, ARMSTRONG R W. Dislocation Mechanics Based on Constitutive Relations for Material Dynamics Calculations [J]. Journal of Applied Physics, 1987, 61: 1816–25.

表 7-133　Zerilli_Armstrong 模型参数 （四）

C_0 / Mbar	C_1 / Mbar	C_3	C_4	C_5	n
5.5E−4	1.75E−2	9.75E−3	6.75E−4	5.1E−3	0.338

CHEN S R, GRAY G T. Constitutive Behavior of Tantalum and Tantalum−Tungsten Alloys [J]. Metal. Mat. Trans. A, 1996, 27: 2994–3006.

表 7-134　Mechanical Threshold Stress 模型参数 （*为 Modified Mechanical Threshold Stress 模型参数）

σ_0 / Mbar	σ_1 / Mbar	σ_0 / Mbar	α_0 / Mbar	α_1 / Mbar	α_2 / Mbar	$\sigma_{\delta s0}$ / Mbar
4.0E−3	1.2E−2 1.67E−3*	0.0	2.0E−2	0.0	0.0	3.5E−2

$\varepsilon_{\delta s0}$ / μs^{-1}	b / cm	$g_{\delta s0}$ / cm	G_0 / Mbar	b_1 / Mbar	b_2 / K	g_0
10.0	2.86E−8	1.6	6.53E−1	3.8E−3	40.0	1.6

（续）

$1/p$	$1/q$	$g_{0,i}$	$1/p_i$	$1/q_i$	α
1.6	1.0	1.24E-1 5.14E-1*	2.0	2/3	2.0

MAUDLIN P J, BINGERT J F, HOUSE J W, et al. On the modeling of Taylor cylinder impact test for orthotropic textured materials: experiment and simulation [J]. International Journal of Plasticity, 1999, 15: 139.

应用 Instron 液压伺服试验机和分离式霍普金森压杆，对经锻造和热处理的钽材在不同温度、不同应变率下的性能进行了实验，并通过拟合得到的 Johnson-Cook 本构模型为：

$$\tau = 410(1+\gamma^{0.2})\left[1+0.1\ln\left(\frac{\dot{\gamma}}{10}\right)\right]\left[1-\left(\frac{T-T_r}{3123-T_r}\right)^{0.6}\right]$$

式中，$T = T_0 + 0.433\int_0^\lambda \tau d\gamma$，$T_r = 296K$。

郭伟国. 锻造钽的性能及动态流动本构关系 [J]. 稀有金属材料与工程, 2007, 36(1): 23-27.

表 7-135 Johnson-Cook 模型参数（四）

A/MPa	B/MPa	n	C	m	T_m/K
800	550	0.4	0.0575	0.44	3290

PAPPU S, MURR L E. Hydrocode and microstructural analysis of explosively formed projectiles [J]. Journal of Material Science, 2002, 37: 233.

表 7-136 Gruneisen 状态方程参数

ρ_0/(g/cm³)	C/(m/s)	S	Γ
16.654	3763	1.2196	1.8196

ASLAM T D, BDZIL J B. Numerical and Theoretical Investigations on Detonation Confinement Sandwich Tests [C]. Proceedings of the 13th International Detonation Symposium, Norfolk, VA, 2006.

表 7-137 Johnson-Cook 失效模型参数

ρ_0/(g/cm³)	G/GPa	E/GPa	ν	D_1	D_2	D_3	D_4	D_5
16.650	69	179	0.3	0.7	0.32	-1.5	0	0

表 7-138 *EOS_GRUNEISEN 状态方程参数

C/(m/s)	S_1	S_2	S_3	Γ
3400	1.17	0.074	-0.038	1.6

VAHEDI K, KHAZRAIYAN N. Numerical Modeling of Ballistic Penetration of Long Rods into Ceramic/Metal Armors [C]. 8th International LS-DYNA Conference, Detroit, 2004.

钽钨合金

钽钨合金中各成分质量分数分别为 97.1528%Tan/2.83%W/0.0066%Nb/0.001%Mo/0.0015%N/0.0071% O/0.001Si。

表 7-139　Johnson-Cook 模型参数

A/MPa	B/MPa	n	C	m
211	381	0.75	0.068	0.38

门建兵, 卢易浩, 蒋建伟等. 杆式 EFP 用钽钨合金 JC 失效模型参数 [J]. 高压物理学报, 2020, 34(6): 065105.

锑

表 7-140　SHOCK 状态方程参数

$\rho/(g/cm^3)$	$C/(cm/\mu s)$	S_1	Gruneisen 系数
6.7	0.1983	1.652	0.6

Selected Hugoniots [R]. Los Alamos Scientific Laboratory, LA-4167-MS:[s.n.], 1 May 1969.

Ti/Al$_3$Ti

表 7-141　*MAT_JOHNSON_HOLMQUIST_CERAMICS 模型参数

$\rho/(kg/m^3)$	G/GPa	K_1/GPa	K_2/GPa	K_3/GPa	A	B
3802	71.07	107.44	0	0	1.067	0.35
C	M	N	σ_{HEL}/GPa	T/GPa	β	P_{HEL}/GPa
0.0027	0.4	0.979	4.56	0.2	1	2.42

韩肖肖. 金属间化合物层状复合材料 Ti/Al$_3$Ti 的装甲防护性能 [D]. 哈尔滨工程大学, 2017.

表 7-142　*MAT_JOHNSON_HOLMQUIST_CERAMICS 模型参数

$\rho/(kg/m^3)$	E/GPa	PR	K_1/GPa	K_2/GPa	K_3/GPa	A	B
3350	216	0.17	2.01	2.6	0	0.85	0.31
C	M	N	D_1	D_2	T/GPa	P_{HEL}/GPa	
0.013	0.21	0.29	0.02	1.85	0.2	1.842	

史明东, 等. Ti/Al$_3$Ti 金属间化合物基层状复合材料抗侵彻性能数值模拟 [J]. 复合材料学报, 2018, 35(8):2286-2292.

Ti62Zr12V13Cu4Be9 非晶合金

表 7-143　简化 Johnson-Cook 模型参数

A/MPa	B/MPa	n	C
1630	269	0.27	0.003

褚明义. 内生钛基非晶复合材料在高速率动态冲击下的力学行为 [D]. 太原理工大学,2016.

TiNi 合金

表 7-144 *MAT_SHAPE_MEMORY 模型参数

$\rho/(\text{kg/m}^3)$	E/GPa	PR	SIG_ASS/MPa	SIG_ASF/MPa
6450	62	0.3	460	460
SIG_SAS/MPa	SIG_SAF/MPa	EPSL	ALPHA	YMRT
200	200	0.04	0	0

张兴华. TiNi 相变悬臂梁的冲击响应研究 [D]. 中国科学技术大学, 2007.

钍

表 7-145 SHOCK 状态方程参数（二）

$\rho/(\text{g/cm}^3)$	$C/(\text{cm/μs})$	S_1	Gruneisen 系数
11.68	0.2133	1.263	1.26

Selected Hugoniots [R]. Los Alamos Scientific Laboratory, LA-4167-MS:[s.n.], 1 May 1969.

无铅焊锡

根据秦飞等采用分离式霍普金森拉压杆实验得到的实验数据，确定了损伤演化模型的参数，给出了两种无铅焊锡材料考虑损伤效应的修正的 Johnson-Cook 本构模型。

$$\sigma = \begin{cases} [A + B(\varepsilon^P)^n](1 + C \ln \dot{\varepsilon}^*)(1 - T^*) & \varepsilon < \varepsilon_{\text{th}} \\ [1 - K_D \dot{\varepsilon}^{a-1}(\varepsilon - \varepsilon_{\text{th}})][A + B(\varepsilon^P)^n](1 + C \ln \dot{\varepsilon}^*)(1 - T^*) & \varepsilon \geqslant \varepsilon_{\text{th}} \end{cases}$$

表 7-146 Johnson-Cook 模型参数

焊料	A/MPa	B/MPa	n	C	m	K_D	a	ε_{th}	T_m / K
Sn3.5Ag	29	243	0.70	0.0956	0.8	206.87	0.41	0.09	494
Sn3.0Ag0.5Cu	38	275	0.71	0.0713	0.7	218.75	0.40	0.09	490

秦飞, 安彤, 王旭明. 考虑损伤效应的无铅焊锡材料的率相关本构模型 [J]. 北京工业大学学报, 2013, 39(1): 14-18.

秦飞, 陈娜, 胡时胜. 焊料的动态力学性能 [J]. 北京工业大学学报, 2009, 35(8): 1009-1013.

秦飞, 安彤. 焊锡材料的应变率效应及其材料模型 [J]. 力学学报, 2010, 42(3): 439-447.

锡

表 7-147 SHOCK 状态方程参数

$\rho/(\text{g/cm}^3)$	$C/(\text{cm/μs})$	S_1	Gruneisen 系数
7.287	0.2608	1.486	1.26

Selected Hugoniots [R]. Los Alamos Scientific Laboratory, LA-4167-MS:[s.n.], 1 May 1969.

表 7-148　SHOCK 状态方程参数

$\rho/(\text{g/cm}^3)$	$C/(\text{cm/μs})$	S_1	$C_\mathrm{p}/(\text{J}\cdot\text{kg}^{-1}\cdot\text{K}^{-1})$	Gruneisen 系数
7.29	0.261	1.49	220	2.3

MEYERS M A. Dynamic behavior of Materials [M]. John Wiley & Sons, New York, 1994.

锌

表 7-149　SHOCK 状态方程参数

$\rho/(\text{g/cm}^3)$	$C/(\text{cm/μs})$	S_1	Gruneisen 系数
7.138	0.3005	1.581	1.96

Selected Hugoniots [R]. Los Alamos Scientific Laboratory, LA-4167-MS:[s.n.], 1 May 1969.

表 7-150　SHOCK 状态方程参数

$\rho/(\text{g/cm}^3)$	$C/(\text{cm/μs})$	S_1	$C_\mathrm{p}/(\text{J}\cdot\text{kg}^{-1}\cdot\text{K}^{-1})$	Gruneisen 系数
7.14	0.301	1.58	390	2.1

MEYERS M A. Dynamic behavior of materials [M]. John Wiley & Sons, New York, 1994.

YG8 硬质合金

表 7-151　刀具材料 YG8 机械物理参数

$\rho/(\text{g/cm}^3)$	E/GPa	泊松比	导热系数/$(\text{w/(m}\cdot\text{K))}$	比热$(\text{J}\cdot\text{kg}^{-1}\cdot\text{K}^{-1})$	热膨胀系数/$(10^{-6}/℃)$
14.5	640	0.22	75.4	220	4.5

阮成明. 机器人铣削去毛刺表面质量与加工效率优化 [D]. 武汉理工大学,2019.

铱

表 7-152　SHOCK 状态方程参数

$\rho/(\text{g/cm}^3)$	$C/(\text{cm/μs})$	S_1	Gruneisen 系数
22.484	0.3916	1.457	1.97

Selected Hugoniots [R]. Los Alamos Scientific Laboratory, LA-4167-MS:[s.n.], 1 May 1969.

银

表 7-153　SHOCK 状态方程参数

$\rho/(\text{g/cm}^3)$	$C/(\text{cm/μs})$	S_1	Gruneisen 系数
10.49	0.3229	1.595	2.38

Selected Hugoniots [R]. Los Alamos Scientific Laboratory, LA-4167-MS:[s.n.], 1 May 1969.

银（纯度 99.99%，退火状态）

表 7-154　*MAT_POWER_LAW_PLASTICITY 模型参数（单位制 m-kg-s）

ρ	E	PR	K	N	EPSF
1.0491E4	7.5842E10	0.37	2.6860E8	0.203164	1.4456

表 7-155 *MAT_SIMPLIFIED_JOHNSON_COOK 模型参数（单位制 m-kg-s）

ρ	E	PR	A	B	N	C	PSFAIL
1.0491E4	7.5842E10	0.37	6.4351E6	2.6381E8	0.212991	0.0	1.4456

http://www.varmintal.com/aengr.htm

表 7-156 SHOCK 状态方程参数

$\rho/(g/cm^3)$	$C/(cm/\mu s)$	S_1	$C_p/(J \cdot kg^{-1} \cdot K^{-1})$	Gruneisen 系数
10.49	0.323	1.60	240	2.5

MEYERS M A. Dynamic behavior of materials [M]. John Wiley & Sons, New York, 1994.

铟

表 7-157 SHOCK 状态方程参数

$\rho/(g/cm^3)$	$C/(cm/\mu s)$	S_1	Gruneisen 系数
7.279	0.2419	1.536	1.8

Selected Hugoniots [R]. Los Alamos Scientific Laboratory, LA-4167-MS:[s.n.], 1 May 1969.

铀

表 7-158 SHOCK 状态方程参数

$\rho/(g/cm^3)$	$C/(cm/\mu s)$	S_1	Gruneisen 系数
18.95	0.2487	2.2	1.56

Selected Hugoniots [R]. Los Alamos Scientific Laboratory, LA-4167-MS:[s.n.], 1 May 1969.

表 7-159 SHOCK 状态方程参数

$\rho/(g/cm^3)$	$C/(cm/\mu s)$	S_1	$C_p/(J \cdot kg^{-1} \cdot K^{-1})$	Gruneisen 系数
18.95	0.249	2.20	120	2.1

MEYERS M A. Dynamic behavior of materials [M]. John Wiley & Sons, New York, 1994.

锗

表 7-160 SHOCK 状态方程参数

$\rho/(g/cm^3)$	$C/(cm/\mu s)$	S_1	Gruneisen 系数
5.328	0.1750	1.75	0.56

Selected Hugoniots [R]. Los Alamos Scientific Laboratory, LA-4167-MS:[s.n.], 1 May 1969.

WE43 镁合金

表 7-161　简化 Johnson-Cook 模型参数

A/MPa	B/MPa	n	C
85	1300	0.94	0.0085

杨琼琼. WE43 镁合金的动态冲击响应行为研究 [D]. 南昌: 南昌大学, 2020.

第 8 章　陶瓷和玻璃

在 LS-DYNA 中，陶瓷材料最常用的材料模型有：

*MAT_110（*MAT_JOHNSON_HOLMQUIST_CERAMICS，即 JH-2 模型）

*MAT_241（*MAT_JOHNSON_HOLMQUIST_JH1，即 JH-1 模型）。

其他可用的还有：

*MAT_017（*MAT_ORIENTED_CRACK）

*MAT_033（*MAT_BARLAT_ANISOTROPIC_PLASTICITY）

*MAT_059（*MAT_COMPOSITE_FAILURE_{OPTION}_MODEL）

*MAT_236（*MAT_SCC_ON_RCC）

*MAT_271（*MAT_POWDER）

而无机玻璃除了可采用 JH-1 和 JH-2 模型，常用的材料模型还有：

　　*MAT_001（*MAT_ELASTIC），通过*MAT_ADD_EROSION 附加主应变或主应力失效方式模拟裂纹。

　　*MAT_019（*MAT_STRAIN_RATE_DEPENDENT_PLASTICITY），带有主应力失效方式。

　　*MAT_032（*MAT_LAMINATED_GLASS），可模拟带有聚合物层的分层玻璃，带有塑性应变失效方式。

　　*MAT_060（*MAT_ELASTIC_WITH_VISCOSITY），不带失效，用于模拟高温下玻璃的成形过程。

　　*MAT_281（*MAT_GLASS），可通过损伤来显示玻璃裂纹。

　　*MAT_ELASTIC_PERI，用于近场动力学分析的材料模型。

Al_2O_3

表 8-1　Gruneisen 状态方程参数

$\rho/(kg/m^3)$	$C/(m/s)$	S_1	Γ	$C_V/(J \cdot kg^{-1} \cdot K^{-1})$
4000	6956	1.449	2	1224

BAUDIN G, PETITPAS F, SAUREL R. Thermal non equilibrium modeling of the detonation waves in highly heterogeneous condensed HE: a multiphase approach for metalized high explosives [C]. Proceedings of the 14th International Detonation Symposium, Coeur d'Alene, Idaho, 2010.

Al_2O_3 陶瓷

表 8-2　*MAT_JOHNSON_HOLMQUIST_CERAMICS 模型参数（一）

$\rho/(kg/m^3)$	G/GPa	K_1/GPa	K_2/GPa	K_3/GPa	HEL/GPa	σ_{HEL}/GPa	P_{HEL}/GPa	A
3800	135	200	0.0	0.0	8.3	5.9	4.37	0.989

（续）

N	C	B	M	S^f_{max}/GPa	D_1	D_2	β	T/GPa
0.3755	0.0	0.77	1.0	2.95	0.01	1.0	1.0	0.13

LUNDBERG, PATRIC. Interface Defeat and Penetration: Two Modes of Interaction between Metallic Projectiles and Ceramic Targets [D]. Uppsala , Sweden: Uppsala University, 2004.

表 8-3 *MAT_JOHNSON_HOLMQUIST_CERAMICS 模型参数（二）

ρ/(kg/m^3)	G/GPa	D_1	D_2	K_1/GPa	K_2/GPa	K_3/GPa
3890	152	0.01	0.7	231	−160	2774
β	Σ^*_{fmax}	HEL/GPa	σ_{HEL}/GPa	P_{HEL}/GPa	M_{hel}	T/GPa
1.0	1	6.57	4.5875	3.5117	0.0153	0.262
T^*	A	B	C	N	M	
0.075	0.88	0.28	0.007	0.64	0.6	

李金柱, 黄风雷, 张连生. EFP 模拟弹丸侵彻陶瓷复合靶的数值模拟研究 [J]. 计算力学学报, 2009, 26(4): 562-567.

Al$_2$O$_3$ 陶瓷的质量分数为 89.8%Al$_2$O$_3$、7.8%SiO$_2$、2.2%CaO 及少量黏结剂。

表 8-4 *MAT_ORIENTED_CRACK 模型参数

ρ / (kg / m^3)	E / GPa	v	σ_s / GPa	E_p / GPa	断裂应力/GPa	失效阈值/GPa
3625	374.0	0.227	2.20	7.48	0.20	−0.03

陈海坤, 任会兰, 宁建国. 陶瓷材料平板撞击问题的数值模拟研究 [C]. 2005 年弹药战斗部学术交流会论文集, 珠海, 2005, 420-424.

表 8-5 *MAT_ORTHOTROPIC_ELASTIC 模型参数

ρ/(kg/m^3)	EA/Pa	EBA/Pa	ECA/Pa	PRBA
3750	307E9	358.1E9	358.1E9	0.2
PRCA	PRCB	GAB/Pa	GBC/Pa	GCA/Pa
0.2	0.2	126.9E9	126.9E9	126.9E9

ANSYS LS-DYNA User's Guide [R]. ANSYS, 2008.

Al$_2$O$_3$ 陶瓷（99.5%Alumina）

表 8-6 *MAT_JOHNSON_HOLMQUIST_CERAMICS 模型参数（一）

参数	单位	符号	取值
密度	kg/m^3	ρ_0	3800
体积模量	GPa	$K = K_1$	200

（续）

参数	单位	符号	取值
第二压力系数	GPa	K_2	0.0
第三压力系数	GPa	K_3	0.0
剪切模量	GPa	G	135
HEL 时的有效应力	GPa	σ_{HEL}	5.9
HEL 时的压力	GPa	P_{HEL}	4.37
HEL 时的轴向应力	GPa	HEL	8.3
无量纲常数	–	A	0.989
	–	B	0.77
	–	N	0.3755
	–	M	1.0
	–	S_{fmax}	0.5
	–	σ'_{hyd}	0.029
	–	D_1	0.01
	–	D_2	1.0
	–	β	1.0

LUNDBERG P, WESTERLING L, LUNDBERG B. Influence of scale on the penetration of tungsten rods into steel-backed alumina targets [J]. International Journal of Impact Engineering, 1996, 18(4): 403-416.

表 8-7 *MAT_JOHNSON_HOLMQUIST_CERAMICS 模型参数（二）

描述	符号	取值
密度	$\rho/(kg/m^3)$	3850
剪切模量	G/GPa	123
无量纲未损伤强度系数	A	0.949
无量纲断裂强度系数	B	0.1
应变率系数	C	0.007
断裂强度指数	M	0.2
未损伤时强度指数	N	0.2
拉伸强度	T^*/GPa	0.262
无量纲断裂强度	S_{fmax}	1E20
Hugoniot 弹性极限（HEL）	HEL/GPa	8
HEL 压力	P_{HEL}/GPa	1.46
HEL 强度	P_{HEL}/GPa	2.0
损伤常数	D_1	0.001
损伤常数	D_2	1.0

（续）

描述	符号	取值
膨胀因子	β	1.0
压力常数	K_1/GPa	186.8
压力常数	K_2/GPa	0
压力常数	K_3/GPa	0

KRASHANITSA R, SHKARAYEV S. Computational study of dynamic response and flow behavior of damaged ceramics [C]. 46th AIAA/ASME/ASCE/AHS/ASC Structures, Structural Dynamics and Materials Conference, Austin, 2005: 1-8.

表 8-8　*MAT_JOHNSON_HOLMQUIST_CERAMICS 模型参数（三）

ρ/(kg/m^3)	G/GPa	A	B	C	M	N
3700	90.16	0.93	0.31	0.0	0.6	0.6
$\dot{\varepsilon}_0$/s^{-1}	T/GPa	S_{fmax}	HEL/GPa	P_{HEL}/GPa	μ_{HEL}	T_{HEL}/GPa
1.0	0.2	N/A	2.79	1.46	0.01117	2.0
D_1	D_2	K_1/GPa	K_2/GPa	K_3/GPa	BETA	
0.005	1.0	130.95	0	0	1.0	

CRONIN D S. Implementation and Validation of the Johnson-Holmquist Ceramic Material Model in LS-Dyna [C]. 4th European LS-DYNA Conference, Ulm, 2003.

表 8-9　*MAT_JOHNSON_HOLMQUIST_CERAMICS 模型参数（四）

ρ_0/(kg/m^3)	G/GPa	K_1/GPa	K_2/GPa	K_3/GPa	β	A	N
3890	152	231	−160	2774	1.0	0.88	0.64
C	B	M	$S_{\max}^f$/GPa	$\dot{\varepsilon}_0$/s^{-1}	D_1	D_2	
0.007	0.28	0.6	1.0	1.0	0.01	0.7	

ANDERSON C E, JOHNSON G R, HOLMQUIST T J. Ballistic experiments and computations of confined 99.5% Al$_2$O$_3$ ceramic tiles[C]. Proceeding of 15th International symposium on ballistics. 1995. Jerusalem.

Alumina AD-85 陶瓷

表 8-10　动态力学特性参数

ρ/(kg/m^3)	G/GPa	v	压缩屈服应力/GPa	拉伸屈服应力/GPa
3420	108	0.22	1.95	0.155

表 8-11　*EOS_GRUNEISEN 状态方程参数

C/(m/s)	S_1	S_2	S_3	γ
9003	−3.026	2.35	−0.383	1

VAHEDI K, KHAZRAIYAN N. Numerical Modeling of Ballistic Penetration of Long Rods into Ceramic/Metal Armors [C]. 8th International LS-DYNA Conference, Detroit, 2004.

AlN 陶瓷

表 8-12　*MAT_JOHNSON_HOLMQUIST_CERAMICS 模型参数（一）

$\rho/(\mathrm{kg/m^3})$	G/GPa	D_1	D_2	K_1/GPa	K_2/GPa	K_3/GPa
3226	127	0.02	1.85	201	260	0
β	HEL/GPa	$\sigma_{\mathrm{HEL}}/\mathrm{GPa}$	$P_{\mathrm{HEL}}/\mathrm{GPa}$	μ_{HEL}	T/GPa	T^*
1.0	9	6.0	5	0.0242	0.32	0.064
A	B	C	N	M	σ^*_{fmax}	
0.85	0.31	0.013	0.29	0.21	N/A	

HOLMQUIST T J, TEMPLETON D W, BISHNOI K D. Constitutive modeling of aluminum nitride for large strain, high-strain rate, and high-pressure applications [J]. International Journal of Impact Engineering, 2001, 25: 211-231.

表 8-13　*MAT_JOHNSON_HOLMQUIST_CERAMICS 模型参数（二）

$\rho/(\mathrm{kg/m^3})$	G/GPa	A	B	C	M	N
3226	127	0.85	0.31	0.013	0.21	0.29
EPSI	T/GPa	S_{fmax}	HEL/GPa	$P_{\mathrm{HEL}}/\mathrm{GPa}$	μ_{HEL}	$T_{\mathrm{HEL}}/\mathrm{GPa}$
1.0	0.32	N/A	9	5	0.0242	6.0
D_1	D_2	K_1/GPa	K_2/GPa	K_3/GPa	β	
0.02	1.85	201	260	0	1.0	

CRONIN D S. Implementation and Validation of the Johnson-Holmquist Ceramic Material Model in LS-Dyna [C]. 4th European LS-DYNA Conference, Ulm, 2003.

表 8-14　*MAT_JOHNSON_HOLMQUIST_CERAMICS 模型参数（三）

参数	AlN	AlN	AlN	AlN	AlN	AL
$\rho/(\mathrm{kg/m^3})$	3226	3143	3043	2951	2860	2768
G/GPa	127	107	87	66	46	26
T/GPa	0.50	0.75	1.00			
S_i/GPa	4.31	3.50	2.80			
$S_{\mathrm{max}}/\mathrm{GPa}$	5.50	4.50	3.50	2.50	1.50	0
$S^*_{\mathrm{max}}/\mathrm{GPa}$	0.20	0.16	0.12			
K_1/GPa	201	176	151	127	102	77
K_2/GPa	260	234	207	181	154	128
K_3/GPa	0	25	50	75	100	125
D_1	0.16	0.56	0.63			
N	1.00	1.26	1.47			

（续）

参数	AlN	AlN	AlN	AlN	AlN	AL
$C/(\mathrm{J\cdot kg^{-1}\cdot K^{-1}})$	735	763	791	820	848	876
C_1/GPa				1.25	1.0	0.5
C_4				0.83	0.5	0
$S_{\max}/\mathrm{GPa}$				2.5	1.5	0
D_1				0	0	0.14
D_2				0.16	0.22	0.14
D_3				−2.1	−2.0	−1.5

TEMPLETON D W, GORSICH T J, HOLMQUIST T J. Computational Study of a Functionally Graded Ceramic-Metallic Armor [C]. 23rd International Symposium of Ballistics, Tarragona, Spain, 2007.

B₄C 陶瓷

表 8-15　*MAT_JOHNSON_HOLMQUIST_CERAMICS 模型

$\rho/(\mathrm{kg/m^3})$	G/GPa	A	B	C	M	N
2510	197	0.927	0.7	0.005	0.85	0.67
EPSI	T/GPa	S_{fmax}	HEL/GPa	$P_{\mathrm{HEL}}/\mathrm{GPa}$	μ_{HEL}	$T_{\mathrm{HEL}}/\mathrm{GPa}$
1.0	0.26	0.2	19	8.71	0.0408	15.4
D_1	D_2	K_1/GPa	K_2/GPa	K_3/GPa	BETA	
0.001	0.5	233	−593	2800	1.0	

Cronin D S. Implementation and Validation of the Johnson-Holmquist Ceramic Material Model in LS-Dyna [C]. 4th European LS-DYNA Conference, Ulm, 2003.

JOHNSON G R, HOLMQUIST T J. Response of boron carbide subjected to large strains, high strain rates, and high pressure [J]. Journal of Applied Physics, 1999, 85(12): 8060-8073.

表 8-16　*MAT_JOHNSON_HOLMQUIST_CERAMICS 模型参数

$\rho/(\mathrm{kg/m^3})$	K_1/GPa	G/GPa	K_2/GPa	K_3/GPa	Hugoniot 弹性极限 HEL/GPa
2510	233	197	-593	2800	19.0
HEL 有效应力 $\sigma_{\mathrm{HEL}}/\mathrm{GPa}$	HEL 压力 $P_{\mathrm{HEL}}/\mathrm{GPa}$	无量纲未损伤强度系数 A	未损伤时强度指数 N	应变率系数 C	无量纲断裂强度系数 B
15.1	8.93	0.9637	0.67	0.005	0.7311
断裂强度指数 M	最大断裂强度 $S_{\max}^{\mathrm{f}}/\mathrm{GPa}$	损伤指数 D_1	损伤指数 D_2	膨胀因子 β	拉伸强度/GPa
0.85	3.09	0.001	0.5	1.0	0.26

LUNDBERG, PATRIC. Interface Defeat and Penetration: Two Modes of Interaction between Metallic Projectiles and Ceramic Targets [D]. Uppsala, Sweden: Uppsala University, 2004.

玻璃

表 8-17 *MAT_ORIENTED_CRACK 模型参数

$\rho/(kg/mm^3)$	E/GPa	PR	SIGY/GPa	ETAN/GPa	FS	PRF
2.5E-6	73.9	0.3	0.019	50.5	0.064	−0.13

表 8-18 *EOS_LINEAR_POLYNOMIAL 状态方程参数

C_0/GPa	C_1/GPa	C_2/GPa	C_3/GPa	C_4	C_5	C_6	E_0/GPa	V_0
0.0	43.0	0.0	0.0	0.0	0.0	0.0	0.0	1.0

叶益盛, LS-DYNA FOR CRASH & SAFETY[R]. LSTC, 2019.

表 8-19 *MAT_GLASS 模型参数（单位 kg-mm-ms）

ρ	E	PR	FMOD	FT	FC	SFSTI	SFSTR	CRIN	ECRCL	NCYCR	NIPF
2.4E-6	70.0	0.23	2	0.08	0.8	0.0	0.0	0.0	0.0	5	1

https://www.lstc.com.

表 8-20 *MAT_VISCOELASTIC 模型参数

ρ /(kg/m³)	BULK/Pa	G_0/Pa	G_I/Pa	BETA
2390	60.5E9	27.4E9	0.0	1.887

ANSYS LS-DYNA USER'S GUIDE [R]. ANSYS, 2008.

Bulk metallic glasses (BMGs)

表 8-21 Johnson-Cook 模型参数

$\rho/(kg/m^3)$	E/MPa	G/MP	T_m/K	T_r/K	$C_P/(J \cdot kg^{-1} \cdot K^{-1})$	A/MPa	B/MPa	n
8620	8.5E4	3.09E4	1205	293	26.5	1702	1381	0.82

C	m	$\dot{\varepsilon}_0 / s^{-1}$	D_1	D_2	D_3	D_4	D_5	
0.032	6.88	0.001	−0.09	2.5	−0.5	0.002	2	

SAU Y C, et al. Twinned-Serrated Chip Formation with Minor Shear Bandsin Ultra-precision Micro-cutting of Bulk Metallic Glass [J].The International Journal of Advanced Manufacturing Technology, 2020,107:4437-4448.

挡风玻璃

表 8-22 *MAT_LAMINATED_GLASS 模型参数

$\rho/(kg/mm^3)$	EG/GPa	PRG	SYG/GPa	ETG/GPa	EFG	EP/GPa	PRP	SYP/GPa	ETP/GPa
2.677E-6	73.9	0.22	0.138	1.0	0.03	0.281	0.34	0.0172	3.65E-6

叶益盛, LS-DYNA FOR CRASH & SAFETY [R]. LSTC, 2019.

表 8-23 胶（Adhesive）的*MAT_ELASTIC 模型参数

$\rho/(kg/m^3)$	E/MPa	ν
1250	9	0.49

表 8-24　玻璃（Glass）的*MAT_MODIFIED_PIECEWISE_LINEAR_PLASTICITY 模型参数

$\rho/(kg/m^3)$	E/GPa	ν	失效应力/MPa	失效主应变（%）
2500	70	0.24	50	0.1

表 8-25　PVB 的*MAT_MOONEY_RIVLIN_RUBBER 模型参数

$\rho/(kg/m^3)$	A/MPa	B/MPa	ν
1100	1.4	0.06	0.49

LIU Q, LIU J Y, MIAO Q, et al. Simulation and Test Validation of Windscreen Subject to Pedestrian Head Impact [C]. 12th International LS-DYNA Conference, Detroit, 2012.

表 8-26　*MAT_LAMINATED_GLASS 模型参数（单位制 ton-mm-s）

$\rho/(ton/mm^3)$	EG/MPa	PRG	SYG/MPa	ETG/MPa	EFG	EP/MPa
2.50E-9	73500	0.25	138	0.05	5.00E-7	275.0
PRP	SYP/MPa	ETP/MPa	F_1	F_2	$F_3 \sim F_8$	
0.33	15.0	0.0035	0.0	1.0	0.0	

https://www.lstc.com.

DBA80 刀具材料

表 8-27　刀具材料 DBA80 机械物理参数

$\rho(g/cm^3)$	杨氏模量/GPa	泊松比	导热系数/(W·m^{-1}·K^{-1})	热膨胀系数/(10^{-6}/℃)
3.12~4.28	587~680	0.15~0.22	40~100	2.1~4.8

应正健. 超硬材料车削过程的数值仿真研究 [D]. 成都：西华大学, 2012.

钢化玻璃

表 8-28　*MAT_JOHNSON_HOLMQUIST_CERAMICS 模型参数

$\rho/(kg/m^3)$	K_1/GPa	K_2/GPa	K_3/GPa	HEL/GPa	A	N	C	B
2495.4	43.2	-74.6	163.7	7.0	0.702	0.505	0.00233	0.2
M	σ_{HEL}/GPa	T/GPa	D_1	D_2	μ_{HEL}	P_{HEL}/GPa	β	
1.0	5.04	0.032	0.043	0.85	0.0973	3.64	1.0	

程文煜. 超薄汽车防护玻璃结构优化及仿真设计 [D]. 浙江大学, 2016.

聚晶金刚石（PCD）

表 8-29　PCD 刀具机械物理参数

$\rho/(g/cm^3)$	杨氏模量/GPa	泊松比	导热系数/(W·m^{-1}·K^{-1})
3.5	850	0.1	1500
比热/(J·kg^{-1}·℃$^{-1}$)	热膨胀系数/(℃)$^{-1}$	熔点/℃	
471	2E-6	4027	

但锦旗. 熔石英玻璃激光辅助切削性能研究 [D]. 武汉：华中科技大学, 2019.

聚晶立方氮化硼（PCBN）

表 8-30　PCBN 刀具机械物理参数

ρ/(g/cm^3)	杨氏模量/GPa	泊松比	导热系数/(W/(m·K))	比热/(J(kg·℃)$^{-1}$)
3.8	650	0.2	120	700

胡恺星. 表面微织构 PCBN 刀具干式车削钛合金的切削性能研究 [D]. 长春：长春大学, 2020.

钠钙玻璃

表 8-31　钠钙玻璃（Soda-lime glass）*MAT_ELASTIC_PERI 材料模型参数

ρ/(kg/m^3)	E/GPa	断裂能量释放率 G/(J/m^2)
2440	72	8.0

HU W, REN B, WU C T, et al. 3D Discontinuous Galerkin Finite Element Method with the Bond-Based Peridynamics Model for Dynamic Brittle Failure Analysis [C]. 11th European LS-DYNA Conference, Salzburg, 2017.

汽车挡风玻璃

玻璃采用*MAT_LAMINATED_GLASS 材料模型，为各向同性硬化塑性材料，且带有塑性应变失效准则，用于模拟带有 PVB 薄膜的夹层玻璃材料。玻璃失效后相应的单元不删除，之后该壳单元的力学性能由 PVB 材料决定。

表 8-32　*MAT_LAMINATED_GLASS 模型参数

ρ/(kg/m^3)	EG/GPa	PRG	SYG/MPa	ETG/MPa	EFG	EP/MPa
2677	73.9	0.22	138	1000	0.03	281
PRP	SYP/MPa	ETP/MPa	F_1	F_2	F_3	
0.34	17.2	3.65E-3	0.0	1.0	0.0	

叶益盛, LS-DYNA FOR CRASH & SAFETY[R]. LSTC, 2019.

汽车门上玻璃

表 8-33　汽车门上所用夹层玻璃*MAT_PIECEWISE_LINEAR_PLASTICITY 模型参数（单位制 ton-mm-s）

ρ/(ton/mm^3)	E/MPa	PR	SIGY/MPa
2.5000E-9	76000	0.3	138

https://www.lstc.com.

PZT-5H 压电陶瓷

表 8-34　*MAT_JOHNSON_HOLMQUIST_CERAMICS 模型参数

ρ/(kg/m^3)	G/GPa	A	B	C	M	N	$\dot{\varepsilon}_0$/s^{-1}	T/GPa
7500	46.3	0.83	0.3	0.0048	0.6	0.61	1.0	0.1
σ^*_{fmax}	HEL/GPa	P_{HEL}/GPa	β	D_1	D_2	K_1/GPa	K_2/GPa	K_3/GPa
0.2	2.2	1.121	1.0	0.01	0.8	64.8	65.3	37.2

李月. 压电陶瓷激活微小型热化学电池的关键技术研究 [D]. 沈阳：沈阳理工大学, 2019.

PZT95/5 铁电陶瓷

表 8-35　*MAT_JOHNSON_HOLMQUIST_CERAMICS 模型参数

$\rho/(kg/m^3)$	G/GPa	A	B	C	M	N	$\dot{\varepsilon}_0/s^{-1}$	T/GPa
7300	46.3	0.83	0.30	0.0048	0.6	0.61	1.0	0.1
σ^*_{fmax}	HEL/GPa	P_{HEL}/GPa	β	D_1	D_2	K_1/GPa	K_2/GPa	K_3/GPa
0.2	2.2	1.167	1.0	0.01	0.8	64.8	64.1	31.6

张攀. 冲击波加载下 PZT95/5 铁电陶瓷的力学及电学特性数值研究 [D]. 兰州大学,2013.

熔石英玻璃

表 8-36　*MAT_JOHNSON_COOK 模型参数

$\rho/(kg/m^3)$	E/GPa	PR	$C_P/(J \cdot kg^{-1} \cdot K^{-1})$	T_m/K	T_r/K	A/MPa	B/MPa	n	C	m
2210	21	0.17	1211	2003	293	207.6	1035.2	0.6	0.021	0.103

潘鹏飞, 等. 基于正交切削理论的熔石英高温本构参数的逆向识别 [J]. 中国科学:技术科学, 2020, Vol. 50(11):1426-1436.

石英浮法玻璃

表 8-37　石英浮法玻璃（Silica Float Glass）*MAT_JOHNSON_HOLMQUIST_CERAMICS 模型参数

$\rho/(kg/m^3)$	G/GPa	A	B	C	M	N
2530	30.4	0.93	0.088	0.003	0.35	0.77
EPSI	T/GPa	S_{fmax}	HEL/GPa	P_{HEL}/GPa	μ_{HEL}	T_{HEL}/GPa
1.0	0.15	0.5	5.95	2.92		4.5
D_1	D_2	K_1/GPa	K_2/GPa	K_3/GPa	BETA	
0.053	0.85	45.4	-138	290	1.0	

CRONIN D S. Implementation and Validation of the Johnson-Holmquist Ceramic Material Model in LS-Dyna [C]. 4th European LS-DYNA Conference, Ulm, 2003.

Si$_3$N$_4$ 陶瓷

表 8-38　*MAT_JOHNSON_HOLMQUIST_CERAMICS 模型参数

E/GPa	PR	C	K_1/GPa	K_2/GPa	K_3/GPa
365	0.275	0.014	120	35	164

张进成. 防护型车身轻质复合装甲分析与设计技术研究 [D]. 南京理工大学, 2018.

SiC 陶瓷

表 8-39　*MAT_JOHNSON_HOLMQUIST_CERAMICS 模型参数

$\rho/(kg/m^3)$	G/GPa	A	B	C	M	N
3163	183	0.96	0.35	0.0	1.0	0.65

（续）

EPSI	T/GPa	S_{fmax}	HEL/GPa	P_{HEL}/GPa	μ_{HEL}	T_{HEL}/GPa
1.0	0.37	0.8	14.567	5.9		13.0
D_1	D_2	K_1/GPa	K_2/GPa	K_3/GPa	BETA	
0.48	0.48	204.785	0	0	1.0	

CRONIN D S. Implementation and Validation of the Johnson–Holmquist Ceramic Material Model in LS-Dyna [C]. 4th European LS-DYNA Conference, Ulm, 2003.

表 8-40　AUTODYN 软件中的 Johnson-Holmquist(JH-1)模型参数

状态方程：polynomial	
密度	3.215g/cm³
体积模量 A_1	2.20E8kPa
参数 A_2	3.61E8kPa
参数 T_1	2.20E8kPa
强度模型：Johnson-Holmquist, segmented (JH-1)	
剪切模量	1.93E8kPa
Hugoniot 弹性极限	1.17E7kPa
未损伤强度系数 S_1	7.10E6kPa
未损伤强度系数 P_1	2.50E6kPa
未损伤强度系数 S_2	1.22E7kPa
未损伤强度系数 P_2	1.00E7kPa
应变率系数 C	0.009
最大断裂强度 $S_{\max}^{\text{f}}$	1.30E6kPa
失效强度系数 α	0.4
失效模型：Johnson-Holmquist, segmented (JH-1)	
净水拉伸极限 T	−7.50E5kPa
损伤系数 $\varepsilon_{\max}^{f}$	0.8
损伤系数 P_3	9.975E7kPa
膨胀因子 β	1
拉伸失效	Hydro

QUAN X, CLEGG R A, COWLER M S, et al. Numerical simulation of long rods impacting silicon carbide targets using JH-1 model [J]. International Journal of Impact Engineering, 2006, 33: 634-644.

表 8-41 *MAT_JOHNSON_HOLMQUIST_JH1 模型参数

描述	符号	单位	取值
密度	ρ	kg/m³	3215
体积模量	K	GPa	220
剪切模量	G	GPa	193
弹性模量	E	GPa	449
拉伸强度	T	GPa	0.75
未损伤强度系数	S_1	GPa	7.1
未损伤强度系数	P_1	GPa	2.5
未损伤强度系数	S_2	GPa	12.2
未损伤强度系数	P_2	GPa	10.0
应变率系数	C	—	0.0
最大断裂强度	S_{max}^f	GPa	1.3
失效强度系数	α	—	0.40
压力系数	K_1	GPa	220
压力系数	K_2	GPa	361
膨胀因子	β	—	1.0
损伤系数	φ	1/GPa	0.012
	ε_{max}^f	—	1.2

LUNDBERG P, RENSTRÖM R, LUNDBERG B. Impact of conical tungsten projectiles on flat silicon carbide targets: Transition from interface defeat to penetration [J]. International Journal of Impact Engineering, 2006, 32: 1842-1856.

WC

表 8-42 Johnson-Cook 模型参数

ρ/(kg/m³)	A/MPa	B/MPa	n	C	m	T_r/K	T_m/K
17580	1070	165	0.11	0.0028	1.0	300	1723

BUCHAR J, ROLC S, PECHACEK J. Numerical Simulation of the Long Rod Interaction with Flying Plate [C]. 21st International Symposium of Ballistics, Adelaide, Australia, 2004.

第 9 章 生 物 材 料

在 LS-DYNA 中，可用于动物的材料模型有：

*MAT_091：*MAT_SOFT_TISSUE

*MAT_092：*MAT_SOFT_TISSUE_VISCO

*MAT_128：*MAT_HEART_TISSUE

*MAT_129：*MAT_LUNG_TISSUE

*MAT_156：*MAT_MUSCLE

*MAT_164：*MAT_BRAIN_LINEAR_VISCOELASTIC

*MAT_176：*MAT_QUASILINEAR_VISCOELASTIC

*MAT_266：*MAT_TISSUE_DISPERSED

*MAT_295：*MAT_ANISOTROPIC_HYPERELASTIC

*MAT_S15：*MAT_SPRING_MUSCLE 等。

可用于植物的材料模型有：

*MAT_002：*MAT_OPTIONTROPIC_ELASTIC

*MAT_034：*MAT_FABRIC

*MAT_143：*MAT_WOOD 等。

可用于纸张的材料模型有：

*MAT_274：*MAT_PAPER

*MAT_279：*MAT_COHESIVE_PAPER 等。

桉木

通过 Hopkinson 压杆实验研究了干、湿桉木在较高应变率下的应力-应变曲线、力学性能及破坏机制，并同准静态压缩实验的结果进行了比较。

表 9-1　干桉木准静态和动态力学性能

载荷	子弹速度 /(m/s)	应变率 /s^{-1}	屈服强度/MPa
动态	9.85	6.26E2	76.12
	11.36	1.04E3	77.13
	13.51	1.47E3	78.15
	15.38	1.63E3	79.28
准静态	—	1.1E-4	60.67

表 9-2　湿桦木准静态和动态力学性能

载荷	子弹速度/(m/s)	应变率/s^{-1}	屈服强度/MPa
动态	9.26	1.01E3	70.13
	12.82	1.68E3	75.06
	13.89	1.90E3	76.74
	16.13	2.23E3	77.26
准静态	—	1.1E-4	33.67

窦金龙，等. 干、湿木材的动态力学性能及破坏机制研究 [J]. 固体力学学报, 2008, 29(4): 348-353.

白蜡木

表 9-3　*MAT_WOOD 模型参数

EL/GPa	ET/GPa	GLT/GPa	GTR/GPa	PR	XT/MPa
15.1	1.21	1.64	0.58	0.440	169
XC/MPa	YT/MPa	YC/MPa	SXY/MPa	SYZ/MPa	
83.4	13.4	13.1	21.5	30.1	

Fortinsmith, Joshua, et al. Characterization of Maple and Ash Material Properties for the Finite Element Modeling of Wood Baseball Bats. Applied Sciences 8.11 (2018).

白色脂肪组织

表 9-4　*MAT_OGDEN_RUBBER 模型参数（单位制 m-kg-s）

ρ/(kg/m^3)	PR	N	NV	G	SIGF		
920.0	0.4999983	0	6	0.0	0.0		
MU1	MU2	MU3	MU4	MU5	MU6	MU7	MU8
30	0.0	0.0	0.0	0.0	0.0	0.0	0.0
ALPHA1	ALPHA2	ALPHA3	ALPHA4	ALPHA5	ALPHA6	ALPHA7	ALPHA8
20.0	0.0	0.0	0.0	0.0	0.0	0.0	0.0
GI	BETAI						
3E3	310						

表 9-5　*MAT_SOFT_TISSUE_VISCO 模型参数（单位制 m-kg-s）

ρ/(kg/m^3)	C_1	C_2	C_3	C_4	C_5	
920.0	100	100	0.0	0.0	0.0	
XK	XLAM	FANG	XLAM0			
5.0E8	10.0	0.0	0.0			
AOPT	AX	AY	AZ	BX	BY	BZ
2.0	0.0	1.0	0.0	0.0	0.0	1.0

（续）

LA1	LA2	LA3	MACF		
0.0	0.0	0.0	1		
S_1	S_2	S_3	S_4	S_5	S_6
10	0.0	0.0	0.0	0.0	0.0
T_1	T_2	T_3	T_4	T_5	T_6
0.00322	0.0	0.0	0.0	0.0	0.0

表 9-6　*MAT_SIMPLIFIED_RUBBER/FOAM 模型参数（单位制 m-kg-s）

ρ/(kg/m^3)	KM/Pa	MU	G	SIGF	REF	PRTEN
920.0	5.0E8	0.0	0.0	0.0	0.0	0.0
SGL	SW	ST	LC/TBID	TENSION	RTYPE	AVGOPT	PR/BETA
1.0	1.0	1.0	5000	1.0	1.0	0.0	0.0

表 9-7　*MAT_VISCOELASTIC 模型参数

ρ/(kg/m^3)	BULK/Pa	G_0/Pa	GI/Pa	BETA
1200	2.2960E6	3.5060E5	1.1690E5	100.0

KRISTOFER ENGELBREKTSSON. Evaluation of material models in LS-DYNA for impact simulation of white adipose tissue [D]. Göteborg, Sweden: Chalmers University of Technology, 2011.

车用木橡胶减振器

　　利用分离式霍普金森压杆对车用木橡胶减振器试样进行动态压缩实验，获得应变率为 1250s^{-1}、1500s^{-1}、1750s^{-1} 时木橡胶减振器的波形曲线。最后利用实验数据及 Origin 软件确定车用木橡胶减振器 Johnson-Cook 型本构方程的参数。

$$\sigma = (21 + 0.329\varepsilon^{1.16}) \times (1 + 0.148\ln\dot{\varepsilon}^*)$$

齐英杰, 孙奇, 马岩. 车用木橡胶减振器动态力学性能及 Johnson-Cook 型本构方程 [J]. 林业科学, 2015, 51(12): 149-155.

端粒巴沙木芯

表 9-8　端粒巴沙木芯（end-grain balsa wood core）*MAT_143 和*MAT_002 材料模型参数

ρ/(kg/mm^3)	湿度(%)	平行法向模量 EL/GPa	垂直法向模量 ET/GPa	平行剪切模量 GLT/GPa	垂直剪切模量 GLR/GPa	平行最大泊松比 ν
1.55E-7	1.2E1	5.30	0.20	0.166	0.085	0.25
平行拉伸强度 XT/GPa	垂直拉伸强度 YT/GPa	平行压缩强度 XC/GPa	垂直压缩强度 YC/GPa	平行剪切强度 SXY/GPa	垂直剪切强度 SYZ/GPa	
0.0135	0.0004	0.0127	0.0023	0.003	0.004	

Deka L J, Vaidya U K. LS-DYNA® Impact Simulation of Composite Sandwich Structures with Balsa Wood Core [C]. 10th International LS-DYNA Conference, Detroit, 2008.

枫木

表 9-9 *MAT_WOOD 模型参数

MID	ρ	NPLOT	ITERS	IRATE	GHARD	IFAIL	IVOL
1	6.47E-5	1	0	0	0	0	1
EL	ET	GLT	GTR	PR			
2.28E6	148070	252858	80642	0.476			
XT	XC	YT	YC	SXY	SYZ		
22513	11227	2163	2107	3341	4677		
GF1∥	GF2∥	BFIT	DMAX∥	GF1⊥	GF2⊥	DFIT	DMAX⊥
430	2000	30	0.9999	430	1500	30	0.99
FLPAR	FLPARC	POWPAR	FLPER	PLPERC	POWPER		
0	0	0	0	0	0		
NPAR	CPAR	NPER	CPER				
0.5	400	0.4	100				
AOPT	MACF	BETA					
2	1	0					
XP	YP	ZP	A_1	A_2	A_3		
			0	0	1		
D_1	D_2	D_3	V_1	V_2	V_3		
1	0	0					

注：原文中单位制为 m-kg-s，但编者分析后认为其采用的单位制应该为 lbfs^2/in-in-s。

Joshua Fortin-Smith, et al. A Complementary Experimental and Modeling Approach for the Characterization of Maple and Ash Wood Material Properties for Bat-Ball Impact Modeling in LS-DYNA [C]. 14th International LS-DYNA Conference, Detroit, 2016.

表 9-10 *MAT_WOOD 模型参数

ρ/(g/cm^3)	MAXEPS	EL/GPa	ET/GPa	GLT/GPa	GTR/GPa	PR
0.606	0.0212	14.8	0.97	1.65	0.52	0.476
XT/MPa	XC/MPa	YT/MPa	YC/MPa	SXY/MPa	SYZ/MPa	
133.5	66.6	12.8	12.5	19.8	27.7	

表 9-11 *MAT_WOOD 模型参数

ρ/(g/cm^3)	MAXEPS	EL/GPa	ET/GPa	GLT/GPa	GTR/GPa	PR
0.637	0.0223	15.2	0.99	1.68	0.54	0.476
XT/MPa	XC/MPa	YT/MPa	YC/MPa	SXY/MPa	SYZ/MPa	
141.4	70.5	13.6	13.2	21.0	29.4	

表 9-12　*MAT_WOOD 模型参数

ρ (g/cm³)	MAXEPS	EL/GPa	ET/GPa	GLT/GPa	GTR/GPa	PR
0.673	0.0234	15.5	1.01	1.72	0.55	0.476
XT/MPa	XC/MPa	YT/MPa	YC/MPa	SXY/MPa	SYZ/MPa	
150.5	75.0	14.5	14.1	22.3	31.3	

Blake Campshure, Patrick Drane, James Sherwood. An Investigation of Maple Wood Baseball Bat Durability as a Function of Bat Profile using LS-DYNA® [C]. 16th International LS-DYNA Conference, Virtual Event, 2020.

表 9-13　*MAT_WOOD 模型参数

EL/GPa	ET/GPa	GLT/GPa	GTR/GPa	PR	XT/MPa
15.7	1.02	1.74	0.56	0.476	155
XC/MPa	YT/MPa	YC/MPa	SXY/MPa	SYZ/MPa	
77.4	14.9	14.5	23.0	32.3	

Fortinsmith, Joshua, et al. Characterization of Maple and Ash Material Properties for the Finite Element Modeling of Wood Baseball Bats [J]. Applied Sciences 8.11 (2018).

股骨和胫骨

表 9-14　*MAT_COMPOSITE_FAILURE 材料模型参数

参数	股骨	胫骨
密度/(kg/mm³)	1.9E-6	1.849E-6
纵向弹性模量 E_a/MPa	11500	20700
横向弹性模量 E_b/MPa	17000	12200
法向弹性模量 E_c/MPa	11500	12200
泊松比 v_{ba}	0.23	0.237
泊松比 v_{ca}	0.23	0.423
泊松比 v_{cb}	0.43	0.423
剪切模量 G_{ab}/MPa	3280	5200
剪切模量 G_{bc}/MPa	3280	5200
剪切模量 G_{ca}/MPa	3600	5200

Chiara Silvestri, Doug Heath, Malcolm H Ray. An LS-DYNA Model for the Investigation of the Human Knee Joint Response to Axial Tibial Loadings [C]. 11th International LS-DYNA Conference, Detroit, 2010.

骨盆

表 9-15　骶骨临界骨(Sacrum Cortical Bone)*MAT_PLASTIC_KINEMATIC 模型参数(单位制 kg-mm-ms)

ρ /(kg/mm³)	E/GPa	PR	SIGY/GPa	ETAN/GPa	BETA
1.6E-6	12	0.29	0.085	1.2	0.1

表 9-16 骶骨小梁(Sacrum Trabecular Bone)*MAT_PLASTIC_KINEMATIC 模型参数（单位制 kg-mm-ms）

ρ/(kg/mm³)	E/GPa	PR	SIGY/GPa	ETAN/GPa	BETA
1.2E-6	0.055	0.2	0.0092	0.0055	0.1

表 9-17 髋关节骨(Coxal Cortical Bone)*MAT_PLASTIC_KINEMATIC 模型参数（单位制 kg-mm-ms）

ρ/(kg/mm³)	E/GPa	PR	SIGY/GPa	ETAN/GPa	BETA
1.6E-6	11.35	0.29	0.085	1.135	0.1

表 9-18 髋关节小梁骨(Coxal Trabecular Bone)*MAT_PLASTIC_KINEMATIC 模型参数（单位制 kg-mm-ms）

ρ/(kg/mm³)	E/GPa	PR	SIGY/GPa	ETAN/GPa	BETA
1.2E-6	0.055	0.2	0.0092	0.0055	0.1

表 9-19 骶髂关节软骨(Sacroiliac Joint Cartilage)*MAT_MOONEY-RIVLIN_RUBBER 模型参数（单位制 kg-mm-ms）

ρ/(kg/mm³)	PR	A	B
1.2E-6	0.495	1.0E-4	1.0E-3

表 9-20 骶髂关节韧带(Sacroiliac Joint Ligament)*MAT_CABLE_DISCRETE_BEAM 模型参数（单位制 kg-mm-ms）

ρ/(kg/mm³)	E/GPa
1.2E-6	0.01

表 9-21 耻骨关节(Pubis Symphysis Joint)*MAT_HYPERELASTIC_RUBBER 模型参数（单位制 kg-mm-ms）

ρ/(kg/mm³)	PR	C10	C01	C11	$G_{Relaxation}$	β_{Decay}
1.2E-6	0.495	5E-5	2E-4	2.5E-4	1.5E-5	0.54

表 9-22 耻骨关节(Pubis Symphysis Joint)*MAT_SOFT_TISSUE_VISCO 模型参数（单位制 kg-mm-ms）

ρ/(kg/mm³)	C	C_2	C_3	C_4	C_5
1.2E-6	1.44E-3	0	1.9E-4	35.5	0.155
XK(GPa）	XLAM	Spectral Strength1	Spectral Strength2	T_1	T_2
1.44	1.055	9.2E-5	4.03E-4	1.85	16.72

表 9-23　髋臼软骨(Acetabulum Cartilage)*MAT_MOONEY-RIVLIN_RUBBER 模型参数（单位制 kg-mm-ms）

ρ /(kg/mm^3)	PR	A	B
1.2E-6	0.495	0	0.0041

Daniel Grindle,Yunzhu Meng,Costin Untaroiu. Further Validation of the Global Human Body Model Consortium 50th Percentile Male Pelvis Finite Element Model. [C]. 16th International LS-DYNA Conference, Virtual Event,2020.

黄松木

*MAT_143 中有内嵌的 Yellow Pine（黄松）材料参数。

LS-DYNA KEYWORD USER'S MANUAL [Z]. LSTC, 2017.

肋骨

表 9-24　皮质骨（致密骨）和骨小梁采用弹塑性模型

肋骨序号	类型	弹性模量/GPa	切线模量/GPa	屈服应力/MPa	失效应变(%)
1	皮质骨	11.03	1.645	98.98	2.635
2		12.38	9.38	82.36	1.367
全部	骨小梁	0.04	0.001	1.8	2.00

Keegan Yates, Costin Untaroiu. Subject-Specific Modeling of Human Ribs: Finite Element Simulations of Rib Bending Tests, Mesh Sensitivity, Model Prediction with Data Derived From Coupon Tests [C]. 15th International LS-DYNA Conference, Detroit, 2018.

冷杉木

*MAT_143 中有内嵌的 Douglas fir 材料参数。

LS-DYNA KEYWORD USER'S MANUAL [Z]. LSTC, 2017.

颅骨、颅骨皮质和颅骨海绵

表 9-25　线弹性材料模型参数

头部组织	ρ /(kg/mm^3)	弹性模量 E/GPa	体积模量 K/GPa	剪切模量 G/GPa	泊松比 ν
颅骨	1.2E-6	4	3.33	1.53	0.30
颅骨皮质	2.2E-6	10	5.94	4.099	0.22
颅骨海绵	0.99E-6	1.293	0.77	0.53	0.22

Rahul Makwana, et al. Comparison of the Brain Response to Blast Exposure Between a Human Head Model and a Blast Headform Model Using Finite Element methods [C]. 13th International LS-DYNA Conference, Dearborn, 2014.

颅骨和脑

表 9-26　颅骨和脑的材料参数

材料属性	颅骨	脑
材料模型	*Mat_Elastic	*Mat_Elastic_Fluid
密度/(kg/m³)	2140	1002
体积模量 K(GPa)		2.18
弹性模量 E(MPa)	13790	
泊松比	0.25	

Pearce C, Young O G, Cowlam L, et al. The Pressure Response in the Brain During Short Duration Impacts [C]. 9th European LS-DYNA Conference, Manchester, 2013.

木材

表 9-27　动态力学特性参数

木材种类	密度/(kg/m³)	拉伸强度/MPa	拉伸强度⊥/MPa	压缩强度/MPa	压缩强度⊥/MPa	弯曲模量/MPa	弹性模量/MPa	硬度/(J/cm²)
云杉	440	84	1.5	30	4.1	60	9100	4.9
松木	530	102	2.9	54	7.5	98	11750	6.9
橡木	700	108	3.3	42	11.5	116	11600	7.4
榉木	720	130	3.5	46	7.9	104	13100	7.8
桦木	730	134	6.9	50	10.8	134	16100	6.6

表 9-28　$\sigma = \sigma_B + \alpha\dot{\varepsilon}$ 强度模型参数

木材种类	σ_B / MPa	α / MPas
云杉	74.34	0.0271
松木	78.37	0.0406
橡木	86.72	0.0464
榉木	78.00	0.0657
桦木	113.00	0.0321

Buchar J. Model of the Wood Response to the High Velocity of Loading [C]. 19th International Symposium of Ballistics, Interlaken, Switzerland, 2001.

木桩

表 9-29　*MAT_WOOD 材料模型参数

ρ /(kg/m³)	E/MPa	屈服应力/MPa	ν
673.1	平行：$1.135×10^4$ 竖直：247	平行：40（拉伸） 13（压缩） 竖直：0.96（拉伸） 2.57（压缩）	0.16

Meng Yunzhu, Untaroiu Costin. Development and Validation of a Finite Element Model of an Energy-absorbing Guardrail End Terminal [C]. 15th International LS-DYNA Conference, Detroit, 2018.

脑

表 9-30 *MAT_BRAIN_LINEAR_VISCOELASTIC 模型参数

$\rho/(kg/mm^3)$	体积模量 K/GPa	剪切模量/kPa		衰减常数 β/ms^{-1}
		短时剪切模量 G_0	长时剪切模量 G_∞	
11e-7	0.5	2000	1000	11e-7

Hamid M S, Shah Minoo. Mild Traumatic Brain Injury-Mitigating Football Helmet Design Evaluation [C]. 13th International LS-DYNA Conference, Dearborn, 2014.

鸟

鸟用 90%冰和 10%水替代。

表 9-31 *MAT_NULL 模型参数（单位制 kg-m-s）

$\rho/(kg/m^3)$	PC/Pa	MU	TEROD	CEROD
900.0	−1.0E−6	0.0	1.2	0.8

表 9-32 *EOS_TABULATED 状态方程参数

EOSID	GAMA	E_0	V_0	
1	0.0	0.0	0.0	
EV1	EV2	EV3	EV4	EV5
0.00000E+00	−1.18300E−01	−1.38000E−01	−1.54800E−01	−1.69800E−01
EV6	EV7	EV8	EV9	EV10
−1.83200E−01	−1.95500E−01	−2.17200E−01	0.00000E+00	0.00000E+00
C_1	C_2	C_3	C_4	C_5
0.00000E+00	5.00000E+07	1.00000E+08	1.50000E+08	2.00000E+08
C_6	C_7	C_8	C_9	C_{10}
2.50000E+08	3.00000E+08	4.00000E+08	0.00000E+00	0.00000E+00
T_1	T_2	T_3	T_4	T_5
0.00000E+00	0.00000E+00	0.00000E+00	0.00000E+00	0.00000E+00
T_6	T_7	T_8	T_9	T_{10}
0.00000E+00	0.00000E+00	0.00000E+00	0.00000E+00	0.00000E+00

https://www.lstc.com.

表 9-33 *MAT_ELASTIC_PLASTIC_HYDRO 模型参数（单位制 m-kg-s）（一）

$\rho/(kg/m^3)$	G/Pa	SIGY/Pa	EH/Pa
934	1E6	2E4	1E3

表 9-34 *EOS_LINEAR_POLYNOMIAL 状态方程参数

C_0/Pa	C_1/Pa	C_2/Pa	C_3/Pa	C_4	C_5	C_6	E_0/Pa	V_0
0.0	0.0	0.0	2.93E10	0.0	0.0	0.0	0.0	0.0

Hormann M. Horizontal Tailplane Subjected to Impact Loading [C]. 8th International LS-DYNA Conference, Detroit, 2004.

表 9-35 *MAT_ELASTIC_PLASTIC_HYDRO 模型参数（单位制 m-kg-s）（二）

ρ/(kg/m³)	G/Pa	SIGY/Pa	EH/Pa
950	2E9	2E4	1E3

表 9-36 *EOS_LINEAR_POLYNOMIAL 状态方程参数

C_0/Pa	C_1/Pa	C_2/Pa	C_3/Pa	C_4	C_5	C_6	E_0/Pa	V_0
0.0	2.06E9	6.19E9	1.03E10	0.0	0.0	0.0	0.0	0.0

M-A Lavoie, A Gakwaya, M Nejad Ensan. Application of the SPH Method for Simulation of Aerospace Structures under Impact Loading [C]. 10th International LS-DYNA Conference, Detroit, 2008.

表 9-37 *MAT_ELASTIC_PLASTIC_HYDRO 材料模型参数

密度/(kg/m³)	剪切模量/GPa	屈服应力/MPa
950	2	0.02

表 9-38 *EOS_LINEAR_POLYNOMIAL 材料模型参数（三）

系数	0%孔隙度/(MPa/ksi)	10%孔隙度/(MPa/ksi)	15%孔隙度/(MPa/ksi)
C_1	2060/300	28/4.06	6.9/1
C_2	6160/900	−85/−12.3	−3180/−200
C_3	10300/1500	35000/5076	31000/4500

注：鸟体根据分别带有 0%、10%、15%孔隙度的水的状态方程定义而成。

M Selezneva, K Behdinan, C Poon, et al. Modeling Bird Impact on a Rotating Fan: The Influence of Bird Parameters [C]. 11th International LS-DYNA Conference, Detroit, 2010.

表 9-39 *MAT_ELASTIC_PLASTIC_HYDRO 材料模型参数（四）

ρ/(kg/m³)	剪切模量/GPa	屈服应力/MPa	塑性硬化模量/MPa
970	2.07	0.02	0.001

Rade Vignjevic, Michał Orłowski, Tom De Vuyst, et al. A parametric study of bird strike on engine blades [J]. International Journal of Impact Engineering, 2013, 60 : 44-57.

人体骨骼

表 9-40 Johnson-Cook 模型参数

ρ /(kg/m³)	E/GPa	PR	导热系数/(W/m℃)	C_P/(J·kg⁻¹·K⁻¹)	T_m/K
1800	13.8	0.35	0.434	1260	1148
A/MPa	B/MPa	n	C	m	
50	101	0.08	0.03	1.03	

杜兴泽. 骨钻钻头刃形结构对钻削力与温度的影响研究 [D]. 昆明理工大学, 2018.

人体股骨和骨盆

表 9-41 线弹性模型参数

类型	E/MPa	ν
皮质骨	13700	0.3
松质骨	7930	0.3

Martinez S, et al. A Variable Finite Element Model of the Overall Human Masticatory System for Evaluation of Stress Distributions During Biting and Bruxism [C]. 10th European LS-DYNA Conference, Würzburg, 2015.

表 9-42 动态力学特性参数

类型	参数	屈服应力/MPa
股骨	面内剪切	60
	横向剪切	60
	轴向压缩	130
	横向压缩	190
	法向压缩	130
	轴向拉伸	50
	横向拉伸	50
	法向拉伸	50
	ρ /(kg/m³)	1220
	E / GPa	17
骨盆		157

Chiara Silvestri, Mario Mongiardini, Malcolm H Ray. Improvements and Validation of an Existing LS-DYNA Model of the Knee-Thigh-Hip of a 50th Percentile Male Including Muscles and Ligaments [C]. 7th European LS-DYNA Conference, Salzburg, 2009.

人体皮肤

表 9-43　*MAT_PLASTIC_KINEMATIC 模型参数

ρ/(kg/m³)	E/Pa	PR	SIGY/Pa	C/s⁻¹	P
1050	7.73E6	0.47	3.6E5	40	6

刘硕，陈毅雨，朱光涛，等. 基于 LS-DYNA 的橡皮碰击弹非致命效应仿真研究 [J]. 计算机测量与控制, 2016, 24(11):171-214.

表 9-44　*MAT_PLASTIC_KINEMATIC 模型参数

ρ/(kg/m³)	E/Pa	PR	SIGY/Pa	C/s⁻¹	P
1100	7.84E6	0.45	3.9E5	50	6.0

刘加凯，等. 气囊动能弹致伤效应分析 [J]. 弹箭与制导学报, 2016, Vol. 36(6):71-74.

人体皮质骨

表 9-45　简化 Johnson-Cook 模型参数

A/MPa	B/MPa	n	C
129	94	0.069	0.038

张爱荣，等. 基于自动球压痕和一维应力波的皮质骨模型参数标定 [J]. 工具技术, 2019,53(7):55-59.

人体头部组织

表 9-46　人体头部组织材料特性

组织	ρ/(kg/m³)	E/MPa	v
头皮	1000	16.7	0.42
颅骨	2100	15000	0.23
硬脑膜、大脑镰和小脑幕	1130	31.5	0.45
软脑膜	1130	11.5	0.45

表 9-47　大脑的超黏弹性材料模型参数

C_{10}/Pa	C_{01}/Pa	G_1/kPa	G_2/kPa	β_1/s⁻¹	β_2/s⁻¹	K/GPa
3102.5	3447.2	40.744	23.285	125	6.6667	2.19

M Sotudeh Chafi, V Dirisala, G Karami, M Ziejewski. A finite element method parametric study of the dynamic response of the human brain with different cerebrospinal fluid constitutive properties, Proceedings of IMechE Part H [J]. Journal of Engineering in Medicine, 2009, 223: 1003-1019.

表 9-48　颅骨动态力学特性参数

ρ/(g/cm³)	剪切模量/MPa	体积模量/MPa	弹性模量/MPa	屈服应力/MPa	塑性失效应变(%)	失效应力/MPa
1.21	3276	4762	8000	95	1.6	77.5

表 9-49 脑脊液*MAT_ELASTIC_FLUID 材料模型参数

$\rho/(\text{g/cm}^3)$	体积模量/MPa	截止压力/MPa
0.9998	1960	$-1.0\text{E}-5$

表 9-50 白质黏弹性材料模型参数

$\rho/(\text{g/cm}^3)$	体积模量/MPa	短时剪切模量 G_0/kPa	长时剪切模量 G_∞/kPa	衰减系数 β/s^{-1}
1.04	2371	41.0	7.8	40

表 9-51 灰质黏弹性材料模型参数

$\rho/(\text{g/cm}^3)$	体积模量/MPa	短时剪切模量 G_0/kPa	长时剪切模量 G_∞/kPa	衰减系数 β/s^{-1}
1.04	2371	34.0	6.4	40

Atacan Yucesoy, et al. Developing a Numerical Model for Human Brain under Blast Loading [C]. 15th International LS-DYNA Conference, Detroit, 2018.

表 9-52 脑和脑干的*MAT_BRAIN_LINEAR_VISCOELASTIC 黏弹性材料模型参数

$\rho/(\text{kg/m}^3)$	体积模量 K/MPa	短时剪切模量 G_0/kPa	长时剪切模量 G_∞/kPa	衰减常数 β/ms^{-1}
1040	1125	49	16.2	0.145

表 9-53 颅骨层的*MAT_LAMINATED_COMPOSITE_FABRIC 模型参数

参数	公式	皮层质骨	板障骨
E/MPa	–	12000	1000
ν	–	0.21	0.05
$\rho/(\text{kg/m}^3)$	–	1900	1500
极限拉伸应力 S_{ut}/MPa	–	100	32.4
极限压缩应力 S_{uc}/MPa	–	100	32.4
极限剪切应力 τ_u/MPa	取 S_{ut} 和 S_{uc} 中的较小值	100	32.4
厚度/mm	–	2	3
剪切模量 G/MPa	$E/2(1+\nu)$	4959	476
极限拉伸应变 ε_{ut}	S_{ut}/E	0.0083	0.0324
极限压缩应变 ε_{uc}	S_{uc}/E	0.0083	0.0324
极限剪切应变 γ_u	τ_u/G	0.0202	0.068

表 9-54 其他组织的线弹性材料模型参数

器官组织	$\rho/(\text{kg/m}^3)$	E/MPa	ν
面骨	2500	5000	0.23
大脑镰	1140	31.5	0.45
幕骨	1140	31.5	0.45

（续）

器官组织	$\rho/(kg/m^3)$	E/MPa	ν
脑脊髓液	1040	0.012	0.49
头皮	1000	16.7	0.42

Mazdak Ghajari. Development of numerical models for the investigation of motorcyclists accidents [C]. 7th European LS-DYNA Conference, Salzburg, 2009.

表 9-55 *MAT_BRAIN_LINEAR_VISCOELASTIC 模型参数

头部组织	$\rho/(kg/mm^3)$	E/MPa	K/GPa	剪切模量/kPa		衰减常数 β/ms^{-1}
				短时剪切模量 G_0	长时剪切模量 G_∞	
脑	9.7E-7	82.5	1	25.5	0.22	0.45
灰质	10.6E-7	10	2.19	10.0	2.5	0.1
白质	10.6E-7	12.5	2.19	12.5	2.5	0.1
脑干	10.6E-7	22.5	2.19	22.5	4.5	0.1
脑室	10.6E-7	1	2.19	1.0	0.01	0.1

Rahul Makwana, et al. Comparison of the Brain Response to Blast Exposure Between a Human Head Model and a Blast Headform Model Using Finite Element methods [C]. 13th International LS-DYNA Conference, Dearborn, 2014.

表 9-56 早期研究采用的材料参数

参数	颅骨	脑脊液	脑
密度/(kg/m³)	1300	1000	1060
体积模量 K/GPa		2.5	2.19
弹性模量 E/MPa	15000	15	
泊松比	0.22	0.499	
短时剪切模量 G_0/Pa			12500
长时剪切模量 G_∞/Pa			2500
衰减常数 β/s^{-1}			80

文章中，神经组织采用线性黏弹性模型（*MAT_006）；脑脊液采用弹性流体模型（*MAT_ELASTIC_FLUID），碰撞点附近的头皮采用*MAT_57材料模型。

表 9-57 不同器官的材料模型参数

结构	材料模型	材料参数
灰质、白质、小脑、脑干	黏弹性模型	$G_\infty = 170kPa$, $G_0 = 530kPa$, $\beta = 35s^{-1}$, $B = 2.19GPa$, $\rho = 1080kg/m^3$

（续）

结构	材料模型	材料参数
颅骨、椎骨	弹性模型	$E = 6.50\text{GPa}, v = 0.22, \rho = 1700\text{kg}/\text{m}^3$
椎间盘	弹性模型	$E = 8.00\text{E}-3\text{GPa}, v = 0.38, \rho = 1140\text{kg}/\text{m}^3$
脑脊液、脑室	弹性流体模型	$E = 2.19\text{GPa}, \rho = 1006\text{kg}/\text{m}^3$
头皮、肉	弹性模型	$E = 1.67\text{E}-2\text{GPa}, v = 0.42, \rho = 1200\text{kg}/\text{m}^3$
碰撞点附近的头皮	*MAT_57 中自定义应力-应变曲线	$\rho = 1200\text{kg}/\text{m}^3$

K Baeck, J Goffin, J Vander Sloten. The use of different CSF representations in a numerical head model and their effect on the results of FE head impact analyses [C]. 8th European LS-DYNA Conference, Strasburg, 2011.

人体下肢肌肉

表 9-58　*MAT_OGDEN_RUBBER 模型参数

ρ/(kg/m^3)	PR	MU1/MPa	G_1/MPa	G_2/MPa	G_3/MPa
1120	0.495	0.01148	0.001	0.575	0.288
G_4/MPa	ALPHA1	BETA1/s^{-1}	BETA2/s^{-1}	BETA3/s^{-1}	BETA4/s^{-1}
0.137	12.32	73.4	50.3	42.7	0.255

王星生. 基于 3D 主动肌肉下肢模型的前碰撞中驾驶员 KTH 损伤研究 [D]. 长沙：湖南大学, 2017.

人体膝关节韧带

表 9-59　*MAT_VISCOELASTIC 模型参数

韧带	ρ/(kg/m^3)	K/GPa	G_0/GPa	G_∞/GPa	BETA/s^{-1}	失效应变	失效应力/GPa
胫侧副韧带	1100	0.504	0.045	0.031	100	0.35	0.034
腓侧副韧带	1100	0.504	0.059	0.036	100	0.16	0.024
交叉韧带	1100	0.504	0.068	0.045	100	0.32/0.27	0.052/0.040

黄伟. 行人和乘员下肢生物力学损伤分析与应用 [D]. 广州：华南理工大学, 2016.

人体组织

表 9-60　肌肉*MAT_VISCOELASTIC 模型参数

ρ/(kg/m^3)	K/MPa	G_0/MPa	G_∞/MPa	BETA/s^{-1}
1600	29.2	0.701	0.234	100

下肢骨骼采用*MAT_PLASTICITY_CMPRESSION_TENSION材料模型，松质骨采用*MAT_PLASTIC_KINEMATIC。

表 9-61　骨骼材料参数

名称	分布部位	密度/(kg/m³)	弹性模量/GPa	泊松比	屈服强度/MPa	失效应变
胫骨/腓骨	骨干	2000	18.4	0.3	135	0.023
皮质骨	两端	2000	12	0.3	24	0.017
胫骨/腓骨	两端	1100	0.445	0.3	5.3	0.134
松质骨		1100	0.445	0.3	5.3	0.134
股骨皮质骨	骨干	1800	15.4	0.3	115	0.017
	近心端（头）	1800	6	0.3	115	0.017
	近心端（颈）	1800	12	0.3	85	0.017
股骨松质骨	近心端	1100	0.263	0.3	3.8	0.134
	远心端	1100	0.445	0.3	5.6	0.134
髌骨皮质骨	全部	2000	12	0.3	115	0.017
髌骨松质骨	全部	1000	0.445	0.33	5.6	0.134
骨盆皮质骨	全部	2000	15.4	0.3	120	0.017
骨盆松质骨	全部	1100	0.338	0.3	5.3	0.134

　　为模拟韧带的粘弹特性，髋关节三条韧带均采用*MAT_PLASTIC_KINEMATIC进行模拟；月状面的各向异性选用*MAT_PLASTIC_KINEMATIC材料进行模拟；髋臼上的皮质骨则选择*MAT_PLASTICITY_COMPRESSION_TENSION来模拟。

表 9-62　髋关节材料参数

名称	密度/(kg/m³)	弹性模量/GPa	泊松比	屈服强度/MPa	失效应变
髋臼皮质骨	2000	6	0.3	154	0.017
髋关节囊	2000	0.24	0.4	6.2	0.08
月状面	2000	0.07	0.4	5	0.2

　　髌韧带选用*MAT_PLASTIC_KINEMATIC进行模拟，股骨内、外侧踝处的软骨结构材料模型为*MAT_PLASTIC_KINEMATIC，半月板选择*MAT_ELASTIC来进行模拟。

表 9-63　膝关节软组织结构材料参数

名称	密度/(kg/m³)	弹性模量/GPa	泊松比	屈服强度/MPa	失效应变
髌韧带	1320	0.8	0.4	68.5	0.134
股骨踝关节软骨	2000	0.07	0.4	8	0.2
半月板	1980	0.25	0.3	–	–

　　膝关节韧带采用*MAT_SOFT_TISSUE材料模型。

表 9-64　膝关节韧带材料参数

密度/(kg/m³)	体积模量/MPa	超弹性材料参数/MPa				光谱强度参数			时间特征参数/ms		
		C_1	C_3	C_4	C_5	S_1	S_2	S_3	T_1	T_2	T_3
1200	3.7	7.8	0.2	60.4	307.5	0.153	0.026	0.348	100	11710	162633
1200	4.3	19	1.0	148	755.4	0.153	0.026	0.348	100	11710	162633

朱海芸. 基于肌肉主动力的主动刹车对下肢的损伤影响研究 [D]. 长沙：湖南大学，2018.

皮质骨采用*MAT_PIECEWISE_LINEAR_PLASTICITY材料模型，松质骨采用*MAT_PLASTIC_KINEMATIC。

表9-65 中下肢骨骼材料参数

名称	分布部位	密度/(kg/m³)	弹性模量/GPa	泊松比	屈服强度/MPa	失效应变
骨盆皮质骨	全部	2000	15.3	0.29	100	0.017
骨盆松质骨	全部	1000	0.338	0.3	10	0.134
股骨皮质骨	骨干	2000	15.4	0.3	115	0.017
	两端	2000	12	0.3	100	0.03
股骨松质骨	近心端	1100	0.616	0.3	6.6	0.134
	远心端	1100	0.298	0.3	5.6	0.134
胫骨/腓骨皮质骨	骨干	2000	17	0.3	125	0.016
	两端	2000	12	0.3	100	0.03
胫骨/腓骨松质骨	两端	1100	0.445	0.3	5.3	0.134
髌骨皮质骨	全部	2000	12	0.3	100	0.025
髌骨松质骨	全部	1100	0.445	0.33	5.6	0.134
足骨	全部	2000	15	0.3	100	0.025

膝关节韧带采用*MAT_SOFT_TISSUE材料模型。

表9-66 膝关节韧带材料参数

密度/(kg/m³)	体积模量/MPa	超弹性材料参数/MPa				光谱强度参数			时间特征参数/ms		
		C_1	C_3	C_4	C_5	S_1	S_2	S_3	T_1	T_2	T_3
1200	3.75	7.85	0.247	60.4	307.5	0.153	0.026	0.348	100	11710	162633

肌腱、踝关节韧带（主要是股四头肌肌腱以及跟腱）以及髋关节囊材料模型为*MAT_PLASTIC_KINEMATIC。

表9-67 肌腱及关节囊材料参数

名称	密度/(kg/m³)	弹性模量/GPa	泊松比	屈服强度/MPa	失效应变
肌腱	1000	0.07	0.3	53.4	0.144
足部韧带	1100	0.05	0.22	–	–
髋关节囊	1200	0.12	0.4	6.1	0.08

表9-68 肌肉*MAT_VISCOELASTIC模型参数

ρ/(kg/m³)	K/MPa	G_0/MPa	G_∞/MPa	BETA/s⁻¹
1600	29.2	0.701	0.234	100

表 9-69　皮肤*MAT_ELASTIC 模型参数

$\rho/(\mathrm{kg/m^3})$	E/MPa	PR
1200	1	0.3

下肢关节软骨选用*MAT_PLASTIC_KINEMATIC进行模拟，半月板选择*MAT_ELASTIC来进行模拟。

表 9-70　下肢关节软骨和半月板材料参数

名称	密度/(kg/m³)	弹性模量/GPa	泊松比	屈服强度/MPa	失效应变
下肢关节软骨	2000	0.045	0.4	3	0.2
半月板	1500	0.25	0.3	–	–

王丙雨. 基于真实行人交通事故的人体下肢损伤生物力学有限元分析研究 [D]. 长沙：湖南大学, 2016.

表 9-71　肋皮质*MAT_PLASTIC_KINEMATIC 模型参数

$\rho/(\mathrm{kg/m^3})$	E/GPa	PR	SIGY/MPa	ETAN/GPa
2000	11.5	0.3	88	2.3

表 9-72　肋间小梁*MAT_PLASTIC_KINEMATIC 模型参数

$\rho/(\mathrm{kg/m^3})$	E/GPa	PR	SIGY/MPa	ETAN/GPa
1000	0.04	0.45	2.2	0.001

表 9-73　胸骨皮质*MAT_PLASTIC_KINEMATIC 模型参数

$\rho/(\mathrm{kg/m^3})$	E/GPa	PR	SIGY/MPa	ETAN/GPa
2000	10.18	0.3	65.3	2.3

表 9-74　胸骨小梁*MAT_PLASTIC_KINEMATIC 模型参数

$\rho/(\mathrm{kg/m^3})$	E/GPa	PR	SIGY/MPa	ETAN/GPa
1000	0.04	0.45	2.2	0.001

表 9-75　胸软骨*MAT_ELASTIC 模型参数

$\rho/(\mathrm{kg/m^3})$	E/GPa	PR
1000	0.05	0.4

表 9-76　椎骨*MAT_RIGID 模型参数

$\rho/(\mathrm{kg/m^3})$	E/GPa	PR
2000	0.354	0.3

表 9-77　锁骨皮质*MAT_PLASTIC_KINEMATIC 模型参数

$\rho/(\mathrm{kg/m^3})$	E/GPa	PR	SIGY/MPa	ETAN/GPa
2000	9	0.3	80	0.9

表 9-78　锁骨小梁*MAT_PLASTIC_KINEMATIC 模型参数

$\rho/(\mathrm{kg/m^3})$	E/GPa	PR	SIGY/MPa	ETAN/GPa
1000	0.5	0.4	18	0.01

表 9-79　椎间盘*MAT_ELASTIC 模型参数

ρ/(kg/m³)	E/GPa	PR
1000	0.005	0.4

表 9-80　心脏*MAT_HEART_TISSUE 模型参数

ρ/(kg/m³)	C/kPa	B_1	B_2	B_3	P/GPa
1000	1.085	24.26	40.52	1.63	2.4825

表 9-81　肺*MAT_LUNG_TISSUE 模型参数

ρ/(kg/m³)	K/MPa	Δ/mm	C/kPa	α	β	C_1/kPa	C_2
288	2.66	0.1	1.115	0.213	−0.343	1.002	2.04

肖森，等. 基于正面碰撞实验的胸部损伤有限元分析 [J]. 力学学报, 2017,Vol. 49(1):191-201.

表 9-82　膝关节韧带*MAT_SOFT_TISSUE 材料参数

密度/(kg/m³)	体积模量/MPa	超弹性材料参数/MPa				光谱强度参数			时间特征参数/ms		
		C_1	C_3	C_4	C_5	S_1	S_2	S_3	T_1	T_2	T_3
1150	3.85	7.75	0.245	60.5	307.5	0.155	0.024	0.346	100	11710	162633

表 9-83　肌肉和皮肤*MAT_VISCOELASTIC 材料参数

密度/(kg/m³)	体积模量/MPa	短期剪切模量/MPa	长期剪切模量/MPa	衰减系数/s⁻¹
1600	29.2	0.701	0.234	100

夏红. 基于汽车正面碰撞情况下的行人下肢肌肉主动力对损伤的影响研究 [D]. 长沙：湖南大学, 2019.

表 9-84　骨结构的线弹性模型和脏器、纵膈、皮肤肌肉的黏弹性材料模型参数

类型	G_0/kPa	G_∞/kPa	K/GPa	β	E/GPa	ν	ρ_0/(kg/m³)
心脏	67	65	0.744	0.1			1000
肺脏	67	65	0.744	0.1			600
肝脏	67	65	0.744	0.1			1060
胃脏	67	65	0.744	0.1			1050
胸骨					9.5	0.25	1250
软骨					0.0025	0.4	1070
肋骨					9.5	0.2	1080
脊柱					0.355	0.26	1330
纵膈	200	195	1.03	0.1			600
皮肤/肌肉	200	195	2.9	0.1			1200

陈菁，等. 战斗部生物毁伤效应有限元仿真研究：第十二届全国战斗部与毁伤技术学术交流会论文集 [C], 广州, 2011. 735-742.

水曲柳胶合板

表 9-85　*MAT_PLASTIC_KINEMATIC 模型参数

ρ /(kg/m³)	E/GPa	PR	SIGY/MPa	FS
800	15.0	0.3	3.5	0.05

李来福，王雨时. 枪榴弹侵彻木靶板时前冲过载特性仿真研究 [J]. 机械制造与自动化, 2015,Vol. 15(3): 108-112.

松木

表 9-86　*MAT_WOOD 模型参数（单位 ton-mm-s）

MID	ρ	NPLOT	ITERS	IRATE	GHARD	IFAIL	IVOL
1	0.5E-09	1	1	0	0	0	0
EL	ET	GLT	GTR	PR			
1.135E4	2.468E2	7.152E2	8.751E1	1.568E-1			
XT	XC	YT	YC	SXY	SYZ		
8.516E1	2.115E1	2.05E1	4.082E1	9.096E1	1.273E2		
GF1∥	GF2∥	BFIT	DMAX∥	GF1⊥	GF2⊥	DFIT	DMAX⊥
4.266E1	8.826E1	3.0E1	9.999E-1	4.009E-1	8.295E-1	3.0E1	9.9E-1
FLPAR	FLPARC	POWPAR	FLPER	PLPERC	POWPER		
0	0	0	0	0	0		
NPAR	CPAR	NPER	CPER				
5.0E-1	4.0E2	4.0E-1	1.0E2				
AOPT	MACF	BETA					
2	0	0					
XP	YP	ZP	A_1	A_2	A_3		
0.0	0.0	0.0	1.0	0.0	0.0		
D_1	D_2	D_3	V_1	V_2	V_3		
0.0	0.0	1.0	0.0	0.0	0.0		

https://www.lstc.com.

表 9-87　动态力学特性参数

ρ /(kg/m³)	E / GPa	ν	σ_S / GPa
460	11.68	0.31	0.29

江雅莉，等. 陶瓷预制破片侵彻特性研究 [J]. 弹箭与制导学报, 2009, 29(5): 115-118.

心脏瓣膜

表 9-88　*MAT_ELASTIC 模型参数

ρ /(kg/m³)	E/MPa	PR
1100	3	0.49

Giu Luraghi, et al. The Effect of Element Formulation on FSI Heart Valve Simulations [C]. 12th European LS-DYNA Conference, Koblenz, Germany, 2019.

心脏瓣膜钙化区

表 9-89　*MAT_ELASTIC 模型参数

ρ /(kg/m^3)	E/MPa	PR
2000	12.6	0.45

Giu Luraghi, et al. The Effect of Element Formulation on FSI Heart Valve Simulations [C]. 12th European LS-DYNA Conference, Koblenz, Germany, 2019.

胸和肺

表 9-90　胸的材料参数（单位制 m-kg-s）

组织	LS-DYNA 关键字卡片			
肋软骨	*MAT_ELASTIC			
	ρ	E	PR	
	1281	4.9E6	0.400	
肋骨	ρ	E	PR	
	1561	7.9E9	0.379	
胸骨	ρ	E	PR	
	1354	3.5E9	0.387	
心脏 肋间肌 肉/肌肉	*MAT_SIMPLIFIED_RUBBER/FOAM			
	ρ	K	C	LC/TBID
	1050	2.2E9	0.5035	1

表 9-91　肺的两套材料模型参数（单位制 m-kg-s）

序号	LS-DYNA 关键字卡片								
第1套参数	*MAT_LUNG_TISSUE								
	ρ	K	C	DELTA	ALPHA	BETA	C_1	C_2	NT
	200	1E5	0.5035	2.5E-4	0.183	-0.291	0.004825	2.71	6
第2套参数	*MAT_LUNG_TISSUE								
	ρ	K	C	DELTA	ALPHA	BETA	C_1	C_2	NT
	118	1.18E5	0.5035	7.02E-5	0.08227	-2.46	0.006535	2.876	6

Nestor N, Nsiampa C, Robbe, A Papy. Development of a thorax finite element model for thoracic injury assessment [C]. 8th European LS-DYNA Conference, Strasburg, 2011.

血液

表 9-92　*MAT_NULL 模型参数（单位制 kg-mm-ms）

ρ /(kg/mm^3)	PC/GPa	MU
1.06E-6	0.0	4.0E-9

表 9-93　*EOS_GRUNEISEN 状态方程参数（用水替代）

$C/(\text{mm/ms})$	S_1	S_2	S_3	GAMA0	A	E_0/GPa	V_0
1483.0	1.794	0.0	0.0	0.4934	0.0	2.163E-5	0.0

M S Hamid. Numerical Simulation Transcatheter Aortic Valve Implantation and Mechanics of Valve Function [C]. 15th International LS-DYNA Conference, Detroit, 2018.

表 9-94　*ICFD_MAT 模型参数

$\rho/(\text{kg/m}^3)$	$\mu/(\text{Pa·s})$
1060	3.5E-3

Giu Luraghi, et al. The Effect of Element Formulation on FSI Heart Valve Simulations [C]. 12th European LS-DYNA Conference, Koblenz, Germany, 2019.

硬纸板

表 9-95　硬纸板（Cardboard）*MAT_PIECEWISE_LIEAR_PLASTICITY 模型参数

参数	描述	取值	单位
ρ	密度	6.89E-7	kg/mm³
E	弹性模量	12.26	kg/(mm·ms²)
PR	泊松比	0.38	
SIGY	屈服强度	6.9E-3	kg/(mm·ms²)
ETAN	切线模量	1.226E-2	kg/(mm·ms²)
FAIL	失效应变	0.9%	

Matthew A Barsotti, John M H Puryear, David J Stevens. Modeling Mine Blast with SPH [C]. 12th International LS-DYNA Conference, Detroit, 2012.

云杉木

表 9-96　动态力学特性参数

E/GPa			G/GPa			ν			F_S
E_L	E_R	E_T	G_LR	G_RT	G_TL	ν_LR	ν_RT	ν_TL	
9.56	1.04	0.487	0.75	0.039	0.72	0.029	0.039	0.25	5%

Buchar J, Voldrich J. Numerical simulation of the wood response to the high velocity loading [C]. 3rd European LS-DYNA Conference, Paris, 2001.

试件原料含水率为 12.72%，密度为 413kg/m³。云杉顺纹抗压弹性模量约为 11330MPa，横纹径向抗压弹性模量约为 532MPa，横纹弦向抗压弹性模量约为 351MPa。

钟卫洲，等. 加载方向对云杉木材缓冲吸能影响数值分析 [C]. 第十届全国冲击动力学学术会议论文集，2011.

纸张

表 9-97　*MAT_PAPER 模型参数（单位制 ton-mm-s）

ρ	E1	E2	E3	PR21	PR32	PR31	
1.0E-9	7122.32	2948.39	14.0	0.46	0	0	
G12	G23	G13	E3C	CC	TWOK		
1685.69	30.0	30.0	0.47	24.46	4.0		
S01	A01	B01	C01	S02	A02	B02	C02
−101	0.0	0.0	0.0	−102	0.0	0.0	0.0
S03	A03	B03	C03	S04	A04	B04	C04
24.64	5.82	117.25	865.05	39.13	0.0	0.0	0.0
S05	A05	B05	C05	PRP1	PRP2	PRP3	PRP4
17.23	0.0	0.0	0.0	0.0	0.0	1.0E-4	1.0E-4
ASIG	BSIG	CSIG	TAU0	ATAU	BTAU		
−16.45	16.55	−3.16	2.1	9.0	2.0		
AOPT	MAFC	XP	YP	ZP	A1	A2	A3
2.0	1.0	0.0	0.0	0.0	1.0	0.0	0.0
V1	V2	V3	D_1	D_2	D_3	BETA	
0.0	0.0	0.0	0.0	0.0	1.0	0.0	

*DEFINE_CURVE 定义的曲线 S01=−101

A_1	A_2	A_3	A_4
0.0	5.0E-3	1.0E-2	1.0E-1
O_1	O_2	O_3	O_4
39.13	60.169	72.49	72.49

*DEFINE_CURVE 定义的曲线 S02=−102

A_1	A_2	A_3	A_4	A_5	A_6	A_7	A_8
0.0	5.0E-3	1.0E-2	1.5E-2	2.0E-2	2.5E-2	2.7E-2	1.0E-1
O_1	O_2	O_3	O_4	O_5	O_6	O_7	O_8
17.23	23.761	27.89	30.727	33.2	35.6	36.54	36.54

表 9-98　*MAT_PAPER 模型参数（单位制 ton-mm-s）

ρ	E1	E2	E3	PR21	PR32	PR31	
1.0E-9	4029.2	1823.55	13.0	0.44	0	0	

（续）

G12	G23	G13	E3C	CC	TWOK		
1023.02	35.0	35.0	0.38	16.33	4.0		
S01	A01	B01	C01	S02	A02	B02	C02
−201	0.0	0.0	0.0	−202	0.0	0.0	0.0
S03	A03	B03	C03	S04	A04	B04	C04
16.48	11.66	37.68	253.82	25.58	0.0	0.0	0.0
S05	A05	B05	C05	PRP1	PRP2	PRP3	PRP4
10.93	0.0	0.0	0.0	0.0	0.0	1.0E−4	1.0E−4
ASIG	BSIG	CSIG	TAU0	ATAU	BTAU		
−11.78	11.88	−1.92	0.95	9.0	2.0		
AOPT	MAFC	XP	YP	ZP	A1	A2	A3
2.0	1.0	0.0	0.0	0.0	1.0	0.0	0.0
V1	V2	V3	D_1	D_2	D_3	BETA	
0.0	0.0	0.0	0.0	0.0	1.0	0.0	

*DEFINE_CURVE 定义的曲线 S01=−201

A_1	A_2	A_3	A_4
0.0	5.0E−3	6.0E−3	1.0E−1
O_1	O_2	O_3	O_4
25.58	35.0	36.277	36.277

*DEFINE_CURVE 定义的曲线 S02=−202

A_1	A_2	A_3	A_4	A_5	A_6	A_7	A_8
0.0	5.0E−3	1.0E−2	1.5E−2	2.0E−2	2.5E−2	2.9E−2	1.0E−1
O_1	O_2	O_3	O_4	O_5	O_6	O_7	O_8
10.93	14.41	16.59	17.98	19.11	20.186	21.0	21.0

表 9-99　*MAT_PAPER 模型参数（单位制 ton-mm-s）

ρ	E1	E2	E3	PR21	PR32	PR31
1.0E−9	7361.5298	2788.49	20.0	0.48	0	0
G12	G23	G13	E3C	CC	TWOK	
1764.0699	84.0	84.0	0.47	24.46	4.0	

（续）

S01	A01	B01	C01	S02	A02	B02	C02
−301	0.0	0.0	0.0	−302	0.0	0.0	0.0
S03	A03	B03	C03	S04	A04	B04	C04
24.54	6.38	144.25	552.02	41.57	0.0	0.0	0.0
S05	A05	B05	C05	PRP1	PRP2	PRP3	PRP4
17.41	0.0	0.0	0.0	0.0	0.0	1.0E−4	1.0E−4
ASIG	BSIG	CSIG	TAU0	ATAU	BTAU		
−16.45	16.55	−3.16	2.7	9.0	2.0		
AOPT	MAFC	XP	YP	ZP	$A1$	$A2$	$A3$
2.0	1.0	0.0	0.0	0.0	1.0	0.0	0.0
V1	V2	V3	D_1	D_2	D_3	BETA	
0.0	0.0	0.0	0.0	0.0	1.0	0.0	

*DEFINE_CURVE 定义的曲线 S01=−301

A_1	A_2	A_3	A_4
0.0	5.0E−3	1.0E−2	1.0E−1
O_1	O_2	O_3	O_4
42.57	57.47	67.5	67.5

*DEFINE_CURVE 定义的曲线 S02=−302

A_1	A_2	A_3	A_4	A_5	A_6	A_7	A_8
0.0	5.0E−3	1.0E−2	1.5E−2	2.0E−2	2.5E−2	2.8E−2	1.0E−1
O_1	O_2	O_3	O_4	O_5	O_6	O_7	O_8
17.41	23.43	27.355	29.634	31.2	32.533	33.287	33.287

https://www.lstc.com.

主动脉瓣膜

表 9-100 *MAT_ELASTIC 模型参数

ρ/(kg/m³)	E/MPa	PR
1100	4	0.45

Giu Luraghi, et al. The Effect of Element Formulation on FSI Heart Valve Simulations [C]. 12th European LS-DYNA Conference, Koblenz, Germany, 2019.

猪脑

表 9-101 *MAT_KELVIN-MAXWELL_VISCOELASTIC 材料模型参数

	$\rho/(kg/m^3)$	体积模量/MPa	短时剪切模量/MPa	长时剪切模量/MPa	时间常数/s^{-1}
灰质	1040	2190	0.007	0.002	0.01
白质	1050	2190	0.0104	0.0038	0.01
脑室	1040	2190	0.00075	0.002	0.01

Yates Keegan, Untaroiu C. Identifying Traumatic Brain Injury (TBI) Thresholds Using Animal and Human Finite Element Models Based on in-vivo Impact Test Data [C]. 14th International LS-DYNA Conference, Detroit, 2016.

第 10 章　空气、水和冰

在 LS-DYNA 中，空气可采用的材料模型有：

*MAT_009：*MAT_NULL

*MAT_140：*MAT_VACUUM 等。

其中*MAT_009 需要状态方程，空气常用的状态方程有：

*EOS_001：*EOS_LINEAR_POLYNOMIAL

*EOS_004：*EOS_GRUNEISEN

*EOS_012：*EOS_IDEAL_GAS 等。

水可采用的材料模型有：

*MAT_001：*MAT_ELASTIC_FLUID

*MAT_009：*MAT_NULL

*MAT_090：*MAT_ACOUSTIC 等。

其中*MAT_009 需要状态方程，水常用的状态方程有：

*EOS_001：*EOS_LINEAR_POLYNOMIAL

*EOS_004：*EOS_GRUNEISEN 等。

冰可采用的材料模型有：

*MAT_013：*MAT_ISOTROPIC_ELASTIC_FAILURE

*MAT_024：*MAT_PIECEWISE_LINEAR_PLASTICITY

*MAT_155：*MAT_PLASTICITY_COMPRESSION_TENSION_EOS 等。

其中*MAT_155 需要状态方程，常用的状态方程为*EOS_008：*EOS_TABULATED_COMPACTION。

冰

表 10-1　两种材料模型参数

*MAT_COHESIVE_GENERAL	GIC/(N/m)	GIIC/(N/m)	T/MPa	S/MPa	λ_1	λ_2
	6	30	0.065	0.065	0.1	0.8
*MAT_PIECEWISE_LINEAR_PLASTICITY	ρ/(kg/m³)	E/MPa	泊松比	A/MPa		
	910	6000	0.3	2		

HAMID DAIYAN, BJØRNAR SAND. Numerical Simulation of the Ice-Structure Interaction in LS-DYNA [C]. 8th European LS-DYNA Conference, Strasburg, 2011.

-10℃的冰，采用的单位制为 in（长度）-s（时间）-lbf-s²/in（质量）-psi（应力）-lbf-in（能量）。

表 10-2　*MAT_PLASTICITY_COMPRESSION_TENSION_EOS 模型参数

ρ (lbf·s^2/in^4)	E/psi	PR		
8.4E-5	1.35E6	0.33		
LCIDC	LCIDT	LCSRC	LCSRT	
1001	1002	1016	1004	

单晶冰

PC	PT	PCUTC	PCUTT	PCUTF	SCALEP
1	−1.0	715.5	−62.8	1.0	0.0

聚冰

PC	PT	PCUTC	PCUTT	PCUTF	SCALEP
1	−1.0	500.0	−62.8	1.0	0.0

弱冰

PC	PT	PCUTC	PCUTT	PCUTF	SCALEP
1	−1.0	250.0	−62.8	1.0	0.0

*DEFINE_CURVE 定义的压缩屈服应力线性硬化曲线 LCIDC =1001

塑性应变	0	2
压缩屈服应力	25000	27000

*DEFINE_CURVE 定义的拉伸屈服应力线性硬化曲线 LCIDT =1002

塑性应变	0	2
拉伸屈服应力	25000	27000

*DEFINE_CURVE 定义材料受压时应变率对屈服应力的缩放效应曲线 LCSRC=1016

A_1	A_2	A_3	A_4	A_5	A_6	A_7	A_8	A_9
1.0	10.0	100.0	200.0	300.0	400.0	500.0	600.0	700.0
O_1	O_2	O_3	O_4	O_5	O_6	O_7	O_8	O_9
1.0	1.2566	1.5132	1.59044	1.63562	1.66768	1.69255	1.71287	1.73005
A_{10}	A_{11}	A_{12}	A_{13}	A_{14}	A_{15}	A_{16}	A_{17}	A_{18}
800.0	900.0	1000.0	1100.0	1500.0	10000.0	1.0E5	1.0E6	5.0E6
O_{10}	O_{11}	O_{12}	O_{13}	O_{14}	O_{15}	O_{16}	O_{17}	O_{18}
1.74493	1.75805	1.76979	1.78042	1.81498	2.02639	2.28298998	2.53958988	2.71894002

*DEFINE_CURVE 定义材料受拉时应变率对屈服应力的缩放效应曲线 LCSRT=1004

应变率	0.001	1.0E5
缩放系数	1	1

表 10-3　*EOS_TABULATED_COMPACTION 状态方程参数

GAMA	E_0	V_0		
0.0	0.0	1.0		

（续）

EV1	EV2	EV3	EV4	EV5
0.0	−0.0076923	−0.03125	−10.0	0.0
EV6	EV7	EV8	EV9	EV10
0.0	0.0	0.0	0.0	0.0
C_1	C_2	C_3	C_4	C_5
0.0	10000.0	10000.0	10000.0	0.0
C_6	C_7	C_8	C_9	C_{10}
0.0	0.0	0.0	0.0	0.0
T_1	T_2	T_3	T_4	T_5
270.0	270.0	270.0	270.0	0.0
T_6	T_7	T_8	T_9	T_{10}
0.0	0.0	0.0	0.0	0.0
K_1	K_2	K_3	K_4	K_5
1.3E6	1.3E6	1.3E6	1000.0	0.0
K_6	K_7	K_8	K_9	K_{10}
0.0	0.0	0.0	0.0	0.0

Kelly S Carney. A High Strain Rate Model with Failure for Ice in LS−DYNA [C]. 9th International LS−DYNA Conference, Detroit, 2006.

表10-4 冰的材料参数（一）

ρ/(kg/m^3)	E/GPa	G/GPa	拉伸强度/MPa	ν	声速/(m/s)
914	8	3	1	0.33	2930

S CHOCRON, W GRAY, J D WALKER. CTH Simulations of Foam and Ice Impacts into the Space Shuttle Thermal Protection System Tiles [C]. 22nd International Symposium of Ballistics, Vancouver, Canada, 2005.

表10-5 冰的材料参数（二）

参数	取值
密度	910kg/m^3
弹性模量	5GPa
泊松比	0.3
冰单元的屈服强度	$\varepsilon^P = 0.25$, $\sigma_Y = 2\text{MPa}$
冰与冰的摩擦系数	静态摩擦系数10%，动态摩擦系数5%
冰与钢的摩擦系数	静态摩擦系数20%，动态摩擦系数10%

表10-6 冰的内聚单元材料参数

参数	垂直内聚单元	水平内聚单元
剪切强度	1MPa	1.1MPa

（续）

参数	垂直内聚单元	水平内聚单元
拉伸强度	1MPa	1.1MPa
G_{IC}	5200J/m²	5200J/m²
G_{IIC}	5200J/m²	5200J/m²

DANIEL HILDING, JIMMY FORSBERG, ARNE GÜRTNER, LINKÖPING. Simulation of ice action loads on offshore structures [C]. 8th European LS-DYNA Conference, Strasburg, 2011.

表 10-7　冰的材料参数和失效准则

	ρ/(kg/m³)	E/GPa	ν	拉伸截止应力/MPa	最大主应力准则/MPa
冰样 1	900.0	9.0	0.003	35.0	35.0
冰样 2	900.0	9.0	0.003	15.0	15.0

HYUNWOOK KIM. Simulation of Compressive 'Cone-Shaped' Ice Specimen Experiments using LS-DYNA® [C]. 13th International LS-DYNA Conference, Dearborn, 2014.

表 10-8　*MAT_ISOTROPIC_ELASTIC_FAILURE 模型参数

ρ/(kg/m³)	K/Pa	SIGY/Pa	G/Pa	ETAN/Pa	EPF	PRF
900	5.26E9	2.12E7	2.2E9	4.26E9	0.35	-4.0E6

张淼溶，等. 船舶抗冰碰撞舷侧结构加强方案及优化设计 [J]. 舰船科学技术, 2017,Vol. 39(9):29-34.

冰雹

表 10-9　冰雹（Hailstone）*MAT_ISOTROPIC_ELASTIC_FAILURE 材料模型参数

ρ/(kg/m³)	弹性剪切模量/GPa	屈服强度/MPa	硬化模量/GPa	体积模量/GPa	失效塑性应变	拉伸失效压力/MPa
846	3.46	10.30	6.89	8.99	0.35	-4.00

表 10-10　*MAT_ELASTIC_PLASTIC_HYDRO 材料模型参数

ρ/(kg/m³)	弹性剪切模量/GPa	屈服强度/MPa	硬化模量/GPa	拉伸失效压力/MPa
846	3.46	10.30	6.89	-4.00

MARCO ANGHILERI, LUIGI-M L CASTELLETTI, FABIO INVERNIZZI, et al. A survey of numerical models for hail impact analysis using explicit finite element codes [J]. International Journal of Impact Engineering, 2005, 31: 929-944.

采用*MAT_PLASTICITY_COMPRESSION_TENSION_EOS 模型，状态方程采用关键字 *EOS_TABULATED_COMPACTION 定义，单位制为国际单位制。

表 10-11　*MAT_PLASTICITY_COMPRESSION_TENSION_EOS 模型参数

ρ	E	PR	LCIDC	LCIDT	LCSRC	LCSRT	PCUTC	PCUTT	PCUTF
897.6	9.31E9	0.33	1001	1002	1	2	4.93E6	-0.433E6	1

*DEFINE_CURVE 定义的压缩屈服应力线性硬化曲线 LCIDC=1001

塑性应变	0	2
压缩屈服应力（MPa）	172.4	186.1

*DEFINE_CURVE 定义的拉伸屈服应力线性硬化曲线 LCIDT=1002

塑性应变	0	2
拉伸屈服应力（MPa）	17.24	18.61

*DEFINE_CURVE 定义材料受压时应变率对屈服应力的缩放效应曲线 LCSRC=1

应变率	1	10	100	200	300	400	500	600
缩放系数	1	1.2566	1.5137	1.59044	1.63562	1.66768	1.69255	1.71287
应变率	700	800	900	1000	1100	1500	10000	
缩放系数	1.73005	1.74493	1.75805	1.76979	1.78047	1.81498	2.02639	

*DEFINE_CURVE 定义材料受拉时应变率对屈服应力的缩放效应曲线 LCSRT=2

应变率	1	10000
缩放系数	1	1

表 10-12　冰雹*EOS_TABULATED_COMPACTION 状态方程参数

EOS ID	GAMMA	E0	V0
8	0	0	1
EV1	EV2	EV3	EV4
0	−7.693e3	−3.125e2	−10
C1	C2	C3	C4
0	6.89e7	6.89e7	6.89e7
T1	T2	T3	T4
1.862e6	1.862e6	1.862e6	1.862e6
K1	K2	K3	K4
8.964e9	3.964e9	2.206e9	6.895e6

李静. 基于 LS-DYNA 的冰雹冲击铝合金平板数值模拟 [D]. 东南大学，2015.

海冰

表 10-13　*MAT_ISOTROPIC_ELASTIC_FAILURE 模型参数

ρ /(kg/m^3)	G/GPa	SIGY/MPa	ETAN/GPa	BULK/GPa	EPF	PRF/MPa
900	2.2	2.12	4.26	5.26	0.35	−4.0

杨亮，马骏. 冰介质下的船舶与海洋平台碰撞的数值仿真分析 [J]. 中国海洋平台，2008,23(2):29-33.

海水

表 10-14　*EOS_GRUNEISEN 状态方程参数（单位制 m-kg-s）

C /(m/s)	S_1	S_2	S_3	GAMMA0
1435	2.56	−1.9086	0.227	0.50

B. ÖZAEMUT, et al. Fluid-Composite Structure-Interaction in Underwater Shock Simulations [C]. 12th European LS-DYNA Conference, Koblenz, Germany, 2019.

空气

表 10-15　*MAT_NULL 模型参数（单位制 m-kg-s）（一）

ρ/(kg/m³)	PC/Pa	MU/(Pa·s)
1.1845	−10.0	1.8444E-5

表 10-16　*EOS_LINEAR_POLYNOMIAL 状态方程参数（单位制 m-kg-s）

C_0/Pa	C_1/Pa	C_2/Pa	C_3/Pa	C_4	C_5	C_6	E_0/Pa	V_0
0.0	0.0	0.0	0.0	0.4	0.4	0.0	2.533125E5	1.0

https://www.lstc.com.

表 10-17　*MAT_NULL 模型参数（单位制 m-kg-s）（二）

ρ/(kg/m³)	PC/Pa	MU/(Pa·s)
1.184	−1.0	1.7456E-5

表 10-18　*EOS_IDEAL_GAS 状态方程参数（单位制 m-kg-s）

C_{P0}/(J/(kg·K))	C_{V0}/(J/(kg·K))	C_1	C_2	T_0/K	V_0
719.0	1006.0	0.0	0.0	298.15	1.0

https://www.lstc.com.

表 10-19　*MAT_NULL 模型参数（单位制 m-kg-s）（三）

ρ/(kg/m³)	PC/Pa	MU/(Pa·s)
1.30	−1.0E-10	2.0E-5

表 10-20　*EOS_POLYNOMIAL 状态方程参数（单位制 m-kg-s）

C_0/Pa	C_1/Pa	C_2/Pa	C_3/Pa	C_4	C_5	C_6	E_0/Pa	V_0
0	0	0	0	0.4	0.4	0	2.5E5	1.0

FRANK MARRS, MIKE HEIGES. Soil Modeling for Mine Blast Simulation [C]. 13th International LS-DYNA Conference, Dearborn, 2014.

表 10-21　*MAT_NULL 模型参数（单位制 m-kg-s）（四）

ρ/(kg/m³)	PC/Pa	MU/(Pa·s)
1.252	0.0	1.7456E-5

表 10-22　*EOS_GRUNEISEN 状态方程参数（单位制 m-kg-s）

C/(m/s)	S_1	S_2	S_3	GAMMA0	A	E_0/Pa	V_0
343.7	0.0	0.0	0.0	1.4	0.0	0.0	0.0

LARS OLOVSSON, MHAMED SOULI, IAN DO. LS-DYNA – ALE Capabilities (Arbitrary-Lagrangian-Eulerian) Fluid-Structure Interaction Modeling [R]. LSTC, 2003.

表 10-23 *MAT_NULL 模型参数（五）

$\rho/(kg/m^3)$	1.025

表 10-24 线性多项式状态方程参数

C_0	C_1	C_2	C_3	C_4	C_5	E/kPa
0	0	0	0	0.4	0.4	253

注：空气初始压力为 $C_4 \times 253kPa = 1.012 \times 10^5 Pa$。

SALEH M, EDWARDS L. Application of a Soil Model in the Numerical Analysis of Landmine Interaction with Protective Structures [C]. 26th International Symposium on Ballistics, Miami, FL, 2011.

表 10-25 *MAT_VACUUM 模型参数（单位制 m-kg-s）

$\rho/(kg/m^3)$	1.18

表 10-26 *MAT_NULL 模型参数（单位制 m-kg-s）（六）

$\rho/(kg/m^3)$	PC/Pa	MU/(Pa·s)
1.18	-1.0	1.7456E-5

表 10-27 *EOS_IDEAL_GAS 状态方程参数（单位制 m-kg-s）

$C_{P0}/(J/(kg·K))$	$C_{V0}/(J/(kg·K))$	C_1	C_2	T_0/K	V_0
719.0	1006.0	0.0	0.0	298.0	1.0

OLOVSSON L, SOULI M, DO I. LS-DYNA-ALE Capabilities (Arbitrary-Lagrangian-Eulerian) Fluid-Structure Interaction Modeling [R]. LSTC, 2003.

表 10-28 采用 AUTODYN 和 LS-DYNA 计算输入材料参数

	$\rho/(kg/m^3)$	γ	$E_{INT}/(kJ·kg^{-1})$
AUTODYN	1.225	1.4	206.82(288K)
LS-DYNA	1.290	1.4	193.80(273K)

FIŠEROVÁ D. Numerical Analyses of Buried Mine Explosions with Emphasis on Effect of Soil Properties on Loading [D]. Cranfield University, 2006.

表 10-29 *MAT_NULL 材料模型和*EOS_LINEAR_POLYNOMIAL 状态方程参数

$\rho/(kg/m^3)$	$v_d/(Pa·s)$	C_0	C_1	C_2	C_3	C_4	C_5	E/kPa
1.22	1.77E-5	0	0	0	0	0.4	0.4	253

VARAS D, ZAERA R, LÒPEZ-PUENTE J. Numerical modelling of the hydrodynamic ram phenomenon [C]. International Journal of Impact Engineering, 2009, 36: 363-374.

表 10-30　*MAT_NULL 材料模型和*EOS_LINEAR_POLYNOMIAL 状态方程参数（单位制 cm-g-μs）

*MAT_NULL								
ρ	PC	MU	TEROD	CEROD				
1.29E−3	0	0	0	0				
*EOS_LINEAR_POLYNOMIAL								
C_0	C_1	C_2	C_3	C_4	C_5	C_6	E_0	V_0
−1E−6	0	0	0	0.4	0.4	0	2.5E−6	1

MULLIN M J, O'TOOLE B J. Simulation of Energy Absorbing Materials in Blast Loaded Structures [C]. 8th International LS-DYNA Conference, Detroit, 2004.

表 10-31　*MAT_NULL 模型参数（单位制 m-kg-s）（七）

$\rho/(kg/m^3)$	1.29

表 10-32　*EOS_IDEAL_GAS 状态方程参数（单位制 m-kg-s）

$C_{P0}/(J/(kg·K))$	$C_{V0}/(J/(kg·K))$	C_1	C_2	T_0/K	V_0
717.5	1004.5	0.0	0.0	270.1	1.0

WANG J. Porous Euler-Lagrange Coupling: Application to Parachute Dynamics [C]. 9th International LS-DYNA Conference, Detroit, 2006.

表 10-33　*EOS_LINEAR_POLYNOMIAL 状态方程参数

$\rho/(kg/m^3)$	γ	C_4	C_5
1.025	1.403	0.403	0.403

OTSUKA M. A Study on Shock Wave Propagation Process in the Smooth Blasting Technique [C]. 8th International LS-DYNA Conference, Detroit, 2004.

表 10-34　*MAT_ACOUSTIC 模型参数（单位制 m-kg-s）

$\rho/(kg/m^3)$	$C/(m/s)$	BETA
1.205	343.0	0.05

https://www.lstc.com.

表 10-35　*ICFD_MAT 模型参数

$\rho/(kg/m^3)$	$\mu/(Pa·s)$
1.225	1.78E−5

LE-GARREC M, SEULIN MATTHIEU, LAPOUJADE VINCENT. Airdrop Sequence Simulation using LS-DYNA® ICFD Solver and FSI Coupling [C]. 15th International LS-DYNA Conference, Detroit, 2018.

表 10-36　*MAT_ELASTIC_FLUID 模型参数

$\rho/(kg/m^3)$	K/Pa
1.22	141.3

https://www.lstc.com.

水

表 10-37 *EOS_GRUNEISEN 状态方程参数

ρ_0/(kg/m^3)	C/(m/s)	S_1	GAMMA0	C_v/(J·kg^{-1}·K^{-1})	C_p/(J·kg^{-1}·K^{-1})
998.0	1647.0	1.921	0.35	4136.0	4184.0

HERTEL E S. The CTH Data Interface for Equation-of-State and Constitutive Model Parameters, Sandia Report [R]. SAND92-1297, 1992.

表 10-38 *MAT_NULL 模型参数（单位制 m-kg-s）（一）

ρ/(kg/m^3)	PC/Pa	MU/(Pa·s)
998.21	-10.0	8.684E-4

表 10-39 *EOS_GRUNEISEN 状态方程参数（单位制 m-kg-s）

C/(m/s)	S_1	S_2	S_3	GAMMA0	A	E_0/Pa	V_0
1647	1.921	-0.096	0.0	0.350	0.0	2.895E5	1.0

注：GAMA0×EIPV0=101325Pa，即初始压力为 1 个标准大气压。

OLOVSSON L, SOULI MHAMED, DO I. LS-DYNA-ALE Capabilities (Arbitrary-Lagrangian-Eulerian) Fluid-Structure Interaction Modeling [R]. LSTC, 2003.

表 10-40 *MAT_NULL 模型参数（单位制 m-kg-s）（二）

ρ/(kg/m^3)	
1000	

表 10-41 *EOS_POLYNOMIAL 状态方程参数（单位制 m-kg-s）

C_0/Pa	C_1/Pa	C_2/Pa	C_3/Pa	C_4	C_5	C_6	E_0/Pa	V_0
0	2.002E9	8.436E9	8.010E9	0.4394	1.3937	0	2.067E5	1.0

LEE S G, et al. Numerical Simulation of 2D Sloshing by using ALE2D Technique of LS-DYNA and CCUP Methods [C]. Proceedings of the Twentieth (2010) International Offshore and Polar Engineering Conference, Beijing, China, 2010, 192-199.

表 10-42 *MAT_NULL 模型参数（单位制 m-kg-s）（三）

ρ/(kg/m^3)	PC/Pa	MU/Pa·s
998.21	-100.0	8.684E-4

表 10-43 *EOS_LINEAR_POLYNOMIAL 状态方程参数（单位制 m-kg-s）

C_0/Pa	C_1/Pa	C_2/Pa	C_3/Pa	C_4	C_5	C_6	E_0/Pa	V_0
101325.0	2.25E9	0	0	0	0	0	0	0

注：该状态方程中仅定义了 C_0 和 C_1，故只适用于低压场合。

https://www.lstc.com.

表 10-44 *MAT_NULL 模型参数（单位制 m-kg-s）（四）

ρ/(kg/m^3)	PC/Pa
997.58	-10.0

表 10-45　*EOS_LINEAR_POLYNOMIAL 状态方程参数（单位制 m-kg-s）

C_0/Pa	C_1/Pa	C_2/Pa	C_3/Pa	C_4	C_5	C_6	E_0/Pa	V_0
0	2.02E9	0	0	0	0	0	0	0.999845

SOULI M, et al. Numerical Investigation of Phase Change and Cavitation Effects in Nuclear Power Plant Pipes [C]. 13th International LS-DYNA Conference, Dearborn, 2014.

表 10-46　*MAT_NULL 材料模型和*EOS_Mie_Gruneisen 状态方程参数

ρ/(kg/m³)	v_d/Pa·s	C/(m/s)	S_1	S_2	S_3	γ_0	a
1000	0.89E-3	1448	1.979	0	0	0.11	3.0

VARAS D, et al. Numerical Modelling of the Fluid Structure Interaction using ALE and SPH: The Hydrodynamic Ram Phenomenon [C]. 11th European LS-DYNA Conference, Salzburg, 2017.

表 10-47　Gruneisen 状态方程参数（一）

ρ/(kg/m³)	C/(m/s)	S_1	γ_0
1000	1483	1.75	0.28

ANNE KATHRINE PRYTZ, GARD ODEGARDSTUEN. Warhead Fragmentation Experiments, Simulations and Evaluations [C]. 25th International Symposium on Ballistics, Beijing, China, 2010.

表 10-48　Gruneisen 状态方程参数（二）

ρ/(kg/m³)	C/(m/s)	S_1	γ_0
1000	1480	1.75	0.28

LU J P, KENNNEDY D L. Modeling of PBXW-115 Using Kinetic CHEETAH and DYNA Codes [R]. 2003, DSTO-TR-1496.

表 10-49　Polynomial 状态方程参数（一）

A_1/Pa	A_2/Pa	A_3/Pa	T_1/Pa	T_2/Pa	B_0	B_1
2.2E9	9.54E9	1.457E10	2.2E9	0	0.28	0.28

PAZIENZA G. Numerical Simulation of Free Field Underwater Explosion of an Aluminised Plastic Bonded Explosive [C]. Workshop on Simulation of Undex Phenomena, Scotland, UK, 1997.

表 10-50　Tilloston 状态方程参数

ρ/(kg/m³)	a	b	E_0/(J/kg)	A/Pa	B/Pa
998	0.7	0.15	7.0E6	2.18E9	13.25E9

IVANOV B A, DENIEM D, NEUKUM G. Implementation of Dynamic Strength Models into 2D Hydrocodes: Applications for Atmospheric Breakup and Impact Cratering [J]. International Journal of Impact Engineering, 1997, 20(1): 411-430.

表 10-51　Polynomial 状态方程参数（二）

$\rho/(kg/m^3)$	A_1/Pa	A_2/Pa	A_3/Pa	空化压力/Pa
1000	2.18E9	6.69E9	1.15E10	0

袁建红, 朱锡, 张振华. 水下爆炸载荷数值模拟方法 [J]. 舰船科学技术, 2011, 33(9): 18-23.

表 10-52　Gruneisen 状态方程参数（三）

$\rho/(kg/m^3)$	$C/(m/s)$	S_1	γ_0
1000	1490	1.79	1.65

OTSUKA M. A Study on Shock Wave Propagation Process in the Smooth Blasting Technique [C]. 8th International LS-DYNA Conference, Detroit, 2004.

表 10-53　Gruneisen 状态方程参数（四）

$\rho/(kg/m^3)$	$C/(m/s)$	S_1	γ_0	α	E_0/Pa	V_0
1000	1484	1.979	0.11	3.0	3.072E5	1

BOYD R, ROYLES R, EL-DEEB M. Simulation and Validation of UNDEX Phenomena Relating to Axisymmetric Structures [C]. 6th International LS-DYNA Conference, Detroit, 2000.

表 10-54　*MAT_ACOUSTIC 模型参数（单位制 cm-gm-μs）

$\rho/(g/cm^3)$	$C/(cm/μs)$	BETA
1.0	0.14	0.1

https://www.lstc.com.

表 10-55　Gruneisen 状态方程参数（五）

$\rho/(kg/m^3)$	$v_d/Pa\cdot s$	$C/(m/s)$	S_1	γ_0	α
1000	8.9E-4	1448	1.979	0.11	3.0

VARAS D, ZAERA R, LÒPEZ-PUENTE J. Numerical modelling of the hydrodynamic ram phenomenon [C]. International Journal of Impact Engineering, 2009, 36: 363-374.

表 10-56　*MAT_ELASTIC_FLUID 材料模型参数（单位制为 lb-in-s）

ρ	体积模量	张量黏性常数
9.59E-5	3.3E5	0.05

MELIS M E, BUI K. Characterization of Water Impact Splashdown Event of Space Shuttle Solid Rocket Booster Using LS-DYNA [C]. 7th International LS-DYNA Conference, Detroit, 2002.

表 10-57　Gruneisen 状态方程参数（六）

$\rho/(kg/m^3)$	$C/(m/s)$	S_1	γ_0
1000	1650	1.92	0.1

LU J P. Simulation of aquarium tests for PBXW-115(AUST): Proceedings of the 12th International Detonation Symposium [C], San Diego, California, 2002.

表 10-58　Gruneisen 状态方程参数（七）

$C/(\text{m/s})$	S_1	S_2	S_3	GAMA0	A
1482.9	2.1057	−0.1744	0.010085	1.2	0.0

https://www.lstc.com.

表 10-59　*EOS_MURNAGHAN 状态方程参数（单位：m-kg-s）

RHOL	RHOV	CL	CV	PV
9.9742E2	2.095E-2	1492.00	425.00	1.0E5

https://www.lstc.com.

表 10-60　*MAT_NULL 材料模型和*EOS_MURNAGHAN 状态方程参数（单位：m-kg-s）

ρ	PC	MU	GAMMA	K_0	V_0
1000.0	−1.0E20	8.9E-4	7.0	350000.0	0.0

https://www.lstc.com.

表 10-61　SHOCK 状态方程参数

$\rho/(\text{g/cm}^3)$	$C/(\text{cm/μs})$	S_1	$C_p/(\text{J/(kg·K)})$	Gruneisen 系数
1.00	0.165	1.92	4190	0.1

MEYERS M A. Dynamic behavior of materials [M]. John Wiley & Sons, New York, 1994.

表 10-62　*MAT_SPH_INCOMPRESSIBLE_FLUID 材料模型参数（单位：m-kg-s）

$\rho/(\text{kg/m}^3)$	$MU/(\text{Pa·s})$	$GAMMA1/(\text{m/s}^2)$	$GAMMA2/(\text{m/s}^2)$
1000.0	8.9E-4	1000.0	1.0

https://www.lstc.com.

第 11 章 地 质 材 料

地质材料有土壤、岩石、混凝土等，其显著特点是：拉伸脆性、高压缩性、具有和压力有关的屈服面。LS-DYNA 软件中适用于地质材料的模型有：

*MAT_005：*MAT_SOIL_AND_FOAM

*MAT_014：*MAT_SOIL_AND_FOAM_FAILURE

*MAT_016：*MAT_PSEUDO_TENSOR

*MAT_025：*MAT_GEOLOGIC_CAP_MODEL

*MAT_026：*MAT_SOIL_AND_FOAM_FAILURE

*MAT_072：*MAT_CONCRETE_DAMAGE

*MAT_072R3：*MAT_CONCRETE_DAMAGE_REL3

*MAT_078：*MAT_SOIL_CONCRETE

*MAT_079：*MAT_HYSTERETIC_SOIL

*MAT_080：*MAT_RAMBERG−OSGOOD

*MAT_084：*MAT_WINFRITH_CONCRETE

*MAT_096：*MAT_BRITTLE_DAMAGE

*MAT_111：*MAT_JOHNSON_HOLMQUIST_CONCRETE

*MAT_126：*MAT_MODIFIED_HONEYCOMB

*MAT_145：*MAT_SCHWER_MURRAY_CAP_MODEL

*MAT_147：*MAT_FHWA_SOIL

*MAT_147_N：*MAT_FHWA_SOIL_NEBRASKA

*MAT_159：*MAT_CSCM

*MAT_172：*MAT_CONCRETE_EC2

*MAT_173：*MAT_MOHR_COULOMB

*MAT_174：*MAT_RC_BEAM

*MAT_192：*MAT_SOIL_BRICK

*MAT_193：*MAT_DRUCKER_PRAGER

*MAT_198：*MAT_JOINTED_ROCK

*MAT_230：*MAT_PML_ELASTIC

*MAT_232：*MAT_BIOT_HYSTERETIC

*MAT_237：*MAT_PML_HYSTERETIC

*MAT_245：*MAT_PML_OPTIONTROPIC_ELASTIC

*MAT_271：*MAT_POWDER

*MAT_272：*MAT_RHT

*MAT_273：*MAT_CONCRETE_DAMAGE_PLASTIC_MODEL 等。

其中*MAT_016、*MAT_072、*MAT_072R3、*MAT_084、*MAT_096 模型中带有加强的钢筋。

白云岩

表 11-1　*MAT_PLASTIC_KINEMATIC 模型参数

ρ/(kg/m³)	E/GPa	PR	SIGY/GPa	ETAN/GPa	BETA
2140	68.56	0.21	0.075	4.1	0.6

马谕杰，等. 主井深度爆破对周边建筑物的影响 [J]. 矿业工程研究, 2020,Vol.35(2):36-43.

草原土

表 11-2　草原土（prairie soil）*MAT_FHWA_SOIL 材料模型参数

ρ/(kg/m³)	NPLOT	SPGRAV	RHOWAT/(kg/m³)	VN	GAMMAR
1480	3	2.65	1000	0.0	NA
INTRMX	K/MPa	G/MPa	PHIMAX/rad	AHYP/kPa	COH/kPa
5	80	45	0.1619	35	114
ECCEN	AN	ET	MCONT	PWD1	PWKSK
0.7	–	–	0.1	–	–
PWD2	PHIRES	DINT	VDFM	DAMLEV	EPSMAX
NA	NA	5E-4	5	1	0.05

SALEH M, EDWARDS L. Application of a Soil Model in the Numerical Analysis of Landmine Interaction with Protective Structures [C]. 26th International Symposium on Ballistics, Miami, FL, 2011.

超高韧性水泥基复合材料（UHTCC）

表 11-3　*MAT_JOHNSON_HOLMQUIST_CONCRETE 模型参数

ρ/(g/cm³)	G/GPa	A	B	C	N	FC/MPa	T/MPa	EPS0	EFMIN
1.9	7	0.255	1.88	0.0097	0.87	35.7	3.2	1.0E-6	0.03
SFMAX	PC/MPa	UC	PL/GPa	UL	D_1	D_2	K_1/GPa	K_2/GPa	K_3/GPa
11	11.9	0.0012	1.21	0.16	0.04	1.0	12	135	698

李锐. 超高韧性水泥基复合材料功能梯度板抗爆炸数值模拟 [D]. 杭州：浙江大学, 2020.

超高性能混凝土（UHPC）

表 11-4　*MAT_JOHNSON_HOLMQUIST_CONCRETE 模型参数

ρ/(g/cm³)	G/GPa	A	B	C	N	FC/MPa	T/MPa	EPS0	EFMIN
2.5	17.7	1.24	1.51	0.007	0.9	120	6.4	1.0E-6	0.003
SFMAX	PC/MPa	UC	PL/GPa	UL	D_1	D_2	K_1/GPa	K_2/GPa	K_3/GPa
11	16	0.001	0.8	0.1	0.04	1.0	85	−171	208

李锐. 超高韧性水泥基复合材料功能梯度板抗爆炸数值模拟 [D]. 杭州：浙江大学, 2020.

大理石

表 11-5　*MAT_PLASTIC_KINEMATIC 模型参数

ρ/(kg/m³)	E/GPa	PR	SIGY/MPa	ETAN/MPa
2700	70	0.22	100	3020

杨曦，李岩. 岩石充填体耦合条件下冲击破坏数值模拟分析 [J]. 化工矿物与加工, 2017,1:41-51.

大理岩

为了较为准确地获得大理岩的相关参数取值，以静力学实验、声波测试实验和 SHPB 冲击实验为基础，LS-DYNA 数值模拟为手段，通过正交实验的方法对 RHT 模型参数进行优化确定，并将参数优化前、后的模拟曲线分别与 SHPB 冲击大理岩的实验曲线进行对比。结果表明：以上参数经过正交模拟实验优化确定后，缩小了模拟曲线与 SHPB 冲击实验曲线的对比误差，得到了适用于大理岩的 RHT 模型参数。

表 11-6　*MAT_RHT 模型参数

ρ_0/(g/cm³)	p_{el}/GPa	A_1/GPa	B_0	T_2/GPa	$\dot{\varepsilon}_0^c$/(10^{-8} ms^{-1})	$\dot{\varepsilon}^t$/(10^{22} ms^{-1})
2.7	0.016	45.39	0.9	0	3.0	3.0
B	A	f_t^*	ξ	A_f	N	f_c/GPa
0.0105	1.6	0.1	0.5	1.6	3.0	0.048
β_c	A_2/GPa	B_1	G/GPa	$\dot{\varepsilon}_0^t$/(10^{-9} ms^{-1})	D_2	g_t^*
0.02439	40.851	0.9	8.0	3.0	1	0.7
n	Q_0	D_1	n_f	a_0	β_t	A_3/GPa
0.61	0.6805	0.04	0.61	1.078	0.02941	4.198
T_1/GPa	$\dot{\varepsilon}^c$/(10^{22} ms^{-1})	f_s^*	g_c^*	ε_p^m	p_{comp}	
45.39	3.0	0.18	0.53	0.01	0.6	

李洪超，等. 大理岩 RHT 模型参数确定研究 [J]. 北京理工大学学报, 2017, 37(8): 801-806.

冻土

采用分离式霍普金森压杆(SHPB)，对-17℃冻土进行了应变率约 350s^{-1}、600s^{-1}、800s^{-1}、1000s^{-1} 和 1200s^{-1} 的单轴冲击实验。获得了其相应应变率下的应力-应变关系。发现其没有明显的屈服现象，具有显著的应变率效应，其峰值应力与最终应变均随加载应变率增大而增大，并且具有一定的线性关系。引入含损伤的 Johnson-Cook 本构模型，描述-17℃冻土的应力-应变关系，发现在 600~1200s^{-1} 的加载应变率范围内，该模型具有较好的适用性。

冻土的改进型 Johnson-Cook 本构模型为：

$$\sigma = (7 + 145\varepsilon^{0.5})(1 + 0.012\ln\dot{\varepsilon}^*)(1 - D)$$

采用应变的累积来定义材料的损伤：

$$D(\varepsilon) = \sum \frac{\Delta\varepsilon}{\varepsilon_f}$$

式中，$\Delta\varepsilon$ 为材料的应变增量，ε_f 为材料最终应变。

张海东, 朱志武, 康国政，等. 基于 Johnson-Cook 模型的冻土动态本构关系 [J]. 四川大学学报: 工程科学版, 2012, 44(增刊 2): 19-22.

冻土的改进型 Johnson-Cook 本构模型为：

$$\sigma = (12 + 160\varepsilon^{0.5})(1 + 0.02\ln\dot{\varepsilon}^*)(1 - 0.9T^*)(1 - D)$$

$$T^* = (T - T_r)(T_m - T_r)$$

式中，$T_r = 245K$，$T_m = 273K$，参考应变率 $\dot{\varepsilon}_0 = 1s^{-1}$。

采用应变的累积来定义材料的损伤：

$$D(\varepsilon) = \sum \frac{\Delta\varepsilon}{\varepsilon_f}$$

式中，$\Delta\varepsilon$ 为材料的应变增量，ε_f 为材料最终应变。

张海东. 冻土冲击动态实验及其本构模型 [D]. 成都: 西南交通大学, 2013.

方镁石

表 11-7　SHOCK 状态方程参数

$\rho/(g/cm^3)$	$C/(cm/\mu s)$	S_1	Gruneisen 系数
3.585	6.597	1.369	1.42

注：C 可能应为 0.6597cm/μs。

Selected Hugoniots [R]. Los Alamos Scientific Laboratory, LA-4167-MS:[s.n.], 1 May 1969.

钢筋混凝土

表 11-8　*MAT_WINFRITH_CONCRETE 模型参数（单位制 N-mm-ms-MPa）

ρ	TM	PR	UCS	UTS	FE	ASIZE
2.30E-3	29053.0	0.2	34.48	4.0	0.041	4.763
E	YS	EH	UELONG	RATE	CONM	
205.0E3	500.0	4.783E3	0.14	1.0	−3.0	

SCHWER L E. Modeling Rebar: The Forgotten Sister in Reinforced Concrete Modeling [C]. 13th International LS-DYNA Conference, Dearborn, 2014.

*MAT_CONCRETE_EC2 模型具有热敏感性，如果模型中没有定义温度，则其温度为 20℃。FRACR=0 时表示不含钢筋的混凝土，FRACR=1 时表示钢筋，0<FRACR<1 时表示钢筋混凝土模型中钢筋的含量。另外，采用*INTEGRATION_SHELL 或 *PART_COMPOSITE 来定义截面属性。定义两个混凝土和钢筋材料 PART，材料类型均为*MAT_CONCRETE_EC2。一个 FRACR=0 表示为混凝土，另一个 FRACR=1 表示为钢筋，每个积分点根据需要可定义为混凝土或钢筋。

表 11-9　*MAT_CONCRETE_EC2 模型相关参数（单位制 mm-ton-s-MPa）

*MAT_CONCRETE_EC2 模型参数（定义混凝土）								
MID	ρ	FC	FT	YMREINF	PRREINF	SUREINF	FRACRX	FRACY
1	2.57E-9	30.0	4.0	200000.0	0.3	350.0	0.0	0.0

（续）

*MAT_CONCRETE_EC2 模型参数（定义钢筋）								
MID	ρ	FC	FT	YMREINF	PRREINF	SUREINF	FRACRX	FRACY
2	2.57E−9	30.0	4.0	200000.0	0.3	350.0	1.0	1.0

*SECTION_SHELL								
SECID	ELFORM	SHRF	NIP	PROPT	QR/IRID	$T_1 \sim T_4$		
1	2	0.0	8	0.0	−1.0	120.0		

*INTEGRATION_SHELL								
IRID	NIP							
1	8							
S	WF	PID						
0.9	0.1	2						
0.8	1.0E−3	3						
0.6	0.199	2						
0.2	0.2	2						
−0.2	0.2	2						
−0.6	0.199	2						
−0.8	1.0E−3	3						
−0.9	0.1	2						

钢筋混凝土*PART								
PID	SECID	MID						
1	1	1						

伪混凝土*PART								
PID	SECID	MID						
2	1	1						

伪钢筋*PART								
PID	SECID	MID						
3	1	2						

http: //ftp. lstc. com.

表 11-10　*MAT_PLASTIC_KINEMATIC 材料模型参数

$\rho/(\mathrm{kg/m^3})$	E/GPa	ν	σ_0/MPa	E_t/MPa	$C/\mathrm{s^{-1}}$	P
2500	36	0.2	35	0.378E3	99.3	1.94

李铮，金福青，蔡中民. 混凝土板自振特性及动力响应 [C]. 中国土木工程学会防护工程分会第九次学术年会论文集. 长春, 2004: 415-420.

表 11-11 *MAT_JOHNSON_HOLMQUIST_CERAMICS 模型参数

$\rho/(kg/m^3)$	G/GPa	σ_i^{max}/MPa	σ_f^{max}/MPa	A	B	C
2400	16.7	40	6	1.65	1.65	0.0415
K_1/GPa	K_2/GPa	K_3/GPa	σ_{HEL}/MPa	D_1	D_2	$\bar{\varepsilon}_{f,min}^{pl}$
35.2	39.58	9.04	36.18	0.04	1.0	0.01
$\bar{\varepsilon}_{f,max}^{pl}$	N	M	$\dot{\varepsilon}_0/s^{-1}$	σ_T/MPa	P_{HEL}/MPa	β
2.0	0.65	0.65	1.0	4.0	17.053	1.0

吴艳青，等. 含装药弹体高速侵彻混凝土靶体的热-力耦合数值分析 [C]. 2012 年含能材料与钝感弹药技术学术讨论会, 2012, 497-507.

表 11-12 *MAT_PSEUDO_TENSOR 模型参数

$\rho/(kg/m^3)$	G/Pa	v	失效最大主应力/Pa	内聚力
2400	1.71E9	0.2	4.0E7	-6894.7598
钢筋占比	钢筋的弹性模量/Pa	钢筋的泊松比	钢筋的初始屈服应力/Pa	切线模量/塑性硬化模量/Pa
8%	2.18E11	0.28	5.1E8	2.9E8

MRITYUNJAYA R YELI, et al. Simulation of Explosions in Train and Bridge Applications [C]. 3rd ANSA & μETA International Conference, Halkidiki, Greece, 2009.

钢纤维混凝土

表 11-13 *MAT_JOHNSON_HOLMQUIST_CONCRETE 模型参数

靶体	$\rho/(kg/m^3)$	f_c/MPa	p_{crush}/MPa	u_{crush}	p_{lock}/GPa	u_{lock}	G/GPa	ε_{min}	S_{max}
B_2	2452	56.0	23.0	7.4E-4	1.05	0.068	27.9	0.015	12.5
B_3	2551	71.7	30.0	8.8E-4	1.15	0.07	33.2	0.02	10.5

纪冲, 龙源, 万文乾. 动能弹丸侵彻 SFRC 材料的显式动力有限元分析 [J]. 弹箭与制导学报, 2005, 25(3): 45-48.

高强纤维混凝土

表 11-14 高强纤维混凝土（Ultra-High Performance Fibre Reinforced Concrete，简称 UHPFRC）
Johnson-Holmsquist Concrete 模型参数

$\rho/(kg/m^3)$	G/MPa	强度常数							
		A	B	N	C	f_c/MPa	f_t/MPa	S_{max}	ε^*/s^{-1}
2550	33200	0.79	1.60	0.61	0.007	156	8.4	12.5	1.0
损伤常数									
D_1	D_2	$\varepsilon_p^f + u_p^f$							
0.05	1.0	0.01							

（续）

$\rho/(kg/m^3)$	G/MPa	强度常数							
		A	B	N	C	f_c/MPa	f_t/MPa	S_{max}	ε^*/s^{-1}
2550	33200	0.79	1.60	0.61	0.007	156	8.4	12.5	1.0
状态方程常数									
P_{crush}/MPa	μ_{crush}		K_1/GPa		K_2/GPa	K_3/GPa		P_{lock}/MPa	μ_{lock}
19	0.0001		8.5		17.1	20.8		850	0.1

R YU, P SPIESZ, H J H BROUWERS. Numerical simulation of ultra-high performance fibre reinforced concrete (UHPFRC) under high velocity impact of deformable projectile [C]. 15th International Symposium on effects of munitions with structures, Potsdam, Germany, 2013.

各类岩石

表 11-15　各类岩石动态力学特性参数

岩石种类	$\rho/(g/cm^3)$	强度/MPa
软页岩（黏土页岩、黏结不好的粉砂质、砂质页岩）	2.3	1.4～14
凝灰岩（无熔结）	1.9	1.4～21
砂岩（大颗粒、黏结差）	2.0	7～21
砂岩（细、中颗粒）	2.1	14～50
砂岩（很细到中颗粒，黏结良好，大块）	2.3	40～110
页岩（坚硬，坚韧）	2.3	14～80
石灰岩（粗糙、疏松的）	2.3	40～85
石灰岩（细密的大块）	2.6	70～140
玄武岩（多孔、玻璃状）	2.6	55～100
玄武岩（大块）	2.9	>140
石英岩	2.6	>140
花岗岩（粗颗粒、蚀变）	2.6	55～110
花岗岩（细到中颗粒）	2.6	100～190
白云岩	2.5	70～140

BERNARD R S. Empirical analysis of projectile penetration in rock[R]. U. S. Army Waterways Experiment Station, Vicksburg, Misc. Paper S-77-16 AD-A 047 989, 1977.

黑云母花岗岩

表 11-16　*MAT_JOHNSON_HOLMQUIST_CONCRETE 模型参数

$\rho/(kg/m^3)$	G/GPa	EF_{min}	T/MPa	FC/MPa	A	B	N	C	SFMAX
2600	11.85	0.01	3.2	144.8	0.763	1.6	0.65	0.00126	7

P_{lock}/GPa	U_{lock}	K_1/GPa	K_2/GPa	K_3/GPa	D_1	D_2	P_{crush}/MPa	U_{crush}
1.27	0.0385	12.1	17.5	59.7	0.052	1	46.7	0.00302

杨辉. 单轴冲击荷载下花岗岩力学特性与数值模拟研究 [D]. 合肥工业大学, 2020.

红砂岩

表 11-17　25℃红砂岩*MAT_JOHNSON_HOLMQUIST_CONCRETE 模型参数

$\rho/(kg/m^3)$	G/MPa	A	B	C	N	FC/MPa
2182	402	0.398	0.690	0.002	0.668	7.85
T/MPa	EPS0	EFMIN	SFMAX	PC/MPa	UC	PL/GPa
0.85	1E-6	0.01	7	4.56	0.0017	0.682
UL	D_1	D_2	K_1/GPa	K_2/GPa	K_3/GPa	FS
0.168	0.04	1	17.75	-15.67	16.93	0.004

表 11-18　-5℃红砂岩*MAT_JOHNSON_HOLMQUIST_CONCRETE 模型参数

$\rho/(kg/m^3)$	G/MPa	A	B	C	N	FC/MPa
2182	973	0.382	0.825	0.0026	0.661	15.7
T/MPa	EPS0	EFMIN	SFMAX	PC/MPa	UC	PL/GPa
2.36	1E-6	0.005	7	5.63	0.001	0.725
UL	D_1	D_2	K_1/GPa	K_2/GPa	K_3/GPa	FS
0.162	0.038	1	17.75	-15.67	16.93	0.004

表 11-19　-10℃红砂岩*MAT_JOHNSON_HOLMQUIST_CONCRETE 模型参数

$\rho/(kg/m^3)$	G/MPa	A	B	C	N	FC/MPa
2182	2005	0.353	0.851	0.0034	0.675	24.97
T/MPa	EPS0	EFMIN	SFMAX	PC/MPa	UC	PL/GPa
4.57	1E-6	0.005	7	8.34	0.0013	0.781
UL	D_1	D_2	K_1/GPa	K_2/GPa	K_3/GPa	FS
0.165	0.041	1	17.75	-15.67	16.93	0.004

表 11-20　-15℃红砂岩*MAT_JOHNSON_HOLMQUIST_CONCRETE 模型参数

$\rho/(kg/m^3)$	G/MPa	A	B	C	N	FC/MPa
2182	2463	0.369	0.815	0.0039	0.614	29.35
T/MPa	EPS0	EFMIN	SFMAX	PC/MPa	UC	PL/GPa
5.57	1E-6	0.005	7	10.08	0.0016	0.857
UL	D_1	D_2	K_1/GPa	K_2/GPa	K_3/GPa	FS
0.173	0.039	1	17.75	-15.67	16.93	0.004

表 11-21　-20℃红砂岩*MAT_JOHNSON_HOLMQUIST_CONCRETE 模型参数

$\rho/(kg/m^3)$	G/MPa	A	B	C	N	FC/MPa
2182	3219	0.426	0.677	0.0043	0.390	34.47
T/MPa	EPS0	EFMIN	SFMAX	PC/MPa	UC	PL/GPa
9.72	1E-6	0.005	7	11.69	0.0019	0.984

（续）

UL	D_1	D_2	K_1/GPa	K_2/GPa	K_3/GPa	FS
0.175	0.039	1	17.75	−15.67	16.93	0.004

陈世官. 梯度冲击作用下冻结红砂岩的动力响应及损伤效应研究 [D]. 西安：西安科技大学, 2020.

表 11-22　*MAT_RHT 材料模型参数

ρ_0/(g/cm^3)	a_0	f_c/GPa	A_1/GPa	A_2/GPa	A_3/GPa	β_c
2.06	1.12	0.086	15.84	26.61	16.26	0.014
β_t	B_0	B_1	T_1/GPa	T_2/GPa	G/GPa	p_{el}/GPa
0.019	1.68	1.68	15.84	0	10.5	0.0287
$\dot{\varepsilon}_0^c$/10^{-8}ms^{-1}	$\dot{\varepsilon}_0^t$/10^{-9}ms^{-1}	$\dot{\varepsilon}^c$/10^{22}ms^{-1}	$\dot{\varepsilon}^t$/10^{22}ms^{-1}	D_2	B	g_t^*
3.0	3.0	3.0	3.0	1	0.0105	0.7
N	Q_0	f_s^*	A_f	n_f	f_t^*	g_c^*
5.8	0.54	0.45	1.63	0.59	0.1	0.3
ξ	p_{comp}	A	ε_p^m	D_1	n	
0.3	0.55	1.6	0.01	0.053	0.56	

李洪超，等. 岩石 RHT 模型主要参数敏感性及确定方法研究 [J]. 北京理工大学学报, 2018, 38(8): 779−785.

表 11-23　*MAT_PLASTIC_KINEMATIC 模型参数

ρ/(kg/m^3)	E/GPa	PR	SIGY/GPa	ETAN/GPa	BETA	FS
2100	1.8	0.2	0.08	0.18	0.5	0.06

谢立栋，等. 立井爆破掘进空隙高度优化设计的小波包分析 [J]. 煤矿安全, 2018, Vol. 49(12): 229−234.

红陶和灰泥

表 11-24　EUROPLEXUS 软件中的脆性弹性模型参数和 Rankine 拉伸应变失效准则

材料类型	密度/(kg/m^3)	弹性模量/Pa	拉伸强度/Pa	拉伸失效应变	泊松比
Terracotta（红陶）	2000	7E9	1.15E6	1.6E-4	0.12
Mortar（灰泥）	1600	3.4E9	0.84E6	2.8E-4	0.12

LARCHER M, PERONI M, SOLOMOS G, et al. Dynamic Increase Factor of Masonry Materials: Experimental Investigations [C]. 15th International Symposium on effects of munitions with structures, Potsdam, Germany, 2013.

花岗斑岩

表 11-25　*MAT_JOHNSON_HOLMQUIST_CONCRETE 模型参数

ρ/(kg/m^3)	G/GPa	PR	T/MPa	FC/MPa	A	B	N	C
2586	6.53	0.267	4.40	60.52	0.762	1.65	1.15	0.0013
P_{lock}/GPa	U_{lock}	K_1/GPa	K_2/GPa	K_3/GPa	D_1	D_2	P_{crush}/MPa	U_{crush}
1.2	0.101	12	25	42	0.042	1.0	20.17	1.7E-3

闻磊，李夕兵，吴秋红，等. 花岗斑岩 Holmquist-Johnson-Cook 本构模型参数研究 [J]. 计算力学学报, 2016, 33(5): 725−731.

花岗岩

表 11-26　AUTODYN 软件中的 JH-2 模型参数

ρ_0 /(kg/m³)	E/GPa	v	体积模量 K_1/GPa	剪切模量 G/GPa
2657	80	0.29	55.6	30
Hugoniot 弹性极限 HEL/GPa	HEL 强度 σ_{HEL}/GPa	HEL 压力 P_{HEL}/GPa	HEL 体积应变 μ_{HEL}	拉伸强度 T/GPa
4.5	2.66	2.73	0.045	0.15
归一化的拉伸强度 T^*	未损伤强度系数 A	未损伤强度指数 N	应变率系数 C	断裂强度系数 B
0.055	1.01	0.83	0.005	0.68
断裂强度指数 M	最大断裂强度 σ^*_{fmax}	压力系数 K_2/GPa	压力系数 K_3/GPa	损伤系数 D_1
0.76	0.2	−23	2980	0.005
体积膨胀系数 β	损伤指数 D_2	拉伸失效应力 T_f/GPa	断裂能 G_f/(J/m²)	
1.0	0.7	0.15	70	

AI H A, AHRENS T J. Simulation of dynamic response of granite: A numerical approach of shock-induced damage beneath impact craters [J]. International Journal of Impact Engineering, 2006, 33: 1-10.

表 11-27　*MAT_JOHNSON_HOLMQUIST_CONCRETE 模型参数

ρ/(kg/mm³)	G/GPa	K_1/GPa	K_2/GPa	K_3/GPa	A	B	C	M
2.7E−6	21.1	45.8	0	0	1.0	1.0	0.0087	0.88
N	EPSI/ms⁻¹	T/GPa	SFMAX	HEL/GPa	PHEL/GPa	D_1	D_2	
0.82	2.59E−8	0.054	0.25	9.2	5.2	0.09	0.3	

TUOMAS G. Water powered percussive rock drilling: process analysis, modeling and numerical simulation [D]. Luleå University of Technology, 2004.

表 11-28　根据实测数据拟合的*MAT_JOHNSON_HOLMQUIST_CONCRETE 模型参数

ρ_0 /(kg/m³)	剪切模量 G/Pa	单轴抗压强度 P_C/Pa	静水拉伸强度 T/Pa	应变率系数 C
2620	23.0E9	108.0E6	7.40E6	0.0050
极限面参数 A	极限面参数 B	极限面参数 N	极限面参数 S_{max}	参考应变率/s⁻¹
0.17	2.40	0.75	12	1.0
损伤参数 ε_f^{min}	损伤参数 D_1	损伤参数 D_2	开裂压力 P_C/Pa	开裂体应变 U_C
0.01	0.04	1.0	36.0E6	0.001
压实压力 P_L/Pa	压实体应变 U_L	高压系数 K_1/Pa	高压系数 K_2/Pa	高压系数 K_3/Pa
1500E6	0.02	79E9	−304E9	4697E9

熊益波, 彭璐, 王万鹏. 爆炸冲击荷载下地下钢管道-混凝土-围岩结构损伤效应数值模拟: 第十一届全国冲击动力学学术会议论文集 [C]. 西安, 2013.

表 11-29 *MAT_JOHNSON_HOLMQUIST_CONCRETE 模型部分参数建议值

ρ/(kg/m^3)	G/GPa	T/MPa	FC/MPa	A	B	N	SFMAX
2660	28.7	12.2	154	0.3	2.5	0.79	15
P_{crush}/MPa	U_{crush}	K_1/GPa	K_2/GPa	K_3/GPa	P_{lock}/GPa	U_{lock}	
51	0.00162	12	25	42	1.2	0.012	

方秦, 等. 岩石 Holmquist-Johnson-Cook 模型参数的确定方法 [J]. 工程力学, 2014, 31(3): 197-204.

表 11-30 *MAT_JOHNSON_HOLMQUIST_CONCRETE 模型参数

ρ/(kg/m^3)	G/GPa	EF$_{min}$	T/MPa	FC/MPa	A	B	N	C	SFMAX
2600	28.7	0.01	12.2	154	0.28	2.5	0.79	0.00186	5
P_{lock}/GPa	U_{lock}	K_1/GPa	K_2/GPa	K_3/GPa	D_1	D_2	P_{crush}/MPa	U_{crush}	FS
1.2	0.012	12	25	42	0.04	1	51	0.00162	0.035

毕程程. 华山花岗岩 HJC 本构参数标定及爆破损伤数值模拟 [D]. 合肥工业大学, 2008.

表 11-31 *MAT_JOHNSON_HOLMQUIST_CERAMICS 模型参数

ρ/(kg/m^3)	G/GPa	K_1/GPa	K_2/GPa	K_3/GPa	HEL/GPa	A	N	C
2657	30.01	63.44	448.23	−2556.27	4.5	1.075	0.721	0.0045
B	M	σ^*_{FMAX} / GPa	T/MPa	D_1	D_2	β	T_f/MPa	G_f/(J/m^2)
0.358	0.721	0.25	−49.43	0.015	0.7	1.0	35.0	70.0

李允忠. 花岗岩 JH-2 本构参数标定及其重复载荷下损伤特性数值模拟 [D]. 合肥工业大学, 2020.

表 11-32 *MAT_JOHNSON_HOLMQUIST_CONCRETE 模型参数

ρ/(kg/m^3)	G/GPa	EF$_{min}$	T/MPa	FC/MPa	A	B	N	C	SFMAX
2600	28.7	0.01	12.2	154	0.28	2.5	0.79	0.00186	5
P_{lock}/GPa	U_{lock}	K_1/GPa	K_2/GPa	K_3/GPa	D_1	D_2	P_{crush}/MPa	U_{crush}	FS
1.2	0.012	12	25	42	0.04	1	51	0.00162	0.035

毕程程. 华山花岗岩 HJC 本构参数标定及爆破损伤数值模拟 [D]. 合肥工业大学, 2008.

表 11-33 *MAT_PLASTIC_KINEMATIC 模型参数

ρ/(kg/m^3)	E/GPa	PR	SIGY/GPa	ETAN/GPa	FS
2830	51.8	0.27	0.075	4.0	1.25

缪玉松, 等. 对称双线性起爆技术在工程爆破中的应用 [J]. 工程爆破, 2017, Vol. 23(1):6-11.

黄土

表 11-34 *MAT_DRUCKER_PRAGER 模型参数（单位制 m-kg-s）

ρ/(kg/m^3)	E	ν	内聚力	内摩擦角
1500	1.748E9	0.271	1.05E5	22.8°

赵凯. 分层防护层对爆炸波的衰减和弥散作用研究 [D]. 合肥: 中国科学技术大学, 2007.

混凝土

表 11-35 *MAT_JOHNSON_HOLMQUIST_CONCRETE 模型参数（单位制 cm-g-μs）（一）

ρ	G	A	B	C	N	FC	T	EPS0	EFMIN	SFMAX
2.44	0.1486	0.79	1.6	0.007	0.61	0.00048	0.00004	1.0	0.01	7.0
PC	UC	PL	UL	D_1	D_2	K_1	K_2	K_3	FS	
0.00016	0.001	0.008	0.10	0.04	1.0	0.85	−1.71	2.08	0.8	

HOLMQUIST T J, JOHNSON G R. A computational constitutive model for concrete subjected to large strains, high strain rates, and high pressures [C]. The 14th International Symposium on Ballistics, Quebec: 1993: 591-600.

表 11-36 *MAT_RHT 材料模型参数（单位制 mm-ms-kg-GPa）

ρ	SHEAR	ONEMPA	EPSF	B_0	B_1	T_1	A	N	FC
2.314E−6	16.7	−3	2.0	1.22	1.22	35.27	1.6	0.61	0.035
FS*	FT*	Q_0	B	T_2	E0C	E0T	EC	ET	BETAC
0.18	0.1	0.6805	0.0105	0.0	3.E−8	3.E−9	3.E22	3.E22	0.032
BETAT	PTF	GC*	GT*	XI	D_1	D_2	EPM	AF	NF
0.036	0.001	0.53	0.70	0.5	0.04	1.0	0.01	1.6	0.61
GAMMA	A_1	A_2	A_3	PEL	PCO	NP	ALPH0		
0.0	35.27	39.58	9.04	0.0233	6.0	3.0	1.1884		

本书编者注：原文中 ONEMPA 为 1.E-3，编者修改为-3。

THOMAS BORRVALL, LINKÖPING. The RHT concrete model in LS-DYNA [C]. 8th European LS-DYNA Conference, Strasburg, 2011.

单轴抗压强度为 41MPa（6ksi），骨料尺寸为 9.7mm，外界无拉力存在时裂纹宽度为 0.127mm。

表 11-37 *MAT_WINFRITH_CONCRETE 模型参数（单位制 MPa-mm-msec）

ρ	TM	PR	UCS	UTS	FE	ASIZE	RATE	CONM
2.40E−3	33536.79	0.18	41.36	2.068	0.127	9.779	1.0	−3.0

SCHWER L. The Winfrith Concrete Model : Beauty or Beast ? Insights into the Winfrith Concrete Model [C]. 8th European LS-DYNA Conference, Strasburg, 2011.

表 11-38 AUTODYN 软件中的 P-a 状态方程和 RHT 材料模型参数

混凝土强度/MPa		26	40	47	55
状态方程	P-a				
孔隙密度/(g/cm³)		2.30	2.32	2.34	2.35
孔隙声速/(m/s)		2892	2935	2957	2981
初始压缩时压力/MPa		17.3	26.6	31.3	36.6

（续）

孔隙压实时压力/GPa	6	6	6	6
压缩指数	3	3	3	3
强度模型 RHT				
剪切模量/GPa	16.2	17.0	17.3	17.7
单轴抗压强度 f_c/MPa	26	40	47	55
拉压强度比(f_t/f_c)	0.1	0.1	0.1	0.1
剪压强度比(f_s/f_c)	0.18	0.18	0.18	0.18
初始失效面参数 A	1.6	1.6	1.6	1.6
初始失效面指数 N	0.61	0.61	0.61	0.61
拉压子午比(Q)	0.68	0.68	0.68	0.68
脆韧转换	0.01	0.01	0.01	0.01
拉伸屈服面参数/f_t	0.7	0.7	0.7	0.7
压缩屈服面参数/f_c	0.53	0.53	0.53	0.53
断裂强度常数 B	1.6	1.6	1.6	1.6
断裂强度指数 M	0.61	0.61	0.61	0.61
压缩应变率指数 δ	0.034	0.031	0.029	0.028
拉伸应变率指数 α	0.038	0.035	0.033	0.032

ELSHENAWY T, LI Q M. Influences of target strength and confinement on the penetration depth of an oil well perforator [J]. International Journal of Impact Engineering, 2013, 54: 130-137.

这是一种单轴抗压强度为 153MPa、劈裂拉伸强度 9.1MPa、弹性模量 58GPa、断裂能 162N/m 的高强度混凝土。在设置*MAT_CONCRETE_DAMAGE 材料参数时，不同的网格尺寸，材料参数有所差异。采用*MAT_ADD_EROSION 添加剪切应变失效参数。

表 11-39 *MAT_CONCRETE_DAMAGE 模型参数（网格尺寸 5mm，单位制 m-kg-s）

MID	ρ	PR					
1	2770	0.16					
SIGF	A_0	A_1	A_2				
8.0E6	50.643E6	0.465	0.657E-9				
A0Y	A1Y	A2Y	A1F	A2F	B_1	B_2	B_3
22.789E6	1.033	1.46E-9	0.465	0.657E-9	1.0	1.0	0.023
λ	λ_2	λ_3	λ_4	λ_5			
0.0	0.02E-3	2.8E-3	41.0E-3				
η_1	η_2	η_3	η_4				
0.0	1.0	0.15	0.0				

表 11-40 *MAT_CONCRETE_DAMAGE 模型参数（网格尺寸 7.5mm，单位制 m-kg-s）

MID	ρ	PR					
1	2770	0.16					
SIGF	A_0	A_1	A_2				
8.0E6	50.643E6	0.465	0.657E-9				
A0Y	A1Y	A2Y	A1F	A2F	B_1	B_2	B_3
22.789E6	1.033	1.46E-9	0.465	0.657E-9	0.682	6.46	0.035
λ	λ_2	λ_3	λ_4	λ_5			
0.0	1.5E-4	9.0E-4	35.0E-4				
η_1	η_2	η_3	η_4				
0.0	1.0	0.2	0.0				

表 11-41 *MAT_ADD_EROSION 失效模型参数

MID	EXCL			
1	1234			
MNPRES	SIGP1	SIGVM	MXEPS	EPSSH
1234	1234	1234	1234	0.9

UNOSSON M. Numerical simulations of penetration and perforation of high performance concrete with 75mm steel projectile [R]. FOA, FOA-R-00, 01634-311-SE, 2000.

表 11-42 *MAT_SOIL_AND_FOAM 模型参数（英制单位 in-s-lbf）

MID	ρ	G	KUN	A_0	A_1	A_2	PC
1	2.16920-4	7.88E5	6.0E6	2.439E6	6025.0	−0.0519	−300.0
EPS1	EPS2	EPS3	EPS4	EPS5	EPS6	EPS7	EPS8
0.000	0.0200	0.0377	0.0418	0.0513	0.100	0.5000	0.0
P_1	P_2	P_3	P_4	P_5	P_6	P_7	P_8
0.0000	21000.0	34800.0	45000.0	58000.0	1.25E5	9.445E5	0.0

www. dynasupport. com.

表 11-43 *MAT_PSEUDO_TENSOR 模型参数（英制单位 in-s-lbf）

MID	ρ	PR	SIGF	A_0	ER	PRR	SIGY	ETAN
2	2.247E-4	0.22	5000	−1	3.0E7	0.2	6.0E4	4.031E6

www. dynasupport. com.

表 11-44 *MAT_PSEUDO_TENSOR 模型参数（英制单位 in-s-lbf）

MID	ρ	PR					
2	2.247E-4	0.22					
SIGF	A_0	A_1	A_2	A0F	A1F	B_1	PER
500.	1.25E3	0.333	6.667E-5	500.	1.5	1.25	0.77
ER	PRR	SIGY	ETAN				
3.0E7	0.2	6.0E4	4.031E6				
X_1	X_2	X_3	X_4	X_5	X_6	X_7	X_8
0.0	8.62E-6	2.15E-5	3.14E-5	3.95E-4	5.17E-4	6.38E-4	7.98E-4
X_9	X_{10}	X_{11}	X_{12}	X_{13}	X_{14}	X_{15}	X_{16}
9.67E-4	1.41E-3	1.97E-3	2.59E-3	3.27E-3	4.00E-3	4.79E-3	0.909
YS1	YS2	YS3	YS4	YS5	YS6	YS7	YS8
0.309	0.543	0.840	0.975	1.00	0.790	0.630	0.469
YS9	YS10	YS11	YS12	YS13	YS14	YS15	YS16
0.383	0.247	0.173	0.136	0.114	8.6E-2	5.6E-2	0.0

表 11-45 *EOS_TABULATED_COMPACTION 状态方程参数（英制单位 in-s-lbf）

MID	GAMMA	E_0	V_0	
3	0.0	0.0	1.0	
EV1	EV2	EV3	EV4	EV5
0.0	−4.00000019E-3	−5.49999997E-3	−1.360000018E-2	−2.019999921E-2
EV6	EV7	EV8	EV9	EV10
−3.559999913E-2	−4.289999977E-2	−5.189999938E-2	−6.190000102E-2	−7.530000061E-2
C_1	C_2	C_3	C_4	C_5
0.0	7250.00000	9425.00000	14065.0000	18415.0000
C_6	C_7	C_8	C_9	C_{10}
26100.0000	31900.0000	34800.000	44950.0000	58000.0000
T_1	T_2	T_3	T_4	T_5
0.0	0.0	0.0	0.0	0.0
T_6	T_7	T_8	T_9	T_{10}
0.0	0.0	0.0	0.0	0.0
K_1	K_2	K_3	K_4	K_5
2550000.0	2550000.0	2550000.0	2550000.0	3340000.0
K_6	K_7	K_8	K_9	K_{10}
4280000.00	5220000.0	6210000.0	7500000.0	7500000.0

www.dynasupport.com.

  *MAT_84 和*MAT_85 这两个 Winfrith 混凝土模型只有前者考虑了应变率效应。其中的钢筋则用*MAT_WINFRITH_CONCRETE_REINFORCEMENT 来定义。要生成裂纹数据，需要在 LS-DYNA 命令行上输入："q=crf"。crf 是生成的裂纹数据文件。

  LS-PrePost 能够在变形网格上显示裂纹，具体操作为：运行 LS-PrePost，然后从菜单中选择 File→Open→Crack，打开裂纹数据文件。

表 11-46 *MAT_WINFRITH_CONCRETE 模型参数（模型一，单位制 kg-m-s-Pa）

*MAT_WINFRITH_CONCRETE							
MID	ρ	TM	PR	UCS	UTS	FE	ASIZE
1	2.4E3	38.0E9	0.17	21.0E6	1.7E6	45.0E-6	1.2E-3
E	YS	EH	UELONG	RATE			
200.0E9	420.0E6	209.0E6	9.15	1.0			

*MAT_WINFRITH_CONCRETE_REINFORCEMENT					
EID1	EID2	INC	XR	YR	ZR
0	0	3	1.52E-3	3.75E-2	3.75E-2

表 11-47 *MAT_WINFRITH_CONCRETE 模型参数（模型二，单位制 kg-m-s-Pa）

*MAT_WINFRITH_CONCRETE							
MID	ρ	TM	PR	UCS	UTS	FE	ASIZE
1	2500	3.8E10	0.17	3.300E7	0.231E7	0.11E3	10.0E-3
E	YS	EH	UELONG	RATE			
2.000E11	4.530E8	209.0E6	7.60E8	1.50E-1			

*MAT_WINFRITH_CONCRETE_REINFORCEMENT					
EID1	EID2	INC	XR	YR	ZR
0	1	3	0.645	0.049	0.049
0	2	3	0.645	0.049	0.049
0	1	3	0.855	0.0	0.0
0	2	3	0.855	0.032	0.030
0	3	3	0.855	0.028	0.054
0	3	3	0.015	0.026	0.164
0	3	1	0.800	0.032	0.028
0	3	1	0.985	0.032	0.028
0	4	3	0.855	0.054	0.041
0	4	3	0.015	0.164	0.026
0	4	2	0.800	0.032	0.028
0	4	2	0.985	0.032	0.028

表 11-48 *MAT_WINFRITH_CONCRETE 模型参数（模型三，单位制 ton-mm-s-MPa）

ρ	TM	PR	UCS	UTS	FE	ASIZE
2.37E-9	39000.0	0.19	70.0	4.50	0.096	8.0

http: //ftp. lstc. com.

*MAT_CONCRETE_DAMAGE_REL3 考虑了应变率效应。

表 11-49 *MAT_CONCRETE_DAMAGE_REL3 模型参数（单位制 g-mm-ms-MPa）

*MAT_CONCRETE_DAMAGE_REL3									
MID	ρ	A_0	RSIZE	UCF	LCRATE				
72	2.3E-3	-45.4	3.94E-2	145	723				
*DEFINE_CURVE 定义的曲线 723									
A_1	A_2	A_3	A_4	A_5	A_6	A_7	A_8	A_9	A_{10}
-30	-0.3	-0.1	-0.03	-0.01	-0.003	-0.001	-E-4	-1E-5	-1E-6
O_1	O_2	O_3	O_4	O_5	O_6	O_7	O_8	O_9	O_{10}
9.7	9.7	6.72	4.5	3.12	2.09	1.45	1.36	1.28	1.2
A_{11}	A_{12}	A_{13}	A_{14}	A_{15}	A_{16}	A_{17}	A_{18}	A_{19}	A_{20}
-1E-7	-1E-8	0	3E-8	1E-7	1E-6	1E-5	1E-4	1E-3	3E-3
O_{11}	O_{12}	O_{13}	O_{14}	O_{15}	O_{16}	O_{17}	O_{18}	O_{19}	O_{20}
1.13	1.06	1.	1.	1.03	1.08	1.14	1.2	1.26	1.29
A_{21}	A_{22}	A_{23}	A_{24}	A_{25}					
1E-2	3E-2	0.1	0.3	30.					
O_{21}	O_{22}	O_{23}	O_{24}	O_{25}					
1.33	1.36	2.04	2.94	2.94					

LS-DYNA 运行上述模型后，将自动生成如下模型参数：

表 11-50 *MAT_Concrete_Damage_Rel3 模型参数（单位制 mm-kg-ms-GPa）

MATID	ρ	PR					
72	2.300E-06	1.900E-01					
ft	A_0	A_1	A_2	B_1	OMEGA	A1F	
2.011E-1	1.342E-2	4.463E-1	1.780	1.600	5.0E-1	4.417E-1	
sLambda	NOUT	EDROP	RSIZE	UCF	LCRate	LocWidth	NPTS
1.000E+02	2.000E+00	1.000E+00	1.000E+00	1.000E+00	0.000E+00	1.000E+00	1.300E+01

（续）

Lambda01	Lambda02	Lambda03	Lambda04	Lambda05	Lambda06	Lambda07	Lambda08
0.000E+00	8.000E−06	2.400E−05	4.000E−05	5.600E−05	7.200E−05	8.800E−05	3.200E−04
Lambda09	Lambda10	Lambda11	Lambda12	Lambda13	B_3	A_0Y	A_1Y
5.200E−04	5.700E−04	1.000E+00	1.000E+01	1.000E+10	1.150E+00	1.013E−02	6.250E−01
Eta01	Eta02	Eta03	Eta04	Eta05	Eta06	Eta07	Eta08
0.000E+00	8.500E−01	9.700E−01	9.900E−01	1.000E+00	9.900E−01	9.700E−01	5.000E−01
Eta09	Eta10	Eta11	Eta012	Eta13	B_2	A2F	A2Y
1.000E−01	0.000E+00	0.000E+00	0.000E+00	0.000E+00	1.350E+00	2.606E+00	5.672E+00

表 11-51　*EOS_Tabulated_Compaction 状态方程参数（单位制 mm-kg-ms-GPa）

EOSID	Gamma	E_0	Vol0	
72	0.000E+00	0.000E+00	1.000E+00	
VolStrain01	VolStrain02	VolStrain03	VolStrain04	VolStrain05
0.00000000E+00	−1.50000001E−03	−4.30000015E−03	−1.00999996E−02	−3.05000003E−02
VolStrain06	VolStrain07	VolStrain08	VolStrain09	VolStrain10
−5.13000004E−02	−7.25999996E−02	−9.43000019E−02	−1.73999995E−01	−2.08000004E−01
Pressure01	Pressure02	Pressure03	Pressure04	Pressure05
0.00000000E+00	9.79447460E+00	2.13519554E+01	3.42806625E+01	6.51332550E+01
Pressure06	Pressure07	Pressure08	Pressure09	Pressure10
9.82385788E+01	1.39375366E+02	2.13225723E+02	1.24487769E+03	1.90404578E+03
Multipliers of Gamma*E				
.000000000E+00	.000000000E+00	.000000000E+00		
.000000000E+00	.000000000E+00	.000000000E+00		
BulkUnld01	BulkUnld02	BulkUnld03	BulkUnld04	BulkUnld05
6.52964941E+03	6.52964941E+03	6.62106494E+03	6.95407715E+03	8.27306543E+03
BulkUnld06	BulkUnld07	BulkUnld08	BulkUnld09	BulkUnld10
9.59858496E+03	1.09175742E+04	1.19166104E+04	2.68107402E+04	3.26482461E+04

http://ftp.lstc.com.

表 11-52　*MAT_BRITTLE_DAMAGE 模型参数（单位制 in-s-lbf）

MID	ρ	E	PR	TLIMIT	SLIMIT	FTOUGH	SRETEN
1	2.247E−4	3.15E6	0.2	449.6	2103	0.872	0.03
VISC	FRA_RF	E_RF	YS_RF	EH_RF	FS_RF	SIGY	
0	0	0	0	0	0	4206	

http://ftp.lstc.com.

表 11-53　*MAT_CSCM 模型参数（单位制 in-s-lbf）

MID	ρ	NPLOT	INCRE	IRATE	ERODE	RECOVER	IRETRACT
159	2.07-04	0	0.0	1	1.1	0.0	0
PRED							
0.0							
G	K	ALPHA	THETA	LAMDA	BETA	NH	CH
1.624E6	1.779E6	2.062E3	2.903E-1	1.524E3	1.330E-4	0.0000	0.000
ALPHA1	THETA1	LAMDA1	BETA1	ALPHA2	THETA2	LAMDA2	BETA2
0.74730	8.285E-6	0.170	4.995E-4	0.66	9.982E-6	1.600E-01	4.995E-4
R	X_0	W	D_1	D_2			
5.00	1.301E4	0.050	1.724E-6	1.66E-11			
B	GFC	D	GFT	GFS	PWRC	PWRT	PMOD
1.000E2	30.8	0.1	0.308	0.308	5.0	1.0	0.0
ETA0C	NC	ETA0T	NT	OVERC	OVERT	SRATE	REPOW
9.997E-05	0.780	0.0000607	0.480	3004.0	3004.0	1.00	1.0

http://ftp.lstc.com.

表 11-54　*MAT_SOIL_AND_FOAM 模型参数（单位制 g-mm-ms）

MID	ρ	G	KUN	A_0	A_1	A_2
1	2.12E-3	10554	16305	8.8566	1.7856	0.090
EPS1	EPS2	EPS3	EPS4			
0	0.0003658	0.0010974	0.001829			
P_1	P_2	P_3	P_4			
0	4.94	16.8692	28.7984			

表 11-55　*MAT_CONCRETE_DAMAGE_REL3 模型参数
（单轴抗压强度 33.33MPa 的混凝土，单位制 g-mm-ms）

MATID	ρ	PR					
1	2.12E-3	0.19					
f_t	A_0	A_1	A_2	B_1	OMEGA	A1F	
3.115	9.855	0.4463	2.424E-3	1.6	0.5	0.4417	
sLambda	NOUT	EDROP	RSIZE	UCF	LCRate	LocWidth	NPTS
0	2.0	1.0	3.972E-2	145.0	0	60.0	13.0
Lambda01	Lambda02	Lambda03	Lambda04	Lambda05	Lambda06	Lambda07	Lambda08
0.0	8.0E-6	2.4E-5	4.0E-5	5.6E-5	7.2E-5	8.8E-5	3.2E-4

（续）

Lambda09	Lambda10	Lambda11	Lambda12	Lambda13	B_3	A0Y	A1Y
5.2E-4	5.7E-4	1.0	10.0	1.0E10	1.15	7.441	0.625
Eta01	Eta02	Eta03	Eta04	Eta05	Eta06	Eta07	Eta08
0.0	0.85	0.97	0.99	1.0	0.99	0.97	0.5
Eta09	Eta10	Eta11	Eta012	Eta13	B_2	A2F	A2Y
0.1	0.0	0.0	0.0	0.0	1.35	3.548E-3	7.723E-3

表 11-56　*EOS_Tabulated_Compaction 状态方程参数（单位制 g-mm-ms）

EOSID	Gamma	E_0	Vol0	
8	0.0	0.0	1.0	
VolStrain01	VolStrain02	VolStrain03	VolStrain04	VolStrain05
0.0	−1.5E-3	−4.3E-3	−1.01E-2	−3.05E-2
VolStrain06	VolStrain07	VolStrain08	VolStrain09	VolStrain10
−5.13E-2	−7.26E-2	−9.43E-2	−0.174	−0.208
Pressure01	Pressure02	Pressure03	Pressure04	Pressure05
0.0	22.042049	48.05167	77.147171	146.579636
Pressure06	Pressure07	Pressure08	Pressure09	Pressure10
221.081757	313.658356	479.855438	2801.544434	4284.974121
Multipliers of Gamma×E				
.000000000E+00	.000000000E+00	.000000000E+00		
.000000000E+00	.000000000E+00	.000000000E+00		
BulkUnld01	BulkUnld02	BulkUnld03	BulkUnld04	BulkUnld05
14690.0	14690.0	14690.0	15650.0	18620.0
BulkUnld06	BulkUnld07	BulkUnld08	BulkUnld09	BulkUnld10
21600.0,	24570.0	26820.0	60340.0	73470.0

TAN S H, et al. Verification of Concrete Material Models for MM-ALE Simulations [C]. 13th International LS-DYNA Conference, Dearborn, 2014.

　　*MAT_WINFRITH_CONCRETE 混凝土模型可以显示裂纹，但需要在输入文件里添加 *DATABASE_BINERY_D3CRACK 关键字，运行 k 文件时在命令行里输入 "q=dyncrack"，dyncrack 就是裂纹文件。

　　在 WINFRITH 混凝土模型中，初始切线模量 T_m 可用 $T_m = 57000\sqrt{f_c'}$ 来估计，f_c' 是混凝土的无约束抗压强度。单轴拉伸强度 Uts 可用 $Uts = 7\sqrt{f_c'}$ 来估计。

表 11-57 *MAT_WINFRITH_CONCRETE 模型参数（单位制 mm-ton-s）

MID	ρ	T_m	PR	UCS	Uts	f_e	ASIZE
102	2.32E-9	24665.48	0.19	27.143	3.028	0.07043	12.7
E	YS	EH	uelong	RATE	CONM		
0	0	0	0	0	-4		
EPS1	EPS2	EPS3	EPS4	EPS5	EPS6	EPS7	EPS8
0	0	0	0	0	0	0	0
P_1	P_2	P_3	P_4	P_5	P_6	P_7	P_8
0	0	0	0	0	0	0	0

AKRAM ABU-ODEH. Modeling and Simulation of Bogie Impacts on Concrete Bridge Rails using LS-DYNA[C]. 10th International LS-DYNA Conference, Detroit, 2008.

表 11-58 *MAT_CSCM_COMCRETE 材料模型参数（单位制 mm-ton-s）

MID	ρ	NPLOT	PRED	f_{pc}	DAGG	UNITS
1	2.32E-9	1	0	27.144	25.4	2

AKRAM ABU-ODEH. Modeling and Simulation of Bogie Impacts on Concrete Bridge Rails using LS-DYNA[C]. 10th International LS-DYNA Conference, Detroit, 2008.

表 11-59 *MAT_CONCRETE_EC2 材料模型参数（单位制 ton-mm-s-MPa）

MID	ρ	FC	FT	TYPEC	UNITC	ECUTEN	ESOFT
1	2.277E-9	100.8	29.85	3	1.0	0.0025	12000
MU	TAUMXC	AGGSZ	UNITL	AOPT	ET36	PRT36	ECUT36
0.4	1.161	19.00	1.00	0.00	3.068E4	0.16	0.003

表 11-60 *MAT_WINFRITH_CONCRETE 材料模型参数（单位制 ton-mm-s-MPa）

MID	ρ	TM	PR	UCS	UTS	FE	ASIZE	RATE	CONM
1	2.277E-9	3.068E4	0.16	42.00	3.77	0.08654	19.00	0.0	-4.0

BOJANOWSKI C, BALCERZAK M. Response of a Large Span Stay Cable Bridge to Blast Loading [C]. 13th International LS-DYNA Conference, Dearborn, 2014.

表 11-61 混凝土砌块动态力学特性参数

ρ/(lb·s²/in⁴)	抗压强度 FC/psi	弹性模量/(约 1000×FC，psi)	泊松比
0.0002247	2000	2E6	0.15～0.20
剪切模量 G/psi	拉伸强度/(约 0.1×FC，psi)	剪切强度/psi	
833333	200-250	100	

表 11-62　混凝土砌块*MAT_SOIL_AND_FOAM 模型参数（单位制 in-s-lbf-psi）

MID	ρ	G	KUN	A_0	A_1	A_2	PC
1	2.22470-4	7.88000+5	6.00000+6	13333.3	0.0	0.0	−200.0
EPS1	EPS2	EPS3	EPS4	EPS5	EPS6	EPS7	EPS8
0.0	−0.02	−0.0377	−0.0418	−0.0513	−0.100	−0.50	0.0
P_1	P_2	P_3	P_4	P_5	P_6	P_7	P_8
0.0	21000.0	34800.0	45000.0	58000.0	1.25E5	9.445E5	0.0

表 11-63　混凝土砌块*MAT_BRITTLE_DAMAGE（单位制 in-s-lbf-psi）

ρ	E	PR	TLIMIT	SLIMIT	FTOUGH	SRETEN
2.2247E-4	2.0E6	0.15	200.0	100.0	0.8	0.03
VISC	FRA_RF	E_RF	YS_RF	EH_RF	FS_RF	SIGY
104.0	0	0	0	0	0	0

表 11-64　混凝土砌块*MAT_PSEUDO_TENSOR 模型参数（单位制 in-s-lbf-psi）

ρ	G	PR	SIGF	A_0
2.247E-4	833333.0	0.2	2000.0	−1

表 11-65　混凝土砌块*MAT_WINFRITH_CONCRETE（单位制 in-s-lbf-psi）

MID	ρ	T_m	PR	UCS	UTS	FE	ASIZE
1	2.2247E-4	3000000.0	0.20	2000.0	200.0	0.15	0.0625
E	YS	EH	UELONG	RATE	CONM		
30.0E6	60000.0	4E.+7	0.003	1.0	−1		
EPS1	EPS2	EPS3	EPS4	EPS5	EPS6	EPS7	EPS8
0.0	−0.02	−0.0377	−0.0418	−0.0513	−0.1	−0.50	0.0
P_1	P_2	P_3	P_4	P_5	P_6	P_7	P_8
0.0	21000.0	34800.0	45000.0	58000.0	1.25E5	9.445E5	0.0

DAVIDSON J S, MORADI L, DINAN R J. Selection of a Material Model for Simulating Concrete Masonry Walls Subjected to Blast [R]. Air Force Research Laboratory, AFRL-ML-TY-TR-2006-4521, 2004.

表 11-66 *MAT_JOHNSON_HOLMQUIST_CONCRETE 模型参数

$\rho/(kg/m^3)$	G/GPa	A	B	N	C	f_c'/MPa
2292	13.84	0.35	0.85	0.61	0.01	45.4
T/MPa	$\varepsilon_{f,min}$	SMAX	P_{crush}/MPa	u_{crush}	P_{lock}/MPa	u_{lock}
4.18	0.01	7	15.13	8.2E-4	1000	0.17
D_1	D_2	K_1/MPa	K_2/MPa	K_3/MPa	f_s	$\dot{\varepsilon}_0$
0.04	1.0	8.5E4	−1.7E5	2.08E5	0.004	1E-6

贾彬，等. 混凝土 SHPB 试验数值模拟研究 [J]. 固体力学学报, 2010, 31: 216−222.

表 11-67 AUTODYN 与 LS-DYNA 软件中混凝土 p- 状态方程参数对照表（单位制 mm-mg-ms）

混凝土 RHT p- 状态方程输入参数					
参数	描述	单位	AUTODYN Conc-35	IRIS 实验拟合值	LS-DYNA 对应参数
ρ	参考密度	g/cm³	2.75	2.75	$\rho \times$ALPHA
ρ_{porous}	孔隙密度	g/cm³	2.314	2.298	
c_e	空隙声速	m/s	2.92E3	2.25E3	缺失
p_{el}	空隙压缩时压力	kPa	2.33E4	4.61E4	PEL
p_s	空隙压实时压力	kPa	6.00E6	6.00E6	PCO
n	孔隙度指数	–	3.0	3.0	NP
Solid EOS	Solid EOS 类型	–	Polynomial	Polynomial	无此选项
A_1	雨贡纽系数	kPa	3.527E7	3.527E7	A_1
A_2	雨贡纽系数	kPa	3.958E7	3.958E7	A_2
A_3	雨贡纽系数	kPa	9.04E6	9.04E6	A_3
B_0	状态方程参数	–	1.22	1.22	B_0
B_1	状态方程参数	–	1.22	1.22	B_1
T_1	状态方程参数	kPa	3.527E7	3.527E7	T_1
T_2	状态方程参数	kPa	0.0	0.0	T_2
T_{ref}	参考温度	K	300	300	缺失
C_v	比热容	J/kg·K	6.54E2	6.54E2	缺失
K	导热系数	W/m·K	0.0	0.0	缺失
Curve	压缩曲线类型	–	alpha plastic	alpha plastic	无此选项

表 11-68 AUTODYN 与 LS-DYNA 软件中混凝土 RHT 强度模型参数对照表（单位制 mm-mg-ms）

参数	描述	单位	AUTODYN Conc-35	IRIS 实验拟合值	LS-DYNA 对应参数
			混凝土 RHT 强度模型输入参数		
G	剪切模量	GPa	16.7	11.7	SHEAR
f_c	单轴抗压强度	MPa	35.0	69.1	FC
f_t/f_c	拉压强度比	–	0.10	0.06	FT[*]
f_s/f_c	剪压强度比	–	0.18	0.18	FS[*]
B_{fail}	失效面参数	–	1.6	1.82	A
n_{fail}	失效面指数	–	0.61	0.79	N
$Q_{2.0}$	拉压子午比	–	0.6805	0.6805	Q_0
BQ	罗德角相关系数	–	1.05E-2	1.05E-2	B
ratio	剪切模量缩减系数	–	2.0	2.0	1/XI
tensrat	拉伸屈服面参数	–	0.7	0.7	GT[*]
comprat	压缩屈服面参数	–	0.53	0.53	GC[*]
B_{fric}	残余应力强度参数	–	1.6	1.82	AF
n_{fric}	残余应力强度指数	–	0.6	0.79	NF
α_{sr}	压缩应变率指数	–	3.2E-2	1.76E-2	BETAC
δ_{sr}	拉伸应变率指数	–	3.6E-2	2.24E-2	BETAT
CAP	弹性面上采用盖帽模型	–	是	是	无此选项

表 11-69 AUTODYN 与 LS-DYNA 软件中混凝土 RHT 失效模型参数对照表（单位制 mm-mg-ms）

参数	描述	单位	AUTODYN Conc-35	IRIS 实验拟合值	LS-DYNA 对应参数
			混凝土 RHT 失效模型输入参数		
D_1	损伤常数	–	0.04	0.04	D_1
D_2	损伤指数	–	1.0	1.0	D_2
$\varepsilon_{f,min}$	最小失效应变	–	0.01	0.01	EPM
Tensile Failure	拉伸失效准则	–	Hydro·pmin	Hydro·pmin	无此选项
G_{res}	残余/弹性剪切模量	–	0.13	0.13	缺失
Erosion	失效应变	%	200	200	EPSF

HECKÖTTER C, SIEVERS J. Comparison of the RHT Concrete Material Model in LS-DYNA and ANSYS AUTODYN [C]. 11th European LS-DYNA Conference, Salzburg, 2017.

RIEDEL, W. Beton unter dynamischen Lasten: Meso-und makromechanische Modelle und ihre Parameter [J]. Fraunhofer IRB Verlag, 2004.

BORRVALL T, RIEDEL W. The RHT Concrete Model in LS-DYNA [C]. 8th European LS-DYNA Users Conference, Strasbourg, 2011.

Nuclear Energy Agency (NEA). Improving Robustness Assessment Methodologies for Structures Impacted by Missiles (IRIS_2012) [R]. Final Report NEA/CSNI/R(2014)5, 2014.

表 11-70　*MAT_ELASTIC_PERI 材料模型参数

$\rho/(\mathrm{kg/m^3})$	E/GPa	断裂能量释放率 $G/(\mathrm{J/m^2})$
2400	29	31.1

HU B REN, WU C T, GUO Y, et al. 3D Discontinuous Galerkin Finite Element Method with the Bond-Based Peridynamics Model for Dynamic Brittle Failure Analysis [C]. 11th European LS-DYNA Conference, Salzburg, 2017.

表 11-71　单轴抗压强度 32MPa 的混凝土*MAT_SOIL_AND_FOAM 模型参数（单位制 mm-ms-MPa）

ρ	G	BULK	A_0	A_1	A_2	PC	VCR	REF	LCID
2.12E-3	11157.167	74381.228	26.268058	16.816316	1.189408	-1.01	0	0	0
EPS1	EPS2	EPS3	EPS4	EPS5	EPS6	EPS7	EPS8	EPS9	EPS10
0.0	0.0573	0.0948	0.1116	0.1287	0.1455	0.1626	0.1776	0.1890	0.2118
P_1	P_2	P_3	P_4	P_5	P_6	P_7	P_8	P_9	P_{10}
0.0	250	500	1000	1500	2000	2500	3000	3500	4500

表 11-72　单轴抗压强度 32MPa 的混凝土*MAT_ELASTIC_PLASTIC_HYDRO_SPALL 模型和 *EOS_TABULATED_COMPACTION 状态方程（单位制 mm-ms-MPa）

*MAT_ELASTIC_PLASTIC_HYDRO_SPALL 模型参数									
ρ	G	SIG0	EH	PC	FS	CHARL	A_1	A_2	SPALL
2.30E-3	11.58E3	9.46	0.0	-1.0	–	–	2.24	-0.012	3.0
EPS1	EPS2	EPS3	EPS4	EPS5	EPS6	EPS7	EPS8	EPS9	EPS10
–	–	–	–	–	–	–	–	–	–
EPS11	EPS12	EPS13	EPS14	EPS15	EPS16				
–	–	–	–	–	–				
ES1	ES2	ES3	ES4	ES5	ES6	ES7	ES8	ES9	ES10
–	–	–	–	–	–	–	–	–	–
ES11	ES12	ES13	ES14	ES15	ES16				
–	–	–	–	–	–				
*EOS_TABULATED_COMPACTION 状态方程参数									
EPS1	EPS2	EPS3	EPS4	EPS5	EPS6	EPS7	EPS8	EPS9	EPS10

（续）

0.0	−1.5E−3	−4.3E−3	−1.01E−2	−3.05E−2	−5.13E−2	−7.26E−2	−9.43E−2	−1.74E−1	−2.08E−1
P_1	P_2	P_3	P_4	P_5	P_6	P_7	P_8	P_9	P_{10}
0.0	22.32	48.65	78.10	148.39	223.81	317.53	485.78	2836.16	4337.91
T_1	T_2	T_3	T_4	T_5	T_6	T_7	T_8	T_9	T_{10}
−	−	−	−	−	−	−	−	−	−
Kun1	Kun2	Kun3	Kun4	Kun5	Kun6	Kun7	Kun8	Kun9	Kun10
1.49E4	1.49E4	1.51E4	1.58E4	1.88E4	2.19E4	2.49E4	2.71E4	6.11E4	7.44E4

JIING KOON POON, et al. Simulating Dynamic Loads on Concrete Components using the MM−ALE (Eulerian) Solver [C]. 11th European LS−DYNA Conference, Salzburg, 2017.

混凝土单轴抗压强度为 48MPa，为了更好地模拟混凝土的开坑及崩落，在*MAT_JOHNSON_HOLMQUIST_CONCRETE 模型基础上采用*MAT_ADD_EROSION 引入 Tuler-Butcher 拉应力损伤累积准则。

$$\int_0^t [\max(\sigma_1 - \sigma_0)]^2 \mathrm{d}t \geqslant K_\mathrm{f}$$

表 11-73 *MAT_JOHNSON_HOLMQUIST_CONCRETE 模型参数

ρ	G	A	B	C	N	f_c	T
2.4	0.1486	0.79	1.60	0.007	0.610	4.8E−4	1.0E−4
ε_0	$\varepsilon_\mathrm{min}^\mathrm{f}$	S_max	p_crush	u_crush	p_lock	u_lock	D_1
1.0E−6	0.010	7.00	1.6E−4	0.001	0.008	0.1	0.04
D_2	K_2	K_2	K_3	σ_0	K_f		
1.0	0.85	−1.71	2.08	4.0E−5	1.6E−6		

曹结东，等. 聚能射流形成及侵彻混凝土靶的三维数值模拟 [C]. 战斗部与毁伤效率委员会第十届学术年会论文集，绵阳，2007. 281-284.

混凝土组分（骨料、砂浆和二者之间的过渡层）HJC 材料模型参数如下。

表 11-74 砂浆*MAT_JOHNSON_HOLMQUIST_CONCRETE 模型参数

$\rho/(\mathrm{kg/m^3})$	G/GPa	A	B	N	C	$f_\mathrm{c}'/\mathrm{MPa}$
2200	12	0.8	1.8	0.65	0.1	50
$f_\mathrm{t}/\mathrm{MPa}$	BFMIN	SMAX	$P_\mathrm{crush}/\mathrm{MPa}$	u_crush	$P_\mathrm{lock}/\mathrm{MPa}$	u_lock
3	0.003	4	16.7	0.001	200	0.01
D_1	D_2	K_1/MPa	K_2/MPa	K_3/MPa	f_s	MXEPS
0.06	1.0	8.5E4	−1.71E5	2.08E5	0	0.1

表 11-75 过渡层*MAT_JOHNSON_HOLMQUIST_CONCRETE 模型参数

$\rho/(\text{kg}/\text{m}^3)$	G/GPa	A	B	N	C	f_c'/MPa
1800	8.5	0.8	1.8	0.65	0.1	35
f_t/MPa	BFMIN	SMAX	$P_{\text{crush}}/\text{MPa}$	u_{crush}	$P_{\text{lock}}/\text{MPa}$	u_{lock}
2.5	0.002	4	11.7	0.001	275	0.01
D_1	D_2	K_1/MPa	K_2/MPa	K_3/MPa	f_s	MXEPS
0.06	1.0	8.5E4	−1.71E5	2.08E5	0	0.05

表 11-76 骨料*MAT_JOHNSON_HOLMQUIST_CONCRETE 模型参数

$\rho/(\text{kg}/\text{m}^3)$	G/GPa	A	B	N	C	f_c'/MPa
2660	21.5	0.9	2	0.65	0.1	160
f_t/MPa	BFMIN	SMAX	$P_{\text{crush}}/\text{MPa}$	u_{crush}	$P_{\text{lock}}/\text{MPa}$	u_{lock}
10	0.01	4	53	0.0012	800	0.01
D_1	D_2	K_1/MPa	K_2/MPa	K_3/MPa	f_s	MXEPS
0.08	1.0	1.4E4	−20E5	25E5	0	0.1

吕太洪. 基于 SHPB 的混凝土及钢筋混凝土冲击压缩力学行为研究 [D]. 合肥: 中国科学技术大学, 2018.

表 11-77 *MAT_JOHNSON_HOLMQUIST_CONCRETE 材料模型参数

$\rho/(\text{kg}/\text{m}^3)$	G/GPa	A	B	N	C	HEL/MPa
2400	16.7	1.65	1.65	0.65	0.65	45.225
P_{HEL}/MPa	C	$\dot{\varepsilon}_0/\text{s}^{-1}$	拉伸强度/MPa	FS	$\sigma_i^{\max}/\text{MPa}$	$\sigma_f^{\max}/\text{MPa}$
21.32	0.0145	1.0	5	0.315	50	8
$\overline{\varepsilon}_{f,\max}^{pl}$	$\overline{\varepsilon}_{f,\min}^{pl}$	D_1	D_2	β	IDamage	K_1/GPa
1.5	0.01	0.04	1.0	1.0	0	35.2
K_2/GPa	K_3/GPa					
39.58	9.04					

张新明，等. 含装药弹体侵彻混凝土靶的热力耦合数值模拟 [C]. 第十三届全国战斗部与毁伤技术学术交流会论文集, 黄山, 2013, 527-534.

表 11-78 *MAT_JOHNSON_HOLMQUIST_CONCRETE 模型参数（单位制 cm-g-μs）（二）

ρ	G	A	B	C	N	FC	T	EPS0	EFMIN	SFMAX
2.25	0.164	0.75	1.65	0.007	0.76	0.00043	0.000024	1.0	0.01	11.7
PC	UC	PL	UL	D_1	D_2	K_1	K_2	K_3	FS	
0.000136	0.00058	0.0105	0.10	0.03	1.0	1.74	0.388	0.298	0.8	

JOHNSON G R, BEISSEL S R, HOLMQUIST T J, et al. Computed radial stresses in a concrete target penetrated by a steel projectile [C]. 5th Structures under Shock and Impact. Aristotle University of Thessaloniki, Greece: Computational Mechanics Publications, 1998.

表 11-79 *MAT_JOHNSON_HOLMQUIST_CONCRETE 模型参数（单位制 cm-g-μs）（三）

ρ	G	A	B	C	N	FC	T	EPS0	EFMIN	SFMAX
2.35	0.1486	0.30	2.00	0.007	0.75	0.00072	0.00004	1.0	0.01	11

PC	UC	PL	UL	D_1	D_2	K_1	K_2	K_3	FS
0.00162	0.009	0.0095	0.10	0.04	1.0	0.62	−0.4	0.26	0.8

熊益波，等. 混凝土 Johnson_Holmquist 模型极限面参数确定 [J]. 兵工学报, 2010, 31(6): 746-751.

表 11-80 *MAT_SOIL_CONCRETE 模型参数（单位制 m-kg-s）

*MAT_SOIL_CONCRETE								
MID	ρ	G	K	LCPV	LCYP	LCFP	LCRP	PC
1	2589.5	14.725E9	16.736E9	1	2	3	4	−2.4E6

*DEFINE_CURVE 定义曲线 1

A_1	A_2	A_3
0	0.01	0.22

O_1	O_2	O_3
0	2.6E7	1.25E8

*DEFINE_CURVE 定义曲线 2

A_1	A_2	A_3	A_4	A_5	A_6	A_7	A_8
0.0	2.0E8	4.0E8	6.0E8	8.0E8	1.0E9	1.2E9	1.6E9

O_1	O_2	O_3	O_4	O_5	O_6	O_7	O_8
1E8	1E8	6.2E8	8.5E8	1.138E8	1.238E8	1.39E8	1.4E8

*DEFINE_CURVE 定义曲线 3

A_1	A_2	A_3	A_4	A_5
0.00	1.5E7	1.0E8	1.0E9	1.0E10

O_1	O_2	O_3	O_4	O_5
0.003	0.006	0.04	0.49	4.9

*DEFINE_CURVE 定义曲线 4

A_1	A_2	A_3	A_4	A_5
0.00	1.5E7	1.0E8	1.0E9	1.0E10

O_1	O_2	O_3	O_4	O_5
0.0031	0.0061	0.05	0.5	5

许卫群. 冲击载荷作用下结构的动力响应分析 [D]. 武汉: 武汉理工大学, 2004.

表 11-81 *MAT_GEOLOGIC_CAP_MODEL 模型参数（单位制 in-lb-s）

ρ/(lbfs²/in⁴)	BULK/ksi	G/ksi	ALPHA/ksi	THETA	GAMMA/ksi	BETA/ksi⁻¹
2.226E-7	2100	1700	0.7	0.1	0.2	1.473
R	D/ksi⁻¹	W	X_0/ksi	FTYPE	TOFF	
10.8	0.00154	0.884	18	1	−0.3	

ANSYS LS-DYNA User's Guide [R]. ANSYS, 2008.

混凝土抗压强度为 35MPa，单位制 g-mm-ms。

表 11-82 *MAT_CONCRETE_DAMAGE_PLASTIC_MODEL 模型参数

ρ	E	PR	FT	FC	HP	TYPE
2.3E-3	34000	0.2	3.2	35	0.001	1
BS	WF	WF1	FT1	STRFLG	FAILFLG	EFC
1	0.224469	0.044894	0.64	0	0	1E-4

Swee Hong Tani, et al. Preliminary Assessment of Precast Reinforced Concrete Columns against Close-in Air Blast [C]. 16th International LS-DYNA Conference, Virtual Event, 2020.

聚丙烯纤维混凝土

表 11-83 *MAT_JOHNSON_HOLMQUIST_CONCRETE 模型参数（单位制 cm-g-μs）

ρ	G	A	B	C	N	FC	T	EPS0	EFMIN
2.44	0.176	0.79	1.6	0.007	0.61	0.0008	0.00005	1.0	0.01
SFMAX	PC	UC	PL	UL	D_1	D_2	K_1	K_2	K_3
7.0	2.667E-4	1.34E-3	0.0105	0.10	0.058	1.0	0.174	0.388	0.298

方秦，等. 高掺量聚丙烯纤维混凝土抗侵彻性能的试验与数值分析：第十届全国爆炸与安全技术会议论文集 [C]. 昆明, 2011, 79-85.

角岩

表 11-84 *MAT_PLASTIC_KINEMATIC 模型参数

ρ/(g/cm³)	E/GPa	v	σ_0/MPa	E_{tan}/GPa
2.7	68.69	0.228	75	40
抗压强度 σ_c/MPa	抗拉强度 σ_{st}/MPa	C/s⁻¹	P	
150	5.6	2.63	3.96	

夏祥，等. 岩体爆生裂纹的数值模拟 [J]. 岩土力学, 2006, 27(11): 1987-1991.

金刚石

表 11-85 PCBN 刀具机械物理参数

密度/(g/cm³)	杨氏模量/GPa	泊松比	导热系数/(W·m⁻¹·K⁻¹)	比热/(J·kg⁻¹·K⁻¹)	热膨胀系数/(℃⁻¹)
3.52	1050	0.1	1000	420	2.5E-6

庄桂林. 微圆弧金刚石刀具的抑制磨损方法研究 [D]. 哈尔滨工业大学, 2020.

KCl

表 11-86　SHOCK 状态方程参数

$\rho/(g/cm^3)$	$C/(cm/\mu s)$	S_1	$C_P/(J \cdot kg^{-1} \cdot K^{-1})$	Gruneisen 系数
1.99	0.215	1.54	680	1.3

MEYERS M A. Dynamic behavior of materials [M]. John Wiley & Sons, New York, 1994.

沥青混凝土

表 11-87　Johnson-Cook 模型参数

$\rho/(kg/m^3)$	E/GPa	PR	$C_P/(J \cdot kg^{-1} \cdot K^{-1})$	A/MPa	B/MPa	n	C	m
2000	180	0.3	1010	7.98	120.18	0.5813	0.45	1.54

刘世伟. 沥青路面冷铣刨切削机理研究 [D]. 西安：长安大学，2015.

LiF

表 11-88　SHOCK 状态方程参数

$\rho/(g/cm^3)$	$C/(cm/\mu s)$	S_1	$C_P/(J \cdot kg^{-1} \cdot K^{-1})$	Gruneisen 系数
2.64	0.515	1.35	1500	2.0

MEYERS M A. Dynamic behavior of materials [M]. John Wiley & Sons, New York, 1994.

硫

表 11-89　SHOCK 状态方程参数

$\rho/(g/cm^3)$	$C/(cm/\mu s)$	S_1	Gruneisen 系数
2.02	0.3223	0.959	0.0

Selected Hugoniots [R]. Los Alamos Scientific Laboratory, LA-4167-MS:[s.n.], 1 May 1969.

氯化钠

表 11-90　SHOCK 状态方程参数

$\rho/(g/cm^3)$	$C/(cm/\mu s)$	S_1	Gruneisen 系数
2.165	0.3528（原文为 3.528）	1.343	1.6

Selected Hugoniots [R]. Los Alamos Scientific Laboratory, LA-4167-MS:[s.n.], 1 May 1969.

表 11-91　SHOCK 状态方程参数

$\rho/(g/cm^3)$	$C/(cm/\mu s)$	S_1	$C_P/(J \cdot kg^{-1} \cdot K^{-1})$	Gruneisen 系数
2.16	0.353	1.34	870	1.6

MEYERS M A. Dynamic behavior of materials [M]. John Wiley & Sons, New York, 1994.

煤层

表 11-92　新疆黑山露天矿煤层*MAT_PLASTIC_KINEMATIC 模型参数

ρ/(kg/m^3)	E/GPa	PR	SIGY/MPa	ETAN/MPa
1330	1.3	0.28	6.2	1.8

陈辉，等. 层状岩体爆破装药结构试验研究 [J]. 新疆大学学报（自然科学版），2019, 36(3):361-368.

煤粒

表 11-93　*MAT_PLASTIC_KINEMATIC 模型参数

ρ/(kg/m^3)	E/GPa	PR	SIGY/MPa	ETAN/MPa	C/s^{-1}	P
1500	1.4	0.3	1.0	420	99.1	5.0

李艳焕，邵良杉，徐振亮. 煤粒冲击粉碎临界速度的数值实验分析 [J]. 振动与冲击，2017,Vol. 36(5):227-230.

煤炭

表 11-94　*MAT_JOHNSON_HOLMQUIST_CONCRETE 模型参数

ρ/(kg/m^3)	G/GPa	T/MPa	A	B	N	C	f_c/MPa	S_{max}	P_{crush}/MPa
1410	1.36	2.61	0.41	1.95	0.76	0.00147	17.67	7.7	5.98
u_{crush}	K_1/GPa	K_2/GPa	K_3/GPa	P_{lock}/GPa	u_{lock}	D_1	D_2	EFMIN	T^*
0.0028	1.6	−0.17	5.8	0.34	0.1	0.032	1.0	0.01	0.148

宫能平，张朋朋. 煤岩 Holmquist-Johnson-Cook 本构模型参数研究 [J]. 安徽理工大学学报(自然科学版)，2018, 38(3): 1-6.

煤岩体

表 11-95　*MAT_JOHNSON_HOLMQUIST_CONCRETE 模型参数

ρ/(g/cm^3)	G/GPa	A	B	C	N	FC/MPa	T/MPa	EFMIN	SFMAX
1.557	0.79	0.76	1.66	0.00124	0.72	10.03	0.56	0.01	7
PC/MPa	UC	PL/GPa	UL	D_1	D_2	K_1/GPa	K_2/GPa	K_3/GPa	
3.34	0.00194	0.8	0.1	0.31	1.0	85	−171	208	

高壮. 液态二氧化碳爆破作用下煤岩体破坏机理研究 [D]. 西安：西安科技大学，2020.

凝灰岩

表 11-96　凝灰岩*MAT_JOHNSON_HOLMQUIST_CONCRETE 模型部分参数建议值

ρ/(kg/m^3)	G/GPa	T/MPa	f_c/MPa	A	B	N	S_{max}
1800	6.543	3.3	50	0.55	1.77	0.77	17
P_{crush}/MPa	u_{crush}	K_1/GPa	K_2/GPa	K_3/GPa	P_{lock}/GPa	u_{lock}	
17	0.00253	3.1	6	8.4	2.5	0.38	

方秦，等. 岩石 Holmquist-Johnson-Cook 模型参数的确定方法 [J]. 工程力学，2014, 31(3): 197-204.

泥岩

表 11-97 新疆黑山露天矿泥岩*MAT_PLASTIC_KINEMATIC 模型参数

ρ/(kg/m³)	E/GPa	PR	SIGY/MPa	ETAN/MPa
2500	1.8	0.21	10.9	2.6

陈辉，等. 层状岩体爆破装药结构试验研究 [J]. 新疆大学学报（自然科学版），2019, 36(3):361-368.

泡沫混凝土

表 11-98 泡沫混凝土*Mat_Crushable_foam 模型参数

ρ/(kg/m³)	E/GPa	v	σ_C/MPa	DAMP
720	0.27	0.18	6.0	0.2

表 11-99 泡沫混凝土屈服应力-体积应变关系

体积应变	0.0	0.02	0.45	0.55
屈服应力/MPa	0.0	3.2	7.0	15.0

董永香, 冯顺山. 爆炸波在多层介质中的传播特性数值分析: 2005 年弹药战斗部学术交流会论文集 [C]. 珠海, 2005, 201-205.

炮泥

表 11-100 *MAT_PLASTIC_KINEMATIC 模型参数

ρ/(g/cm³)	E/MPa	PR	SIGY/MPa	ETAN/MPa
1.35	1.2	0.38	0.8	0.1

李伟. 露天深孔台阶爆破合理炮孔超深的数值模拟与确定 [D]. 包头：内蒙古科技大学, 2019.

表 11-101 *MAT_PLASTIC_KINEMATIC 模型参数

ρ/(g/cm³)	E/MPa	PR	SIGY/MPa
1.85	160	0.38	5

李雄伟. 重庆中梁山隧道扩容工程爆破震动控制技术研究 [D]. 重庆：重庆交通大学, 2017.

片麻岩

表 11-102 *MAT_PLASTIC_KINEMATIC 模型材料参数

ρ/(kg/m³)	E/GPa	PR	SIGY/GPa	ETAN/GPa
2650	40.0	0.27	0.1	5.5

张云鹏, 武旭, 朱晓玺. 减露天台阶深孔爆破合理超深数值模拟分析 [J]. 工程爆破, 2015, 21(1):1-3.

表 11-103 *MAT_PLASTIC_KINEMATIC 模型及其他材料参数

ρ/(kg/m³)	E/GPa	PR	SIGY/GPa	ETAN/GPa	抗压强度/MPa
2600	27.0	0.27	0.1	0.55	100

张树伟, 胡树军, 董秀艳. 减震带对台阶爆破地震效应的影响 [J]. 河北冶金, 2019, 286(10):16-21.

青石石灰岩

表 11-104 动态力学特性参数

ρ/(kg/m³)	E/GPa	v	抗压强度/MPa	抗拉强度/MPa
2610	52.8	0.22	95	2.8

江增荣，等. 攻坚弹对典型岩石介质侵彻效应研究 [C]. 第十五届全国战斗部与毁伤技术学术交流会论文集，重庆，2015. 668-670.

散砂

表 11-105 强度模型和 Gruneisen 状态方程参数

ρ/(g/cm³)	C/(m/s)	Hugoniot 斜率 S_l	Grűneisen 系数 Γ	C_V/J·kg⁻¹·K⁻¹	Y/MPa	v
1.57	2430	2.348	0.9	86	0.1	0.32

BORG J P, MORRISSEY M P, PERICH C A, et al. In situ velocity and stress characterization of a projectile penetrating a sand target: Experimental measurements and continuum simulations [J]. International Journal of Impact Engineering, 2013, 51: 23-35.

三维编织增强混凝土

试件的钢纤维体积率分别为：0%(SC0)、5%(SC05)。

表 11-106 准静态单轴压缩实验数据

编号	钢纤维体积率	抗压强度/MPa	抗拉强度/MPa	ρ/(kg/m³)	E/GPa	v
SC0	0	38.8	61.3	2309	29.7	0.215
SC05	5%	143.6	137.5	2555	32.9	0.196

表 11-107 *MAT_JOHNSON_HOLMQUIST_CONCRETE 模型参数（模型一，单位制 m-kg-s）

ρ	G	A	B	C	N	FC	T	EPS0	EFMIN	SFMAX
2309	1.24E10	0.79	1.6	0.007	0.61	61.3E6	4.85E6	1.0	0.01	7
PC	UC	PL	UL	D_1	D_2	K_1	K_2	K_3	FS	
2.04E7	0.0012	8.29E8	0.1607	0.0407	1.0	8.5E10	−1.71E11	2.08E11	0.8	

表 11-108 *MAT_JOHNSON_HOLMQUIST_CONCRETE 模型参数（模型二，单位制 m-kg-s）

ρ	G	A	B	C	N	FC	T	EPS0	EFMIN	SFMAX
2555	1.26E10	0.79	1.6	0.007	0.61	137.5E6	7.27E6	1.0	0.01	8.5
PC	UC	PL	UL	D_1	D_2	K_1	K_2	K_3	FS	
4.58E7	0.0027	9.95E8	0.167	0.0455	1.0	8.5E10	−1.71E11	2.08E11	0.8	

程宇，陈国平. 三维编织增强混凝土动态压缩试验仿真 [J]. 江苏航空，2010, (增刊): 112-114.

沙

表 11-109　美国水道实验站所给出的 McComick 牧场沙的
*MAT_GEOLOGIC_CAP_MODEL 模型参数（单位制 m-kg-s）

ρ/(kg/m^3)	K	G	a	θ	γ	β	R	D	W
1800	3.0E9	6.0E8	6.4708E6	0.0	6.4708E6	4.14E-9	3.0	800	0.26

美国水道实验站.

砂砾

表 11-110　砂砾（gravel）*MAT_SOIL_CONCRETE 模型参数

ρ=2100kg/m^3	
K=115.0MPa	v=0.25
体积应变	压力/MPa
ε_{v1}=0	p_1=0
ε_{v2}=-0.0004	p_2=0.0481
ε_{v3}=-0.0388	p_3=4.6251
ε_{v4}=-0.1132	p_4=15.0281
ε_{v5}=-0.1768	p_5=29.1991
ε_{v6}=-0.2478	p_6=59.2231
ε_{v7}=-0.2961	p_7=98.1461
ε_{v8}=-0.3523	p_8=179.4911
ε_{v9}=-0.3955	p_9=289.4911
ε_{v10}=-0.4349	p_{10}=450.2461

WU W, THOMSON R. A study of the interaction between a guardrail post and soil during quasi-static and dynamic loading [J]. International Journal of Impact Engineering, 2007, 34: 883-898.

沙壤土

表 11-111　沙壤土（sandy loam）的*MAT_SOIL_AND_FOAM 材料模型参数（单位制 mm-s-ton）

参数	描述	取值
ρ	密度	1.255E-9ton/mm^3
G	剪切模量	1.724MPa
K	卸载体积模量	5.516MPa
A_0	屈服函数常数	0
A_1	屈服函数常数	0

（续）

参数	描述	取值
A_2	屈服函数常数	0.8702
PC	拉伸断裂截止压力（<0）	0
VCR	体积压碎选项	0 (on)
REF	采用参考几何初始化压力	0 (off)
EPS1 ...	体积应变（自然对数）	如图 11-1 所示
P_1 ...	对应于体积应变的压力	如图 11-1 所示

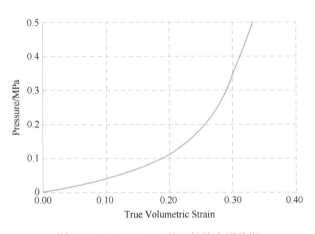

图 11-1 Sandy Loam 的三轴静水压数据

KULAK R F, BOJANOWSKI CEZARY. Modeling of Cone Penetration Test Using SPH and MM-ALE Approaches [C]. 8th European LS-DYNA Conference, Strasbourg, 2011.

沙土

动力有限元程序 LS-DYNA 常采用土壤泡沫模型（*Mat_soil_and_foam）来模拟砂土等多孔介质材料的大变形行为。该模型使用 10 对数据对压缩状态方程进行多段线性逼近，取对数应变为：

$$\ln(V_0/V) = \ln(\rho/\rho_0) = -\ln(1-\theta)$$

式中，V 为体积；ρ 为密度。下标"0"表示初始状态，无下标表示当前状态，取压为正。

根据该文实验结果，取干砂应力-应变曲线的实测值，推荐在 LS-DYNA 程序中使用如下表所列的 10 对数据。

表 11-112 推荐 LS-DYNA 程序计算所用干细砂状态方程数据

$\ln/(V_0/V)$	0.00	0.11	0.17	0.22	0.26	0.29	0.36	0.41	0.46	0.51
压力/MPa	0.0	26.7	46.8	66.9	93.6	120.2	233.3	368.5	669.2	1100.0

若实际工程中细砂有一定含水率，则可在表 11-79 基础上用下式对计算参数调整取值。不同含水率细砂的准一维应变压缩本构关系可写成统一形式为：

$$P = 1.887 f_1 [\exp(15.93 f_2) - 1]$$

式中，f_1、f_2 为含水率 w 的函数，分别为：

$$f_1 = 1 - 26.641w + 258.70w^2 - 857.923w^3$$

$$f_2 = 1 + 1.259w + 6.269w^2 + 67.916w^3$$

熊益波，王春明，赵康. 高应力准一维应变下细砂本构关系实验测定 [J]. 岩土力学, 2010, 31(增刊 1): 216-231.

砂岩

表 11-113　*MAT_JOHNSON_HOLMQUIST_CONCRETE 模型参数

ρ/(kg/m³)	E/GPa	PR	G/GPa	f_c/MPa	K/GPa	T/MPa	C
2610	25.60	0.22	10.49	76.13	15.24	7.63	0.0127
A	B	N	P_{crush}/MPa	u_{crush}	P_{lock}/GPa	u_{lock}	K_1/GPa
0.32	1.76	0.79	25.38	0.00167	0.8	0.08	81
K_2/GPa	K_3/GPa	EFMIN	D_1	D_2	P^*	T^*	$\dot{\varepsilon}^*$
-91	89	0.00465	0.013	1.0	0.27	0.1002	1.0

凌天龙，吴帅峰，刘殿书等. 砂岩 Holmquist-Johnson-Cook 模型参数确定 [J]. 煤炭学报, 2018, 43(8): 2211-2216.

表 11-114　*MAT_PLASTIC_KINEMATIC 模型参数

ρ/(kg/m³)	E/GPa	PR	SIGY/GPa	ETAN/GPa	BETA
2700	61.0	0.23	0.075	2.0	1.0

王振昌，王聪聪，伍恩. 楔形掏槽爆破下自由面应力分布数值模拟 [J]. 矿业工程, 2017,Vol. 15(3):55-58.

表 11-115　新疆黑山露天矿砂岩*MAT_PLASTIC_KINEMATIC 模型参数

ρ/(kg/m³)	E/GPa	PR	SIGY/MPa	ETAN/MPa
2970	5.8	0.26	28.0	7.8

陈辉，等. 层状岩体爆破装药结构试验研究 [J]. 新疆大学学报（自然科学版）, 2019,Vol. 36(3):361-368.

石灰岩

根据 RHT 本构模型的参数敏感性排序，结合理论推导、文献参考和实验结果共同确定了基于石灰岩体的 RHT 本构模型的参数值。

表 11-116　RHT 材料模型参数

参数	描述	取值
ρ_0/(g/cm³)	初始密度	2.44
p_{crush}/GPa	空隙开始压碎时的压力	6.9

（续）

参数	描述	取值
p_{lock} / MPa	压实时的压力	600
n	压缩指数	3
ρ_s /(g/cm³)	压实时的密度	2.84
A_1 / GPa	压缩体积模量	22.5
A_2 / GPa	状态方程参数（体积压缩）	20.25
A_3 / GPa	状态方程参数（体积压缩）	2.1
B_0	状态方程参数	0.9
B_1	状态方程参数	0.9
T_1 / GPa	状态方程参数（体积膨胀）	22.5
T_2 / GPa	状态方程参数（体积膨胀）	0
A	失效面参数	1.92
N	失效面指数	0.76
$O_{c,o}$	拉-压子午比参数	0.685
B_o	脆性-韧性转化系数	0.0105
f_s / f_c	剪压强度比	0.2
COMPRAT($f_{c,el} / f_c$)	单轴压缩弹性极限/单轴抗压强度	0.53
TENSRAT($f_{t,el} / f_t$)	单轴拉伸弹性极限/单轴抗拉强度	0.7
PREFACT($G_{elastic} / G_{elastir-plastic}$)	弹性剪切模量/弹塑性剪切模量比值	2
B	残余应力强度参数	1.6
M	残余应力强度指数	0.61
D_0	初始损伤值	0.44
D_1	损伤参数	0.04
D_2	损伤指数	1
$\varepsilon_{f,min}$	最小失效应变	0.01
SHRATD($G_{resichual} / G_{elastic}$)	残余剪切模量缩减系数	0.13

王宇涛. 基于 RHT 本构的岩体爆破破碎模型研究 [D]. 北京: 中国矿业大学, 2015.

表 11-117　Salem 石灰岩*MAT_JOHNSON_HOLMQUIST_CONCRETE 模型参数

ρ /(kg/m³)	G/GPa	T/MPa	f_c/MPa	A	B	N	C
2300	10.093	4	60	0.55	1.23	0.89	0.0097
P_{crush}/MPa	u_{crush}	K_1/GPa	K_2/GPa	K_3/GPa	P_{lock}/GPa	u_{lock}	S_{max}
20	0.00125	39	−223	550	2	0.174	20

方秦, 等. 岩石 Holmquist-Johnson-Cook 模型参数的确定方法 [J]. 工程力学, 2014, 31(3): 197-204.

湿沙

表 11-118　湿沙（Wet sand）*MAT_SOIL_AND_FOAM 模型参数

G	11.8MPa	A_2	0.6
BULK	107.5MPa	PC	0 MPa
A_0	0	VCR	0
A_1	0		
EPS1	0	P_1	0 kPa
EPS2	−0.006	P_2	79.2 kPa
EPS3	−0.009	P_3	194.4 kPa
EPS4	−0.012	P_4	329.2 kPa
EPS5	−0.015	P_5	548.5 kPa
EPS6	−0.018	P_6	740.5 kPa
EPS7	−0.021	P_7	1024.5 kPa
EPS8	−0.024	P_8	1284.7 kPa
EPS9	−0.027	P_9	1562.2 kPa
EPS10	−0.030	P_{10}	1925.2 kPa

PALMER T, HONKEN B, CHOU C. Rollover Simulations for Vehicles using Deformable Road Surfaces [C]. 12th International LS-DYNA Conference, Detroit, 2012.

石英

表 11-119　SHOCK 状态方程参数

$\rho /(\text{g}/\text{cm}^3)$	$C(\text{cm}/\mu\text{s})$	S_1	Gruneisen 系数
2.204	0.7940	1.695	0.9

Selected Hugoniots [R]. Los Alamos Scientific Laboratory, LA-4167-MS:[s.n.], 1 May1969.

石英砂

表 11-120　强度模型和状态方程参数

$\rho /(\text{g}/\text{cm}^3)$	零应力时冲击波速度 $C /(\text{km}/\text{s})$	Hugoniot 斜率 S_1	Grűneisen 系数 Γ	$C_\text{V} /(\text{J}\cdot\text{kg}^{-1}\cdot\text{K}^{-1})$	Y /MPa	v
2.56	5.969	1.315	0.9	750	48	0.17

BORG J P, MORRISSEY M P, PERICH C A, et al. In situ velocity and stress characterization of a projectile penetrating a sand target: Experimental measurements and continuum simulations [J]. International Journal of Impact Engineering, 2013, 51: 23-35.

石英云母片岩

表 11-121　*MAT_PLASTIC_KINEMATIC 模型参数

$\rho /(\text{kg}/\text{m}^3)$	E/GPa	PR	SIGY/MPa	ETAN/GPa	BETA	C/s^{-1}	P	FS	抗拉强度/MPa
2800	13.4	0.28	3.8	1.3	0	0.098	0.584	0.019	0.5

李洪涛，等. 石英云母片岩动力学特性实验及爆破裂纹扩展研究 [J]. 岩石力学与工程学报, 2015,Vol. 34(10):2125-2141.

松软土

表 11-122　*MAT_SOIL_AND_FOAM 模型参数

参数	描述	取值
ρ	密度/$(\text{lb} \cdot \text{s}^2/\text{in}^4)$	1.36E-4
G	剪切模量/psi	267
K	卸载体积模量/psi	10000
A_0	屈服函数常数/psi^2	0
A_1	屈服函数常数/psi	0
A_2	屈服函数常数	0.3
PC	拉伸断裂的截止压力/psi	0
VCR	体积压碎选项	0.0
REF	采用参考几何初始化压力	0.0

EDWIN L FASANELLA, KAREN E JACKSON, SOTIRIS KELLAS. Soft Soil Impact Testing and Simulation of Aerospace Structures [C]. 10th International LS-DYNA Conference, Detroit, 2008.

铜绿山矿石

表 11-123　*MAT_PLASTIC_KINEMATIC 模型参数

ρ/(kg/m³)	E/GPa	PR	SIGY/MPa	ETAN/GPa	BETA	C/s⁻¹	P
3300	32.5	0.25	70	6.71	0.5	2.5	4.0

余仁兵，等. 铜绿山矿井下深孔爆破孔网参数数值模拟研究 [J]. 采矿技术, 2014,Vol. 14(2):82-85.

土

表 11-124　AUTODYN 软件中土（Soil）的材料强度模型和状态方程参数 1

状态方程：Linear	强度模型：Drucker Prager		
参考密度 ρ	2.2g/cm³	体积模量 K	2.2E5kPa
剪切模量 G	1.5E5kPa		
压力 1	−1.149E3kPa	屈服应力 1	0kPa
压力 2	6.88E3kPa	屈服应力 2	6.2E3kPa
压力 3	1.0E10kPa	屈服应力 3	6.2E3kPa
净水拉伸极限 $p_{\min}$	−100kPa		

表 11-125　AUTODYN 软件中土（Soil）的材料强度模型和状态方程参数 2

状态方程：Linear		强度模型：Drucker Prager	
参考密度 ρ	2.2g/cm³	体积模量 K	3.52E5kPa
剪切模量 G	2.4E5kPa		
压力 1	−1.149E3kPa	屈服应力 1	0kPa
压力 2	6.88E3kPa	屈服应力 2	6.2E3kPa
压力 3	1.0E10kPa	屈服应力 3	6.2E3kPa
净水拉伸极限 p_{min}	−100kPa		

表 11-126　AUTODYN 软件中土（Soil）的材料强度模型和状态方程参数 3

状态方程：Shock		强度模型：Drucker Prager	
参考密度 ρ	2.2g/cm³	Gruneisen 系数 Γ	0.11
声速 Co	1614m/s	S	1.5
剪切模量 G	2.4E5kPa		
压力 1	−1.149E3kPa	屈服应力 1	0kPa
压力 2	6.88E3kPa	屈服应力 2	6.2E3kPa
压力 3	1.0E10kPa	屈服应力 3	6.2E3kPa
净水拉伸极限 p_{min}	−100kPa		

表 11-127　AUTODYN 软件中土（Soil）的材料强度模型和状态方程参数 4

状态方程：Shock Compaction				强度模型：MO granular			
参考密度 ρ=2.641g/cm³							
压力/kPa	密度/ (g/cm³)	声速/ (m/s)	密度/ (g/cm³)	压力/kPa	强度/kPa	密度/(g/cm³)	剪切模量/kPa
0.000	1.674	2.652E2	1.674	0.000	0.00E0	1.674	7.69E4
4.577E3	1.739	8.521E2	1.745	3.40E3	4.23E3	1.746	8.69E5
1.498E4	1.874	1.722E3	2.086	3.49E4	4.47E4	2.086	4.03E6
2.915E4	1.997	1.875E3	2.147	1.01E5	1.24E5	2.147	4.91E6
5.917E4	2.144	2.265E3	2.300	1.85E5	2.26E5	2.300	7.77E6
9.809E4	2.250	2.956E3	2.572	5.00E5	2.26E5	2.572	1.48E7
1.794E5	2.380	3.112E3	2.598	净水拉伸极限 p_{min}=−100kPa		2.598	1.66E7
2.894E5	2.485	4.600E3	2.635			2.635	3.67E7
4.502E5	2.585	4.634E3	2.641			2.641	3.73E7
6.507E5	2.671	4.634E3	2.800			2.800	3.73E7

BIBIANA M LUCCIONI, RICARDO D AMBROSINI. Evaluating the Effect of Underground Explosions on Structures [J]. Mecánica Computacional 2008, XXVII: 1999−2019.

表 11-128 *MAT_SOIL_AND_FOAM 材料模型参数（单位制 mm-s-ton）

参数	描述	取值
ρ	密度	2.35E-9
G	剪切模量	34.474
K	卸载体积模量	15.024
A_0	屈服函数常数	0
A_1	屈服函数常数	0
A_2	屈服函数常数	0.602
PC	拉伸断裂的截止压力(<0)	0
VCR	体积压碎选项	0.0(on)
REF	采用参考几何初始化压力	0.0(on)
EPS1…	体积应变值（自然对数值）	如图 11-2 所示
P_1…	对应于体积应变的压力	如图 11-2 所示

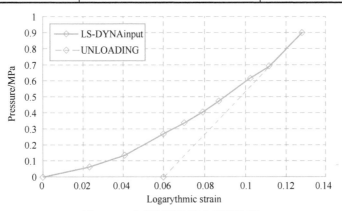

图 11-2 土壤材料的静水压缩数据

CEZARY BOJANOWSKI, RONALD F KULAK. Comparison of Lagrangian, SPH and MM-ALE Approaches for Modeling Large Deformations in Soil [C]. 11th International LS-DYNA Conference, Detroit, 2010.

表 11-129 *MAT_SOIL_AND_FOAM 模型参数（英制单位 in-s-lbf-psi）

MID	ρ	G	KUN	A_0	A_1	A_2	PC
1	1.589E-4	6.17E5	1.11E6	0.0	0.0	8.5E-2	-1.0

EPS1	EPS2	EPS3	EPS4	EPS5
0.000	-5.600E-2	-0.100	-0.151	-0.192

P1	P2	P3	P4	P5
0.0	2.000E3	3.200E3	6.240E3	1.06E4

https://www.lstc.com.

内华达的 Antelope Lake Soil，非常坚硬的粉质黏土和细沙，偶尔有砂砾。

表 11-130　*MAT_SOIL_AND_FOAM 模型参数（单位制 mm-ton-s）

MID	ρ	G	KUN	A_0	A_1	A_2	PC	
1	1.8740E-9	358.54999	1523.8199	0.158	0.124	0.024	-0.15	
EPS1	EPS2	EPS3	EPS4	EPS5	EPS6	EPS7	EPS8	EPS9
0.0	-0.073	-0.134	-0.191	-0.263	-0.313	-0.333	-0.39	-0.46
P1	P2	P3	P4	P5	P6	P7	P8	P9
0.0	0.3	1.2	2.5	4.99	9.03	15.03	40.0	70.0

https://www.lstc.com.

表 11-131　四种材料模型参数（单位制为 mm-ms-g-MPa）

*MAT_005		*MAT_010		*MAT_025		*MAT_079	
参数	取值	参数	取值	参数	取值	参数	取值
ρ	1.64E-3	ρ	1.64E-3	ρ	1.64E-3	ρ	1.64E-3
G	136	G	136	Bulk	15000	k_0	68.6
k_{un}	4700	PC	-0.51	G	5289	p_0	-0.0138
A_2	0.3736	A_1	1.0578	Theta	0.20375	b	0.39
				R	2.3	A_2	0.373
				D	1.6E-3		
				W	0.49		
				X_0	46.5		

RONALD F KULAK, LEN SCHWER. Effect of Soil Material Models on SPH Simulations for Soil-Structure Interaction [C]. 12th International LS-DYNA Conference, Detroit, 2012.

表 11-132　*MAT_SOIL_AND_FOAM 材料模型参数

参数	描述	取值	单位
ρ	密度	1.37E-6	kg/mm^3
G	剪切模量	3.6E-6	$kg/mm\text{-}ms^2$
A_0	屈服函数常数	2.53E-8	
PC	截止压力	-3.447E-5	$kg/mm\text{-}ms^2$
VCR	体积压碎选项	1.0	

土壤的压力-体积应变曲线如图 11-3 所示。

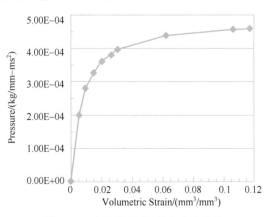

图 11-3 土壤的压力-体积应变曲线

MATTHEW A BARSOTTI, JOHN M H PURYEAR, DAVID J STEVENS. Modeling Mine Blast with SPH [C]. 12th International LS-DYNA Conference, Detroit, 2012.

表 11-133 *MAT_DRUCKER_PRAGER 模型参数

ρ/(kg/m^3)	v	剪切模量/MPa	摩擦角/radians	内聚值/MPa
2100	0.3	35	0.581	0.069

CHOON KEAT ANG, et al. Test and Numerical Simulation of Fixed Bollard and Removable Bollard Subjected to Vehicle Impact [C]. 14th International LS-DYNA Conference Detroit, 2016.

表 11-134 *MAT_SOIL_AND_FOAM 模型参数（单位制 cm-g-μs）

MID	ρ	G	KUN	A_0	A_1	A_2	PC		
2	1.8	6.385E-4	3.00E-1	3.4E-13	7.033E-7	0.3	-6.90E-8		
EPS1	EPS2	EPS3	EPS4	EPS5	EPS6	EPS7	EPS8	EPS9	EPS10
0	-1.04E-1	-1.61E-1	-1.92E-1	-2.24E-1	-2.46E-1	-2.71E-1	-2.83E-1	-2.9E-1	-4.0E-1
P1	P2	P3	P4	P5	P6	P7	P8	P9	
0	2.0E-4	4.0E-4	6.0E-4	1.2E-3	2.0E-3	4.0E-3	6.0E-3	8.0E-3	4.1E-2

www.simwe.com.

土层

表 11-135 某高桩码头土层特性

土层名称	颜色	包含物质	土层描述
淤泥	灰色	有机质及植物腐烂物，表层含贝壳	饱和，流塑，具层理，黏塑性较好
粉砂	黄褐色	以长石、石英为主，粉粒含量稍高，多黑色铁锰质氧化物	中密～密实，稍湿～湿
粉质黏土	灰褐色	细砂及贝壳，底部夹砂	饱和，软塑，黏塑性一般
黏质粉土	黄褐色～灰褐色	黑色铁锰质氧化物	湿，密实，无光泽，干强度低，韧性低

表 11-136 某高桩码头土层*MAT_PLASTIC_KINEMATIC 模型参数

土层名称	$\rho/(kg/m^3)$	E/Pa	PR	SIGY/Pa	ETAN/Pa
淤泥	1800	1.4E7	0.25	8.6E5	3.4E6
粉砂	2000	2.5E7	0.3	1.7E6	6.8E6
粉质黏土	1780	2.1E7	0.26	1.3E6	5.1E6
黏质粉土	1820	2.9E7	0.25	1.7E6	6.9E6

高涛，张金刚，吴峰. 基于 ANSYS/LS-DYNA 的 PHC-钢管组合桩高应变检测数值模拟研究 [J]. 中国水运, 2019,Vol. 19(10):107-109.

玄武岩

表 11-137 Tilloston 状态方程参数

$\rho/(kg/m^3)$	a	b	$E_0/(J/kg)$	A/Pa	B/Pa
2800	0.5	1.5	4.87E8	7.1E10	7.5E10

B A IVANOV, D DENIEM, G NEUKUM. Implementation of Dynamic Strength Models into 2D Hydrocodes: Applications for Atmospheric Breakup and Impact Cratering [J]. International Journal of Impact Engineering, 1997, 20: 411-430.

表 11-138 *MAT_PLASTIC_KINEMATIC 模型参数

$\rho/(kg/m^3)$	E/GPa	PR	SIGY/MPa	ETAN/MPa
2870	35	0.22	120	13500

叶海旺，等. 时序控制预裂爆破参数优化及应用 [J]. 爆炸与冲击, 2017, Vol. 37(3):502-509.

岩棉

表 11-139 *MAT_PLASTIC_KINEMATIC 模型参数

$\rho/(kg/m^3)$	E/MPa	PR	SIGY/MPa
120	5.33	0.13	5.8E-2

王洪欣，等. 低速冲击下金属面夹芯板性能分析 [J]. 振动与冲击, 2014,Vol. 33(10):81-86.

硬土

表 11-140 *MAT_FHWA_SOIL 模型参数（单位制 mm-kg-ms）

MID	ρ	NPLOT	SPGRAV	RHOWAT	VN	GAMMAR	INTRMX	K
1	2.350E-6	3	2.79	1.0E-6	1.1	0.0	10	0.00325
G	PHIMAX	AHYP	COH	ECCEN	AN	ET	MCONT	PWD1
0.0013	1.1	1.0E-7	6.2E-6	0.7	0.0	0.0	0.034	0.0
PWKSK	PWD2	PHIRES	DINT	VDFM	DAMLEV	EPSMAX		
0.0E-05	0.0	0.001	1.0E-5	6.0E-08	0.99	0.8		

BRETT A LEWIS. Manual for LS-DYNA Soil Material Model 147 [D]. FHWA-HRT-04-095, 2004.

蒸压加气混凝土

表 11-141 *MAT_BRITTLE_DAMAGE 模型参数

ρ /(kg/m^3)	E/GPa	PR	TLIMIT/Pa	SLIMIT/Pa
400	1.5	0.15	1.5E5	3.5E5
FTOUGH/(N/m)	SRETEN	VISC/(Pa/s)	SIGY/Pa	FS
90	0.03	5E5	2.44E6	0.25

程刚，等. 乏燃料容器坠落事故工况下核燃料厂房的安全性分析 [J]. 振动与冲击, 2019, Vol. 38(6): 206-211.

表 11-142 *MAT_BRITTLE_DAMAGE 模型参数

ρ /(kg/m^3)	E/GPa	PR	TLIMIT/Pa	SLIMIT/Pa
625	0.53	0.2	0.7E6	1.0E6
FTOUGH/(N/m)	SRETEN	VISC/(Pa/s)	SIGY/Pa	FS
80	0.03	7.17E5	3.07E6	0.01

LI Zhan, LI Chen, FANG Qin. Study of autoclaved aerated concrete masonry walls under vented gas explosions [J]. Engineering Structures, 2017, 141(15) : 444-460.

砖、灰泥、土坯

表 11-143 *MAT_JOHNSON_HOLMQUIST_CONCRETE 材料模型参数

参数	单位	Grade SW Brick（砖）	Type S Mortar（灰泥）	Type N Mortar（灰泥）	Adobe（土坯）
初始密度 ρ_0	kg/m^3	1986	1604	1554	1599
颗粒密度 ρ_{grain}	kg/m^3	2250	2510	2510	2510
声速 C_S	cm/s	2.56E+05	2.52E+05	2.04E+05	1.4425E+05
内聚强度系数 A		0.63646	0.66	0.652778	0.435255
压力硬化系数 B		1.568	1.335	1.079	1.27
压力硬化指数 N		0.8264	0.845	0.835	0.857
应变率系数 C		0.0054	0.0018	0.0023	0.0023
压缩强度 f_c'	GPa	0.075	0.0123	0.00485	0.003118
拉伸强度 T	GPa	0.006	0.0018	0.0008375	0.000112
最大强度 SMAX		17.33	80.24	213	139.7
剪切模量 G	GPa	5.18	1.15	0.51	0.209
体积模量 K	GPa	5.3	1.7	0.71	0.318
损伤常数 D_1		0.01413	0.006629	0.0102632	0.017758
损伤常数 D_2		1.0	1.0	1.0	1.0
最小断裂应变 EFMIN		0.01	0.01	0.01	0.01
压溃临界压力 P_{crush}	GPa	0.03519	0.0138	0.05833	0.00096
压溃临界体应变 u_{crush}		0.00664	0.0075	0.2	0.03
压力常数 K_1	GPa	63	0.3	12.436	0.45
压力常数 K_2	GPa	-79	-2	-49.03	-3.9879

（续）

参数	单位	Grade SW Brick（砖）	Type S Mortar（灰泥）	Type N Mortar（灰泥）	Adobe（土坯）
压力常数 K_3	GPa	56	19	69.424	19.766
锁定压力 P_{lock}	GPa	0.773	0.1096	0.23167	0.022607
锁定体积应变 u_{lock}		0.132931	0.15	0.33	0.09

MEYER, C S. Development of Geomaterial Parameters for Numerical Simulations Using the Holmquist-Johnson-Cook Constitutive Model for Concrete [R]. ADA544735, 2011.

砖和灰泥

表 11-144　砖的*MAT_SOIL_AND_FOAM 模型参数（单位制 m-kg-s）

MID	ρ	G	BULK	A_0	A_1	A_2	PC
1	2400	2.2E10	1.8E11	5.5548E13	2.1124E7	2.008	-7.10E6
VCR	REF						
0	0						
ESP1	ESP2	ESP3	ESP4	ESP5			
0	-1.14E-4	-2.44E-4	-4.00E-4	-1.1E-3			
P_1	P_2	P_3	P_4	P_5			
0	3.95E6	9.88E6	1.60E7	5.00E7			

表 11-145　灰泥*MAT_SOIL_AND_FOAM 模型参数（单位制 m-kg-s）

MID	ρ	G	BULK	A_0	A_1	A_2	PC
1	2400	1.84E8	1.33E9	4.154E11	1.83E6	2.008	-8.0E5
VCR	REF						
0	0						
ESP1	ESP2	ESP3	ESP4				
0	-8.97E-3	-1.4E-2	-2.26E-2				
P_1	P_2	P_3	P_4				
0	3.95E6	6.14E6	9.880E6				

表 11-146　砌块材料参数

E/Pa			剪切模量/Pa			v		
E_{xx}	E_{yy}	E_{zz}	G_{xy}	G_{yz}	G_{zx}	xy	yz	zx
7.49E9	4.82E10	6.82E9	7.35E9	3.24E8	1.28E9	0.250	0.269	0.205
压缩强度/Pa			拉伸强度/Pa			剪切强度/Pa		
X	Y	Z	X	Y	Z	X	Y	Z
-7.88E6	-7.39E6	-1.57E7	8.50E5	1.84E6	2.78E5	1.28E6	1.56E6	0.788E6

YU S. Numerical Simulation of Strengthened Unreinforced Masonry (URM) Walls by New Retrofitting Technologies for Blast Loading [D]. The University of Adelaide, 2008.

第12章 含能材料

在 LS-DYNA 中，可用于含能材料爆轰计算的材料模型和状态方程有：

*MAT_008（*MAT_HIGH_EXPLOSIVE_BURN）和*EOS_002（*EOS_JWL），模拟含能材料的爆轰。

*MAT_008（*MAT_HIGH_EXPLOSIVE_BURN）和*EOS_003（*EOS_SACK_TUESDAY），也可用于模拟含能材料的爆轰。

*MAT_008（*MAT_HIGH_EXPLOSIVE_BURN）和*EOS_014（*EOS_JWLB），模拟含能材料的过压爆轰。

*MAT_010（*MAT_ELASTIC_PLASTIC_HYDRO）和*EOS_007：（*EOS_IGNITION_AND_GROWTH_OF_REACTION_IN_HE）主要用于炸药冲击起爆计算。

*MAT_010（*MAT_ELASTIC_PLASTIC_HYDRO）和*EOS_041：（*EOS_HVRB），也可用于炸药冲击起爆计算。

*MAT_010（*MAT_ELASTIC_PLASTIC_HYDRO）和*EOS_010（*EOS_PROPELLANT_DEFLAGRATION），主要用于推进剂冲击起爆计算。

LSTC 也采用粒子爆破法*DEFINE_PARTICLE_BLAST（在 R11 及以前版本中称为*PARTICLE_BLAST）设置炸药爆轰产物参数。

也有人尝试采用其他类型状态方程如*EOS_LINEAR_POLYNOMIAL 或*INITIAL_EOS_ALE，赋予爆轰气体的能量和体积与炸药相等。这种方法计算出的炸药附近冲击波压力严重偏低，中远场则与实际情况较为符合。

1#乳化炸药

表 12-1　JWL 状态方程参数

$\rho/(kg/m^3)$	$D_{CJ}/(m/s)$	P_{CJ}/GPa	A/GPa	B/GPa	R_1	R_2	ω	E_0/GPa
1000~1300	4800	5.15	293.9	21.73	6.366	2.152	0.2069	3.14

袁铁峻. 露天矿山水孔爆破机理及参数优化研究 [D]. 昆明：昆明理工大学, 2019.

10#-159 炸药

表 12-2　JWL 状态方程参数

$\rho/(g/cm^3)$	P_{CJ}/GPa	$V_D/(m/s)$	A/GPa	B/GPa	C	R_1	R_2	ω
1.86	36.8	8862	934.77	12.723	0.95153	4.6	1.1	0.37

华劲松，等. 爆轰波对碰下金属圆管的运动特性研究：第七届全国爆炸力学学术会议论文集 [C]. 昆明，2003.

2#乳化炸药

表 12-3　JWL 状态方程参数

$\rho/(kg/m^3)$	$D_{CJ}/(m/s)$	P_{CJ}/GPa	A/GPa	B/GPa	R_1	R_2	ω	E_0/GPa
1000	3200	9.5	214	0.18	4.2	0.9	0.15	4.192

刘冰川. 深孔爆破一次成井炮孔堵塞理论研究及应用 [D]. 长沙：中南大学，2014.

表 12-4　JWL 状态方程参数

$\rho/(kg/m^3)$	$D_{CJ}/(m/s)$	P_{CJ}/GPa	A/GPa	B/GPa	R_1	R_2	ω	E_0/GPa
1050	5170	7.62	209	5.69	4.4	1.2	0.3	7.7

王宏伟. 钢管混凝土框架外加强环边、角柱节点的抗爆性能研究 [D]. 广州：广州大学，2018.

2#岩石硝铵炸药

表 12-5　JWL 状态方程参数

$\rho/(kg/m^3)$	$D_{CJ}/(m/s)$	P_{CJ}/GPa	A/GPa	B/GPa	R_1	R_2	ω	E_0/GPa
1200	3200	5.6	252.3	3.93	4.82	0.97	0.35	0.752

吴发名，刘勇林，李洪涛，等. 基于原生节理统计和爆破裂纹模拟的堆石料块度分布预测 [J]. 岩石力学与工程学报，2017，36(6)：1341-1352.

8701 炸药

表 12-6　JWL 状态方程参数（一）

$\rho/(g/cm^3)$	P_{CJ}/GPa	$V_D/(m/s)$	A/GPa	B/GPa	R_1	R_2	ω	E_0/GPa
1.68	37	8800	852.4	18.02	4.55	1.3	0.38	8.5

WU J, LIU J, DU Y. Experimental and numerical study on the flight and penetration properties of explosively-formed projectile [J]. International Journal of Impact Engineering, 2007, 34: 1147-1162.

表 12-7　JWL 状态方程参数（二）

$\rho/(g/cm^3)$	P_{CJ}/GPa	$V_D/(m/s)$	A/GPa	B/GPa	R_1	R_2	ω	E_0/GPa
1.68	30.4	8425	852.4	18.02	4.6	1.3	0.38	10.2

许世昌，何勇，何源. 双层药型罩有效材料分布的数值模拟 [C]. 智能弹药技术发展学术研讨会论文集，吉林敦化，2014，425-429.

表 12-8　*MAT_HIGH_EXPLOSIVE_BURN 模型参数（单位制 cm-g-μs）（一）

R_0	D	P_{CJ}
1.70	0.8315	0.295

表 12-9　*EOS_JWL 状态方程参数（单位制 cm-g-μs）

A	B	R_1	R_2	OMEG	E_0	V_0
8.545	0.20493	4.6	1.35	0.25	0.085	1.0

周翔. 爆炸成形弹丸战斗部的相关技术研究 [D]. 南京：解放军理工大学.

表 12-10 *MAT_HIGH_EXPLOSIVE_BURN 模型参数（单位制 cm-g-μs）（二）

R_0	D	P_{CJ}
1.72	0.8425	0.2995

表 12-11 *EOS_JWL 状态方程参数（单位制 cm-g-μs）

A	B	R_1	R_2	OMEG	E_0	V_0
5.817	0.06815	4.10	1.0	0.35	0.09	1.0

付建平，等. 杆式射流在大炸高下的侵彻性能研究：第十三届全国战斗部与毁伤技术学术交流会论文集 [C]. 黄山：2013, 862-866.

表 12-12 JWL 状态方程参数（三）

$\rho/(g/cm^3)$	P_{CJ}/GPa	$V_D/(m/s)$	A/GPa	B/GPa	R_1	R_2	ω	E_0/GPa
1.667	28	8220	1140	23.9	5.7	1.65	0.6	10.1

郁锐，宁心. 短炸高子弹破甲威力数值模拟和试验研究：第十一届全国战斗部与毁伤技术学术交流会论文集 [C]. 宜昌：2009. 189-192.

表 12-13 JWL 状态方程参数（四）

$\rho/(g/cm^3)$	P_{CJ}/GPa	$V_D/(m/s)$	A/GPa	B/GPa	R_1	R_2	ω	E_0/GPa
1.688	29.6	8300	852	18.0	4.6	1.3	0.34	9.3

张志彪，张连生，黄风雷. 内部爆炸加载下变壁厚壳体膨胀破裂数值模拟：第十一届全国冲击动力学学术会议文集 [C]. 西安：2013.

表 12-14 JWL 状态方程参数（五）

$\rho/(g/cm^3)$	P_{CJ}/GPa	$V_D/(m/s)$	A/GPa	B/GPa	R_1	R_2	ω	E_0/GPa
1.72	30.4	8425	852.4	18.02	4.6	1.3	0.38	10.2

时党勇，等. 倾斜尾翼爆炸成型弹丸的数值模拟和外弹道计算：第十届全国爆炸与安全技术会议论文集 [C]. 昆明：2011, 286-292.

表 12-15 JWL 状态方程参数（六）

$\rho/(g/cm^3)$	P_{CJ}/GPa	$V_D/(m/s)$	A/GPa	B/GPa	R_1	R_2	ω	E_0/GPa
1.700	34	8390	581.4	6.801	4.1	1.0	0.35	9.0

郭俊，等. 端盖对 FAE 燃料抛撒影响的数值模拟 [J]. 四川兵工学报，2013, 34(6): 65-67.

Al/PTFE 活性材料

成分：74%PTFE，26%Al。

表 12-16 *MAT_JOHNSON_COOK 材料模型参数

$\rho/(kg/m^3)$	A/MPa	B/MPa	n	C	m	T_{ref}/K	T_m/K
2270	8.044	250.6	1.8	0.4	1	294	500

表 12-17 Gruneisen 状态方程参数

$C/(\mathrm{m/s})$	S_l	Γ_0
1450	2.26	0.9

RAFTENBERG M N, MOCK W, KIRBY G C. Modeling the impact deformation of rods of a pressed PTFE/Al composite mixture [J]. International Journal of Impact Engineering, 2008, 35: 1735-1744.

成分：55%PTFE，45%Al。

表 12-18 JWL 状态方程参数

$\rho/(\mathrm{kg/m^3})$	$C/(\mathrm{m/s})$	$D/(\mathrm{m/s})$	E_0/GPa	A/GPa	B/GPa	R_1	R_2	ω
1946	2330	1390	0.09	496.79	−3.61	7.0	2.0	0.079

SUNHEE YOO. Modeling Solid State Detonation and Reactive Materials [C]. Proceedings of the 14th International Detonation Symposium, Coeur d'Alene, Idaho, 2010.

表 12-19 *MAT_ELASTIC_PLASTIC_HYDRO 模型参数（单位制 cm-g-μs）

MID	ρ	G	SIGY
3	2.391	0.002089	1.1600E−4

表 12-20 *EOS_IGNITION_AND_GROWTH_OF_REACTION_IN_HE
状态方程参数（单位制 cm-g-μs）

EOSID	A	B	XP1	XP2	FRER	G	R_1
3	4.7355E5	30.6203	50.466801	4.92737	1.7271	4.5754E−6	2.293712
R_2	R_3	R_5	R_6	FMXIG	FREQ	GROW1	EM
2.009256	7.7099E−5	45.292294	51.54538	0.0	11224.0	5.4521E9	16.735001
AR1	ES1	CVP	CVR	EETAL	CCRIT	ENQ	TMP0
0.0	1.0029	1.457E−5	9.93E−6	28.399	1.00E−6	0.0135	
GROW2	AR2	ES2	EN	FMXGR	FMNGR		
8.5990E+13	6.3067E−5	1.0002	26.962999				

STEPHEN D ROSENCRANTZ. Characterization and Modeling Methodology of Polytetrafluoroethylene Based Reactive Materials for the Development of Parametric Models [D]. University of Washington, 1998.

成分：73.5%PTFE，26.5%Al。

采用 Johnson-Cook 和 Modified Johnson-Cook 模型，其中 Modified Johnson-Cook 模型形式如下：

$$\sigma = (A + B\varepsilon_\mathrm{p}^n)\left(\frac{\dot{\varepsilon}}{\dot{\varepsilon}_0}\right)^\lambda (1 - T^{*m})$$

表 12-21 Johnson-Cook 和 Modified Johnson-Cook 模型参数

参数	单位	295K≤T≤329K		295K≤T≤351K	
		JC	MJC	JC	MJC
A	MPa	22.71	22.71	22.71	22.71
B	MPa	160	160.1	160	160
N	–	1.8	1.8	1.8	1.8
C	–	0.0339	–	0.0339	–
λ	–	–	0.0324	–	0.0324
$(\mathrm{d}\varepsilon / \mathrm{d}t)_0$	s^{-1}	1	1	1	1
m	–	1	1	0.707	0.707
T_{m}	K	417	417	541	541
T_{r}	K	295	295	295	295
ρ	kg/m^3	2290	2290	2290	2290
C_{v}	J/(kg·K)	1161	1161	1161	1161

注：T_{m} 只是自由拟合参数，不是材料的点。

DANIEL T CASEM. Mechanical Response of an Al-PTFE Composite to Uniaxial Compression Over a Range of Strain Rates and Temperatures [R]. ADA487468, Army Research Laboratory, 2008.

利用 SHPB 实验系统对 PTFE/Al 含能材料进行了动态力学性能研究，拟合了 Johnson-Cook 模型参数。

$$\sigma = [48 + 64.1 \times (\overline{\varepsilon}^p)^{0.574}]\left[1 + \left(\frac{\dot{\varepsilon}^p}{1361}\right)^{\frac{1}{1.7}}\right][1 - (T^*)^{0.226}]$$

武强. 含能材料防护结构超高速撞击特性研究 [D]. 北京: 北京理工大学, 2016.

AN/TNT 炸药

表 12-22 AN/TNT(55%/45%)炸药 JWL 状态方程参数

ρ/(kg/m^3)	D_{CJ}/(m/s)	P_{CJ}/GPa	A/GPa	B/GPa	R_1	R_2	ω	E_0/GPa
1200	5590.75	9.38	322	6.44	4.4	1.2	0.3	4.35

路璐. 铝工业炸药作功能力试验与数值模拟研究 [D]. 太原: 中北大学, 2018.

AN/TNT/Al 炸药

表 12-23 AN/TNT/Al(32.5%/47.5%/20%)炸药 JWL 状态方程参数

ρ/(kg/m^3)	D_{CJ}/(m/s)	P_{CJ}/GPa	A/GPa	B/GPa	R_1	R_2	ω	E_0/GPa
1100	6308	10.94	280.82	4.011	4.7	1.269	0.33	7.579

路璐. 铝工业炸药作功能力试验与数值模拟研究 [D]. 太原: 中北大学, 2018.

ANFO 炸药

表 12-24　JWL 状态方程参数

$\rho/(kg/m^3)$	$D_{CJ}/(m/s)$	P_{CJ}/GPa	A/GPa	B/GPa	R_1	R_2	E_0/GPa	ω
931	4160	5.15	49.46	1.891	3.907	1.118	2.484	0.3333

DAVIS L L, HILL L G. ANFO Cylinder Tests [C]. CP620, Shock Compression of Condensed Matter – 2001.

AP 炸药

表 12-25　爆炸产物 JWL 状态方程和未反应炸药 Gruneisen 状态方程参数

$\rho/(g/cm^3)$	$A/Mbar$	$B/Mbar$	R_1	R_2	ω	E_0/GPa	$C/(m/s)$	S_1	Γ
1.95	3.50	0.0300	4.0	1.0	0.3	7.0	2200	1.96	0.9

GUIRGUIS R, BERNECKER R. Relation Between Sensitivity, Detonability, and Non-ideal Behavior: Proceedings of the 11st International Detonation [C]. Snowmass, CA, 1998.

B3108 炸药

成分：30%活性黏结剂，51%HMX，19%Al。

表 12-26　JWL 状态方程参数

$\rho/(g/cm^3)$	$V_D/(m/s)$	A/GPa	C/GPa	R_1	R_2	ω
1.827	7830	902.6	2.35	4.97	0.77	0.29

PAZIENZA G. Numerical Simulation of Free Field Underwater Explosion of an Aluminised Plastic Bonded Explosive [C]. Workshop on Simulation of Undex Phenomena, Scotland, UK, 1997.

BH-1 炸药

表 12-27　BH-1 炸药热学和化学参数

$\rho/(kg/m^3)$	导热系数 k /(W·m^{-1}·K^{-1})	C /(J·kg^{-1}·K^{-1})	反应热 Q /(MJ·kg^{-1})	指前因子 A /s^{-1}	活化能 E_a /(MJ·mol^{-1})
1840	0.50	1760	4.135	3.0×10^{12}	0.14

表 12-28　BH-1 炸药力学参数

T/K	E/GPa	v	α/K^{-1}	σ_Y/MPa	E_p/MPa
293	2.6	0.23	4.9×10^{-5}	58	670
323	1.92	0.24	5.1×10^{-5}	43	497
348	1.4	0.32	5.7×10^{-5}	30	386

张韩宇，等. 弹体装药摩擦点火数值模拟研究：第十三届全国战斗部与毁伤技术学术交流会论文集 [C]. 黄山, 2013, 1245-1252.

C-1 炸药

这是一种国产 CL-20 基压装混合炸药，组分质量比 CL-20/钝感黏结剂=94.5/5.5。

表 12-29 JWL 状态方程参数

$\rho/(\text{g/cm}^3)$	$D_{CJ}/(\text{m/s})$	P_{CJ}/GPa	A/GPa	B/GPa	R_1	R_2	E_0/GPa	ω
1.932	9061	39	1827.6	61.35	5.88	1.8	11.5	0.3

南宇翔，等. 一种 CL-20 基压装混合炸药 JWL 状态方程参数研究 [J]. 含能材料, 2015, 23(6): 516-521.

表 12-30 C-1 炸药（94%CL-20/6%黏结剂）JWL 状态方程参数

$\rho/(\text{kg/m}^3)$	$D_{CJ}/(\text{m/s})$	P_{CJ}/GPa	A/GPa	B/GPa	R_1	R_2	ω	E_0/GPa
1945	9100	40	1887.64	162.397	6.5	2.75	0.547	11.5

刘丹阳，等. CL-20 基炸药爆轰产物 JWL 状态方程实验标定方法研究 [J]. 兵工学报，2016，36 增刊 1：141-145.

C-4 炸药

表 12-31 *MAT_HIGH_EXPLOSIVE_BURN 模型和*EOS_JWL 状态方程参数（单位制 cm-g-μs）

*MAT_HIGH_EXPLOSIVE_BURN					
ρ	D	P_{CJ}	BETA		
1.601	0.8193	0.28	0		

*EOS_JWL						
A	B	R_1	R_2	OMEG	E_0	V_0
6.0977	0.1295	4.5	1.4	0.25	0.09	1

MICHAEL J MULLIN, BRENDAN J O'TOOLE. Simulation of Energy Absorbing Materials in Blast Loaded Structures [C]. 8th International LS-DYNA Conference, Detroit, 2004.

表 12-32 *MAT_HIGH_EXPLOSIVE_BURN 模型和*EOS_JWL
状态方程参数（单位制 cm-g-μs）

*MAT_HIGH_EXPLOSIVE_BURN					
ρ	D				
1.601	0.8190				

*EOS_JWL						
A	B	R_1	R_2	OMEG	E_0	V_0
5.974	0.139	4.5	1.5	0.32	0.087	1

表 12-33 炸药粒子爆破法材料参数（一）

$D/(\text{m/s})$	γ	$\rho/(\text{kg/m}^3)$	E/Pa	covol
8190	1.32	1601	8.7E9	0.6

TENG HAILONG. Coupling of Particle Blast Method (PBM) with Discrete Element Method for buried mine blast simulation [C]. 14th International LS-DYNA Conference, Detroit, 2016.

表 12-34 炸药粒子爆破法材料参数（二）

$D/(\text{m/s})$	γ	$\rho/(\text{kg/m}^3)$	E/Pa	covol
8193	1.32	1601	9.0E9	0.6

LS-DYNA KEYWORD USER'S MANUAL [Z]. LSTC, 2017.

表 12-35 点火增长模型参数

$$\rho_0 = 1.601 \text{g/cm}^3$$

未反应炸药的 JWL 状态方程参数	反应产物的 JWL 状态方程参数	反应率方程参数
A=300Mbar	A=6.0977Mbar	a=0.0367 b=0.667
B=-0.031998Mbar	B=0.1295Mbar	c=0.667 d=0.333
R_1=11.3	R_1=4.5	e=0.667 g=0.667

$$\rho_0 = 1.601 \text{g/cm}^3$$

未反应炸药的 JWL 状态方程参数	反应产物的 JWL 状态方程参数	反应率方程参数
R_2=1.13	R_2=1.4	I=4.0E6μs^{-1} x=7.0
ω=0.8938	ω=0.25	y=2.0 z=3.0
C_v=2.487E-5Mbar/K	C_v=1.0E-5Mbar/K	F_{igmax}=0.022 F_{G1max}=1.0 F_{G2min}=0.0
T_0=298K	E_0=0.09Mbar	G_1=140Mbar$^{-2}\cdot\mu$s^{-1}
剪切模量=0.0354Mbar		G_2=0.0Mbar$^{-2}\cdot\mu$s^{-1}
屈服强度=0.002Mbar		

URTIEW P A. Shock Initiation Experiments and Modeling of Composition B and C-4: Proceedings of the 13th International Detonation Symposium [C]. Norfolk, VA, 2006.

Cast Composition B 炸药

表 12-36 点火增长模型参数（一）

未反应炸药的 JWL 状态方程参数	反应产物的 JWL 状态方程参数
A=485Mbar	A=5.242Mbar
B=-0.039084Mbar	B=0.07678Mbar
R_1=11.3	R_1=4.2
R_2=1.13	R_2=1.1
ω=0.8938	ω=0.5
C_v=2.487E-5Mbar/K	C_v=1.0E-5Mbar/K
T_0=298K	C-J 能量/单位体积 E_0=0.085Mbar
剪切模量=0.0354Mbar	

（续）

未反应炸药的 JWL 状态方程参数	反应产物的 JWL 状态方程参数
屈服强度=0.002Mbar	
ρ_0=1.717g/cm^3	

反应率方程参数	
a=0.0367	x=7.0
b=0.667	y=2.0
c=0.667	z=3.0
d=0.333	F_{igmax}=0.022
e=0.222	F_{G1max}=0.7
g=1.0	F_{G2min}=0.0
I=4.0×10^{6}μs^{-1}	G_1=140Mbar^{-2}·μs^{-1}
	G_2=1000Mbar^{-2}·μs^{-1}

URTIEW PAUL A. Shock Initiation Experiments and Modeling of Composition B and C-4 [C]. Proceedings of the 13th International Detonation Symposium, Norfolk, VA, 2006.

表 12-37　点火增长模型参数（二）

未反应炸药的 JWL 状态方程参数	反应产物的 JWL 状态方程参数
A=1479Mbar	A=5.308Mbar
B=-0.05261Mbar	B=0.0783Mbar
R_{1u}=12	R_1=4.5
R_{2u}=12	R_2=1.2
ω_u=0.912	ω=0.34
C_v=2.487E-5Mbar/K T_o=298K	C_v=1.0E-5Mbar/K C-J 能量/单位体积 E_{og}=0.081Mbar
剪切模量=0.035Mbar	C-J 爆速 U_D=7.576mm/μs
屈服强度=0.002Mbar	C-J 压力 P_{CJ}=0.265Mbar
ρ_0=1.63g/cm^3	反应区宽度 W_{reac}=2.5
c_0=0.7	ΔF_{max}=0.1
C-J 能量/单位体积 $E_{0,u}$=-0.00504Mbar	

反应率方程参数	
a=0.0367	x=7.0
b=0.667	y=2.0
c=0.667	z=3.0
d=0.333	F_{igmax}=0.022
e=0.222	F_{G1max}=0.7
g=1.0	F_{G2min}=0.0

（续）

未反应炸药的 JWL 状态方程参数	反应产物的 JWL 状态方程参数
$I=4.0\times10^6\mu s^{-1}$	$G_1=140\text{Mbar}^{-2}\cdot\mu s^{-1}$
拉伸时的最大相对体积=1.1	$G_2=1000\text{Mbar}^{-3}\cdot\mu s^{-1}$

BALAGANSKY IGOR A. Study of Energy Focusing Phenomenon in Explosion Systems, Which Include High Modulus Elastic Elements [C]. Proceedings of the 14th International Detonation Symposium, Coeur d'Alene, Idaho, 2010.

表 12-38 点火增长模型参数 （一）

未反应炸药的 JWL 状态方程参数	反应产物的 JWL 状态方程参数
$A=485\text{Mbar}$	$A=5.242\text{Mbar}$
$B=-0.0390925\text{Mbar}$	$B=0.07678\text{Mbar}$
$R_1=11.3$	$R_1=4.2$
$R_2=1.13$	$R_2=1.1$
$\omega=0.8938$	$\omega=0.5$
$C_v=2.487\text{E-}5\text{Mbar/K}$	$C_v=1.0\text{E-}5\text{Mbar/K}$
$T_o=298\text{K}$	C-J 能量/单位体积 $E_o=0.085\text{Mbar}$
剪切模量=0.0354Mbar	
屈服强度=0.002Mbar	
$\rho_0=1.717\text{g/cm}^3$	
反应率方程参数	
$a=0.0367$	$x=7.0$
$b=0.667$	$y=2.0$
$c=0.667$	$z=3.0$
$d=0.333$	$F_{igmax}=0.022$
$e=0.222$	$F_{G1max}=0.7$
$g=1.0$	$F_{G2min}=0.0$
$I=40\mu s^{-1}$	$G_1=140\text{Mbar}^{-2}\cdot\mu s^{-1}$
	$G_2=1000\text{Mbar}^{-3}\cdot\mu s^{-1}$

Leonard E Schwer. Impact and Detonation of Composition B An Example using the LS-DYNA® EOS: Ignition and Growth of Reaction in High Explosives [C]. 12th International LS-DYNA® Conference, Detroit, 2012.

CH_3NO_2（硝基甲烷）炸药

表 12-39 **High-Explosive-Burn 模型和 JWL 状态方程参数**

$\rho/(\text{g/cm}^3)$	$D_{CJ}/(\text{cm}/\mu s)$	P_{CJ}/GPa	$A/10^2\text{GPa}$	$B/10^2\text{GPa}$
1.3	0.6269	11.5	2.092	0.05689
R_1	R_2	ω	$E_0/10^2\text{GPa}$	
4.4	1.2	0.3	0.05	

编者注：原文中 P_{CJ} 为 1150GPa，此处修改为 11.5GPa。

徐皇兵. 外爆加载下分层金属管膨胀破裂过程研究 [D]. 绵阳：中国工程物理研究院，2004.

超临界 **CO₂**

表 12-40　*MAT_NULL 模型和*EOS_GRUNEISEN 状态方程参数

$\rho/(g/cm^3)$	$\mu/(Pa.\mu s)$	P_{CJ}/GPa	A/GPa	B/GPa	R_1	R_2	E_0/GPa	ω
1.112	8300	30.0	611.3	10.65	4.4	1.2	8.9	0.32

Xiaofeng Yang, Yanhong Li. Numerical Study on Rock Breaking Mechanism of Supercritical CO₂ Jet Based on Smoothed Particle Hydrodynamics [J]. Computer Modeling in Engineering & Sciences, 2020: 1-17.

Comp A-3 炸药

表 12-41　JWL 状态方程参数

$\rho/(g/cm^3)$	$D_{CJ}/(m/s)$	P_{CJ}/GPa	A/GPa	B/GPa	R_1	R_2	E_0/GPa	ω
1.65	8300	30.0	611.3	10.65	4.4	1.2	8.9	0.32

DOBRATZ B M, CRAWFORD P C. LLNL Explosives Handbook [R]. UCRL-52997 Rev.2, January 1985.

Comp B 炸药

表 12-42　JWL 状态方程参数

$\rho/(g/cm^3)$	P_{CJ}/GPa	$V_D/(m/s)$	A/GPa	B/GPa	R_1	R_2	ω	E_0/GPa
1.717	29.5	7980	524.2	7.678	4.2	1.1	0.34	8.5

CRAIG M T, ESTELLA M M. Reactive Flow Modeling of the Interaction of TATB Detonation Waves with inert Materials [C]. Proceedings of the 12th International Detonation Symposium, San Diego, California, 2002.

表 12-43　Johnson-Cook 模型参数

$\rho/(kg/m^3)$	E/GPa	v	$C_p/(J \cdot kg^{-1} \cdot K^{-1})$	A/MPa	B	C	n	m
1680	4.1	0.38	1150	0	3504	0.0623	1.012	1.025

李凯，等. 基于 J-C 本构模型的 Comp. B 炸药落锤冲击数值模拟 [J]. 力学与实践，2011, 33(1): 21-24.

CYCLOTOL 炸药

表 12-44　JWL 状态方程参数

$\rho/(g/cm^3)$	$D_{CJ}/(m/s)$	P_{CJ}/GPa	A/GPa	B/GPa	R_1	R_2	ω	E_0/GPa
1.754	8250	32.0	603.41	9.9236	4.3	1.1	0.35	9.2

DOBRATZ B M, CRAWFORD P C. LLNL Explosives Handbook [R]. UCRL-52997 Rev.2, January 1985.

Detasheet 炸药

表 12-45　JWL 状态方程参数

$\rho/(g/cm^3)$	P_{CJ}/GPa	$D/(m/s)$	$A/Mbar$	$B/Mbar$	R_1	R_2	ω
1.7	37	7000	8.261	0.1724	4.55	1.32	0.38

T A EL-SHENAWY, A M RIAD, M M ISMAIL. Penetration and Initiation of Explosive Reactive Armors by Shaped Charge Jet [C]. 36th International Annual Conference of ICT, Karlsruhe, Germany, 2005.

Detasheet C 炸药

表 12-46　JWL 状态方程参数

$\rho/(g/cm^3)$	$D/(m/s)$	E_0/GPa	$A/Mbar$	$B/Mbar$	R_1	R_2	ω
1.4858	7000	4.19	3.49	0.04524	6.07	1.78	0.3

万军，张振宇，王志兵. 低密度缓冲层对动能杆爆炸驱动影响的数值模拟研究 [J]. 北京理工大学学报，2003, 23(增刊): 230-234.

L A SCHWALBE, C A WINGATE, J H STOFLETH, et al. Experiment and Computational Studies of Rod-Deployment Mechanisms [C]. 16th international symposium on ballistics, September, 1996.

叠氮化铅炸药

表 12-47　JWL 状态方程参数

$\rho/(kg/m^3)$	$D_{CJ}/(m/s)$	P_{CJ}/GPa	A/GPa	B/GPa	R_1	R_2	ω	E_0/GPa
3538	4759	20.03	42.837	799.9	2.057	5.745	0.085	7

刘增军. 两级爆炸驱动飞片的冲击起爆技术研究 [D]. 南京：南京理工大学，2016.

表 12-48　JWL 状态方程参数

$\rho/(kg/m^3)$	$D_{CJ}/(m/s)$	P_{CJ}/GPa	A/GPa	B/GPa	R_1	R_2	ω	E_0/GPa
3510	4745	18.23	349.77	14.32	4.38	1.61	0.3	5.39

王浩宇. 基于 Pyro-EMSAD 微装药传爆序列的技术研究 [D]. 南京：南京理工大学，2019.

DNAN 基熔注炸药

成分为：DNAN25%/RDX36%/Al31/助剂 8%。

表 12-49　简化 Johnson-Cook 模型参数

$\rho/(kg/m^3)$	E/GPa	A/MPa	B/MPa	n	C
1800	4.50	1.70	11.37	0.93	0.49

李东伟，苗飞超，张向荣等. DNAN 基不敏感熔注炸药动态力学性能 [J]. 兵工学报，2021.

钝化 HMX 炸药

表 12-50　JWL 状态方程参数

$\rho/(g/cm^3)$	$D_{CJ}/(m/s)$	P_{CJ}/GPa	A/GPa	B/GPa	R_1	R_2	E_0/GPa	ω
1.783	8730	33.5	943.34	8.8053	4.7	0.9	10.2	0.35

DOBRATZ B M, CRAWFORD P C. LLNL Explosives Handbook [R]. UCRL-52997 Rev.2, January 1985.

钝化 RDX 炸药

钝化 RDX 炸药组成与 PBX9407 炸药相似，文献作者采用 PBX9407 炸药状态方程参数替代。

表 12-51　JWL 状态方程参数

$\rho/(g/cm^3)$	$D_{CJ}/(m/s)$	P_{CJ}/GPa	A/GPa	B/GPa	R_1	R_2	E_0/GPa	ω
1.60	7910	26.5	573.2	14.64	4.6	1.4	8.6	0.32

陈进，等. 冲击波在有机玻璃中衰减规律研究: 第十二届全国战斗部与毁伤技术学术交流会论文集, 广州 [C]. 2011.183-188.

D 炸药

表 12-52　JWL 状态方程参数

$\rho/(g/cm^3)$	$D_{CJ}/(m/s)$	P_{CJ}/GPa	A/GPa	B/GPa	R_1	R_2	E_0/GPa	ω
1.42	6500	16.0	300.7	3.94	4.3	1.2	5.4	0.35

DOBRATZ B M, CRAWFORD P C. LLNL Explosives Handbook [R]. UCRL-52997 Rev.2, January 1985.

EDC-1 炸药

表 12-53　JWL 状态方程参数

$\rho/(g/cm^3)$	P_{CJ}/GPa	$D/(m/s)$	$A/Mbar$	$B/Mbar$
1.795	34.25	8716	9.036	0.09033
R_1	R_2	ω	E_0/GPa	V_0
4.647	0.8717	0.275	10.5	1

BOYD R, ROYLES R, EL-DEEB M. Simulation and Validation of UNDEX Phenomena Relating to Axisymmetric Structures [C]. 6th International LS-DYNA Conference, Detroit, 2000.

EDC35 炸药

表 12-54　JWL 状态方程参数

$\rho/(g/cm^3)$	P_{CJ}/GPa	$D/(m/s)$	$A/Mbar$	$B/Mbar$
1.904	31.9	7810	4.7103	0.023178
R_1	R_2	ω	$E_0/Mbar$	
3.8218	1.0	0.3	0.04	

D C SWIFT, B D LAMBOURN. A Review of Developments in the W-B-L Detonation Model [C]. Proceedings of the 10th International Detonation Symposium, Boston, Massachusetts, 1993.

表 12-55　298K 下 EDC35 的点火增长模型参数

$\rho_0 = 1.900 g/cm^3$		
未反应炸药的 JWL 状态方程参数	反应产物的 JWL 状态方程参数	反应率方程参数
A=632.07Mbar	A=13.6177Mbar	I=4.0E6μs^{-1} b=0.667

（续）

		a=0.214 x=7.0
B=-0.04472Mbar	B=0.7199Mbar	
R_1=11.3	R_1=6.2	G_1=1100Mbar$^{-2}\cdot\mu s^{-1}$ c=0.667
R_2=1.13	R_2=2.2	d=1.0 y=2.0
ω=0.8938	ω=0.50	G_2=30Mbar$^{-1}\cdot\mu s^{-1}$ e=0.667
C_v=2.487E6Pa/K	C_v=1.0e6Pa/K	g=0.667 z=1.0
T_0=298K	E_0=0.069Mbar	F_{igmax}=0.025 F_{G1max}=0.8 F_{G2min}=0.8
剪切模量=0.0354Mbar		
屈服强度=0.002Mbar		

CRAIG M TARVER, ESTELLA M MCGUIRE. Reactive Flow Modeling of the Interaction of TATB Detonation Waves with Inert Materials [C]. Proceedings of the 12th International Detonation Symposium, San Diego, California, 2002.

EDC37 炸药

表 12-56 点火增长模型参数

未反应炸药的 JWL 状态方程参数	反应产物的 JWL 状态方程参数
A=69.69Mbar	A=8.524 Mbar
B=-1.727Mbar	B=0.1802Mbar
R_1=7.8	R_1=4.6
R_2=3.9	R_2=1.3
ω_u=2.148789E-5	ω=3.8E-6
C_v=2.505E-5Mbar/K	C_v=1.0E-5Mbar/K
E_0=0.00205Mbar	E_0=0.102Mbar
ρ_0=1.842g/cm^3	
反应率方程参数	
a=0.03	x=20.0
b=0.667	y=2.0
c=0.667	z=2.0
d=0.333	F_{igmax}=0.3
e=0.333	F_{G1max}=0.5

（续）

未反应炸药的 JWL 状态方程参数	反应产物的 JWL 状态方程参数
$g=1.0$	$F_{G2min}=0.0$
$I=3.0E10\mu s^{-1}$	$G_1=90Mbar^{-y}\cdot\mu s^{-1}$
	$G_2=200Mbar^{-z}\cdot\mu s^{-1}$

NICHOLAS J WHITWORTH. Some Issues Regarding the Hydrocode Implementation of the Crest Reactive Burn Model [C]. 13th International Detonation Symposium, Norfolk, VA, USA, 2006.

表 12-57　JWL 状态方程参数

$\rho/(g/cm^3)$	$D_{CJ}/(m/s)$	P_{CJ}/GPa	E_0/GPa	A/GPa
1.841	8819	38.8	7.19557	664.20212

B/GPa	C/GPa	R_1	R_2	ω
22.82927	1.88156	4.25	1.825	0.25

PAUL W MERCHANT. A WBL-Consistent JWL Equation of State for the HMX-Based Explosive EDC37 From Cylinder Tests [C]. Proceedings of the 12th International Detonation Symposium, San Diego, California, 2002.

Estane（聚氨基甲酸乙酯弹性纤维）

表 12-58　强度模型和 GRUNEISEN 状态方程参数

$\rho/(g/cm^3)$	G/GPa	σ_0/GPa	$C/(m/s)$	s	γ_0	$\kappa/(W\cdot m^{-1}\cdot K^{-1})$	$C_P/(J\cdot kg^{-1}\cdot K^{-1})$
1.1	0.27	0.01	2350	1.7	1.0	0.226	1155

刘群，等. PBX 炸药细观结构冲击点火数值模拟分析 [C]. 第十届全国冲击动力学学术会议论文集, 2011.

FEFO 炸药

表 12-59　JWL 状态方程参数

$\rho/(g/cm^3)$	$D_{CJ}/(m/s)$	P_{CJ}/GPa	A/GPa	B/GPa	R_1	R_2	ω	E_0/GPa
1.59	7500	25.0	382.4	6.635	4.1	1.2	0.38	8.0

DOBRATZ B M, CRAWFORD P C. LLNL Explosives Handbook [R]. UCRL-52997 Rev.2, January 1985.

FOX12 炸药

　　分别通过 Cheetah 2.0 中的 BKWC 数据库和实验（爆速和圆柱狭缝实验）拟合得到密度为$1.666g/cm^3$ 的 FOX12 炸药 JWL 状态方程参数。

表 12-60　JWL 状态方程参数

	$D_{CJ}/(m/s)$	P_{CJ}/GPa	E_0/GPa	A/GPa	B/GPa	R_1	R_2	ω
Cheetah 2.0 BKWC	7835	22.46	6.796	1061	7.048	5.178	1.064	0.385
实验拟合	7996	26.11	6.8	666.26	8.1308	4.55	1.46	0.385

HENRIC ÖSTMARK, ANDREAS HELTE, TORGNY CARLSSON. N-Guanylurea-Dinitramide (FOX-12)-A New Extremely Insensitive Energetic Material for Explosives Applications [C]. Proceedings of the 13th International Detonation Symposium, Norfolk, VA, 2006.

FOX12/TNT(50/50 wt%)炸药

分别通过 Cheetah 2.0 中的 BKWC 数据库和实验（爆速和圆柱狭缝实验），拟合得到密度为 $1.652 \mathrm{g/cm^3}$ 的 FOX12/TNT 50/50wt% 炸药 JWL 状态方程参数。

表 12-61　JWL 状态方程参数

	D_{CJ} /(m/s)	P_{CJ} /GPa	E_0 /GPa	A /GPa	B /GPa	R_1	R_2	ω
Cheetah 2.0 BKWC	7335	20.95	7.443	719.2	6.550	4.91	1.09	0.34
实验拟合	7120	22.11	7.4	402.5	5.376	4.2	1.8	0.34

HENRIC ÖSTMARK, ANDREAS HELTE. Extremely Low Sensitivity Melt Castable Explosives Based On FOX12 [C]. Proceedings of the 14th International Detonation Symposium, Coeur d'Alene, Idaho, 2010.

FOX12/TNT/AlH2(42.5/42.5/15wt%)炸药

分别通过 Cheetah 2.0 中的 BKWC 数据库（假定铝粉的反应度分别为 0%、20%、100%）和实验（爆速和圆柱狭缝实验），拟合得到密度为 $1.795 \mathrm{g/cm^3}$ 的 FOX12/TNT/AlH2（42.5/42.5/15wt%）炸药 JWL 状态方程参数。

表 12-62　JWL 状态方程参数

	D_{CJ} /(m/s)	P_{CJ} /GPa	E_0 /GPa	A /GPa	B /GPa	R_1	R_2	ω
Cheetah 0% Al	7451	20.99	7.131	1228	6.01	5.38	1.11	0.28
Cheetah 20% Al	7431	21.43	7.965	1165	7.15	5.36	1.08	0.25
Cheetah 100% Al	7158	22.49	10.80	709.5	8.513	4.94	1.04	0.27
实验拟合	7160	23.47	10.00	493.5	1.811	4.30	1.70	0.27

HENRIC ÖSTMARK, ANDREAS HELTE. Extremely Low Sensitivity Melt Castable Explosives Based On FOX12 [C]. Proceedings of the 14th International Detonation Symposium, Coeur d'Alene, Idaho, 2010.

FOX7 炸药

含有 1.5%蜡。

表 12-63　JWL 状态方程参数

ρ /(g/cm³)	P_{CJ} /GPa	E_0 /GPa	A /GPa	B /GPa	R_1	R_2	ω
1.756	27.9	8.663	998.578	8.778	4.928	1.119	0.401

SVANTE KARLSSON. Detonation and sensitivity properties of FOX-7 and formulations containing FOX-7 [C]. Proceedings of the 12th International Detonation Symposium, San Diego, California, 2002.

H-6 炸药

表 12-64　JWL 状态方程参数

ρ /(g/cm³)	D_{CJ} /(m/s)	P_{CJ} /GPa	A /GPa	B /GPa	R_1	R_2	E_0 /GPa	ω
1.76	7470	24.0	758.07	8.513	4.9	1.1	10.3	0.20

DOBRATZ B M, CRAWFORD P C. LLNL Explosives Handbook [R]. UCRL-52997 Rev.2, January 1985.

Hexogen 炸药

表 12-65　JWL 状态方程参数

$\rho/(g/cm^3)$	P_{CJ}/GPa	$D/(m/s)$	$A/Mbar$	$B/Mbar$	R_1	R_2	ω
1.8	28	8190	6.0977	0.1295	4.5	1.5	0.25

T A EL-SHENAWY, A M RIAD, M M ISMAIL. Penetration and Initiation of Explosive Reactive Armors by Shaped Charge Jet [C]. 36th International Annual Conference of ICT, Karlsruhe, Germany, 2005.

HMX 炸药

表 12-66　JWL 状态方程参数（一）

$\rho/(g/cm^3)$	$D_{CJ}/(m/s)$	P_{CJ}/GPa	A/GPa	B/GPa	R_1	R_2	ω	E_0/GPa
1.891	9110	42.0	778.28	7.0714	4.2	1.0	0.30	10.5

DOBRATZ B M, CRAWFORD P C. LLNL Explosives Handbook [R]. UCRL-52997 Rev.2, January 1985.

表 12-67　HMX 的力学参数和 Gruneisen 状态方程参数（一）

$\rho/(g/cm^3)$	G/GPa	σ_0/GPa	$C/(m/s)$	S_1	Γ_0	T_{m0}/K	$C_p/(J\cdot kg^{-1}\cdot K^{-1})$
1.900	10.0	0.37	2650	2.38	1.1	520	1031

表 12-68　爆炸产物 JWL 状态方程参数（一）

A/GPa	B/GPa	R_1	R_2	ω
3806.51	129.48	7.7	2.4	0.33

LINHBAO TRAN. Reactive gas phase compression due to shock-induced cavity collapse in energetic materials [C]. Proceedings of the 13th International Detonation Symposium, Norfolk, VA, 2006.

表 12-69　JWL 状态方程参数（二）

*MAT_HIGH_EXPLOSIVE_BURN						
$\rho/(kg/m^3)$	$D/(m/s)$	P_{CJ}/GPa	BETA			
1900	9110	42	1			
*EOS_JWL						
A/GPa	B/GPa	R_1	R_2	OMEG	E_0/GPa	V_0
1214.8430	22.18767	5.16	1.41	0.33	10.5	1.0

S ROLC. Numerical and Experimental Study of the Defeating the RPG-7 [C]. 24th International Symposium of Ballistics, New Orleans, Louisiana, 2008.

表 12-70　β 相固态 HMX 的力学参数和线性多项式状态方程参数

$C_0/MBar$	$C_1/MBar$	$C_2/MBar$	$C_3/MBar$	C_4	C_5	C_6
0	0.135	0.822	0	0.933	0.933	0

$\rho/(g/cm^3)$	$k/(W\cdot m^{-1}\cdot K^{-1})$	$C_p/(J\cdot kg^{-1}\cdot K^{-1})$	G/MPa	σ_0/GPa		
1.865	0.456	1190	4.2	2.1		

表 12-71 δ 相固态 HMX 的力学参数和线性多项式状态方程参数

C_0/MBar	C_1/MBar	C_2/MBar	C_3/MBar	C_4	C_5	C_6
0	0.135	0.811	0	1.052	1.052	0

ρ/(g/cm^3)	k/(W·m^{-1}·K^{-1})	C_P/(J·kg^{-1}·K^{-1})	G/MPa	σ_0/GPa		
1.767	0.456	1190	4.2	2.1		

表 12-72 爆炸产物材料参数

ρ/(g/cm^3)	k/(W·m^{-1}·K^{-1})	C_P/(J·kg^{-1}·K^{-1})	Gamma 定律系数 γ
1.865	0.1034	1422	1.283

JACK J YOH. Recent Advances in Thermal Explosion Modeling of HMX-based Explosives [C]. Proceedings of the 13th International Detonation Symposium, Norfolk, VA, 2006.

表 12-73 爆炸产物 JWL 状态方程和未反应炸药 Gruneisen 状态方程参数

ρ/(g/cm^3)	A/Mbar	B/Mbar	R_1	R_2	ω	E_0/GPa	C/(m/s)	S_1	Γ
1.89	7.783	0.0707	4.2	1.0	0.3	10.5	3070	1.79	0.7

R GUIRGUIS, R BERNECKER. Relation Between Sensitivity, Detonability, and Non-ideal Behavior [C]. Proceedings of the 11th International Detonation Snowmass, CA, 1998.

表 12-74 爆炸产物 JWL 状态方程参数（二）

A/Mbar	B/Mbar	R_1	R_2	ω
107	2.34	9.34	4.11	0.89

ALBERT L NICHOLS, III. Improving the Material Response for Slow Heat of Energetic Materials [C]. Proceedings of the 14th International Detonation Symposium, Coeur d'Alene, Idaho, 2010.

表 12-75 Gruneisen 状态方程参数（一）

ρ_0/(kg/m^3)	C/(m/s)	S_1	Γ
1891	2901	2.058	1.1

表 12-76 Steinberg-Guinan 材料模型参数

G_0/MPa	S_0^y/MPa	f	T_{m0}/K	γ_0
2700	48.3	0.45	558	1.1

P A CONLEY, D J BENSON. An Estimate of Solid Viscosition in HMX [C]. Proceedings of the 11th International Detonation Snowmass, CA, 1998.

表 12-77 Gruneisen 状态方程参数（二）

ρ_0/(kg/m^3)	ν	σ_0/MPa	σ_f/MPa	C/(m/s)	S_1	Γ	C_V/(J·kg^{-1}·K^{-1})
1900	0.25	100	-2000	2740	2.600	1.1	1450

M R BAER, M E KIPP, F VAN SWOL. Micromechanical Modeling of Heterogeneous Energetic Materials [C]. Proceedings of the 11th International Detonation Snowmass, CA, 1998.

表 12-78 Gruneisen 状态方程参数（三）

$\rho_0/(kg/m^3)$	$C/(m/s)$	S_1	Γ	$C_V/(J\cdot kg^{-1}\cdot K^{-1})$
1900	2740	2.600	1	1350

GERARD BAUDIN, FABIEN PETITPAS, RICHARD SAUREL. Thermal non equilibrium modeling of the detonation waves in highly heterogeneous condensed HE: a multiphase approach for metalized high explosives [C]. Proceedings of the 14th International Detonation Symposium, Coeur d'Alene, Idaho, 2010.

表 12-79 HMX 的力学参数和 Gruneisen 状态方程参数（二）

$\rho/(g/cm^3)$	G/GPa	σ_0/GPa	$C/(m/s)$	S_1	Γ_0	$\kappa/(W\cdot m^{-1}\cdot K^{-1})$	$C_P/(J\cdot kg^{-1}\cdot K^{-1})$
1.900	2.7	0.10	2901	2.058	1.1	0.37	1100

刘群，等. PBX 炸药细观结构冲击点火数值模拟分析 [C]. 第十届全国冲击动力学学术会议论文集，2011.

表 12-80 HMX 的力学参数和 Mie-Gruneisen 状态方程参数

$\rho_{S0}/(kg/m^3)$	$C_{VS}/(J\cdot kg^{-1}\cdot K^{-1})$	G/GPa	Y/GPa	S_1	Γ_0	$C_0/(m\cdot s^{-1})$	$k/(W\cdot m^{-1}\cdot K^{-1})$	T_m^0/K
1900	1500	10	0.37	2.38	1.1	2650	0.502	552

张新明，等. 低速冲击 HMX 颗粒床的细观数值模拟 [C]. 第十三届全国战斗部与毁伤技术学术交流会论文集，黄山，2013，1198-1205.

表 12-81 Gruneisen 状态方程参数（三）

$C_V/(J\cdot kg^{-1}\cdot K^{-1})$	$\rho/(kg/m^3)$	$C/(m/s)$	S_1
1559	1900	2565	2.38

WU YAN-QING, HUANG FENG-LEI. Thermal Mechanical Anisotropic Constitutive Model and Numerical Simulations for Shocked -HMX Single Crystals [C]. The International Symposium on Shock & Impact Dynamics, 2011.

表 12-82 HMX 的强度模型参数

$C_V/(J\cdot kg^{-1}\cdot K^{-1})$	$\rho/(kg/m^3)$	T_m/K	E/GPa	σ_S/MPa
1500	1900	2565	520	0.37

ZHANG XIN-MING, WU YAN-QING, HUANG FENG-LEI. Multiscale analysis of particle size dependent steady compaction waves in porous materials [C]. The International Symposium on Shock & Impact Dynamics, 2011.

HNB 炸药

表 12-83 HNB（Hexanitrobenzene）炸药 JWL 状态方程参数

$\rho/(g/cm^3)$	$D/(m/s)$	E_0/GPa	A/GPa	B/GPa	C/GPa	R_1	R_2	ω
1.965	9340	13.2	1047.883	7.9824	1.39612	4.472	0.85	0.28

M VAN THIEL, F H REE, L C HASELMAN, JR. The Significance of Interaction Potentials of Water with Other Molecules in the EOS of High Explosive Products [C]. Proceedings of the 10th International Detonation Symposium, Boston, Massachusetts, 1993.

HTPB

表 12-84　Gruneisen 状态方程参数

$\rho_0\,/(\text{kg}/\text{m}^3)$	$C/(\text{m/s})$	S_1	Γ	$C_V\,/(\text{J}\cdot\text{kg}^{-1}\cdot\text{K}^{-1})$
980	1444	2.144	1	1000

GERARD BAUDIN, FABIEN PETITPAS, RICHARD SAUREL. Thermal non equilibrium modeling of the detonation waves in highly heterogeneous condensed HE: a multiphase approach for metalized high explosives [C]. Proceedings of the 14th International Detonation Symposium, Coeur d'Alene, Idaho, 2010.

活性破片

表 12-85　含细铝粉含能破片（12%Al–38%PTFE–50%W）*MAT_SIMPLIFIED_JOHNSON_COOK 模型参数

A/MPa	B/MPa	n	C
23.0	20.26	0.67604	0.19707

表 12-86　含粗铝粉含能破片（5.5%Al–17.5%PTFE–77%W）*MAT_SIMPLIFIED_JOHNSON_COOK 模型参数

A/MPa	B/MPa	n	C
20.0	10.62	0.68103	0.34403

张将. 多功能含能结构材料动态力学性能研究 [D]. 南京理工大学, 2013.

表 12-87　Johnson-Cook 模型和 Gruneisen 状态方程参数

$\rho/(\text{kg}/\text{m}^3)$	$C/(\text{m/s})$	S_1	Γ_0	G/MPa	T_r/K	T_m/K
2270	1450	2.26	0.9	666	294	500

A/MPa	B/MPa	n	C	m	$\dot{\varepsilon}_0/\text{s}^{-1}$	
33.7	1.05	1.8	0.4	1.05	1	

编者注：从密度看，活性破片材料可能是 Al/PTFE。

郝茂森，刘增辉，李之明. 活性破片战斗部爆炸驱动影响因素数值模拟研究 [C]. 第十三届全国战斗部与毁伤技术学术交流会论文集, 黄山, 2013, 313-316.

JB-9014 炸药

表 12-88　JWL 状态方程参数

$\rho/(\text{kg}/\text{m}^3)$	$D_{CJ}/(\text{m/s})$	P_{CJ}/GPa	A/GPa	B/GPa	R_1	R_2	ω	E_0/GPa
1894	7640	26.9	666.486	5.3388	4.54827	0.79764	0.35	7

孙占峰，等. 钝感高能炸药爆轰产物 JWL 状态方程再研究 [J]. 高压物理学报，2010，24(1)：55-60.

JH-14 炸药

文献作者应用高速摄影狭缝扫描阴影成像技术获得水下一维正冲击波和二维滑移爆轰波光测底片，对实验数据进行分析、处理，结合数值计算，最终确定出 JH-14 炸药爆轰产物的 JWL 状态方程参数。

表 12-89　JWL 状态方程参数

ρ/(kg/m³)	D_{CJ}/(m/s)	P_{CJ}/GPa	E_0/GPa	A/GPa	B/GPa	R_1	R_2	ω
1670	8186	30.4	9.5468	618.4	6.9	4.3	0.87	0.38

杨凯, 等. 由水下爆炸试验确定炸药爆轰参数的研究: 第十二届全国战斗部与毁伤技术学术交流会论文集 [C]. 广州, 2011, 1032-1035.

表 12-90　JWL 状态方程参数

ρ/(kg/m³)	D_{CJ}/(m/s)	P_{CJ}/GPa	A/GPa	B/GPa	R_1	R_2	ω	E_0/GPa
1650	8122	27.2	609.77	12.95	4.5	1.4	0.25	9.0

王雨时. 某单兵末修火箭破甲弹及其引信相关技术研究 [D]. 南京：南京理工大学, 2015.

JH-2 炸药

表 12-91　JWL 状态方程参数

ρ/(g/cm³)	P_{CJ}/GPa	V_D/(m/s)	A/GPa	B/GPa	R_1	R_2	ω	E_0/GPa
1.695	29.5	8425	854.5	2.0493 (原文为 20.493)	4.6	1.35	0.25	8.5

杨宝良, 罗健, 侯云辉. 准球形 EFP 成形及侵彻的数值模拟和试验研究: 第十一届全国战斗部与毁伤技术学术交流会论文集 [C]. 宜昌, 2009, 210-214.

表 12-92　JH-2 副药柱 JWL 状态方程参数

ρ/(kg/m³)	D_{CJ}/(m/s)	P_{CJ}/GPa	A/GPa	B/GPa	R_1	R_2	ω	E_0/GPa
1680	8216	27	581.4	9.796	4.0	1.39	0.36	9.0

表 12-93　JH-2 主药柱 JWL 状态方程参数

ρ/(kg/m³)	D_{CJ}/(m/s)	P_{CJ}/GPa	A/GPa	B/GPa	R_1	R_2	ω	E_0/GPa
1700	8400	30	564.0	6.801	4.1	1.3	0.36	10.0

王雨时. 某单兵末修火箭破甲弹及其引信相关技术研究 [D]. 南京：南京理工大学, 2015.

JHLD-1 炸药

表 12-94　强度模型参数

E/GPa	ν	σ_s/MPa
1.08	0.35	16.2

张涛, 郭晓红, 肖洋. 侵彻弹装药动态力学分析: 第十二届全国战斗部与毁伤技术学术交流会论文集 [C]. 广州, 2011, 966-969.

JO-9C 炸药

表 12-95　JO-9C 炸药（95%HMX5%氟橡胶）JWL 状态方程参数

ρ/(kg/m³)	D_{CJ}/(m/s)	P_{CJ}/GPa	A/GPa	B/GPa	R_1	R_2	ω	E_0/GPa
1707	8344	29.14	928.85	35.91	5.32	1.75	0.48	9.39

刘荣强, 等. JO-9C 小尺寸传爆药驱动飞片影响因素模拟仿真研究 [J]. 兵工学报, 2020, 41(2)：246-253.

JOB9003 炸药

表 12-96 JWL 状态方程参数

A/GPa	B/GPa	R_1	R_2	ω
842.04	21.81	4.60	1.35	0.25

黄西成, 陈裕泽. 多层球壳内爆运动数值模拟 [C]. 第七届全国爆炸力学学术会议论文集, 昆明, 2003.

矿用水胶炸药

表 12-97 JWL 状态方程参数

ρ/(kg/m^3)	D_{CJ}/(m/s)	P_{CJ}/GPa	A/GPa	B/GPa	R_1	R_2	ω	E_0/GPa
1020	3453	5.3	162.7	10.82	5.4	1.8	0.25	4.1

种玉配. 爆炸作用下井筒冻结基岩段冻结管及围岩振动响应规律研究 [D]. 北京：中国矿业大学, 2017.

LX-04 炸药

表 12-98 点火增长模型参数（一）

$\rho_0 = 1.868g/cm^3$		
未反应炸药的 JWL 状态方程参数	反应产物的 JWL 状态方程参数	反应率方程参数
A=7320.0Mbar	A=13.3239Mbar	a=0.0 b=0.667
B=-0.052654Mbar	B=0.740218Mbar	c=2.0 d=2.0
R_1=14.1	R_1=5.9	e=0.333 g=1.0
R_2=1.41	R_2=2.1	I=1000μs^{-1} x=4.0
ω=0.8867	ω=0.45	y=1.0 z=2.0
C_v=2.7806E-5Mbar/K	C_v=1.0E-5Mbar/K	F_{igmax}=0.01 F_{G1max}=1.0 F_{G2min}=0.01
T_0=298K	E_0=0.095Mbar	G_1=130Mbar$^{-2}\cdot$μs^{-1}
剪切模量=0.0352Mbar		G_2=400Mbar$^{-1}\cdot$μs^{-1}
屈服强度=0.00065Mbar		

KEVIN S VANDERSALL. Experimental and Modeling Studies of Crush, Puncture, and Perforation Scenarios in the Steven Impact test [C]. Proceedings of the 12th International Detonation Symposium, San Diego, California, 2002.

成分为：85%HMX15%Viton A。

表 12-99 JWL 状态方程参数

ρ/(g/cm^3)	P_{CJ}/GPa	V_D/(m/s)	A/GPa	B/GPa	R_1	R_2	ω	E_0/GPa
1.868	34	8470	1332.39	74.0218	5.9	2.1	0.45	9.5

PAUL A URTIEW. Shock Initiation Experiments and Modeling of Composition B and C-4 [C]. Proceedings of the 13th International Detonation Symposium, Norfolk, VA, 2006.

表 12-100　点火增长模型参数（二）

$\rho_0 = 1.868g/cm^3$		
未反应炸药的 JWL 状态方程参数	反应产物的 JWL 状态方程参数	反应率方程参数
A=9522.0Mbar	A=15.3516Mbar	a=0.0794 b=0.667
B=−0.09544Mbar	B=0.6004Mbar	c=0.667 d=0.667
R_1=14.1	R_1=5.1	e=0.333 g=1.0
R_2=1.41	R_2=2.1	I=2.0E4μs^{-1} x=4.0
ω=0.8867	ω=0.45	y=2.0 z=3.0
C_v=2.7806E−5Mbar/K	C_v=1.0E−5Mbar/K	F_{igmax}=0.02 F_{G1max}=0.5 F_{G2min}=0.5
T_0=298K	E_0=0.095Mbar	G_1=220Mbar$^{-2}\cdot\mu s^{-1}$
剪切模量=0.0474Mbar		G_2=320Mbar$^{-1}\cdot\mu s^{-1}$
屈服强度=0.002Mbar		

KEVIN S VANDERSALL. Low Amplitude Single and Multiple Shock Initiation Experiments and Modeling of LX-04 [C]. Proceedings of the 13th International Detonation Symposium, Norfolk, VA, 2006.

LX-04-01 炸药

表 12-101　170℃下 LX-04-01 的点火增长模型参数

$\rho_0 = 1.77g/cm^3$		
未反应炸药的 JWL 状态方程参数	反应产物的 JWL 状态方程参数	反应率方程参数
A=6046Mbar	A=13.64355Mbar	I=7.43E11μs^{-1} F_{igmax}=0.3
B=−0.0633711Mbar	B=0.718081Mbar	a=0.0 b=0.667
R_1=14.1	R_1=5.9	x=20.0
R_2=1.41	R_2=2.1	G_1=130Mbar$^{-2}\cdot\mu s^{-1}$ F_{G1max}=0.5
ω=0.8867	ω=0.45	c=0.667 d=0.333
C_v=2.7806×10^{-5}Mbar/K	C_v=1.0×10^{-5}Mbar/K	y=2.0
T_0=443K	E_0=0.095Mbar	G_2=400Mbar$^{-2}\cdot\mu s^{-1}$ F_{G2min}=0.5
剪切模量=0.0474Mbar		e=0.333 g=1.0
屈服强度=0.002Mbar		z=2.0

J W FORBES, C M TARVER, P A URTIEW, et al. The Effects of Confinement and Temperature on the Shock Sensitivity of Solid Explosives [C]. Proceedings of the 11th International Detonation Snowmass, CA, 1998.

LX-10 炸药

成分：94.5%HMX，5.5%Viton A 黏结剂。

表 12-102　点火增长模型参数（一）

$\rho_0 = 1.865g/cm^3$		
未反应炸药的 JWL 状态方程参数	反应产物的 JWL 状态方程参数	反应率方程参数
A=9522Mbar	A=8.807Mbar	I=1000μs^{-1} F_{igmax}=0.3
B=-0.05944Mbar	B=0.1836Mbar	a=0.0 b=0.667
R_1=14.1	R_1=4.62	x=4.0
R_2=1.41	R_2=1.32	G_1=120Mbar$^{-2}\cdot\mu s^{-1}$ F_{G1max}=0.5
ω=0.8867	ω=0.38	c=0.667 d=0.333
C_v=2.7806×10^{-5}Mbar/K	C_v=1.0×10^{-5}Mbar/K	y=2.0
T_0=298K	E_0=0.104Mbar	G_2=400Mbar$^{-2}\cdot\mu s^{-1}$ F_{G2min}=0.5
剪切模量=0.05Mbar	D=8.82km/s	e=0.333 g=1.0
屈服强度=0.0003Mbar	P_{CJ}=0.375Mbar	z=2.0

STEVEN K CHIDESTER, CRAIG M. Tarver, Raul G. Garza. Low Amplitude Impact Testing and Analysis of Pristine and Aged Solid High Explosives [C]. Proceedings of the 11th International Detonation Snowmass, CA, 1998.

表 12-103　点火增长模型参数（二）

$\rho_0 = 1.862g/cm^3$		
未反应炸药的 JWL 状态方程参数	反应产物的 JWL 状态方程参数	反应率方程参数
A=9522Mbar	A=8.807Mbar	I=2.0×10$^4\mu s^{-1}$ F_{igmax}=0.2
B=-0.05944Mbar	B=0.1836Mbar	a=0.0819 b=0.667
R_1=14.1	R_1=4.62	x=4.0
R_2=1.41	R_2=1.32	G_1=350Mbar$^{-2}\cdot\mu s^{-1}$ F_{G1max}=0.5
ω=0.8867	ω=0.38	c=0.667 d=0.667
C_v=2.7806×10^{-5}Mbar/K	C_v=1.0×10^{-5}Mbar/K	y=2.0
T_0=298K	E_0=0.104Mbar	G_2=320Mbar$^{-2}\cdot\mu s^{-1}$ F_{G2min}=0.5
剪切模量=0.05Mbar	D=8.82km/s	e=0.333 g=1.0
屈服强度=0.002Mbar	P_{CJ}=0.375Mbar	z=3.0

CRAIG M TARVER, CHADD M MAY. Short Pulse Shock Initiation Experiments and Modeling on LX16, LX10, and Ultrafine TATB [C]. Proceedings of the 14th International Detonation Symposium, Coeur d' Alene, Idaho, 2010.

LX-16 炸药

成分：96%PETN，4%PPC461。

表 12-104　JWL 状态方程参数

$\rho/(g/cm^3)$	P_{CJ}/GPa	$V_D/(m/s)$	A/GPa	B/GPa	R_1	R_2	ω	E_0/GPa
1.7	30.507	7963	516.784	24.491	4.5	1.5	0.29	9.86

CRAIG M TARVER, ESTELLA M MCGUIRE. Reactive flow modeling of the interaction of TATB detonation waves with inert materials [C]. Proceedings of the 12th International Detonation Symposium, San Diego, California, 2002.

成分为：$w(\text{PETN})96\%$，$w(\text{PPC461})4\%$。

表 12-105　点火增长模型参数

<table>
<tr><td colspan="3" align="center">$\rho_0 = 1.70 g/cm^3$</td></tr>
<tr><td align="center">未反应炸药的 JWL 状态方程参数</td><td align="center">反应产物的 JWL 状态方程参数</td><td align="center">反应率方程参数</td></tr>
<tr><td align="center">A=202.8Mbar</td><td align="center">A=5.16784Mbar</td><td align="center">I=1.6×10^{4}μs^{-1}
F_{igmax}=0.04</td></tr>
<tr><td align="center">B=-0.03752Mbar</td><td align="center">B=0.24491Mbar</td><td align="center">a=0.0
b=0.667</td></tr>
<tr><td align="center">R_1=10.0</td><td align="center">R_1=4.5</td><td align="center">x=9.0</td></tr>
<tr><td align="center">R_2=1.0</td><td align="center">R_2=1.5</td><td align="center">G_1=4Mbar^{-1}·μs^{-1}
F_{G1max}=0.1</td></tr>
<tr><td align="center">ω=0.5688</td><td align="center">ω=0.29</td><td align="center">c=0.667
d=0.04</td></tr>
<tr><td align="center">C_v=2.7115×10^{-5}Mbar/K</td><td align="center">C_v=1.0×10^{-5}Mbar/K</td><td align="center">y=1.0</td></tr>
<tr><td align="center">T_0=298K</td><td align="center">E_0=0.0986Mbar</td><td align="center">G_2=8000Mbar^{-1}·μs^{-1}
F_{G2min}=0.04</td></tr>
<tr><td align="center">剪切模量=0.04Mbar</td><td align="center">D=8.03km/s</td><td align="center">e=0.667
g=0.667</td></tr>
<tr><td align="center">屈服强度=0.002Mbar</td><td align="center">P_{CJ}=0.30Mbar</td><td align="center">z=2.0</td></tr>
</table>

CRAIG M TARVER. Shock Initiation of the PETN-based Explosive LX-16 [C]. Proceedings of the 13th International Detonation Symposium, Norfolk, VA, 2006.

LX-17 炸药

表 12-106　25℃下 LX-17 的点火增长模型参数（一）

<table>
<tr><td colspan="3" align="center">$\rho_0 = 1.85 g/cm^3$</td></tr>
<tr><td align="center">未反应炸药的 JWL 状态方程参数</td><td align="center">反应产物的 JWL 状态方程参数</td><td align="center">反应率方程参数</td></tr>
<tr><td align="center">A=244.8Mbar</td><td align="center">A=13.454Mbar</td><td align="center">I=10000μs^{-1}
F_{igmax}=0.02</td></tr>
<tr><td align="center">B=-0.045366Mbar</td><td align="center">B=0.6727Mbar</td><td align="center">a=0.2
b=0.667</td></tr>
<tr><td align="center">R_1=11.3</td><td align="center">R_1=6.2</td><td align="center">x=7.0</td></tr>
</table>

（续）

$\rho_0 = 1.85g/cm^3$		
未反应炸药的 JWL 状态方程参数	反应产物的 JWL 状态方程参数	反应率方程参数
R_2=1.13	R_2=2.2	G_1=100Mbar$^{-2}\cdot\mu s^{-1}$ F_{G1max}=0.5
ω=0.8938	ω=0.5	c=0.667 d=0.667
C_v=2.487×10^{-5}Mbar/K	C_v=1.0×10^{-5}Mbar/K	y=2.0
T_0=523K	E_0=0.067Mbar	G_2=400Mbar$^{-3}\cdot\mu s^{-1}$ F_{G2min}=0.5
剪切模量=0.03Mbar		e=0.333 g=1.0
屈服强度=0.002Mbar		z=3.0

J W FORBES, C M TARVER, P A URTIEW, et al. The Effects of Confinement and Temperature on the Shock Sensitivity of Solid Explosives [C]. Proceedings of the 11th International Detonation Snowmass, CA, 1998.

表 12-107　25℃下 LX-17 的点火增长模型参数（二）

$\rho_0 = 1.905g/cm^3$		
未反应炸药的 JWL 状态方程参数	反应产物的 JWL 状态方程参数	反应率方程参数
A=632.07Mbar	A=14.8105Mbar	I=4.0E6μs^{-1} b=0.667
B=-0.04472Mbar	B=0.6379Mbar	a=0.22 x=7.0
R_1=11.3	R_1=6.2	G_1=1100Mbar$^{-2}\cdot\mu s^{-1}$ c=0.667
R_2=1.13	R_2=2.2	d=1.0 y=2.0
ω=0.8938	ω=0.50	G_2=30Mbar$^{-1}\cdot\mu s^{-1}$ e=0.667
C_v=2.487E6Pa/K	C_v=1.0E6Pa/K	g=0.667 z=1.0
T_0=298K	E_0=0.069Mbar	F_{igmax}=0.02 F_{G1max}=0.8 F_{G2min}=0.8
剪切模量=0.0354Mbar		
屈服强度=0.002Mbar		

CRAIG M TARVER, ESTELLA M MCGUIRE. Reactive flow modeling of the interaction of TATB detonation waves with inert materials [C]. Proceedings of the 12th International Detonation Symposium, San Diego, California, 2002.

表 12-108　点火增长模型参数

$\rho_0 = 1.905 \mathrm{g/cm^3}$		
未反应炸药的 JWL 状态方程参数	反应产物的 JWL 状态方程参数	反应率方程参数
A=778.1Mbar	A=14.8105Mbar	I=4.0E12$\mathrm{s^{-1}}$ b=0.667
B=-0.05031Mbar	B=0.6379Mbar	a=0.22 x=7.0
R_1=11.3	R_1=6.2	G_1=4500E6Mbar$^{-3}\cdot\mathrm{s^{-1}}$ c=0.667
R_2=1.13	R_2=2.2	d=1.0 y=3.0
ω=0.8938	ω=0.50	G_2=30E6Mbar$^{-1}\cdot\mathrm{s^{-1}}$ e=0.667
C_v=2.487E6Pa/K	C_v=1.0E6Pa/K	g=0.667 z=1.0
T_0=298K	E_0=0.069Mbar	F_{igmax}=0.02 F_{G1max}=0.8 F_{G2min}=0.8

G DEOLIVEIRA. Detonation Diffraction, Dead Zones, and the Ignition-and-Growth Model [C]. Proceedings of the 13th International Detonation Symposium, Norfolk, VA, 2006.

LX-19 炸药

成分：95.8%CL-20，4.2%Estane 黏结剂。

表 12-109　JWL 状态方程参数

$\rho/(\mathrm{g/cm^3})$	$V_\mathrm{D}/(\mathrm{m/s})$	A/GPa	B/GPa	R_1	R_2	ω	E_0/GPa
1.920	9104	1596.65	177.410	6.5	2.7	0.55	11.33

M J MURPHY, D BAUM, R L SIMPSON, et al. Demonstration of enhanced warhead performance with more powerful explosives [C]. 17th International symposium on ballistics, Midrand, South Africa, 1998: 23-27.

煤油

表 12-110　*ICFD_MAT 模型参数

$\rho/(\mathrm{kg/m^3})$	$\mu/\mathrm{Pa\cdot s}$
790	1.64E-3

ICFD: Simple Sloshing Example[R]. DYNAMORE, 2018.

某 HMX 基 PBX 炸药

表 12-111　*MAT_PLASTIC_KINEMATIC 模型参数

$\rho/(\mathrm{kg/m^3})$	E/MPa	ν	σ_0/MPa	$E_\mathrm{t}/\mathrm{MPa}$
1850	1.01E4	0.3	45	0.6

张丘，黄交虎. 炸药切削数值模拟研究 [J]. 含能材料，2009, 17(5): 583-587.

某 **PBX** 炸药

表 12-112　PBX 药柱在不同温度下的拉伸强度及模量

温度/℃	拉伸强度/MPa	拉伸模量/GPa
20	6.62	11.61
35	6.12	11.79
45	5.74	10.64
55	4.65	7.53
60	3.43	5.33

表 12-113　PBX 药柱热力学材料参数

$\rho/(\mathrm{kg/m^3})$	ν	$\kappa/(\mathrm{W\cdot m^{-1}\cdot K^{-1}})$	$C/(\mathrm{J\cdot kg^{-1}\cdot K^{-1}})$	$\alpha/\mathrm{K^{-1}}$
1845	0.3	0.302	1020	5.48×10^{-5}

兰琼，等. PBX 药柱温升过程中的性能变化研究 [J]. 含能材料, 2008, 16(6): 693-697.

某三种 **PBX** 炸药

开展三种 PBX 炸药的间接拉伸（动态巴西）实验，初步建立了描述三种炸药动态拉伸行为的修正 J-C 模型。

$$\sigma(\varepsilon,\dot{\varepsilon})=(A\varepsilon-B\varepsilon^{n})[1+C\ln(\dot{\varepsilon}/\dot{\varepsilon}_0)]$$

表 12-114　三种 PBX 炸药修正的 Johnson-Cook 模型参数

炸药	A/GPa	B/GPa	n	C
PBX1	11.37	11.64	1.007	1.813
PBX2	6.47	6.99	1.021	1.829
PBX3	0.50	0.883	1.153	1.861

注：参考应变率 $\dot{\varepsilon}_0=1$。

傅华, 李俊玲, 谭多望. PBX 炸药本构关系的实验研究 [J]. 爆炸与冲击, 2012, 32(3): 231-236.

NM 炸药

表 12-115　NM（Nitromethane）炸药爆炸产物的 JWL 状态方程参数

$\rho/(\mathrm{g/cm^3})$	$D_{\mathrm{CJ}}(\mathrm{m/s})$	$P_{\mathrm{CJ}}/\mathrm{GPa}$	A/GPa	B/GPa	R_1	R_2	E_0/GPa	ω
1.128	6280	12.5	209.25	5.689	4.4	1.2	5.1	0.30

DOBRATZ B M, CRAWFORD P C. LLNL Explosives Handbook [R]. UCRL-52997 Rev.2, January 1985.

表 12-116　Gruneisen 状态方程参数（一）

$\rho_0/(\mathrm{g/cm^3})$	$C/(\mathrm{m/s})$	S_l	Γ	$C_{\mathrm{V}}/(\mathrm{kJ\cdot kg^{-1}\cdot K^{-1}})$
1.128	1647	1.637	0.6805	1.7334

ROBERT C RIPLEY. Detonation Interaction with Metal Particles in Explosives [C]. Proceedings of the 13th International Detonation Symposium, Norfolk, VA, 2006.

表 12-117　Gruneisen 状态方程参数（二）

$\rho_0 /(\mathrm{kg/m^3})$	$C /(\mathrm{m/s})$	S_l	$\varGamma$	$C_V /(\mathrm{J\cdot kg^{-1}\cdot K^{-1}})$
1128	1647	1.637	0.6805	1733.4

表 12-118　JWL 状态方程参数

A/GPa	B/GPa	R_1	R_2	E_0/GPa	ω
227.2	4.934	4.617	1.073	1.223	0.379

ROBERT C RIPLEY. Detonation Interaction with Metal Particles in Explosives [C]. Proceedings of the 13th International Detonation Symposium, Norfolk, VA, 2006.

表 12-119　Gruneisen 状态方程参数（三）

$\rho_0 /(\mathrm{kg/m^3})$	$C /(\mathrm{m/s})$	S_l	$\varGamma$	$C_V /(\mathrm{J\cdot kg^{-1}\cdot K^{-1}})$
1134	1650	1.64	1.19	1221

GERARD BAUDIN, FABIEN PETITPAS, RICHARD SAUREL. Thermal non equilibrium modeling of the detonation waves in highly heterogeneous condensed HE: a multiphase approach for metalized high explosives [C]. Proceedings of the 14th International Detonation Symposium, Coeur d'Alene, Idaho, 2010.

Octol 炸药

表 12-120　JWL 状态方程参数

$\rho/(\mathrm{kg/m^3})$	$V_D /(\mathrm{m/s})$	P_{CJ}/GPa	A/GPa	B/GPa	R_1	R_2	E_0/GPa	ω
1821	8480	34.2	748.6	13.38	4.5	1.2	9.6	0.38

SRIDHAR PAPPU. Hydrocode and Microstructural Analysis of Explosively Formed Penetrators [D]. EL PASO, USA: University of Texas, 2000.

PAX 系列炸药

表 12-121　*EOS_JWLB 状态方程参数

	PAX-3	PAX-29	PAX-30	PAX-42
$\rho/(\mathrm{g/cm^3})$	1.866	1.999	1.885	1.8265
E_0/Mbar	0.082047	0.14716	0.13568	0.13109
$D /(\mathrm{cm/\mu s})$	0.8049	0.8784	0.8342	0.8137
P /Mbar	0.2939	0.2599	0.2419	0.2339
A_1 /Mbar	399.991	400.407	406.224	400.717
A_2 /Mbar	10.3055	82.630	135.309	16.5445
A_3 /Mbar	2.8756	1.5507	1.5312	1.45169
A_4 /Mbar	0.0321197	0.006126	0.006772	0.006103
R_1	13.5562	20.9887	26.9788	13.6945
R_2	7.70458	9.6288	10.6592	8.67402

（续）

	PAX-3	PAX-29	PAX-30	PAX-42
R_3	3.37987	2.42441	2.52342	2.5320
R_4	0.920167	0.328128	0.335585	0.33570
C / Mbar	0.007651	0.014626	0.013561	0.014057
ω	0.280167	0.24286	0.234742	0.242371
$A\lambda 1$	60.7701	60.6372	72.6781	73.0820
$A\lambda 2$	11.2185	6.12950	5.64752	5.45602
$B\lambda 1$	6.99635	3.24383	2.87280	2.72707
$B\lambda 2$	−7.26845	−3.48268	−3.10754	−2.85672
$R\lambda 1$	26.7932	24.2892	27.8109	27.4611
$R\lambda 2$	1.99336	1.68684	1.71375	1.74770

表 12-122 *EOS_JWL 状态方程参数

	LX14	PAX-2A	PAX-29	PAX-30	PAX-42
$\rho /(\mathrm{g/cm^3})$	1.819	1.770	1.999	1.885	1.827
E_0 / Mbar	0.10213	0.09953	0.14714	0.135755	0.12994
D / (cm/μs)	0.8630	0.8391	0.8784	0.8342	0.8137
P / Mbar	0.3349	0.3124	0.2599	0.2419	0.2339
A_1 / Mbar	26.1406	27.0134	8.58373	7.19151	13.8484
A_2 / Mbar	0.763619	0.762675	0.168261	0.097112	0.145102
R_1	6.93245	7.22237	4.7726	4.59098	5.74864
R_2	1.94159	1.95979	1.03613	0.84089	0.99404
C / Mbar	0.010994	0.010919	0.014556	0.013492	0.015193
ω	0.384193	0.375812	0.242252	0.233665	0.253095

E L BAKER. Combined Effects Aluminized Explosives [C]. 24th International Symposium of Ballistics, New Orleans, Louisiana, 2008.

PBX-01 炸药

表 12-123 圆筒实验标定 JWL 状态方程参数

$\rho /(\mathrm{kg/m^3})$	$D_{CJ}/(\mathrm{m/s})$	P_{CJ}/GPa	A/GPa	B/GPa	R_1	R_2	ω	E_0/GPa
1860	8870	36.8	406.4	16.3	3.9	1.45	0.5	11.48

表 12-124 水中实验标定 JWL 状态方程参数

$\rho /(\mathrm{kg/m^3})$	$D_{CJ}/(\mathrm{m/s})$	P_{CJ}/GPa	A/GPa	B/GPa	R_1	R_2	ω	E_0/GPa
1860	8870	36.8	356.5	26.3	3.4	1.14	0.5	12.48

魏贤凤, 龙新平, 韩勇. PBX-01 炸药水中爆轰产物状态方程研究 [J]. 爆炸与冲击, 2015, 35(4): 599-602.

PBX9010 炸药

表 12-125 爆炸产物的 JWL 状态方程参数

$\rho/(g/cm^3)$	$D_{CJ}/(m/s)$	P_{CJ}/GPa	A/GPa	B/GPa	R_1	R_2	ω	E_0/GPa
1.787	8390	34	581.45	6.801	4.1	1.0	0.35	9.0

DOBRATZ B M, CRAWFORD P C. LLNL Explosives Handbook [R]. UCRL-52997 Rev.2, January 1985.

PBX9011 炸药

表 12-126 爆炸产物的 JWL 状态方程参数

$\rho/(g/cm^3)$	$D_{CJ}/(m/s)$	P_{CJ}/GPa	A/GPa	B/GPa	R_1	R_2	ω	E_0/GPa
1.777	8500	34	634.7	7.998	4.2	1.0	0.30	8.9

DOBRATZ B M, CRAWFORD P C. LLNL Explosives Handbook [R]. UCRL-52997 Rev.2, January 1985.

PBX9404-3 炸药

表 12-127 爆炸产物的 JWL 状态方程参数

$\rho/(g/cm^3)$	$D_{CJ}/(m/s)$	P_{CJ}/GPa	A/GPa	B/GPa	R_1	R_2	ω	E_0/GPa
1.84	8800	37	852.4	18.02	4.6	1.3	0.38	10.2

DOBRATZ B M, CRAWFORD P C. LLNL Explosives Handbook [R]. UCRL-52997 Rev.2, January 1985.

PBX9407 炸药

成分：94% RDX，6% Exon 461。

表 12-128 JWL 状态方程参数

$\rho/(g/cm^3)$	P_{CJ}/GPa	$V_D/(m/s)$	A/GPa	B/GPa	R_1	R_2	ω	E_0/GPa
1.6	26.5	7910	573.187	14.639	4.6	1.4	0.32	8.6

CRAIG M TARVER, ESTELLA M MCGUIRE. Reactive flow modeling of the interaction of TATB detonation waves with inert materials [C]. Proceedings of the 12nd International Detonation Symposium, San Diego, California, 2002.

PBX9501 炸药

成分：95%HMX，2.5%Estane，2.5%BDNPA/F。

表 12-129 JWL 状态方程参数（一）

$\rho/(g/cm^3)$	P_{CJ}/GPa	$V_D/(m/s)$	A/GPa	B/GPa	R_1	R_2	ω	E_0/GPa
1.835	34	8800	1668.9	59.69	5.9	2.1	0.45	10.2

MARK L GARCIA, CRAIG M TARVER.Three-Dimensional Ignition and Growth Reactive Flow Modeling of Prism Failure Tests on PBX 9502 [C]. Proceedings of the 13th International Detonation Symposium, Norfolk, VA, 2006.

表 12-130　爆炸产物的 JWL 状态方程参数

$\rho/(g/cm^3)$	$D_{CJ}/(m/s)$	P_{CJ}/GPa	A/GPa	B/GPa	R_1	R_2	E_0/GPa	ω
1.84	8800	37	852.4	18.02	4.55	1.3	10.2	0.38

DOBRATZ B M, CRAWFORD P C. LLNL Explosives Handbook [R]. UCRL-52997 Rev.2, January 1985.

表 12-131　JWL 状态方程参数（二）

$\rho/(g/cm^3)$	P_{CJ}/GPa	$V_D/(m/s)$	A/GPa	B/GPa	R_1	R_2	ω	E_0/GPa
1.84	34	8800	854.45	20.493	4.6	1.35	0.25	5.543

W H LEE, J W PAINTER. Material void-opening computation using particle method [J]. International Journal of Impact Engineering, 1999, 22: 1-22.

表 12-132　Gruneisen 状态方程参数

$\rho_0/(kg/m^3)$	K/GPa	v	S	Γ
1860	2.57	0.36	2.26	1.5

J K DIENES, J D KERSHNER. Multiple-Shock Initiation via Statistical Crack Mechanics [C]. Proceedings of the 11th International Detonation Snowmass, CA, 1998.

PBX9501 体积模量 1111MPa，剪切模量 370MPa，热膨胀系数 12.6E-5K^{-1}。

敬仕明, 李明, 龙新平. PBX 有效弹性性能研究进展 [J]. 含能材料, 2009, 17(1): 119-123.

PBX9502 炸药

表 12-133　爆炸产物的 JWL 状态方程参数

$\rho/(g/cm^3)$	$D_{CJ}/(m/s)$	P_{CJ}/GPa	A/GPa	B/GPa	R_1	R_2	E_0/GPa	ω
1.895	7710	30.2	460.3	9.544	4.0	1.7	7.07	0.48

DOBRATZ B M, CRAWFORD P C. LLNL Explosives Handbook [R]. UCRL-52997 Rev.2, January 1985.

表 12-134　298K 下 PBX9502 的点火增长模型参数

$\rho_0 = 1.895 g/cm^3$		
未反应炸药的 JWL 状态方程参数	反应产物的 JWL 状态方程参数	反应率方程参数
A=632.07Mbar	A=13.6177Mbar	I=4.0E6μs^{-1} b=0.667
B=-0.04472Mbar	B=0.7199Mbar	a=0.214 x=7.0
R_1=11.3	R_1=6.2	G_1=1100Mbar$^{-2}\cdot$μs^{-1} c=0.667
R_2=1.13	R_2=2.2	d=1.0 y=2.0
ω=0.8938	ω=0.50	G_2=30Mbar$^{-1}\cdot$μs^{-1} e=0.667

（续）

未反应炸药的 JWL 状态方程参数	反应产物的 JWL 状态方程参数	反应率方程参数
$\rho_0 = 1.895 g/cm^3$		
C_v=2.487E6Pa/K	C_v=1.0E6Pa/K	g=0.667 z=1.0
T_0=298K	E_0=0.069Mbar	F_{igmax}=0.025 F_{G1max}=0.8 F_{G2min}=0.8
剪切模量=0.0354Mbar		
屈服强度=0.002Mbar		

CRAIG M TARVER, ESTELLA M MCGUIRE. Reactive flow modeling of the interaction of TATB detonation waves with inert materials [C]. Proceedings of the 12th International Detonation Symposium, San Diego, California, 2002.

成分：95%TATB，5%Kel-F 黏结剂。

表 12-135　点火增长模型参数

未反应炸药的 JWL 状态方程参数	反应产物的 JWL 状态方程参数	反应率方程参数
$\rho_0 = 1.895 g/cm^3$		
A=778.1Mbar	A=13.6177Mbar	I=4.0×10^{6}ms^{-1} F_{igmax}=0.025
B=-0.05031Mbar	B=0.7199Mbar	a=0.214 b=0.667
R_1=11.3	R_1=6.2	x=7.0
R_2=1.13	R_2=2.2	G_1=4613Mbar$^{-1}\cdot$ms^{-1} F_{G1max}=0.8
ω=0.8938	ω=0.5	c=0.667 d=1.0
C_v=2.487×10^{-5}Mbar/K	C_v=1.0×10^{-5}Mbar/K	y=3.0
T_0=298K	E_0=0.069Mbar	G_2=30Mbar$^{-1}\cdot$ms^{-1} F_{G2min}=0.8
剪切模量=0.0354Mbar		e=0.667 g=0.667
屈服强度=0.002Mbar		z=1.0

MARK L GARCIA, CRAIG M TARVER. Three-Dimensional Ignition and Growth Reactive Flow Modeling of Prism Failure Tests on PBX 9502 [C]. Proceedings of the 13th International Detonation Symposium, Norfolk, VA, 2006.

表 12-136　带损伤的 **PBX9502** 点火增长模型参数

未反应炸药的 JWL 状态方程参数	反应产物的 JWL 状态方程参数	反应率方程参数
$\rho_0 = 1.84 g/cm^3$		
A=632.07Mbar	A=13.6177Mbar	I=4.4×10^{6}μs^{-1} F_{igmax}=0.5

（续）

$\rho_0 = 1.84g/cm^3$		
未反应炸药的 JWL 状态方程参数	反应产物的 JWL 状态方程参数	反应率方程参数
$B=-0.04472$Mbar	$B=0.7199$Mbar	$a=0.214$ $b=0.667$
$R_1=11.3$	$R_1=6.2$	$x=7.0$
$R_2=1.13$	$R_2=2.2$	$G_1=0.6$Mbar$^{-1}\cdot\mu s^{-1}$ $F_{G1max}=0.8$
$\omega=0.8938$	$\omega=0.5$	$c=0.667$ $d=0.111$
$C_v=2.487\times10^{-5}$Mbar/K	$C_v=1.0\times10^{-5}$Mbar/K	$y=1.0$
$T_0=298$K	$E_0=0.069$Mbar	$G_2=400$Mbar$^{-3}\cdot\mu s^{-1}$ $F_{G2min}=0.8$
剪切模量=0.0354Mbar		$e=0.333$ $g=1.0$
屈服强度=0.002Mbar		$z=3.0$

表 12-137 不带损伤的 PBX9502 点火增长模型参数

$\rho_0 = 1.84g/cm^3$		
未反应炸药的 JWL 状态方程参数	反应产物的 JWL 状态方程参数	反应率方程参数
$A=778.1$Mbar	$A=15.057$Mbar	$I=4.0\times10^6\mu s^{-1}$ $F_{igmax}=0.025$
$B=-0.05031$Mbar	$B=0.6108$Mbar	$a=0.214$ $b=0.667$
$R_1=11.3$	$R_1=6.2$	$x=7.0$
$R_2=1.13$	$R_2=2.2$	$G_1=4613$Mbar$^{-3}\cdot\mu s^{-1}$ $F_{G1max}=0.8$
$\omega=0.8938$	$\omega=0.5$	$c=0.667$ $d=1.0$
$C_v=2.487\times10^{-5}$Mbar/K	$C_v=1.0\times10^{-5}$Mbar/K	$y=3.0$
$T_0=298$K	$E_0=0.069$Mbar	$G_2=30$Mbar$^{-1}\cdot\mu s^{-1}$ $F_{G2min}=0.8$
剪切模量=0.0354Mbar	$D=7.716$km/s	$e=0.667$ $g=0.667$
屈服强度=0.002Mbar	$P_{CJ}=0.270$Mbar	$z=1.0$

STEVEN K CHIDESTER. Shock Initiation and Detonation Wave Propagation in Damaged TATB Based Solid Explosives [C]. Proceedings of the 14th International Detonation Symposium, Coeur d'Alene, Idaho, 2010.

PBXC-19 炸药

表 12-138 JWL 状态方程参数

$\rho/(g/cm^3)$	$V_D/(m/s)$	A/GPa	B/GPa	R_1	R_2	ω	E_0/GPa
1.896	9083	2644.40	26.793	6.13	1.5	0.50	11.50

SIMPSON R L, URTIEW P A, ORNELLAS D L, et al. CL-20 performance exceeds that of HMX and its sensitivity is moderate [J]. Propellants Explosives Pyrotechnics, 1997, 22: 249-255.

PBXC03 炸药

PBXC03 炸药是一种以 HMX 为主、含少量 TATB 的塑性黏结炸药，其典型装药密度为 1.849g/cm³，爆速 8712m/s。傅华等测试并得到 PBXC03 炸药的冲击 Hugoniot 关系为：

$$D = (2.49 \pm 0.23) + (2.48 \pm 0.33)u \qquad (4900\text{m/s} \leqslant u \leqslant 7800\text{m/s})$$

根据上述关系可以得到 PBXC03 未反应炸药的 JWL 状态方程参数。

表 12-139　JWL 状态方程参数

A/Mbar	B/Mbar	R_1	R_2	ω	C_v
272137.59	−0.738544	19.87	1.987	1.99	1.6932E-4

段卓平，等. 未反应炸药 JWL 状态方程参数确定方法研究 [C]. 第十届全国爆炸与安全技术会议论文集，昆明，2011, 73-78.

PBXN-109 炸药

表 12-140　点火增长模型参数

未反应炸药状态方程和本构模型参数			
$\rho/(\text{g/cm}^3)$	A/GPa	B/GPa	R_1
1.66	8.817E5	−3.55	15.0
R_2	$R_3 = \omega * C_v /(\text{GPa/K})$	σ_0/MPa	G/MPa
1.41	1.94E-3	0.69	1.4

反应产物状态方程和 CJ 参数				
A/GPa	B/GPa	R_1	R_2	$C_v /(\text{GPa/K})$
1341.3	32.7	6	2	1.0E-3
$R_4 = \omega * C_v /(\text{GPa/K})$	E_0/GPa	$D_{CJ}/(\text{m/s})$	P_{CJ}/GPa	
2.0E-4	10.2	7600	22.0	

反应率方程参数							
$I/\mu\text{s}^{-1}$	b	a	x	$G_1/(\text{GPa}^{-y}\cdot\mu\text{s}^{-1})$	c	d	y
4.55E4	0.6667	0.02	8.0	0.045	0.2222	0.6667	2.0
e	f	z	F_{mixg}	$G_2/(\text{GPa}^{-z}\cdot\mu\text{s}^{-1})$	F_{mxGr}	F_{mnGr}	
0.333	1.0	3.0	0.22	4.0E-4	0.5	0	

LU J P. Simulation of Sympathetic Reaction Tests for PBXN-109 [C]. 13th International Detonation Symposium, Norfolk, VA, USA, 2006.

PBXN-11 炸药

表 12-141　JWL 状态方程参数

$\rho/(g/cm^3)$	P_{CJ}/GPa	$V_D/(m/s)$	A/GPa	B/GPa	R_1	R_2	ω	E_0/GPa
1.794	34	8440	652.6801	9.6778	4.3	1.1	0.35	9.8

ANNE KATHRINE PRYTZ, GARD ODEGARDSTUEN.Warhead Fragmentation Experiments, Simulations and Evaluations [C]. 25th International Symposium on Ballistics, Beijing, China, 2010.

PBXN-110 炸药

表 12-142　JWL 状态方程参数

$\rho/(g/cm^3)$	P_{CJ}/GPa	$V_D/(m/s)$	A/GPa	B/GPa	R_1	R_2	ω	E_0/GPa
1.672	27.5	8330	950.4	10.98	5	1.4	0.4	8.7

AYISIT O. The influence of asymmetries in shaped charge performance [C]. International Journal of Impact Engineering, 2008, 35: 1399-1404.

PBXN-111 炸药

表 12-143　点火增长模型参数

$\rho_0/(g/cm^3)$	$r_1/Mbar$	$r_2/Mbar$	r_5	r_6	$r_3/(Mbar/K)$	$\sigma_Y/Mbar$
1.792	40.66	−1.339	7.2	3.6	2.091E-5	4.54E-2
$G/Mbar$	$a/Mbar$	$b/Mbar$	XP1	XP2	$r_4/(Mbar/K)$	$E_0/(kJ/cc)$
2E-3	3.729	0.05412	4.453	1.102	4.884E-6	0.1295
FREQ	FRER	CCRIT	EETAL	GROW1	ES1	AR1
30	0.6667	0	4	4.5	0.6667	0.1111
EM	GROW2	ES2	AR2	EN	F_{mxig}	F_{mxGr}
1	18.05	1	0.1111	2	0.015	0.25
F_{mnGr}						
0						

LU J P, KENNNEDY D L. Modeling of PBXW-115 Using Kinetic CHEETAH and DYNA Codes [R]. 2003, DSTO-TR-1496.

PBXW-115 炸药

表 12-144　点火增长模型参数

$\rho_0/(g/cm^3)$	$r_1/Mbar$	$r_2/Mbar$	r_5	r_6	$r_3/(Mbar/K)$	$\sigma_Y/Mbar$
1.792	40.66	−1.339	7.2	3.6	2.091E-5	4.54E-2

（续）

G/Mbar	a/Mbar	b/Mbar	XP1	XP2	r_4/(Mbar/K)	E_0/(kJ/cc)
2E−3	3.729	0.05412	4.453	1.102	4.884E−6	0.1295
FREQ	FRER	CCRIT	EETAL	GROW1	ES1	AR1
15	0.6667	0	4	1.95	0.6667	0.1111
EM	GROW2	ES2	AR2	EN	F_{mxig}	F_{mxGr}
1	8	1	0.1111	2	0.015	0.25
F_{mnGr}						
0						

LU J P, KENNNEDY D L. Modeling of PBXW−115 Using Kinetic CHEETAH and DYNA Codes [R]. 2003, DSTO−TR−1496.

PE4 炸药

表 12-145　JWL 状态方程参数（一）

ρ/(g/cm^3)	P_{CJ}/GPa	V_D/(m/s)	A/GPa	B/GPa	R_1	R_2	ω	E_0/GPa
1.59	24.0	7900	774.054	8.677	4.837	1.074	0.284	9.381

LU J P. Simulation of aquarium tests for PBXW−115(AUST) [C]. Proceedings of the 12th International Detonation Symposium, San Diego, California, 2002.

表 12-146　JWL 状态方程参数（二）

ρ/(g/cm^3)	P_{CJ}/GPa	V_D/(m/s)	A/GPa	B/GPa	R_1	R_2	ω	E_0/GPa
1.6	28.0	8193	609.8	12.98	4.5	1.4	0.25	9.0

TAMER ELSHENAWY, Q M LI. Influences of target strength and confinement on the penetration depth of an oil well perforator [J]. International Journal of Impact Engineering, 2013, 54: 130−137.

PETN 炸药

表 12-147　JWL 状态方程参数（一）

*MAT_HIGH_EXPLOSIVE_BURN						
ρ/(kg/m^3)	D/(m/s)	P_{CJ}/GPa	BETA			
1770	8300	33.5	1			
*EOS_JWL						
A/GPa	B/GPa	R_1	R_2	OMEG	E_0/GPa	V_0
617	16.926	4.4	1.2	0.25	10.1	1.0

DOBRATZ B M, CRAWFORD P C. LLNL explosives handbook, properties of chemical explosive simulations [R]. California : University of California, 1981.

表 12-148　不带有后燃烧效应的 JWL 状态方程参数

*MAT_HIGH_EXPLOSIVE_BURN						
$\rho/(\text{kg}/\text{m}^3)$	$D/(\text{m/s})$	P_{CJ}/GPa	BETA			
1770	8300	33.5	1			

*EOS_JWL						
A/GPa	B/GPa	R_1	R_2	OMEG	E_0/GPa	V_0
617	16.926	4.4	1.2	0.25	10.1	1.0

表 12-149　带有后燃烧效应的 JWL 状态方程参数

*MAT_HIGH_EXPLOSIVE_BURN						
$\rho/(\text{kg}/\text{m}^3)$	$D/(\text{m/s})$	P_{CJ}/GPa	BETA			
1770	8300	33.5	1			

*EOS_JWL						
A/GPa	B/GPa	R_1	R_2	OMEG	E_0/GPa	V_0
617	16.926	4.4	1.2	0.25	10.1	1.0
OPT	QT/GPa	T_1/ms	T_2/ms			
2.0	3.41	0.2	2.5			

LEN SCHWER, SAMUEL RIGBY. Secondary Shocks and Afterburning: Some Observations using Afterburning [C]. 11th European LS-DYNA Conference, Austria: Salzburg, 2017.

表 12-150　JWL 状态方程参数（二）

*MAT_HIGH_EXPLOSIVE_BURN						
$\rho/(\text{kg}/\text{m}^3)$	$D/(\text{m/s})$	P_{CJ}/GPa	BETA			
1700	7450	22	1			

*EOS_JWL						
A/GPa	B/GPa	R_1	R_2	OMEG	E_0/GPa	V_0
625.3	23.290	5.25	1.6	0.28	8.56	1.0

S ROLC. Numerical and Experimental Study of the Defeating the RPG-7 [C]. 24th International Symposium of Ballistics, New Orleans, Louisiana, 2008.

表 12-151　JWL 状态方程参数

$\rho/(\text{g}/\text{cm}^3)$	P_{CJ}/GPa	$V_D/(\text{m/s})$	A/GPa	B/GPa	R_1	R_2	ω	E_0/GPa
1.77	33.5	8300	617	16.926	4.4	1.2	0.25	7

表 12-152　JWL 状态方程及后燃烧参数

$\rho/(g/cm^3)$	P_{CJ}/GPa	$V_D/(m/s)$	A/GPa	B/GPa	R_1	R_2
1.77	33.5	8300	617	16.926	4.4	1.2

ω	E_0/GPa	OPT	QT/GPa	T_1/ms	T_2/ms
0.25	10.1	2.0	3.41	0.2	2.5

B M DOBRATZ. LLNL Explosives Handbook, Properties of Chemical Explosives and Explosive Simulants [R]. DE85-015961, UCRL-52997, UC-45, 1981.

PETN(85%/15%)炸药

表 12-153　JWL 状态方程参数

$\rho/(g/cm^3)$	P_{CJ}/GPa	$V_D/(m/s)$	A/GPa	B/GPa	R_1	R_2	ω	E_0/GPa
1.48	20.5	7200	373.8	3.647	4.2	1.1	0.3	7

BENJAMIN RIISGAARD. Finite element analysis of polymer reinforced CRC columns under close-in detonation [C]. 6th European LS-DYNA Conference, Gothenburg, 2007.

Pentolite 炸药

表 12-154　JWL 状态方程参数（一）

$\rho/(g/cm^3)$	$D_{CJ}/(m/s)$	P_{CJ}/GPa	A/GPa	B/GPa	R_1	R_2	ω	E_0/GPa
1.70	7530	25.5	540.94	9.3726	4.5	1.1	0.35	8.1

DOBRATZ B M, CRAWFORD P C. LLNL Explosives Handbook [R]. UCRL-52997 Rev.2, January 1985.

成分为：50%PETN，50% TNT。

表 12-155　JWL 状态方程参数（二）

$\rho/(g/cm^3)$	P_{CJ}/GPa	$V_D/(m/s)$	A/GPa	B/GPa	R_1	R_2	ω	E_0/GPa
1.56	20.5	7090	540.94	9.3726	4.5	1.1	0.35	4.2

PAUL A URTIEW. Shock Initiation Experiments and Modeling of Composition B and C-4 [C]. Proceedings of the 13th International Detonation Symposium, Norfolk, VA, 2006.

表 12-156　JWL 状态方程参数（三）

$\rho/(kg/m^3)$	$D_{CJ}/(m/s)$	P_{CJ}/GPa	E_0/GPa	A/GPa	B/GPa	R_1	R_2	ω
1650	7480	23.22	8.0	531.77	8.933	4.6	1.05	0.33

LU J P. Simulation of Sympathetic Reaction Tests for PBXN-109 [C]. 13th International Detonation Symposium, Norfolk, VA, USA, 2006.

PTFE/Al/W 活性材料

表 12-157　PTFE/Al/W(%38/%13.7/%48.3)简化 Johnson-Cook 模型参数

$\rho/(kg/m^3)$	E/MPa	A/MPa	B/MPa	n	C
3870	363	15.5	62.48	3.159	0.09

表 12-158　PTFE/Al/W(%28/%10.1/%61.9)简化 Johnson-Cook 模型参数

$\rho/(kg/m^3)$	E/MPa	A/MPa	B/MPa	n	C
5000	437	8.0	13.74	0.52	0.22

表 12-159　PTFE/Al/W(%22.1/%7.9/%70.0)简化 Johnson-Cook 模型参数

$\rho/(kg/m^3)$	E/MPa	A/MPa	B/MPa	n	C
5890	450	7.0	20.18	0.77	0.14

魏威. 冲击载荷作用下活性材料的响应特性研究 [D]. 北京：北京理工大学, 2016.

表 12-160　PTFE/Al/W(%14.57/%5.5/%79.93)简化 Johnson-Cook 模型参数

E/MPa	A/MPa	B/MPa	n	C
591.84	20	172.4	1.7374	0.51567

刘鉴铖. PTFE 基活性材料力学性能研究 [D]. 北京：北京理工大学, 2016.

汽油

表 12-161　*MAT_NULL 模型参数

$\rho/(kg/mm^3)$	PC/GPa	MU	TEROD	CEROD	YM/GPa	PR
6.999E-7	-1E10	8.7e-10	0	0	0.001	0.3

表 12-162　*MAT_ELASTIC_FLUID 模型参数

$\rho/(kg/mm^3)$	E/GPa	PR	K/GPa	VC
6.999E-7	0.001	0.3	0.83	0.25

Tushar Phule, Scott Zilincik. Modeling of Vehicle Fuel via Smoothed Particle Hydrodynamics (SPH) Method in LS-DYNA® for Vehicle Crash Virtual Simulation [C]. 16th International LS-DYNA Conference, Virtual Event, 2020.

RA15 炸药

表 12-163　RA15 炸药（80%RDX15%AL5%BINDER）JWL 状态方程参数

$\rho/(kg/m^3)$	$D_{CJ}/(m/s)$	P_{CJ}/GPa	A/GPa	B/GPa	R_1	R_2	ω	E_0/GPa
1804	8086	29.3	784	14.0	4.7	1.4	6	8.7

表 12-164　RA15 炸药（80%RDX15%AL5%BINDER）Miller 能量释放参数

Q/GPa	a	m	n
2.4	0.3	1/2	1/6

裴红波, 等. RDX 基含铝炸药圆筒试验及状态方程研究 [J]. 火炸药学报, 2019, 42(4)：403-409.

RDX 炸药

表 12-165　JWL 状态方程参数

*MAT_HIGH_EXPLOSIVE_BURN						
$\rho/(kg/m^3)$	D/(m/s)	P_{CJ}/GPa	BETA			
1820	8300	30	1			

（续）

*EOS_JWL						
A/GPa	B/GPa	R_1	R_2	OMEG	E_0/GPa	V_0
908.471	19.10836	4.92	1.41	0.31	10	1.0

S ROLC. Numerical and Experimental Study of the Defeating the RPG-7 [C]. 24th International Symposium of Ballistics, New Orleans, Louisiana, 2008.

表 12-166　Gruneisen 状态方程参数

ρ_0 /(kg/ m³)	C/(m/s)	S_1	$\varGamma$	C_V /(J·kg⁻¹·K⁻¹)
1820	2870	1.610	1	1475

GERARD BAUDIN, FABIEN PETITPAS, RICHARD SAUREL. Thermal non equilibrium modeling of the detonation waves in highly heterogeneous condensed HE: a multiphase approach for metalized high explosives [C]. Proceedings of the 14th International Detonation Symposium, Coeur d'Alene, Idaho, 2010.

表 12-167　RDX 炸药的主要热物性参数

密度/ (kg·m⁻³)	比热容/ (J·kg⁻¹·K⁻¹)	导热系数/ (W·m⁻¹·K⁻¹)	反应热/ (J·kg⁻¹)	指前因/ s⁻¹	活化能/ (J / mol)	普适气体常数/ (J·mol⁻¹·K⁻¹)
1640	1130	0.213	$2.101×10^5$	$2.101×10^{18}$	202730	8.314

张亚坤，等. 不同热烤温度下以 RDX 为基的高能炸药响应特性 [C]. 第十三届全国战斗部与毁伤技术学术交流会论文集, 黄山, 2013, 1193-1197.

表 12-168　JWL 状态方程参数

ρ/(kg/m³)	D_{CJ}/(m/s)	P_{CJ}/GPa	A/GPa	B/GPa	R_1	R_2	ω	E_0/GPa
1794	8440	34	652.68	9.768	4.3	1.1	0.35	6.95

岳军政. 含铝炸药能量释放规律及冲击波威力评估 [D]. 北京：北京理工大学, 2017.

RDX/HTPB(85%/15%)炸药

表 12-169　Gruneisen 状态方程参数

ρ_0 /(kg/ m³)	C/(m/s)	S_1	$\varGamma$	C_V /(J·kg⁻¹·K⁻¹)
1414	2488	1.83	1	1404

GERARD BAUDIN, FABIEN PETITPAS, RICHARD SAUREL. Thermal non equilibrium modeling of the detonation waves in highly heterogeneous condensed HE: a multiphase approach for metalized high explosives [C]. Proceedings of the 14th International Detonation Symposium, Coeur d'Alene, Idaho, 2010.

RDX/HTPB(88.33%/11.67%)炸药

表 12-170 Gruneisen 状态方程参数

$\rho_0 /(\mathrm{kg/m^3})$	$C/(\mathrm{m/s})$	S_1	Γ	$C_V /(\mathrm{J \cdot kg^{-1} \cdot K^{-1}})$
1550	2554	1.79	1	1420

GERARD BAUDIN, FABIEN PETITPAS, RICHARD SAUREL. Thermal non equilibrium modeling of the detonation waves in highly heterogeneous condensed HE: a multiphase approach for metalized high explosives [C]. Proceedings of the 14th International Detonation Symposium, Coeur d'Alene, Idaho, 2010.

RDX/HTPB(90%/10%)炸药

表 12-171 Gruneisen 状态方程参数

$\rho_0 /(\mathrm{kg/m^3})$	$C/(\mathrm{m/s})$	S_1	Γ	$C_V /(\mathrm{J \cdot kg^{-1} \cdot K^{-1}})$
1649	2591	1.768	1	1428

GERARD BAUDIN, FABIEN PETITPAS, RICHARD SAUREL. Thermal non equilibrium modeling of the detonation waves in highly heterogeneous condensed HE: a multiphase approach for metalized high explosives [C]. Proceedings of the 14th International Detonation Symposium, Coeur d'Alene, Idaho, 2010.

RDX/HTPB(94%/6%)炸药

表 12-172 Gruneisen 状态方程参数

$\rho_0 /(\mathrm{kg/m^3})$	$C/(\mathrm{m/s})$	S_1	Γ	$C_V /(\mathrm{J \cdot kg^{-1} \cdot K^{-1}})$
1627	2870	1.61	1	1447

GERARD BAUDIN, FABIEN PETITPAS, RICHARD SAUREL. Thermal non equilibrium modeling of the detonation waves in highly heterogeneous condensed HE: a multiphase approach for metalized high explosives [C]. Proceedings of the 14th International Detonation Symposium, Coeur d'Alene, Idaho, 2010.

RDX/TNT(60%/40%)熔铸炸药

表 12-173 RDX/TNT 60/40 熔铸炸药的主要热物性参数

导热系数 $\kappa /(\mathrm{W \cdot m^{-1} \cdot K^{-1}})$	密度 $\rho /(\mathrm{kg/m^3})$		比热容 $C /(\mathrm{kJ \cdot kg^{-1} \cdot K^{-1}})$	相变潜热 $H /(\mathrm{kJ \cdot kg^{-1}})$	固相率/℃		黏度 $\mu /(\mathrm{Pa \cdot s})$
	25℃	90℃			1	0	
0.26	1710	1640	1.181	37.5	75.5	82	1.5×10^{-2}

梁国祥，等. 熔铸装药过程缩孔缩松的预测及工艺优化 [C]. 第十三届全国战斗部与毁伤技术学术交流会论文集, 黄山, 2013, 1148-1152.

RM-4、PTFE-Al-W、ZA PTFE 活性材料

表 12-174 Zerilli-Armstrong 模型参数

参数	RM-4	PTFE-Al-W	ZA PTFE
β_0 / K^{-1}	0.011672	0.020100	0.020100
β_1 / K^{-1}	0.000139	0.000264	0.000264
α_0 / K^{-1}	0.000000	0.004780	0.004780
α_1 / K^{-1}	0.000000	0.000050	0.000050
ω_a	−3.000	−2000	−3.600
ω_b	−0.500	−0.625	−0.625
ω_p / MPa^{-1}	0.000	−0.031	−0.040
B_{pa} / MPa	550	4016	4016
B_{pb} / MPa^{-1}	0.000	0.020	0.020
B_{pn}	0.000	0.714	0.714
B_{0pa} / MPa	25.0	72.4	72.4
B_{0pb} / MPa^{-1}	0.000	0.022	0.022
B_{0pn}	0.000	0.500	0.500

编者注：原文中 PTFE-Al-W 材料参数引自 Cai J.，而实际上 Cai J.的文章中只列出了 PTFE 的材料参数。

表 12-175 Cai J.给出的 PTFE 的 Zerilli-Armstrong 模型参数

β_0 / K^{-1}	β_1 / K^{-1}	α_0 / K^{-1}	α_1 / K^{-1}	ω_a	ω_b	ω_p / MPa^{-1}
0.020100	0.000264	0.004780	0.0000502	−2000	−0.625	−0.031
B_{pa} / MPa	B_{pb} / MPa^{-1}	B_{pn}	B_{0pa} / MPa	B_{0pb} / MPa^{-1}	B_{0pn}	
4016	0.020	0.714	72.4	0.022	0.500	

DANIEL T CASEM. Mechanical Response of an Al/PTFE Composite to Uniaxial Compression Over a Range of Strain Rates and Temperatures [R]. Army Research Laboratory, 2008.

CAI J. High-strain, high-strain-rate flow and failure in PTFE/Al/W granular composites [J]. Materials Science and Engineering, A 472, 2008, 308 - 315.

ROB 炸药

ROB 炸药组分为 80%HMX 和 20%DNAN。

表 12-176　JWL 状态方程参数

*MAT_HIGH_EXPLOSIVE_BURN						
$\rho/(kg/m^3)$	$D/(m/s)$	P_{CJ}/GPa				
1793	8436	31.23				
*EOS_JWL						
A/GPa	B/GPa	R_1	R_2	OMEG	E_0/GPa	V_0
434.76	18.66	4.14	1.4	0.38	12.33	1.0

张伟, 张向荣, 周霖. PBX-9501 炸药对爆炸成型弹丸的影响 [C]. 第十五届全国战斗部与毁伤技术学术交流会论文集, 重庆, 2015.953-958.

ROBF-1 炸药

表 12-177　ROBF-1 炸药（20%DNAN5%DNTF75%HMX）JWL 状态方程参数

$\rho/(kg/m^3)$	$D_{CJ}/(m/s)$	P_{CJ}/GPa	A/GPa	B/GPa	R_1	R_2	ω	E_0/GPa
1796	8430	31.2	748	11.13	4.5754827	1.12	0.33	11.2

王红星, 等. 一种 DNAN/DNTF 基不敏感炸药金属驱动能力的研究 [J]. 爆破器材, 2020, 49(4)：21-26.

ROTL-905 炸药

采用 50mm 圆筒实验数据计算了含铝炸药 ROTL-905（以 HMX 为基的含铝炸药, 铝粉含量为 13%）的 JWL 状态方程参数。

表 12-178　JWL 状态方程参数

$V_D/(m/s)$	A/GPa	B/GPa	C/GPa	R_1	R_2	ω
8136	638.7	8.636	1.306	4.36	1.324	0.323

卢校军, 等. 两种含铝炸药作功能力与 JWL 状态方程研究 [J]. 含能材料, 2005, 13(3): 144-147.

乳化炸药

表 12-179　High-Explosive-Burn 模型和 JWL 状态方程参数

$\rho/(g/cm^3)$	$D_{CJ}/(cm/\mu s)$	P_{CJ}/GPa	$A/10^2 GPa$	B/GPa
1.1	0.45	9.7	2.144	0.182
R_1	R_2	ω	$E_0/10^2 GPa$	
4.2	0.9	0.15	0.04192	

史维升. 不耦合装药条件下岩石爆破的理论研究和数值模拟 [D]. 湖北武汉: 武汉科技大学, 2004.

RX-03-BB 炸药

表 12-180　JWL 状态方程参数

$\rho/(g/cm^3)$	$D_{CJ}/(m/s)$	P_{CJ}/GPa	A/GPa	B/GPa	R_1	R_2	E_0/GPa	ω
1.90	7600	29.0	520.6	5.326	4.1	1.2	6.9	0.35

DOBRATZ B M, CRAWFORD P C. LLNL Explosives Handbook [R]. UCRL-52997 Rev.2, January 1985.

RX-03-GO 炸药

成分：92.5%TATB，7.5 %Cytop A。

表 12-181 点火增长模型参数

材料参数	
剪切模量=0.0354Mbar	屈服强度=0.002Mbar
T_0=298K	ρ_0=1.91g/cm³(25℃)
反应率方程参数	
a=0.22	x=7.0
b=0.667	y=1.0
c=0.667	z=3.0
d=0.111	F_{igmax}=0.5
e=0.333	F_{G1max}=0.5
g=1.000	F_{G2min}=0.0
I=4.4×10⁵μs⁻¹	G_1=0.6Mbar⁻¹·μs⁻¹
—	G_2=400Mbar⁻³·μs⁻¹

KEVIN S. Shock Initiation Experiments and Modeling on the TATB-Based Explosive RX-03-GO [C]. Proceedings of the 14th International Detonation Symposium, Coeur d'Alene, Idaho, 2010.

三级乳化炸药

表 12-182 JWL 状态方程参数

ρ/(kg/m³)	D_{CJ}/(m/s)	P_{CJ}/GPa	A/GPa	B/GPa	R_1	R_2	ω	E_0/GPa
1140	3200	2.918	246.1	10.46	7.177	2.401	0.069	4.19

宋彦琦，等. 多孔同段聚能爆破煤层增透数值模拟及应用 [J]. 煤矿学报, 2018,增刊 2:469-474.

SEP 炸药

表 12-183 JWL 状态方程参数

ρ/(kg/m³)	P_{CJ}/GPa	A/GPa	B/GPa	R_1	R_2	ω
1310	15.9	365	2.31	4.3	1.1	0.28

HIROFUMI IYAMA. Numerical Simulation of Aluminum Alloy Forming Using Underwater Shock Wave [C]. 8th International LS-DYNA Conference, Detroit, 2004.

SX-2 炸药

成分：RDX/Polyisobutylene/DOS/PTFE。质量比：88.20∶8.20∶2.20∶1.40。

表 12-184　JWL 状态方程参数

ρ_0 /(kg/m³)	A/Mbar	B/Mbar	C	E_0/Mbar	R_1
1610	6.725194	0.097109	0.010513	0.091	4.6
R_2	ω	计算 D/(m/s)	实验 D/(m/s)	计算 P_{CJ}/GPa	实验 P_{CJ}/GPa
1.2	0.25	8081	8160	27.7	27.2

HERMENZO D JONES, PAUL K GUSTAVSON, FRANK J Zerilli.Analytic Equation of State for SX-2 [C]. Proceedings of the 11th International Detonation Snowmass, CA, 1998.

T200 水胶炸药

表 12-185　JWL 状态方程参数

ρ/(kg/m³)	D_{CJ}/(m/s)	P_{CJ}/GPa	A/GPa	B/GPa	R_1	R_2	ω	E_0/GPa
1200	5500	10	741	18	5.56	1.65	0.35	4

谢立栋，等. 立井爆破掘进空隙高度优化设计的小波包分析 [J]. 煤矿安全, 2018,Vol. 49(12):229-234.

TATB 炸药

表 12-186　Gruneisen 状态方程参数（一）

ρ_0 /(kg/m³)	C/(m/s)	S_1	$\varGamma$
1847	2340	2.316	1.6

DOBRATZ B, CRAWFORD P. LLNL Explosives Handbook [R]. LLNL Report UCRL-52997 Change 2, 1985.

表 12-187　Gruneisen 状态方程参数（二）

ρ_0 /(kg/m³)	C /(m/s)	S_1	$\varGamma$
1937	2900	1.68	0.2

DOBRATZ B, CRAWFORD P. LLNL Explosives Handbook [R], LLNL Report UCRL-52997 Change 2, 1985.

TATB（超细）炸药

表 12-188　点火增长模型参数（一）

$\rho_0 = 1.80g/cm^3$		
未反应炸药的 JWL 状态方程参数	反应产物的 JWL 状态方程参数	反应率方程参数
A=444.44Mbar	A=12.05026Mbar	I=4.4×10⁵μs⁻¹ F_{igmax}=0.071
B=-0.03753Mbar	B=0.602513Mbar	a=0.25637 b=0.667
R_1=11.3	R_1=6.2	x=7.0
R_2=1.13	R_2=2.2	G_1=163Mbar⁻²·μs⁻¹ F_{G1max}=0.5
ω=0.8938	ω=0.5	c=0.667 d=0.667

（续）

	$\rho_0 = 1.80g/cm^3$	
未反应炸药的 JWL 状态方程参数	反应产物的 JWL 状态方程参数	反应率方程参数
C_v=2.487×10⁻⁵Mbar/K	C_v=1.0×10⁻⁵Mbar/K	y=2.0
T_0=298K	E_0=0.069Mbar	G_2=400Mbar⁻¹·μs⁻¹ F_{G2min}=0.5
剪切模量=0.03Mbar		e=0.333 g=1.0
屈服强度=0.002Mbar		z=3.0

CRAIG M TARVER. Shock Initiation of the PETN-based Explosive LX-16 [C]. Proceedings of the 13th International Detonation Symposium, Norfolk, VA, 2006.

表 12-189　点火增长模型参数（二）

未反应炸药的 JWL 状态方程参数	反应产物的 JWL 状态方程参数	反应率方程参数
A=632.07Mbar	A=12.05026Mbar	I=4.0×10⁶ms⁻¹ F_{igmax}=0.071
B=-0.04472Mbar	B=0.602513Mbar	a=0.22 b=0.667
R_1=11.3	R_1=6.2	x=7.0
R_2=1.13	R_2=2.2	G_1=2200Mbar⁻¹·ms⁻¹ F_{G1max}=1.0
ω=0.8938	ω=0.5	c=0.667 d=1.0
C_v=2.487×10⁻⁵Mbar/K	C_v=1.0×10⁻⁵Mbar/K	y=2.0
T_0=298K	E_0=0.069Mbar	G_2=60Mbar⁻¹·ms⁻¹ F_{G2min}=0.8
剪切模量=0.03Mbar		e=0.667 g=0.667
屈服强度=0.002Mbar		z=1.0
$\rho_0 = 1.80g/cm^3$		

MARK L GARCIA, CRAIG M. Tarver.Three-Dimensional Ignition and Growth Reactive Flow Modeling of Prism Failure Tests on PBX 9502 [C]. Proceedings of the 13th International Detonation Symposium, Norfolk, VA, 2006.

表 12-190　点火增长模型参数（三）

未反应炸药的 JWL 状态方程参数	反应产物的 JWL 状态方程参数	反应率方程参数
A=632.07Mbar	A=12.05026Mbar	I=1.65×10⁸μs⁻¹ F_{igmax}=0.3
B=-0.04472Mbar	B=0.602513Mbar	a=0.24 b=0.667

（续）

未反应炸药的 JWL 状态方程参数	反应产物的 JWL 状态方程参数	反应率方程参数
R_1=11.3	R_1=6.2	x=7.0
R_2=1.13	R_2=2.2	G_1=163Mbar^{-2}·μs^{-1} F_{G1max}=0.5
ω=0.8938	ω=0.5	c=0.667 d=0.667
C_v=2.487×10^{-5}Mbar/K	C_v=1.0×10^{-5}Mbar/K	y=2.0
T_0=298K	E_0=0.069Mbar	G_2=400Mbar^{-3}·μs^{-1} F_{G2min}=0.0
剪切模量=0.03Mbar	D=7.48km/s	e=0.333 g=1.0
屈服强度=0.002Mbar	P_{CJ}=0.250Mbar	z=3.0

CRAIG M TARVER, CHADD M MAY. Short Pulse Shock Initiation Experiments and Modeling on LX16, LX10, and Ultrafine TATB [C]. Proceedings of the 14th International Detonation Symposium, Coeur d'Alene, Idaho, 2010.

TETRYL 炸药

表 12-191　JWL 状态方程参数

ρ/(g/cm^3)	D_{CJ}/(m/s)	P_{CJ}/GPa	A/GPa	B/GPa	R_1	R_2	ω	E_0/GPa
1.73	7910	28.5	586.83	10.671	4.4	1.2	0.275	8.2

DOBRATZ B M, CRAWFORD P C. LLNL Explosives Handbook [R]. UCRL-52997 Rev.2, January 1985.

天然气

表 12-192 中为 0.1MPa 下的天然气材料参数。对于压力为 2MPa 的天然气，天然气的密度由克拉伯龙方程 $pV=nRT$ 得出 0.79*2E6/1E5=15.8kg/m^3。同时高压天然气的动力黏度也会因密度变化而发生变化。天然气在不同压力下的动力黏度系数取 1E-5，将天然气密度与其动力黏度相乘得到 2MPa 下的动力黏度 $\mu = \rho v = 15.8 \times 1.5E - 5 = 2.37E - 4$。

表 12-192　*MAT_NULL 材料模型和*EOS_LINEAR_POLYNOMIAL 状态方程参数

ρ/(kg/m^3)	PC/Pa	μ/Pa.s	C_4	C_5	E_0(Pa)
0.79	−10	1.2E-5	0.4	0.4	2.5E5

舒懿东. 爆破振动下埋地天然气管道工况参数对管土振动特征的影响分析 [D]. 成都：西南交通大学, 2017.

TNT 炸药

表 12-193　JWL 状态方程参数（一）

ρ/(kg/m^3)	E_0/GPa	A/GPa	B/GPa	R_1	R_2	ω
1630	7.0	373.8	3.75	4.15	0.90	0.35

LEE E, FINGER M, COLLINS W. JWL Equation of state coefficients for high explosives, UCID-16189 [R]. Lawrence: Lawrence Livermore Laboratory, 1973.

表 12-194　JWL 状态方程参数（二）

JWL 参数	Lee 等(1973)	Dobratz, Crawford(1985)	Souers, Hasselman(1993)	Souers,Wu, Hasselman(1995)
A/GPa	373.75	371.25	524.41	454.86
B/GPa	3.747	3.231	4.90	10.119
R_1	4.15	4.15	4.579	4.5
R_2	0.90	0.95	0.86	1.5
ω	0.35	0.30	0.23	0.25
E_0/GPa	6.0	7.0	7.1	7.8

表 12-195　TNT 后燃烧参数

OPT	QT	T_1	T_2
2.0	$16.3\text{GPa} = (10\text{MJ}/\text{kg}) \times (1630\text{kg}/\text{m}^3)$	2.4ms	4.4ms

LEONARD E SCHWER. Jones-Wilkens-Lee (JWL) Equation of State with Afterburning [C]. 14th International LS-DYNA Conference Detroit, 2016.

表 12-196　JWL 状态方程参数（三）

$\rho/(\text{kg}/\text{m}^3)$	$D_{\text{CJ}}/(\text{m}/\text{s})$	P_{CJ}/GPa	E_0/GPa	A/GPa	B/GPa	R_1	R_2	ω
1583	6880	19.4	6.9684	307	3.898	4.485	0.79	0.3

宋浦, 杨凯, 梁安定, 等. 国内外 TNT 炸药的 JWL 状态方程及其能量释放差异分析 [J]. 火炸药学报, 2013, 36(2): 42-45.

表 12-197　JWL 状态方程参数（四）

$\rho/(\text{kg}/\text{m}^3)$	$D_{\text{CJ}}/(\text{m}/\text{s})$	P_{CJ}/GPa	E_0/GPa	A/GPa	B/GPa	R_1	R_2	ω
1658	6930	21	6.0	373.77	3.73471	4.15	0.9	0.35

BIBIANA M LUCCIONI, RICARDO D. Ambrosini. Evaluating the effect of underground explosions on structures [J]. Mecánica Computacional, 2008, XXVII: 1999-2019.

表 12-198　炸药粒子爆破法材料参数（一）

$D/(\text{m}/\text{s})$	γ	$\rho/(\text{kg}/\text{m}^3)$	E/Pa	covol
6741	1.4	1590	6.2E9	0.3

VENKATESH BABU, et al. Sensitivity of Particle Size in Discrete Element Method to Particle Gas Method (DEM_PGM) Coupling in Underbody Blast Simulations [C]. 14th International LS-DYNA Conference Detroit, 2016.

表 12-199　炸药粒子爆破法材料参数（二）

$D/(\text{m}/\text{s})$	γ	$\rho/(\text{kg}/\text{m}^3)$	E/Pa	covol
6930	1.35	1630	7.0E9	0.6

LS-DYNA KEYWORD USER'S MANUAL [Z]. LSTC, 2017.

表 12-200　*MAT_HIGH_EXPLOSIVE_BURN 模型参数

$\rho/(g/mm^3)$	$D/(mm/ms)$	P_{CJ}/MPa	BETA
1.631E-3	0.67174E4	0.18503E5	0.0

表 12-201　JWLB 状态方程参数

A_1	A_2	A_3	A_4	A_5
490.07E5	56.868E5	0.82426E5	0.00093E5	
R_1	R_2	R_3	R_4	R_5
40.713	9.6754	2.4335	0.15564	
AL1	AL2	AL3	AL4	AL5
0.00	11.468			
BL1	BL2	BL3	BL4	BL5
1098.0	−6.5011			
RL1	RL2	RL3	RL4	RL5
15.614	2.1593			
C	OMEGA	E	V_0	
0.0071E5	0.30270	0.06656E5	1.0	

SCHWER LEN, TENG HAILONG, SOULI MHAMED. LS-DYNA Air Blast Techniques: Comparisons with Experiments for Close-in Charges [C]. 10th European LS-DYNA Conference, Würzburg, 2015.

Viton

表 12-202　固态 Viton 的力学参数和线性多项式状态方程参数

$C_0/MBar$	$C_1/MBar$	$C_2/MBar$	$C_3/MBar$	C_4	C_5	C_6
0	0.135	0.822	0	0.933	0.933	0
$\rho/(g/cm^3)$	$\kappa/(W\cdot m^{-1}\cdot K^{-1})$	$C_V/(J\cdot kg^{-1}\cdot K^{-1})$	G/MPa	σ_0/GPa		
1.83	0.226	1005	4.2	2.1		

表 12-203　爆炸产物参数

$\rho/(g/cm^3)$	$\kappa/(W\cdot m^{-1}\cdot K^{-1})$	$C_V/(J\cdot kg^{-1}\cdot K^{-1})$	Gamma 定律系数 γ
1.83	0.4188	1131	1.283

JACK J YOH. Recent Advances in Thermal Explosion Modeling of HMX-based Explosives [C]. Proceedings of the 13th International Detonation Symposium, Norfolk, VA, 2006.

WY-1 炸药

表 12-204　JWL 状态方程参数

$\rho/(kg/m^3)$	$D_{CJ}/(m/s)$	P_{CJ}/GPa	A/GPa	B/GPa	R_1	R_2	ω	E_0/GPa
1966	7682	27.5	752.1	18.5	4.47	1.73	0.38	7.058

田少康. 温压炸药铝粉释能规律研究 [D]. 南京：南京理工大学, 2017.

X-0219 炸药

表 12-205 JWL 状态方程参数

$\rho/(g/cm^3)$	$D_{CJ}/(m/s)$	P_{CJ}/GPa	A/GPa	B/GPa	R_1	R_2	E_0/GPa	ω
1.92	7534	26	826.805	8.47934	4.8	1.2	6.8	0.35

DOBRATZ B M, CRAWFORD P C. LLNL Explosives Handbook [R]. UCRL-52997 Rev.2, January 1985.

Zr/PTFE(46/54)活性材料

表 12-206 简化 Johnson-Cook 模型参数

A/MPa	B/MPa	n	C	$\dot{\varepsilon}_0/s^{-1}$
29.38	42.123	0.622	0.04715	0.001

陈志优. 金属/聚四氟乙烯反应材料制备和动态力学特性 [D]. 北京理工大学, 2016.

ZrCuNiAlAg 非晶合金

表 12-207 *MAT_JOHNSON_HOLMQUIST_CERAMICS 模型参数

$\rho/(g/cm^3)$	G/kPa	A	B	C	M	N
6.581	3.704E6	0.296	1.03	0.094	0.383	1.153
T/kPa	σ_{HEL}/kPa	D_1	D_2	K_1/kPa	K_2/kPa	K_3/kPa
2.303E9(应为2.303E6)	5.82E6	0.005	1	2.303E9	4.716E10	8.873E11

石永相, 等. ZrCuNiAlAg 块体非晶合金 JH_2 模型研究 [J]. 爆炸与冲击, 2019,Vol. 39(9):093104.

ZrTiNiCuBe 非晶合金

表 12-208 *MAT_JOHNSON_HOLMQUIST_CERAMICS 模型参数

A	B	C	M	N	D_1	D_2	K_1/kPa	K_2/kPa	K_3/kPa
1.162	0.258	0.0173	0.59	0.829	0.21	1.75	114.3	268.5	1386

张云峰, 等. 动态压缩下 Zr 基非晶合金失效释能机理 [J]. 爆炸与冲击, 2019,Vol. 39(6):063101.

表 12-209 *MAT_JOHNSON_HOLMQUIST_CERAMICS 模型参数

$\rho/(kg/m^3)$	E/GPa	PR	G/GPa	A	C	N
4937	105	0.35	38.9	8.887	0.0054	2.304
σ_{HEL}/GPa	μ_{HEL}	P_{HEL}/GPa	K_1/kPa	K_2/kPa	K_3/kPa	
6.2	0.037	4.33	116.7	9.35	35.48	

潘念侨. Zr 基非晶合金材料动态本构关系及其释能效应研究 [D]. 南京: 南京理工大学, 2016.

第 13 章　有机聚合物和复合材料

在 LS-DYNA 中，可用于塑料的材料模型有：

*MAT_089：*MAT_PLASTICITY_POLYMER

*MAT_101：*MAT_GEPLASTIC_SRATE_2000a

*MAT_102：*MAT_INV_HYPERBOLIC_SIN

*MAT_106：*MAT_ELASTIC_VISCOPLASTIC_THERMAL

*MAT_112：*MAT_FINITE_ELASTIC_STRAIN_PLASTICITY

*MAT_123：*MAT_MODIFIED_PIECEWISE_LINEAR_PLASTICITY

*MAT_141：*MAT_RATE_SENSITIVE_POLYMER

*MAT_168：*MAT_POLYMER

*MAT_170：*MAT_RESULTANT_ANISOTROPIC

*MAT_187：*MAT_SAMP-1

*MAT_225：*MAT_VISCOPLASTIC_MIXED_HARDENING

*MAT_251：*MAT_TAILORED_PROPERTIES

在 LS-DYNA 中，可用于聚合物的材料模型有：

*MAT_060：*MAT_ELASTIC_WITH_VISCOSITY

*MAT_106：*MAT_ELASTIC_VISCOPLASTIC_THERMAL

*MAT_168：*MAT_POLYMER

*MAT_187：*MAT_SAMP-1

此外，下面几种材料模型可用于热塑性材料：

*MAT_060：*MAT_ELASTIC_WITH_VISCOSITY

*MAT_106：*MAT_ELASTIC_VISCOPLASTIC_THERMAL

*MAT_168：*MAT_POLYMER

*MAT_187：*MAT_SAMP-1

在 LS-DYNA 中，可用于复合材料的材料模型有：

*MAT_022：*MAT_COMPOSITE_DAMAGE

*MAT_054-055：*MAT_ENHANCED_COMPOSITE_DAMAGE

*MAT_058：*MAT_LAMINATED_COMPOSITE_FABRIC

*MAT_059：*MAT_COMPOSITE_FAILURE_{OPTION}_MODEL

*MAT_143：*MAT_WOOD

*MAT_158：*MAT_RATE_SENSITIVE_COMPOSITE_FABRIC

*MAT_161：*MAT_COMPOSITE_MSC

*MAT_162：*MAT_COMPOSITE_DMG_MSC

*MAT_219：*MAT_CODAM2

*MAT_221：*MAT_ORTHOTROPIC_SIMPLIFIED_DAMAGE

*MAT_261：*MAT_LAMINATED_FRACTURE_DAIMLER_PINHO

*MAT_262：*MAT_LAMINATED_FRACTURE_DAIMLER_CAMANHO

在 LS-DYNA 中，可用于橡胶的材料模型有：

*MAT_001：*MAT_ELASTIC

*MAT_006：*MAT_VISCOELASTIC

*MAT_007：*MAT_BLATZ-KO_RUBBER

*MAT_027：*MAT_MOONEY-RIVLIN_RUBBER

*MAT_031：*MAT_FRAZER_NASH_RUBBER_MODEL

*MAT_076：*MAT_GENERAL_VISCOELASTIC

*MAT_077_H：*MAT_HYPERELASTIC_RUBBER

*MAT_077_O：*MAT_OGDEN_RUBBER

*MAT_086：*MAT_ORTHOTROPIC_VISCOELASTIC

*MAT_087：*MAT_CELLULAR_RUBBER

*MAT_127：*MAT_ARRUDA_BOYCE_RUBBER

*MAT_175：*MAT_VISCOELASTIC_THERMAL

*MAT_181：*MAT_SIMPLIFIED_RUBBER

*MAT_183：*MAT_SIMPLIFIED_RUBBER_WITH_DAMAGE

*MAT_218：*MAT_MOONEY-RIVLIN_PHASE_CHANGE

*MAT_267：*MAT_EIGHT_CHAIN_RUBBER

*MAT_269：*MAT_BERGSTROM_BOYCE_RUBBER

*MAT_276：*MAT_CHRONOLOGICAL_VISCOELASTIC

*MAT_277：*MAT_ADHESIVE_CURING_VISCOELASTIC

在 LS-DYNA 中，可用于黏合剂/内聚单元的材料模型有：

*MAT_138：*MAT_COHESIVE_MIXED_MODE

*MAT_169：*MAT_ARUP_ADHESIVE

*MAT_184：*MAT_COHESIVE_ELASTIC

*MAT_185：*MAT_COHESIVE_TH

*MAT_186：*MAT_COHESIVE_GENERAL

*MAT_240：*MAT_COHESIVE_MIXED_MODE_ELASTOPLASTIC_RATE

*MAT_252：*MAT_TOUGHENED_ADHESIVE_POLYMER

*MAT_277：*MAT_ADHESIVE_CURING_VISCOELASTIC

*MAT_279：*MAT_COHESIVE_PAPER

在 LS-DYNA 中，可用于纤维的材料模型有：

*MAT_034：*MAT_FABRIC

*MAT_058：*MAT_LAMINATED_COMPOSITE_FABRIC

*MAT_134：*MAT_VISCOELASTIC_FABRIC

*MAT_234：*MAT_VISCOELASTIC_LOOSE_FABRIC

*MAT_235：*MAT_MICROMECHANICS_DRY_FABRIC

*MAT_249：*MAT_REINFORCED_THERMOPLASTIC

在 LS-DYNA 中，可用于泡沫的材料模型有：

*MAT_005：*MAT_SOIL_AND_FOAM

*MAT_014：*MAT_SOIL_AND_FOAM_FAILURE

*MAT_026：*MAT_HONEYCOMB

*MAT_038：*MAT_BLATZ-KO_FOAM

*MAT_053：*MAT_CLOSED_CELL_FOAM

*MAT_057：*MAT_LOW_DENSITY_FOAM

*MAT_061：*MAT_KELVIN-MAXWELL_VISCOELASTIC

*MAT_062：*MAT_VISCOUS_FOAM

*MAT_063：*MAT_CRUSHABLE_FOAM

*MAT_073：*MAT_LOW_DENSITY_VISCOUS_FOAM

*MAT_075：*MAT_BILKHU/DUBOIS_FOAM

*MAT_083：*MAT_FU_CHANG_FOAM

*MAT_126：*MAT_MODIFIED_HONEYCOMB

*MAT_142：*MAT_TRANSVERSELY_ISOTROPIC_CRUSHABLE_FOAM

*MAT_144：*MAT_PITZER_CRUSHABLE_FOAM

*MAT_154：*MAT_DESHPANDE_FLECK_FOAM

*MAT_163：*MAT_MODIFIED_CRUSHABLE_FOAM

*MAT_177：*MAT_HILL_FOAM

*MAT_178：*MAT_VISCOELASTIC_HILL_FOAM

*MAT_179：*MAT_LOW_DENSITY_SYNTHETIC_FOAM

*MAT_180：*MAT_SIMPLIFIED_RUBBER/FOAM

*MAT_181：*MAT_SIMPLIFIED_RUBBER/FOAM

在 LS-DYNA 中，可用于有机玻璃的材料模型有：

*MAT_001：*MAT_ELASTIC

*MAT_019：*MAT_STRAIN_RATE_DEPENDENT_PLASTICITY

*MAT_032：*MAT_LAMINATED_GLASS

*MAT_256：*MAT_AMORPHOUS_SOLIDS_FINITE_STRAIN

6%TiB$_2$/7050 复合材料

表 13-1　简化 Johnson-Cook 模型参数

A/MPa	B/MPa	n	C	$\dot{\varepsilon}_0 / s^{-1}$
679	1700	1	0.0021	0.001

周超羡，等. 原位自生颗粒增强铝基复合材料微观组织与动态压缩行为研究 [J]. 铸造技术, 2018, Vol. 39(8):1648-1655.

602 锦丝 66 绸

表 13-2 *MAT_FABRIC 模型参数

$\rho/(kg/m^3)$	EA/Pa	EB	EC	PRBA	PRCA	PRCB
533.77	4.309E8	0.0	0.0	0.14	0.0	0.0

王中阳. 降落伞充气过程动力学数值模拟 [D]. 南京：南京航空航天大学，2013.

ABS 工程塑料

表 13-3 动态力学特性参数

$\rho/(kg/m^3)$	E/kPa	σ_0/kPa
2300	2.28E6	5E4

黄田毅, 洪跃, 金士良. 滤毒罐振动冲击测试过程动态仿真 [J]. 中国制造业信息化，2010, 39(5): 74-76.

Arruda-Boyce rubber

表 13-4 基本材料参数

密度 $\rho/(g/mm^3)$	体积模量 K/MPa	剪切模量 G/MPa	泊松比	失效应变
0.001	150	3	0.49	1.0

GRACE XIANG GU, et al. Droptower Impact Testing & Modeling of 3D-Printed Biomimetic Hierarchical Composites [C]. 14th International LS-DYNA Conference, Detroit, 2016.

AS4/3501-6 composite

表 13-5 基本材料参数

$\rho/(kg/m^3)$	E_1/GPa	E_2/GPa	E_3/GPa	G_{12}/GPa	G_{23}/GPa	G_{31}/GPa	v_{12}	v_{23}	v_{31}
1550	138	9.65	9.65	5.24	5.24	3.24	0.3	0.3	0.49

NINAN LAL, TSAI J, SUN C T. Use of split Hopkinson pressure bar for testing off-axis composites [J]. International Journal of Impact Engineering, 2001, 25: 291-313.

AS4 Carbon/Epoxy Laminate

表 13-6 基本材料参数

参数	经线	纬线
E_a/psi	1.82E7	1.17E6
E_b/psi	1.17E6	1.82E7
E_c/psi	1.17E6	1.17E6
G_{ab}/psi	5.99E5	5.99E5
G_{bc}/psi	3.51E5	5.99E5
G_{ca}/psi	5.99E5	3.51E5

（续）

参数	经线	纬线
PR_{ba}	0.0176	0.275
PR_{ca}	0.0176	0.4657
PR_{cb}	0.4657	0.0186
$\rho\ /(\mathrm{lbf}^2 \cdot \mathrm{in}^{-1}) \cdot \mathrm{in}^{-3}$	1.5E-4	

BHUSHAN S THATTE, GAUTAM S CHANDEKAR, AJIT D KELKAR, et al. Studies on Behavior of Carbon and Fiberglass Epoxy Composite Laminates under Low Velocity Impact Loading using LS-DYNA [C]. 10th International LS-DYNA Conference, Detroit, 2008.

丙烯酸酯

表 13-7　*MAT_PLASTIC_KINEMATIC 模型参数

E/GPa	v	σ_Y /MPa	E_1 /MPa
0.05	0.42	40	17.2

李智, 游敏, 孔凡荣. 基于 ANSYS 的两种胶粘剂劈裂接头数值模拟 [J]. 化学与粘合, 2006, 28(5): 299-301.

Butyl rubber

表 13-8　基本材料参数

ρ(g/cm^3)	G/kPa	v
1.94	5.94E3	0.45

JAMES L O'DANIEL, THEODOR KRAUTHAMMER KEVIN L KOUDELA, et al. An UNDEX response validation methodology [J]. International Journal of Impact Engineering, 2002, 27: 919－937.

Carbon

表 13-9　基本材料参数

ρ /(kg/ m^3)	E_1 /GPa	E_2 /GPa	E_3 /GPa	G_{12} /GPa	G_{23} /GPa	G_{31} /GPa	v_{12}	v_{23}	v_{31}
1400	9.59	9.59	2.14	1.72	1.72	1.72	0.2	0.2	0.2

HASSAN MAHFUZ, YUEHUI ZHU, ANWARUL HAQUE. Investigation of high-velocity impact on integral armor using finite element method [J]. International Journal of Impact Engineering, 2000, 24: 203-217.

Carbon/epoxy(AS4-3k/8552)

表 13-10　Carbon/epoxy 平织层压板弹性材料参数

强度相关参数	实验测试值	微观力学计算值	AS4 纤维	8552 树脂
E_{11}/GPa	62.40	59.57	230.0	4.3
E_{22}/GPa	60.95	59.57	15.0	4.3
E_{33}/GPa	9.377	9.193	15.0	4.3
v_{12}	0.053	0.0612	0.22	0.35
v_{13}	－	0.3887	0.22	0.35
v_{23}	－	0.3887	0.25	0.35
G_{12}/GPa	5.378	7.743	29.0	1.593

（续）

强度相关参数	实验测试值	微观力学计算值	AS4 纤维	8552 树脂
G_{13}/GPa	5.378	3.070	29.0	1.593
G_{23}/GPa	5.378	3.070	4.9	1.593

表 13-11　Carbon/epoxy 状态方程参数

Mie-Grüneisen 状态方程参数	横向	纵向
ρ_0/(g/cm^3)	1.56	1.56
T_0/K	298	298
C_S/(m/s)	3230	2260
S_1	0.92	2.27
Γ_0	0.85	0.85
C_V/(J·g^{-1}·K^{-1})	1.259	1.259

表 13-12　Carbon/epoxy 平织层压板失效应变

层压失效应变分量	实验静态失效应变	微观力学计算静态失效应变	微观力学预估动态失效应变
$\varepsilon_{11,\text{tens}}^{\text{ULT}}(u\varepsilon)$	11392	11481	57405
$\varepsilon_{11,\text{comp}}^{\text{ULT}}(u\varepsilon)$	13796	13714	68570
$\varepsilon_{22,\text{tens}}^{\text{ULT}}(u\varepsilon)$ $\varepsilon_{22,\text{tens}}^{\text{ULT}}(u\varepsilon)$	10778	11481	57405
$\varepsilon_{22,\text{comp}}^{\text{ULT}}(u\varepsilon)$	10961	13714	68570
$\varepsilon_{33,\text{tens}}^{\text{ULT}}(u\varepsilon)$	–	5809	5809
$\varepsilon_{33,\text{comp}}^{\text{ULT}}(u\varepsilon)$	–	21756	21756
$\gamma_{12}^{\text{ULT}}(u\varepsilon)$	23464	15432	77160
$\gamma_{13}^{\text{ULT}}=\gamma_{23}^{\text{ULT}}(u\varepsilon)$	–	17391	17391

JOSHUA E GORFAIN, CHRISTOPHER T KEY. Damage prediction of rib-stiffened composite structures subjected to ballistic impact [J]. International Journal of Impact Engineering, 2013, 57:159-172.

Carbon/epoxy laminates

表 13-13　基本材料参数

E_{11}/GPa	E_{22}/GPa	E_{33}/GPa	G_{12}/GPa	G_{13}/GPa	G_{23}/GPa	ν_{12}
145	9.2	9.2	4.6	5.2	3.0	0.3
ν_{13}	ν_{23}	σ_{11}/MPa	σ_{22}/MPa	σ_{33}/MPa	τ/MPa	
0.3	0.3	2500	56	56	41	

R K LUO, L, E R GREEN, C J MORRISON. Impact damage analysis of composite plates [J]. International Journal of Impact Engineering, 1999, 22: 435-447.

Carbon/epoxy laminate(Carbon fibre woven laminate)

表 13-14　基本材料参数

弹性属性					
$E_1 = E_2$	E_3	v_{12}	$v_{13} = v_{23}$	G_{12}	$G_{13} = G_{23}$
68GPa	10GPa	0.22	0.49	5GPa	4.5GPa
强度属性					
$X_t = Y_t = X_c = Y_c$	Z_c	Z_r	S_{12}	S_{13}	S_{23}
880MPa	340MPa	96MPa	84MPa	120MPa	120MPa
最大应变					
$\varepsilon_1 = \varepsilon_2$	ε_3	$\varepsilon_{12} = \varepsilon_{23} = \varepsilon_{13}$			
0.025	0.05	0.1			

采用*CONTACT_AUTOMATIC_SURFACE_TO_SURFACE_TIEBREAK 定义复合材料层间失效，相关接触参数见下表。

表 13-15　接触设置参数

E_N	E_T	T	S	G_{IC}	G_{IIC}	M
40GPa	30GPa	11MPa	45MPa	287J/m^2	1830J/m^2	1.42

D VARAS, et al. Numerical Modelling of the Fluid Structure Interaction using ALE and SPH: The Hydrodynamic Ram Phenomenon [C]. 11th European LS-DYNA Conference, Salzburg, 2017.

Carbon fiber and epoxy resin（T800S/M21 复合材料）

表 13-16　基本材料参数

E_{11}	E_{22}, E_{33}	v_{12}, v_{23}	v_{13}	G_{12}, G_{13}	G_{23}
157GPa	8.5GPa	0.35	0.53	4.2GPa	2.7GPa

MUHAMMAD ILYAS. Simulation of Dynamic Delamination and Mode I Energy Dissipation [C]. 7th European LS-DYNA Conference, Salzburg, 2009.

Carbon fibre reinforced composite

表 13-17　*MAT_054、*MAT_055、*MAT_058 和*MAT_059 材料模型参数

材料参数	单向纤维/MPa	布/MPa
弹性模量（a 向）	160000	70000
弹性模量（b 向）	9000	70000
泊松比（ba）	0.01892	0.05
剪切模量（ab）	7620	7630
纵向拉伸强度（a 向）	2100	850

（续）

材料参数	单向纤维/MPa	布/MPa
纵向压缩强度（a 向）	1450	800
横向拉伸强度（b 向）	87	850
横向压缩强度（b 向）	180	800
剪切模量（ab 向）	170	113

SIVAKUMARA K KRISHNAMOORTHY, JOHANNES HÖPTNER, GUNDOLF KOPP, et al. Prediction of structural response of FRP composites for conceptual design of vehicles under impact loading [C]. 8th European LS-DYNA Conference, Strasburg, 2011.

Carbon/Vinyl Ester Composites

表 13-18 *MAT_OTHOTROPIC_THERMAL 模型参数

参数	纤维	中间相	基体
E_1,E_2/GPa	21	2.11	3.38
E_3/GPa	241	2.11	3.38
v_{12},v_{13}	0.2	0.356	0.356
v_{23}	0.25	0.356	0.356
G_{12}/GPa	8.3	0.778	1.246
G_{13},G_{23}/GPa	21	0.778	1.246
α_1,α_2 /(10^{-6}℃$^{-1}$)	8.5	变量	80
α_3 /(10^{-6}℃$^{-1}$)	0	0	0
ρ /(g/cm^3)	1.78	1.16	1.12

MASE TOM, XU LANHONG, DRZAL LAWRENCE T. Simulation of Cure Volume Shrinkage Stresses on Carbon/Vinyl Ester Composites in Microindentation Testing [C]. 8th International LS-DYNA Conference, Detroit, 2004.

CFRP(HEXCEL IM7/8552)laminates

表 13-19 基本材料参数

E_{11}/GPa	E_{22}/GPa	E_{33}/GPa	v_{12}	v_{23}	v_{31}	G_{12}/GPa	G_{23}/GPa	G_{31}/GPa
78.0	44.0	13.1	0.43	0.25	0.42	23.5	4.50	4.50

W RIEDEL. Vulnerability of Composite Aircraft Components to Fragmenting Warheads – Experimental Analysis, Material Modeling and Numerical Studies [C]. 20th International Symposium of Ballistics, Orlando, 2002.

CFRP(M55 J/XU3508)

表 13-20 AUTODYN 软件中的 ORTHO 材料模型、状态方程及失效参数

状态方程：ortho		强度模型：orthotropic yield		失效模型：orthotropic softening	
参数	取值	参数	取值	参数	取值
参考密度	1.52g/cm^3	A_{11}	1	拉伸失效应力 11	161.20MPa

（续）

状态方程：ortho		强度模型：orthotropic yield		失效模型：orthotropic softening	
参数	取值	参数	取值	参数	取值
弹性模量11	23.64GPa	A_{22}	0.1484	拉伸失效应力22	208.41MPa
弹性模量22	49.12GPa	A_{33}	0.5979	拉伸失效应力33	208.50MPa
弹性模量33	5.98GPa	A_{12}	−0.0615	最大剪切应力12	130.10MPa
泊松比12	0.054	A_{13}	0	最大剪切应力23	60.376MPa
泊松比23	0.421	A_{23}	−0.0625	最大剪切应力31	60.376MPa
泊松比31	0.0085	A_{44}	2.726	断裂能11	1E−6J/m^2
剪切模量12	14.88GPa	A_{55}	2.726	断裂能22	1E−6J/m^2
剪切模量23	2.86GPa	A_{66}	0.2647	断裂能33	420J/m^2
剪切模量31	2.86GPa	有效应力#1	115.93MPa	断裂能12	1360J/m^2
体积模量 A_1	10.22GPa	有效应力#2	128.64MPa	断裂能23	1E−6J/m^2
参数 A_2	6.88GPa	有效应力#3	141.35MPa	断裂能31	1E−6J/m^2
参数 A_3	6.85GPa	有效应力#4	154.05MPa		
参数 B_0	1.996	有效应力#5	162.77MPa		
参数 B_1	1.996	有效应力#6	171.03MPa		
参数 T_1	20.33GPa	有效应力#7	178.76MPa		
参数 T_2	6.88GPa	有效应力#8	184.99MPa		
		有效应力#9	191.23MPa		
		有效应力#10	197.46MPa		
		有效塑性应变#1	0		
		有效塑性应变#2	2.54E−4		
		有效塑性应变#3	5.09E−4		
		有效塑性应变#4	7.63E−4		
		有效塑性应变#5	0.00102		
		有效塑性应变#6	0.00127		
		有效塑性应变#7	0.00153		
		有效塑性应变#8	0.00178		
		有效塑性应变#9	0.00204		
		有效塑性应变#10	0.00229		

RYAN S, SCHÄFER F, GUYOTC M, et al. Characterizing the transient response of CFRP/Al HC spacecraft structures induced by space debris impact at hypervelocity [C]. International Journal of Impact Engineering, 2008,35: 1756-1763.

CFRP(unidirectional carbon/epoxy composite)

表 13-21　基本材料参数

密度 $\rho/(\mathrm{kg/m^3})$	纵向弹性模量 E_{xx}/GPa	横向弹性模量 E_{yy}/GPa	泊松比 ν_{xy}	剪切模量 G_{xy}/GPa
1500	119	9.2	0.28	4.6
纵向压缩强度 X_c/MPa	纵向拉伸强度 X_t/MPa	横向压缩强度 Y_c/MPa	横向拉伸强度 Y_t/MPa	面内剪切强度 S_c/MPa
1350	2005	194	69	80

YONG M, FALZON B G, IANNUCCI L. On the application of genetic algorithms for optimising composites against impact loading [J]. International Journal of Impact Engineering, 2008, 35: 1293-1302.

CFRP 复合材料

表 13-22　基本材料参数

参数	纵向拉伸强度 X_t/GPa	纵向压缩强度 X_c/GPa	纵向弹性模量 E_1/GPa	横向拉伸强度 Y_t/GPa	横向压缩强度 X_c/GPa	横向弹性模量 E_2/GPa	面内剪切模量 G_{12}/GPa	面内剪切强度 S/MPa	泊松比 ν_{12}
单向层	2.377	128	120	7.3	0.128	7.2	4.7	104	0.316
织物层	0.756	0.557	69	0.756	0.557	69	4.2	118	0.064

皮爱国，等. 中厚壁 CFRP 圆筒轴向压缩破坏模式试验研究 [C]. 第十届全国冲击动力学学术会议论文集, 2011.

超高分子量聚乙烯（UHMWPE）纤维

表 13-23　Johnson-Cook 模型及失效参数

A/MPa	B/MPa	n	C	m	D_1	D_2	D_3	D_4	D_5	T_m/K	T_r/K	$C_p/(\mathrm{J\cdot kg^{-1}\cdot K^{-1}})$
300	2100	0.777	1.32	2.43	0.18	0.11	0.001	1.32	0	423	298	2300

李伟，李晶，叶勇. UHMWPE 纤维层合板防弹性能数值分析研究 [J]. 兵器材料科学与工程, 2012, Vol. 35(4):84-87.

低密度聚氨酯泡沫

表 13-24　*MAT_LOW_DENSITY_FOAM 模型参数（单位制 mm-ms-kg）

MID	ρ	E	LCID	TC	HU
1	2.400E-7	0.25	1	0.04	0.5
A_1	A_2	A_3	A_4	A_5	A_6
0.01	0.02	0.04	0.06	0.08	0.10
O_1	O_2	O_3	O_4	O_5	O_6
3.1249999E-6	6.2499998E-6	7.4999998E-6	9.9999997E-6	1.1500000E-5	1.2500000E-5

（续）

A_7	A_8	A_9	A_{10}	A_{11}	A_{12}
0.12	0.14	0.16	0.18000001	0.20	0.22
O_7	O_8	O_9	O_{10}	O_{11}	O_{12}
1.3000000E−5	1.4000000E−5	1.4000000E−5	1.5000000E−5	1.6000000E−5	1.6000000E−5
A_{13}	A_{14}	A_{15}	A_{16}	A_{17}	A_{18}
0.23999999	0.25999999	0.28	0.30000001	0.31999999	0.34
O_{13}	O_{14}	O_{15}	O_{16}	O_{17}	O_{18}
1.7000000E−5	1.7000000E−5	1.7000000E−5	1.7000000E−5	1.8000001E−5	1.8750001E−5
A_{19}	A_{20}	A_{21}	A_{22}	A_{23}	A_{24}
0.36000001	0.38	0.40000001	0.41999999	0.44	0.46000001
O_{19}	O_{20}	O_{21}	O_{22}	O_{23}	O_{24}
1.9499999E−5	2.0250000E−5	2.1000000E−5	2.1750000E−5	2.2500000E−5	2.3250001E−5
A_{25}	A_{26}	A_{27}	A_{28}	A_{29}	A_{30}
0.47999999	0.5	0.51999998	0.54000002	0.56	0.57999998
O_{25}	O_{26}	O_{27}	O_{28}	O_{29}	O_{30}
2.4000001E−5	2.4499999E−5	2.4999999E−5	2.5500000E−5	2.6250000E−5	2.9500001E−5
A_{31}	A_{32}	A_{33}	A_{34}	A_{35}	A_{36}
0.60000002	0.62	0.63999999	0.66000003	0.68000001	0.88999999
O_{31}	O_{32}	O_{33}	O_{34}	O_{35}	O_{36}
3.2500000E−5	3.5500001E−5	3.8499998E−5	4.3749998E−5	4.9999999E−5	2.5200000E−4

https://www.lstc.com.

低密度聚氨酯泡沫（闭孔）

表 13-25　不同密度下的动态屈服强度

动态屈服强度 σ_Y	$\rho / (g / cm^3)$			
	0.0778	0.171	0.280	0.480
实验值/MPa	0.96±0.03	4.37±0.3	9.87±0.8	30.46±0.7
计算值/MPa	0.96	4.25	10.80	29.91

　　计算值是通过公式 $\sigma_Y = \sigma_0 (\rho / \rho_0)^A$ 得到的，这里 σ_0、ρ_0、A 分别取为 0.96MPa、0.0778g/cm^3 和 1.89。

　　林玉亮，等. 低密度聚氨酯泡沫压缩行为实验研究 [J]. 高压物理学报, 2006, 20(1): 88-92.

低密度聚亚氨酯泡沫

表 13-26　Gruneisen 状态方程参数

$\rho/(\mathrm{kg/m^3})$	$C_g/(\mathrm{m/s})$	S_1	γ_0
315	630	0.99	1.07

万军, 张振宇, 王志兵.低密度缓冲层对动能杆爆炸驱动影响的数值模拟研究 [J]. 北京理工大学学报, 2003, 23(增刊): 230–234.

STANLEY P MARSH. LASL shock hugoniot data [M]. University of California Press, California.

Dyneema SK-65 纤维

表 13-27　*MAT_ORTHOTROPIC_ELASTIC 材料模型参数

$\rho_0/(\mathrm{g/cm^3})$	E_a/GPa	E_b/GPa	E_c/GPa	$v_{ba},\ v_{ca},\ v_{cb}$	$G_{ba},\ G_{ca},\ G_{cb}$	$\sigma_u/$GPa
0.97	95	9.5	9.5	0	0.95	3.42

注：极限应力 σ_u 通过*MAT_ADD_EROSION 添加。

S CHOCRON. Modeling of Fabric Impact with High Speed Imaging and Nickel-Chromium Wires Validation [C]. 26th International Symposium on Ballistics, Miami, FL, 2011.

E-Glass/ Epoxy

表 13-28　*MAT_COMPOSITE_DAMAGE 模型参数（单位制 mm-s-ton-N）

MID	ρ	EA	EB	EC	PRBA	PRCA	PRCB
1	2.20E-9	38600.0	8270.0	8270.0	0.0557	0.0557	0.49

GAB	GBC	GCA	KFAIL	AOPT	MACF	A_1	A_2
4140.0	2100.0	4140.0	0.0	2.0	0.0	1.0	0.0

A_3	D_1	D_2	D_3	SC	XT	YT	YC
0.0	1.0	0.0	0.0	72.0	1062.0	31.0	118.0

http://www.dynaexamples.com.

E-Glass/Epoxy Laminate

表 13-29　基本材料参数

参数	经线	纬线
E_a/psi	5.55E6	1.53E6
E_b/psi	1.53E6	5.55E6
E_c/psi	1.53E6	1.53E6
G_{ab}/psi	5.74E5	5.74E5
G_{bc}/psi	3.55E5	5.74E5
G_{ca}/psi	5.74E5	3.55E5

（续）

参数	经线	纬线
PR_{ba}	0.0787	0.285
PR_{ca}	0.0787	0.4206
PR_{cb}	0.4206	0.0787
ρ /(lbf²/in)/in³	1.58E-4	

BHUSHAN S THATTE, GAUTAM S CHANDEKAR, AJIT D KELKAR, et al. Studies on Behavior of Carbon and Fiberglass Epoxy Composite Laminates under Low Velocity Impact Loading using LS-DYNA [C]. 10th International LS-DYNA Conference, Detroit, 2008.

E-Glass fiber fabric

表 13-30　*MAT_VISCOELASTIC_LOOSE_FABRIC 材料模型参数

材料属性		纱线特性	
密度 ρ /(g/cm³)	1.65	纱线宽度/mm	1.8
纵向弹性模量 E_{11} /GPa	35	纱线间距/mm	2
横向弹性模量 E_{22} /GPa	8.22	纱线厚度/mm	0.15
面内剪切模量 G_{12} /GPa	4.10	初始纤维角度/(°)	45
面内泊松比 ν_{12}	0.26	锁定角度/(°)	15
		转变角度/(°)	3

ALA TABIEI, RAGURAM MURUGESAN. Thermal Structural Forming & Manufacturing Simulation of Carbon and Glass Fiber Reinforced Plastics Composites [C]. 14th International LS-DYNA Conference Detroit, 2016.

电子词典零件材料

表 13-31　基本材料参数（单位制 ton-mm-s）

名称	密度	E	σ_0
上部结构			
BTDL	1.2E-9	2350	60
TPDL	1.2E-9	2350	60
Hinge	1.2E-9	3500	RIGID
LCD_BRKT	2.63E-9	50000	250
LCD	1.7E-9	64500	100
CA203	4.2E-9	10000	60
Bolts	7E-9	2E5	RIGID
下部结构			
名称	密度	E	σ_0
TPKB	1.1E-9	2350	60

（续）

下部结构			
名称	ρ	E	σ_0
BTKB	1.2E-9	2350	60
BTDR	1.2E-9	2350	60
BATTERY	3.5E-9	2E5	200
MB	2.8E-9	1E4	40
SPKR	1.4E-9	2E5	RIGID
Bolts	7E-9	2E5	RIGID
KNOB	1.2E-9	3500	RIGID
HOUSING	1.1E-9	2350	60

JU R, HSIAO B. Drop Simulation for Portable Electronic Products [C]. 8th International LS-DYNA Conference, Detroit, 2004.

EPOXY adhesive

表 13-32　AUTODYN 软件中的 von Mises 模型和 Polynomial 状态方程参数

Polynomial 状态方程					
参考密度/(g/cm^3)	体积模量 A_1/kPa	参数 A_2/kPa	参数 A_3/kPa	参数 B_0	参数 B_1
1.186	8.839E6	1.755E7	1.516E7	1.13	1.13
von Mises 强度模型					
剪切模量/kPa	屈服应力/kPa	等效塑性失效应变	参考温度/K		
4.08E6	4.00E4	3.0	2.93E2		

WERNER RIEDEL, NOBUAKI KAWAI, KEN-ICHI KONDO. Numerical assessment for impact strength measurements in concrete materials [C]. International Journal of Impact Engineering, 2009, 36: 283-293.

EPS 泡沫（发泡聚苯乙烯）

表 13-33　*MAT_CRUSHABLE_FOAM 材料模型参数

参数	描述	取值	单位
ρ	密度	2.2×10^{-11}	ton/mm^3
E	弹性模量	78	MPa
PR	泊松比	0	
TSC	拉伸截止应力	0.1	MPa
DAMP	阻尼	0.5	

OGUZHAN MULKOGLU, et al. Drop Test Simulation and Verification of a Dishwasher Mechanical Structure [C]. 10th European LS-DYNA Conference, Würzburg, 2015.

表 13-34 动态力学特性参数

$\rho/(kg/m^3)$	40	50	60
E/GPa	16	16	24
ν	0.01	0.01	0.01
拉伸强度/MPa	0.21	0.32	0.42

GAETANO CASERTA, LORENZO IANNUCCI, UGO GALVANETTO. Micromechanics analysis applied to the modelling of aluminium honeycomb and EPS foam composites [C]. 7th European LS-DYNA Conference, Salzburg, 2009.

酚醛树脂

表 13-35 *MAT_ELASTIC_PLASTIC_HYDRO 模型和 Gruneisen 状态方程参数

$\rho/(kg/m^3)$	G/GPa	σ_Y/MPa	Gruneisen 状态方程				
			$C_g/(m/s)$	S_1	S_2	S_3	γ_0
1196	2.4	50	1933	3.49	−8.2	9.6	0.61

叶小军. 数值模拟分析在选取战斗部缓冲材料时的应用 [J]. 微电子学与计算机, 2009, 26(4): 226-229.

FIBERGLASS

表 13-36 Gruneisen 状态方程参数

$\rho_0/(g/cm^3)$	G/GPa	σ_0/GPa	$C/(m/s)$	S_1	Γ
1.70	15	0.2	3016	1.005	1.01

LU J P. Simulation of aquarium tests for PBXW-115(AUST) [C]. Proceedings of the 12th International Detonation Symposium, San Diego, California, 2002.

Foam（汽车保险杠泡沫）

表 13-37 *MAT_CRUSHABLE_FOAM 模型参数（单位制 ton-mm-s）

MID	ρ	E	PR	LCID	TSC	
28	4.80E−12	6.6280	0.30	7	0.001	

*DEFINE_CURVE 定义曲线 7						
A_1	A_2	A_3	A_4	A_5	A_6	A_7
0.0	0.03	0.077	0.122	0.182	0.23100001	1.0
O_1	O_2	O_3	O_4	O_5	O_6	O_7
400.0	489.250	523.79998779	553.70001221	630.0	700.0	710.0

表 13-38 *MAT_SOIL_AND_FOAM 模型参数（单位制 ton-mm-s）

MID	ρ	G	KUN	A_0	A_1	A_2	PC
29	1.475E−10	688.0	1150.0	0.0	0.0	0.7225	−0.1724

（续）

EPS1	EPS2	EPS3	EPS4	EPS5			
0.0	0.01	0.016	0.02	0.03			
P_1	P_2	P_3	P_4	P_5			
0.0	0.955	1.875	2.565	4.709			

https://www.lstc.com.

Foam（汽车头部泡沫材料）

表 13-39　*MAT_LOW_DENSITY_FOAM 模型参数（单位制 kg-mm-ms）

MID	ρ	E	LCID	TC	HU	BETA	DAMP	SHAPE
7	1.0E-6	2.0	1	1.0E20	1.0	0.0	0.1	1.0

*DEFINE_CURVE 定义的曲线 1

LCID	SIDR	SFA	SFO					
1	0	1.0	0.8					
A_1	A_2	A_3	A_4	A_5	A_6	A_7	A_8	A_9
0.0	0.1101865	0.220373	0.8814922	0.910489	0.920951	0.935897	0.94337	0.950842
O_1	O_2	O_3	O_4	O_5	O_6	O_7	O_8	O_9
0.0	9.7184493E-5	1.764E-4	2.0E-4	4.9527199E-4	9.48956E-4	0.0020454	0.0026881	0.003482

A_{10}	A_{11}	A_{12}	A_{13}
0.956821	0.965788	0.971766	0.99
O_{10}	O_{11}	O_{12}	O_{13}
0.0042004	0.005259	0.0062041	0.01764

https://www.lstc.com.

Foam Insulation & Tile

表 13-40　基本材料参数

材料	$\rho\,/\,(\text{g}\,/\,\text{cm}^3)$	$E\,/\,\text{MPa}$	$\sigma_{\text{crush}}\,/\,\text{kPa}$	ν
Foam Insulation	0.03844	8.0	220	0
Tile	0.18	27.0	345	0

WALKER J D. Modeling Foam Insulation Impacts on the Space Shuttle Thermal Tiles [C]. 21st International Symposium of Ballistics, Adelaide, Australia, 2004.

Gelatin（明胶）

表 13-41 *MAT_ELASTIC_PLASTIC_HYDRO 模型参数

$\rho/(kg/m^3)$	E/kPa	E_t/kPa	σ_0/kPa
1030	850	10	220

表 13-42 *EOS_LINEAR_POLYNOMIAL 状态方程参数

C_0/GPa	C_1/GPa	C_2/GPa	C_3/GPa
0	2.38	7.14	11.9

WEN Y, XU C, WANG H S, et al. Impact of steel spheres on ballistic gelatin at moderate velocities [J]. International Journal of Impact Engineering, 2013, 62: 142-151.

表 13-43 *MAT_ELASTIC_PLASTIC_HYDRO 模型参数

$\rho/(kg/m^3)$	G/MPa	SIGY/MPa	EH	FS	CHARL
1030	0.85	0.22	0.014	0.9	0.0

表 13-44 *EOS_LINEAR_POLYNOMIAL 状态方程参数

C_1/MPa	C_2/MPa	C_3/MPa
2380	7140	11900

Pawel Zochowski, etc. Numerical Methods for the Analysis of Behind Armor Ballistic Trauma [C]. 12th European LS-DYNA Conference, Koblenz, Germany, 2019.

Glass fiber reinforced composite

表 13-45 *MAT_ENHANCED_COMPOSITE_DAMAGE 模型参数

纤维方向（轴向）弹性模量 E_A/MPa	36000
横向弹性模量 E_B/MPa	11000
泊松比 ν_{ba}	0.3
纤维方向（轴向）弹性模量 E_A/MPa	36000
剪切模量 G_{ab}/MPa	5000
剪切模量 G_{bc}/MPa	5500
剪切模量 G_{ca}/MPa	5500
$\rho/(kg/cm^3)$	0.00184
纤维方向（轴向）拉伸失效应力/MPa	1000
纤维方向（轴向）压缩失效应力/MPa	700
横向拉伸失效应力/MPa	80

（续）

横向拉伸压缩应力/MPa	180
平面剪切失效应力/MPa	55

表 13-46　层间增强玻璃纤维失效参数

连接面的法向失效应力/MPa	连接面的切向失效应力/MPa
80	55

MATTHIAS HORMANN. Simulation of the Crash Performance of Crash Boxes based on Advanced Thermoplastic Composite [C]. 5th European LS-DYNA Conference, Birmingham, 2005.

Glass fiber reinforced plastics（玻璃钢）

文献作者采用 DYTRAN 软件中的正交各向异性材料模型。采用最大应力失效准则，平面剪切失效应力为 1.2E8Pa；若子层失效，则横向剪切失效；纵向拉伸失效应力：1.3E8Pa；纵向压缩失效应力：7.5E8Pa；横向拉伸失效应力：1.2E8Pa；横向压缩失效应力：9.0E7Pa。

表 13-47　正交各向异性材料模型参数

密度/(kg/m^3)	1700
纵向（或纤维方向）弹性模量/Pa	8.5E9
横向（或基体方向）弹性模量/Pa	1.7E10
泊松比（纵向单轴加载）	0.1
平面剪切模量/Pa	3.0E9

王建刚，等. 球形钨破片侵彻复合靶板的有限元分析 [C]. 战斗部与毁伤效率委员会第十届学术年会论文集, 绵阳, 2007.261-266.

Glue（胶）

汽车保险杠与蜂窝材料之间的胶。

表 13-48　*MAT_MODIFIED_HONEYCOMB 模型参数（单位制 kg-mm-ms）

MID	ρ	E	PR	SIGY	VF	MU
2000009	1.0000E-6	0.200000	0.300000	0.200000	0.100000	0.200000
LCA	LCB	LCC	LCS	LCAB	LCBC	LCCA
2000004	2000004	2000004	0	2000005	2000005	2000005
EAAU	EBBU	ECCU	GABU	GBCU	GCAU	AOPT
0.2	0.2	0.2	0.1	0.1	0.1	2.0
XP	YP	ZP	A_1	A_2	A_3	
0.0	0.0	0.0	0.0	0.0	−1.0	
D_1	D_2	D_3	TSEF	SSEF	VREF	
0.0	1.0	0.0	0.95	0.44	0.1	

（续）

*DEFINE_CURVE 定义胶的压缩曲线 2000004

A_1	A_2			
0.0	0.999001			
O_1	O_2			
2.5740001E−4	2.5740001E−4			

*DEFINE_CURVE 胶的剪切定义曲线 2000005

A_1	A_2			
0.0	0.999001			
O_1	O_2			
2.2400002E−4	2.2400002E−4			

https://www.lstc.com.

HDPE（高密度聚乙烯）

表 13-49　Gruneisen 状态方程参数

$\rho_0 / (g / cm^3)$	$C / (m/s)$	S_1	S_2	S_3	Γ	α
0.954	3000	1.44	0.0	0.0	1.0	0.0

PAUL A URTIEW. Shock Initiation Experiments and Modeling of Composition B and C-4 [C]. Proceedings of the 13th International Detonation Symposium, Norfolk, VA, 2006.

Honeycomb

表 13-50　*MAT_HONEYCOMB 材料模型参数

参数	Honeycomb_245psi	Honeycomb_45psi
$\rho /(kg / m^3)$	85	26.2
E / MPa	68950	68950
ν	0.33	0.33
σ_Y / MPa	160	160
压实时的相对体积	0.031	0.009
E_{aau} / MPa	1020	172
E_{bbu} / MPa	340	57.2
E_{ccu} / MPa	340	57.2
E_{abu} / MPa	434	145
E_{bcu} / MPa	214	75
E_{cau} / MPa	434	145

ABDULLATIF K ZAOUK. Development and validation of a US side impact moveable deformable barrier FE model [C]. 3rd European LS-DYNA Conference, Paris, 2001.

Honeycomb（汽车头部蜂窝材料）

表 13-51 *MAT_MODIFIED_HONEYCOMB 模型参数（单位制 ton-mm-s）

MID	ρ	E	PR	SIGY	VF	MU
32	1.475E-10	2070.0	0.3	140.0	0.2	0.05
LCA	LCB	LCC	LCS	LCAB	LCBC	LCCA
14	14	14	14			
EAAU	EBBU	ECCU	GABU	GBCU	GCAU	AOPT
20.700001	20.700001	20.700001	2.1	2.1	2.1	0.0
XP	YP	ZP	A_1	A_2	A_3	
0.0	0.0	0.0	0.0	0.0	0.0	
D_1	D_2	D_3	TSEF	SSEF		
0.0	0.0	0.0	0.0	0.0		

*DEFINE_CURVE 定义曲线 14

A_1	A_2	A_3	A_4	A_5		
0.0	0.19000001	0.8	0.81	0.84		
O_1	O_2	O_3	O_4	O_5		
0.896	0.89600003	0.89700001	140.0	222.80000305		

https://www.lstc.com.

环氧树脂

表 13-52 SHOCK 状态方程参数

密度 $\rho/(\text{g}/\text{cm}^3)$	$C/(\text{cm}/\mu\text{s})$	S_1	Gruneisen 系数
1.186	0.273	1.493	1.13

Selected Hugoniots [R]. Los Alamos Scientific Laboratory, LA-4167-MS:[s.n.], 1 May 1969.

表 13-53 Gruneisen 状态方程参数

$\rho/(\text{kg}/\text{m}^3)$	$C/(\text{m}/\text{s})$	S_1	γ_0
1198	2678	1.52	1.13

王涛，等. 爆炸变形定向杀伤战斗部对预警机目标的毁伤效能评估 [C]. 第十五届全国战斗部与毁伤技术学术交流会论文集，北京，2017: 947-955.

表 13-54 基本材料参数（一）

材料	$\rho/(\text{kg}/\text{m}^3)$	E/MPa	强度 $\sigma_\text{b}/\text{MPa}$	膨胀波速 $C_\text{L}/(\text{m}/\text{s})$	膨胀波速 $C_\text{T}/(\text{m}/\text{s})$
纯环氧树脂	1163	2820	79.69	1806.7	1557
橡胶增韧环氧树脂	1186	3020	71.34	1851.4	1595
双酚增韧环氧树脂	1192	2710	72.63	1705.9	1509

葛东云，刘元镛，宁荣昌. 增韧环氧树脂的动态裂纹扩展研究 [J]. 实验力学，1999, 14(1): 60-68.

表 13-55 基本材料参数（二）

E / GPa	v	σ_Y / MPa	E_t / MPa
3	0.37	50	50

李智，游敏，孔凡荣. 基于 ANSYS 的两种胶粘剂劈裂接头数值模拟 [J]. 化学与粘合，2006, 28(5): 299-301.

IM7/8552 composite

表 13-56 *MAT_ENHANCED_COMPOSITE_DAMAGE、*MAT_LAMINATED_ COMPOSITE_FABRIC 和*MAT_LAMINATED_FRACTURE_ DAIMLER_CAMANHO 材料模型参数

描述	单位	取值	材料模型
密度 ρ	kg/mm³	1.58E-6	全部
纵向弹性模量 EA	MPa	165000	全部
横向弹性模量 EB	MPa	9000	全部
泊松比（次要）PRBA/PRCA		0.0185	全部
泊松比 cb，PRCB		0.5	全部
剪切模量 GAB/GCA	MPa	5600	全部
剪切模量 BC，GBC	MPa	2800	全部
纵向（纤维）压缩失效模式下断裂韧度 GXC	N/mm	79.9[①]	*MAT_262
纵向（纤维）拉伸失效模式下断裂韧度 GXT	N/mm	91.6[①]	*MAT_262
横向（纤维）压缩失效模式下断裂韧度 GYC	N/mm	0.76[①]	*MAT_262
横向（纤维）拉伸失效模式下断裂韧度 GYT	N/mm	0.2[②]	*MAT_262
面内剪切失效模式下断裂韧度 GSL	N/mm	0.8[②]	*MAT_262
纵向压缩强度 XC	MPa	1590	全部
纵向拉伸强度 XT	MPa	2560	全部
横向压缩强度 YC	MPa	185	全部
横向拉伸强度 YT	MPa	73	全部
剪切强度 SL	MPa	90	全部
纯横向压缩下断裂角度 FIO	deg.	53	*MAT_262
面内剪切屈服应力 SIGY	MPa	60	*MAT_262
面内剪切塑性切线模量 ETAN	MPa	750	*MAT_262
纵向压缩强度时的应变 E11C	–	0.011	*MAT_058
纵向拉伸强度时的应变 E11T	–	0.01551	*MAT_058

（续）

描述	单位	取值	材料模型
横向压缩强度时的应变 E22C	–	0.032	*MAT_058
横向拉伸强度时的应变 E22T	–	0.0081	*MAT_058
剪切强度时的工程剪切应变 GMS	–	0.05	*MAT_058

① 取自 T300/1034-C 复合材料。

② GYT=G_Ic，GSL=G_IIc。

表 13-57　*MAT_054 非物理参数（预校准值）

DFAIL_	TFAIL	EPS	SOFT	SOFT2	PFL	BETA
–	1E-7	0.55	0.57	无输入	100	0.00

SLIMT1	SLIMC1	SLIMT2	SLIMC2	SLIMS	FRBT	YCFAC
0.01	1.00	0.100	1.00	1.00	0.00	2.00

表 13-58　*MAT_058 非物理参数（预校准值）

TSIZE(s)	ERODS	SOFT	SLIMT1	SLIMC1	SLIMT2	SLIMC2	SLIMS
1E-7	−0.55	0.57	0.01	1.00	0.10	1.00	1.00

表 13-59　*MAT_262 非物理参数（预校准值）

D_F	EPS	SOFT	PFL	GXCO	GXTO	XCO	XTO
1	−0.55	0.57	100	1526	30.7	1272	25.6

ALEKSANDR CHERNIAEV, et al. Modeling the Axial Crush Response of CFRP Tubes using MAT054, MAT058 and MAT262 in LS-DYNA® [C]. 15th International LS-DYNA Conference, Detroit, 2018.

聚氨酯

表 13-60　SHOCK 状态方程参数

ρ/(g/cm³)	C/(cm/μs)	S_1	Gruneisen 系数
1.265	0.2486	1.577	1.55

Selected Hugoniots [R]. Los Alamos Scientific Laboratory, LA-4167-MS:[s.n.], 1 May 1969.

表 13-61　Johnson-Cook 本构模型参数

ρ/(kg/m³)	G/GPa	A/MPa	B/MPa	n	C	m
1100	2.2	50	0.0	1.0	0.0	0.0

表 13-62　Gruneisen 状态方程参数

K_1/GPa	K_2/GPa	K_3/GPa	Γ_0
6	35	2	0.8

TIMOTHY J HOLMQUIST, DOUGLAS W TEMPLETON, KRISHAN D BISHNOI. Constitutive modeling of aluminum nitride for large strain, high-strain rate, and high-pressure applications [J]. International Journal of Impact Engineering, 2001, 25: 211-231.

表 13-63　*MAT_PLASTIC_KINEMATIC 模型参数

ρ/(kg/m³)	E/GPa	PR	SIGY/MPa	ETAN/MPa	C/s⁻¹	P
1200	1.916	0.476	26	200	691.7	1.5

汪雅棋，等. 船用钢/聚氨酯夹层板动态压缩本构关系研究 [J]. 舰船科学技术, 2018,Vol. 40(9):89-94.

主要针对 SPS 结构的聚氨酯弹性体芯材在高应变率下的动态力学性能进行实验与分析，利用霍普金森压杆（SPHB）实验装置，通过实验数据分析方法得到聚氨酯弹性体材料在不同应变率下的应力-应变关系，讨论均匀性、试样尺寸等对结果的影响；并基于 Johnson-Cook 本构模型的实验修正，建立了聚氨酯弹性体材料在高应变率下不考虑温度影响的本构模型。

$$\sigma = (0.5 + 7\varepsilon^n)\left(1 + 0.265\ln\frac{\dot{\varepsilon}}{\dot{\varepsilon}_0}\right)$$

式中，$n = 0.9076e - 0.0011\dot{\varepsilon} + 0.134$，$\dot{\varepsilon}$ 为动态应变率，$\dot{\varepsilon} = 2.1 \times 10^{-3}$ 为初始应变率。

田阿利, 叶仁传, 沈超明.聚氨酯弹性体动态力学性能实验研究 [C]. 第十一届全国冲击动力学学术会议论文集, 西安, 2013.

表 13-64　基本材料参数

密度 ρ/(g/cm³)	剪切模量 G/kPa	泊松比 ν
1.1	5.91E7	0.45

JAMES L O'DANIEL, THEODOR KRAUTHAMMER KEVIN L KOUDELA, et al. An UNDEX response validation methodology [J]. International Journal of Impact Engineering, 2002, 27: 919‑937.

聚氨酯泡沫塑料

表 13-65　应力波加载下泡沫塑料动态性能

材料	应变率/s⁻¹	弹性模量/MPa	屈服强度/MPa
W-0.3	900	200	8.7
L-0.3	900	460	13.5
W-0.5	810	610	25.2
L-0.5	620	667	29.1

注：这里给出的弹性模量只作为参考值；W 和 L 分别表示无填料的普通泡沫塑料及玻璃纤维增强的泡沫塑料，其后的数值表示材料密度。

表 13-66　准静态加载实验确定的材料力学性能

材料	W-0.3	L-0.3	W-0.5	L-0.5
弹性模量/MPa	193	261	391	501
屈服强度/MPa	5.8	6.1	12.6	14.9

卢子兴，等. 聚氨酯泡沫塑料在应力波加载下的压缩力学性能研究 [J]. 爆炸与冲击, 1995, 15(4): 382-388.

聚苯乙烯

表 13-67　SHOCK 状态方程参数

$\rho/(g/cm^3)$	$C/(cm/\mu s)$	S_1	Gruneisen 系数
1.044	0.2746	1.319	1.18

Selected Hugoniots [R]. Los Alamos Scientific Laboratory, LA-4167-MS:[s.n.], 1 May 1969.

聚甲基丙烯酰亚胺

表 13-68　聚甲基丙烯酰亚胺（PMI）泡沫材料力学性能参数

$\rho/(kg/m^3)$	E/MPa	PR	G/MPa	ETAN/MPa
111.4	181.9	0.375	69.2	3.6

杨思远. 新型海上风电基础防撞装置耗能性能及机理分析 [D]. 哈尔滨：哈尔滨工程大学, 2018.

聚四氟乙烯

表 13-69　简化 Johnson-Cook 模型参数

A/MPa	B/MPa	n	C
15	38	0.3253	0.08528

伊建亚. 高聚物药型罩射流形成机理及应用研究 [D]. 太原：中北大学, 2018.

表 13-70　*MAT_ELASTIC_PLASTIC_HYDRO 模型参数

$\rho/(g/cm^3)$	G/GPa	SIGY/MPa
2.16	2.33	50

表 13-71　Gruneisen 状态方程参数（一）

$C/(m/s)$	S_1	GAMMA
1340	1.93	0.9

史志鑫. 串联毁伤元对斜置反应装甲目标的侵彻性能研究 [D]. 太原：中北大学, 2020.

表 13-72　SHOCK 状态方程参数

$\rho/(g/cm^3)$	$C/(cm/\mu s)$	S_1	Gruneisen 系数
2.153	0.1841	1.707	0.59

Selected Hugoniots [R]. Los Alamos Scientific Laboratory, LA-4167-MS:[s.n.], 1 May 1969.

表 13-73　Gruneisen 状态方程参数（二）

$\rho/(g/cm^3)$	$C/(m/s)$	S_1	S_2	S_3	γ_0	α
2.150	1680	1.123	3.98	−5.8	0.59	0.0

KEVIN S. Shock Initiation Experiments and Modeling on the TATB-Based Explosive RX-03-GO [C]. Proceedings of the 14th International Detonation Symposium, Coeur d'Alene, Idaho, 2010.

表 13-74　Gruneisen 状态方程参数（三）

$\rho_0/(g/cm^3)$	$C/(m/s)$	S_1	Γ
2.204	2081	1.623	1.5

TARIQ D ASLAM, JOHN B BDZIL. Numerical and Theoretical Investigations on Detonation Confinement Sandwich Tests [C]. Proceedings of the 13th International Detonation Symposium, Norfolk, VA, 2006.

表 13-75　Gruneisen 状态方程参数（四）

$\rho_0/(g/cm^3)$	$C/(m/s)$	S_1	S_2	S_3	Γ	α
2.15	1680	1.123	3.983	−5.797	0.59	0.0

PAUL A URTIEW. Shock Initiation Experiments and Modeling of Composition B, C-4, and ANFO [C]. Proceedings of the 13th International Detonation Symposium, Norfolk, VA, 2006.

表 13-76　*MAT_PLASTIC_KINEMATIC 模型参数

$\rho/(g/cm^3)$	E/GPa	PR	G/GPa	SIGY/MPa	BETA	FS
2.3	0.4	0.46	0.04	50	0.8	0.1

周浪. 触发引信弹道故障成因及机理研究 [D]. 南京：南京理工大学, 2019.

聚碳酸酯

表 13-77　*MAT_POWER_LAW_PLASTICITY 模型参数（单位制 m-kg-s）

ρ	E	PR	K	N	EPSF
1.1902E3	2.3442E9	0.38	1.1470E8	0.192058	3.0157

表 13-78　*MAT_SIMPLIFIED_JOHNSON_COOK 模型参数（单位制 m-kg-s）

ρ	E	PR	A	B	N	C	PSFAIL
1.1902E3	2.3442E9	0.38	4.6520E7	6.2207E7	0.328588	0.0	3.0157

http://www.varmintal.com/aengr.htm.

表 13-79　动态力学特性参数

$\rho/(kg/m^3)$	泊松比 ν	弹性模量 /MPa	动态屈服应力 /MPa	动态剪切应力 /MPa	极限拉伸应力 /MPa	极限拉伸应变
1200	0.4	2.3	62	86	70	1.2

HOU XIOFAN, WERNER GOLDSMITH. Projectile Perforation of Moving Plates: Experimental Investigation [J]. International Journal of Impact Engineering, 1996, 18(7-8): 859-875.

表 13-80 Johnson-Cook 本构模型参数

$\rho/(\mathrm{kg/m^3})$	E/GPa	G/GPa	K/GPa	$C_V/(\mathrm{J\cdot kg^{-1}\cdot K^{-1}})$
1220	2.59	0.93	4.2	1300
$C_{\mathrm{Longitudinal}}/(\mathrm{km/s})$	$C_{\mathrm{Shear}}/(\mathrm{km/s})$	T_r/K	T_m/K	热功转换系数 β
2.13	0.88	295	562	0.5
A/MPa	B/MPa	n	C	m
80	75	2	0.052001	0.548

表 13-81 Zerilli-Armstrong 本构模型参数

$\rho/(\mathrm{kg/m^3})$	$B_0/\mathrm{K^{-1}}$	$B_1/\mathrm{K^{-1}}$	B_{pa}/MPa	B_{opa}/MPa	$C_V/(\mathrm{J\cdot kg^{-1}\cdot K^{-1}})$
1220	0.006715948	0.00009503	550	48	1300
ω_a	ω_b	$\alpha_0/\mathrm{K^{-1}}$	$\alpha_1/\mathrm{K^{-1}}$	热功转换系数 β	
-8	-0.01	0.00655	0.00004	0.5	

DWIVEDI, AJMER, BRADLEY, et al. Mechanical Response of Polycarbonate with Strength Model Fits [R]. ADA566369, 2012.

利用 Taylor 圆柱实验（应变率 $10^3\mathrm{s^{-1}}$）测定了聚碳酸酯弹丸头部与刚性靶表面碰靶过程的应力-时间曲线，拟合了Cowper-Symonds 过应力模型参数：

$$\sigma_Y^D = \sigma_S\left[1+\left(\frac{\dot{\varepsilon}_p}{D}\right)^{\frac{1}{q}}\right] = 85\left[1+\left(\frac{\dot{\varepsilon}_p}{2800}\right)^{255}\right]$$

胡文军，等. 柱形聚碳酸酯弹丸撞击刚性靶的实验研究 [J]. 实验力学, 2006, 21(2): 157-164.

表 13-82 简化 Johnson-Cook 模型参数

A/MPa	B/MPa	n	C
84	33.28	3.1456	0.089

伊建亚. 高聚物药型罩射流形成机理及应用研究 [D]. 太原：中北大学, 2018.

聚亚氨酯

表 13-83 Gruneisen 状态方程参数（单位制 cm-g-μs）

$\rho/(\mathrm{kg/m^3})$	C	S_1	Γ_0
315	0.063	0.99	1.07

谢秋晨，等. 内衬材料对双聚焦战斗部破片飞散特性的影响 [C]. 第十三届全国战斗部与毁伤技术学术交流会论文集, 黄山, 2013, 284-288.

聚乙烯

表 13-84 *MAT_PLASTIC_KINEMATIC 模型参数

$\rho/(\mathrm{g/cm^3})$	E/GPa	PR	SIGY/MPa	$C/\mathrm{s^{-1}}$	P	FS
0.92	3.4	0.43	3	10	3.5	0.8

樊自建. 横向效应增强弹丸侵彻及破碎机理研究 [D]. 长沙：国防科技大学, 2016.

表 13-85　SHOCK 状态方程参数

$\rho/(g/cm^3)$	$C/(cm/\mu s)$	S_1	Gruneisen 系数
0.915	0.2901	1.481	1.64

Selected Hugoniots [R]. Los Alamos Scientific Laboratory, LA-4167-MS:[s.n.], 1 May 1969.

聚乙烯（类型 III）

表 13-86　*MAT_POWER_LAW_PLASTICITY 模型参数（单位制 m-kg-s）

ρ	E	PR	K	N	EPSF
1.2179E3	1.0342E9	0.45	5.6616E7	0.351723	2.9908

表 13-87　*MAT_SIMPLIFIED_JOHNSON_COOK 模型参数（单位制 m-kg-s）

ρ	E	PR	A	B	N	C	PSFAIL
1.2179E3	1.0342E9	0.45	6.7663E6	5.1707E7	0.444366	0.0	2.9908

http://www.varmintal.com/aengr.htm.

聚乙烯泡沫塑料

表 13-88　Johnson-Cook 模型参数

E/MPa	PR	T_m/K	T_r/K	A/kPa	B/kPa	n	C	m
1.6	0.4	393	293	10.18	0.3423	2.686	0.154	1

雷鹏, 等. 基于 Johnson-Cook 本构模型的 EPE 包装跌落冲击模拟 [J]. 包装工程, 2011, 39(19):70-74.

Kapton

表 13-89　Gruneisen 状态方程参数（一）

$\rho_0/(g/cm^3)$	$C/(m/s)$	S_1	S_2	S_3	Γ	α
1.38	2270	1.56	0.0	0.0	0.76	0.0

CRAIG M TARVER. Shock Initiation of the PETN-based Explosive LX-16 [C]. Proceedings of the 13th International Detonation Symposium, Norfolk, VA, 2006.

表 13-90　Gruneisen 状态方程参数（二）

$\rho_0/(g/cm^3)$	$C/(km/s)$	S_1	γ_0	α
1.414	2.741	1.41	0.76	0.0

CRAIG M TARVER, CHADD M MAY. Short Pulse Shock Initiation Experiments and Modeling on LX16, LX10, and Ultrafine TATB [C]. Proceedings of the 14th International Detonation Symposium, Coeur d' Alene, Idaho, 2010.

Kel-F 800

表 13-91　Gruneisen 状态方程参数

$\rho_0/(kg/m^3)$	$C/(m/s)$	S_1	Γ
2017	1745	1.993	1.097

CLEMENTS B, MARIUCESCU L, BROWN, E, et al. Kel-F 800 Experimental Characterization and Model Development [R], Los Alamos National Laboratory Report LA-UR-07-6404, 2007.

Kevlar

单位制：in（长度）-ms（时间）-Mlbf（力）-Mlbf-ms^2/in（质量）-Mpsi（应力）-Mlbf-in（能量）。

表 13-92 *MAT_DRY_FABRIC 模型参数

MID	ρ	EA	EB	GAB1	GAB2	GAB3	GBC
2	7.48E-5	4.68	4.68	6.0E-4	6.0E-3	5.0E-2	0.05
GCA	GAMAB1	GAMAB2	AOPT	V_1	V_2	V_3	EACRF
0.05	0.25	0.35	3	−0.2588	0	0.9659	0.06
EBCRF	EACRP	EBCRP	EASF	EBSF	EUNLF	ECOMF	EAMAX
0.20	0.0070	0.0025	−2.2	−5.6	1.5	0.005	0.0223
EBMAX	SIGPOST	CCE	PCE	CSE	PSE	DFAC	EMAX
0.0201	0.01	0.005	40.0	0.005	40.0	0.3	0.35
EAFAIL	EBFAIL						
0.2	0.2						

LS-DYNA Aerospace Working Group Modeling Guidelines Document [D]. LSTC, 2018.

表 13-93 *MAT_COMPOSITE_DAMAGE 模型参数

ρ	EA	EB	EC	PRBA	PRCA	PRCB	GAB	GBC	GCA	ALPH
1832	35.0E9	35.0E9	8.33E9	0.008	0.044	0.044	3.5E8	3.2E8	3.2E8	0~0.5
KFAIL	AOPT	MACF	XP	YP	ZP	A1	A2	A3	SZX	SN
2.2E9	0	3	0	0	0	0	0	0	1.8E9	9.0E9
V1	V2	V3	D_1	D_2	D_3	SC	XT	YT	YC	SYZ
0	0	0	0	0	0	25E6	0.725E9	0.725E9	0.69E9	1.08E9

王云聪, 何煌, 曾首义. Kevlar 纤维层合板抗弹性能的数值模拟 [J]. 四川兵工学报, 2011, 32(3):17-20.

表 13-94 *MAT_COMPOSITE_DAMAGE 模型参数

ρ_0/(kg/m^3)	E_a/GPa	E_b/GPa	E_c/GPa	G_{ab}/GPa	G_{bc}/GPa	G_{ca}/GPa
1850	78	42	42	3.15	1.25	3.15

卢江仁, 等. 轻质复合装甲抗侵彻性能的数值模拟研究 [C]. 第十二届全国战斗部与毁伤技术学术交流会论文集, 广州, 2011.610-613.

Kevlar-129

表 13-95 AUTODYN 软件中的 Ortho 状态方程及失效模型参数

状态方程：Ortho				
参考密度 /(g/cm^3)	弹性模量 11 /kPa	弹性模量 22 /kPa	弹性模量 33 /kPa	泊松比 12
1.65	1.7989E7	1.7989E7	1.9480E6	0.0800

（续）

泊松比 23	泊松比 31	剪切模量 12 /kPa	剪切模量 23 /kPa	剪切模量 31 /kPa		
0.6980	0.0756	1.85701E6	2.23500E5	2.23500E5		

强度模型：Elastic

剪切模量 /kPa				
1.85701E6				

失效模型：Stress/Strain

拉伸失效 应变 11	拉伸失效 应变 22	拉伸失效 应变 33		
0.06	0.06	0.02		

后失效选项：Orthotropic

残余剪切 强度分数	失效模式 11	失效模式 22	失效模式 33	失效模式 12	失效模式 23	失效模式 31
0.20	仅 11	仅 22	仅 33	仅 12 & 33	仅 23 & 33	仅 31 & 33

C Y THAM, V B C TAN, H P LEE. Ballistic impact of a KEVLAR helmet: Experiment and simulations [J]. International Journal of Impact Engineering, 2008, 35: 304−318.

Kevlar-129 fabric/epoxy

表 13-96　*MAT_PIECEWISE_LINEAR_PLASTICITY 材料模型参数

弹性模量 E/psi	泊松比 PRBA	屈服应力 SIGY/psi	应力-应变曲线
340000	0.3	7500	见图 13-1

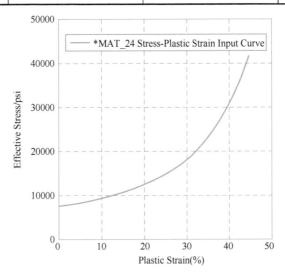

图 13-1　*MAT_24 材料模型输入应力-应变曲线

M SELEZNEVA, K BEHDINAN, C POON, et al. Use of LS-DYNA to Assess the Energy Absorption Performance of a Shell-Based Kevlar TM/Epoxy Composite Honeycomb [C]. 11th International LS-DYNA Conference, Detroit, 2010.

Kevlar 129 fabric

表 13-97　基本材料参数

E_1/GPa	E_2/GPa	G_{12}/GPa	G_{23}/GPa	ν_{12}	ν_{23}
99.1	7.4	2.5	5	0.2	0.2

ALA TABIEI, IVELIN IVANOV. COMPUTATIONAL MICRO-MECHANICAL MODEL OF FLEXIBLE WOVEN FABRIC FOR FINITE ELEMENT IMPACT SIMULATION [C]. 7th International LS-DYNA Conference Detroit, 2002.

Kevlar KM2 Yarns

表 13-98　*MAT_FABRIC 模型参数（单位制 m-kg-s）

*MAT_FABRIC，37%纤维体积占比							
MID	R_0	E_1	E_2	E_3	NU21	NU31	NU32
2	539.0	2.71E10	2.71E8	2.71E8	0.001	0.001	0.001
G_{12}	G_{23}	G_{31}					
2.718	2.71E8	2.71E8					

*MAT_FABRIC，75%纤维体积占比							
MID	R_0	E_1	E_2	E_3	NU21	NU31	NU32
2	1080.0	5.43E10	5.43E8	5.43E8	0.001	0.001	0.001
G_{12}	G23	G31					
5.43E8	5.43E8	5.43E8					

C-F YEN, B SCOTT, P DEHMER, et al. A Comparison Between Experiment and Numerical Simulation of Fabric Ballistic Impact [C]. 23rd International Symposium of Ballistics, Tarragona, Spain, 2007.

表 13-99　*MAT_FABRIC 材料模型参数（单位制 m-kg-s）

MID	R_0	E_1	E_2	E_3	NU21	NU31	NU32	G_{12}	G_{23}	G_{31}
2	1179.0	7.24E10	7.24E8	7.24E8	0.001	0.001	0.001	7.24E8	7.24E8	7.24E8

B R SCOTT, C-F YEN. Analytic Design Trends of Fabric Armor [C]. 22nd International Symposium of Ballistics, Vancouver, Canada, 2005.

表 13-100　*MAT_ORTHOTROPIC_ELASTIC 材料模型参数

密度/(kg/m³)	最大失效主应力/GPa	AOPT	E_{11}/GPa	E_{22}/GPa	E_{33}/GPa
764	3.5	0.0	0.62	0.62	0.62
G_{12}/GPa	G_{23}/GPa	G_{13}/GPa	ν_{12}	ν_{23}	ν_{13}
0.126	0.126	0.126	0.0	0.0	0.0

在该文中弹丸和 Kevlar 之间的动静摩擦系数为 $u_s = u_k = 0.18$，Kevlar 线之间的动静摩擦系数为 $u_s = 0.23$ 和 $u_k = 0.19$。

M P RAO, M KEEFE, NEWARK, B M POWERS, T A BOGETTI. A Simple Global/Local Approach to Modeling Ballistic Impact onto Woven Fabrics [C]. 10th International LS-DYNA Conference, Detroit, 2008.

Kevlar/乙烯基树脂 3D-OWC

利用 MTS 开展了准静态实验，包括面内经向和纬向的拉伸实验及面内和离面的压缩实验；利用 SHPB 开展了动态实验，包括离面方向的冲击压缩实验，得到材料的应力-应变关系。计算模型中 Kevlar/乙烯基树脂 3D-OWC 采用 *MAT_COMPOSITE_DMG_MSC 材料模型，并采用 Hashin 失效准则进行屈服判断。

表 13-101　*MAT_COMPOSITE_DMG_MSC 材料模型参数

ρ	E_1	E_2	E_3	v_{21}	v_{31}	v_{32}	G_{12}	G_{23}	G_{31}
1.29	0.184	0.184	0.102	0.14	0.08	0.08	0.08	0.08	0.047
S_{1T}	S_{1C}	S_{2T}	S_{2C}	S_{3T}	S_{3C}	SFS	S_{12}	S_{23}	S_{31}
4.2E-3	1.6E-3	3.6E-3	1.4E-3	2.0E-3	4.8E-3	2.4E-3	1.8E-3	1.8E-3	1.8E-3

余育苗. 三维正交机织复合材料力学性能研究 [D]. 合肥: 中国科学技术大学, 2008.

KM2 S5705 纤维

表 13-102　*MAT_ORTHOTROPIC_ELASTIC 材料模型参数

$\rho_0 / (\text{g} / \text{cm}^3)$	E_a/GPa	E_b/GPa	E_c/GPa	v_{ba}, v_{ca}, v_{cb}	G_{ba}, G_{ca}, G_{cb}	σ_u /GPa
1.44	80	8.0	8.0	0	0.8	3.4

注：极限应力 σ_u 通过*MAT_ADD_EROSION 添加。

S CHOCRON. Modeling of Fabric Impact with High Speed Imaging and Nickel-Chromium Wires Validation [C]. 26th International Symposium on Ballistics, Miami, FL, 2011.

LDPE（低密度聚乙烯）

表 13-103　*MAT_PLASTIC_KINEMATIC 材料模型参数

$\rho_0 / (\text{g} / \text{cm}^3)$	E / MPa	σ_s / MPa	v
0.91	722	14.98	0.4

秦翔宇，黄广炎，冯顺山. 冲击作用下金属-聚合物双层靶板的能量吸收 [C]. 第十四届战斗部与毁伤技术学术交流会，重庆，2013，588-591.

LiF

表 13-104　Gruneisen 状态方程参数

$\rho_0 /(\text{g} / \text{cm}^3)$	$C /(\text{km}/\text{s})$	S_1	γ_0	α
2.638	5.15	1.35	2.0	0.0

CRAIG M TARVER, CHADD M MAY. Short Pulse Shock Initiation Experiments and Modeling on LX16, LX10, and Ultrafine TATB [C]. Proceedings of the 14th International Detonation Symposium, Coeur d'Alene, Idaho, 2010.

表 13-105 AUTODYN 软件中的 SHOCK 状态方程和 Steinberg Guinan 模型参数

状态方程：shock			
密度	2.638g/cm³	参数 C	5150m/s
Gruneisen 系数	1.69	参数 S_1	1.35
强度模型：Steinberg Guinan			
剪切模量	4.90E7kPa	dG/dT	−3.028E4kPa
屈服应力	3.60E5kPa	dG/dY	0.018
最大屈服应力	3.60E5kPa	熔点	1480K
dG/dP	2.45		

X QUAN, R A CLEGG, M S COWLER, et al. Numerical simulation of long rods impacting silicon carbide targets using JH-1 model [J]. International Journal of Impact Engineering, 2006, 33: 634–644.

沥青混合料

表 13-106 基质沥青混合料 Johnson-Cook 模型参数

A/MPa	B/MPa	n	C	m
7.98	120.18	0.581	0.45	1.54

表 13-107 岩沥青改性沥青混合料 Johnson-Cook 模型参数

A/MPa	B/MPa	n	C	m
11.15	461.26	0.6808	0.41	1.62

何兆益, 汪凡, 朱磊, 等. 基于 Johnson-Cook 黏塑性模型的沥青路面车辙计算 [J]. 重庆交通大学学报: 自然科学版, 2010, 29(1): 49–53.

氯丁橡胶

表 13-108 SHOCK 状态方程参数

ρ/(g/cm³)	C/(cm/μs)	S_1	Gruneisen 系数
1.439	0.2785	1.419	1.39

Selected Hugoniots [R]. Los Alamos Scientific Laboratory, LA-4167-MS:[s.n.], 1 May 1969.

Michelin 轮胎橡胶

带曲线的详细Michelin 235/55/R19 101H Pilot STD4 Tread Static外胎*MAT_SIMPLIFIED_RUBBER/FOAM材料模型参数见附带文件M181-Michelin.k。

表 13-109 Michelin 235/55/R19 101H Pilot STD4 Tread Static 外胎*MAT_SIMPLIFIED_RUBBER/FOAM 模型参数（单位：kg-mm-ms）

ρ	KM	MU	G	SIGF	REF	PRTEN
1.1680E-6	3.07	0.1	0.0	0.0	1.0	0.495

（续）

SGL	SW	ST	LC/TBID	TENSION	RTYPE	AVGOPT
1.0	1.0	1.0	35	1.0	1.0	1.0

PR/BETA	LCUNLD	HU	SHAPE	STOL	VISCO	
0.0	0	0.9	100.0	0	0.0	

带曲线的详细Michelin 235/55/R19 101H Pilot内胎*MAT_SIMPLIFIED_RUBBER/FOAM
材料模型参数见附带文件M181-Michelin- Inner Liner.k。

表 13-110　Michelin 235/55/R19 101H Pilot 内胎*MAT_SIMPLIFIED_
RUBBER/FOAM 模型参数（单位：kg-mm-ms）

ρ	KM	MU	G	SIGF	REF	PRTEN
1.1680E-6	1.2	0.1	0.0	0.0	0.0	0.495

SGL	SW	ST	LC/TBID	TENSION	RTYPE	AVGOPT
1.0	1.0	1.0	37	1.0	1.0	1.0

PR/BETA	LCUNLD	HU	SHAPE	STOL	VISCO	
0.0	0	0.9	100.0	0	0.0	

ANSYS LST.

Mylar

表 13-111　Gruneisen 状态方程参数

ρ_0 /(g/cm^3)	C /(km/s)	S_1	γ_0	α
1.38	2.27	1.56	0.76	0.0

CRAIG M TARVER, CHADD M MAY. Short Pulse Shock Initiation Experiments and Modeling on LX16, LX10, and Ultrafine TATB [C]. Proceedings of the 14th International Detonation Symposium, Coeur d' Alene, Idaho, 2010.

Nylon（尼龙）

表 13-112　Shock 状态方程参数

参考密度 /(g/cm^3)	Gruneisen 系数 Γ	参数 C/(m/s)	参数 S_1	参考温度/K	比热容 /(J·kg^{-1}·K^{-1})	导热系数 /(W·m^{-1}·K^{-1})
1.140	0.87	2290	1.63	300	898.7	0.6

K LOFT, M C PRICE, M J COLE, et al. Impacts into metals targets at velocities greater than 1 km/s: A new online resource for the hypervelocity impact community and an illustration of the geometric change of debris cloud impact patterns with impact velocity [J]. International Journal of Impact Engineering, 2013, 56: 47-60.

表 13-113　简化 Johnson-Cook 模型参数

A/MPa	B/MPa	n	C
10.5	32.56	0.72702	0.2570

伊建亚. 高聚物药型罩射流形成机理及应用研究 [D]. 太原：中北大学, 2018.

表 13-114 尼龙弹带*MAT_PLASTIC_KINEMATIC 模型参数

$\rho/(kg/m^3)$	E/Pa	PR	SIGY/Pa	ETAN/Pa	BETA	C/s^{-1}	P
1140	1E9	0.29	90E6	120E6	0.62	3190	2.6

苗军，陶钢，王星红，等. 某无坐力炮不同弹带挤进过程差异性数值模拟分析 [J]. 兵器装备工程学报，2020,41(11):34-39.

表 13-115 Gruneisen 状态方程参数（单位制 cm-g-μs）

$\rho/(kg/m^3)$	C	S_1	Γ_0
1140	0.229	1.63	0.87

谢秋晨，等. 内衬材料对双聚焦战斗部破片飞散特性的影响 [C]. 第十三届全国战斗部与毁伤技术学术交流会论文集，黄山，2013, 284-288.

Nylon 6

表 13-116 *MAT_PLASTIC_KINEMATIC 模型参数

$\rho/(kg/m^3)$	E/GPa	v	σ_0/MPa	E_{tan}/MPa	F_S
1100	4.5	0.375	98	4.5	1.0

H S KIM K-S YEOM, S S KIM, et al. Numerical Simulation for the Front Section Effect of Missile Warhead on the Target Perforation [C]. 22nd International Symposium of Ballistics, Vancouver, Canada, 2005.

表 13-117 *MAT_ELASTIC_PLASTIC_HYDRO 模型和 Gruneisen 状态方程参数

$\rho/(kg/m^3)$	G/GPa	σ_Y/MPa	Gruneisen 状态方程				
			C_g/(m/s)	S_1	S_2	S_3	γ_0
1130	2.7	120	2570	1.85	1.07	0	1.07

叶小军. 数值模拟分析在选取战斗部缓冲材料时的应用 [J]. 微电子学与计算机，2009, 26(4): 226-229.

PA6

表 13-118 *MAT_ELASTIC_PLASTIC_THERMAL 模型参数（单位制 mm-kg-ms-kN-GPa）

MID	ρ						
4	1.6E-6						
T1	T2	T3	T4	T5	T6	T7	T8
0.0	296.0	333.0	423.0	450.0	500.0	550.0	5000.0
E1	E2	E3	E4	E5	E6	E7	E8
4.0E-5	3.0E-5	2.0E-5	1.0E-5	4.5E-6	1.2E-6	1.1E-6	1.1E-6
PR1	PR2	PR3	PR4	PR5	PR6	PR7	PR8
0.3	0.3	0.35	0.4	0.45	0.49	0.49	0.49
ALPHA1	ALPHA2	ALPHA3	ALPHA4	ALPHA5	ALPHA6	ALPHA7	ALPHA8
0.0	0.0	0.0	0.0	0.0	0.0	0.0	0.0
SIGY1	SIGY2	SIGY3	SIGY4	SIGY5	SIGY6	SIGY7	SIGY8
3.0E-6	2.0E-6	1.0E-6	5.0E-7	3.0E-7	2.0E-7	1.0E-7	5.0E-8

（续）

ETAN1	ETAN2	ETAN3	ETAN4	ETAN5	ETAN6	ETAN7	ETAN8
1.0E−6	7.5E−6	5.0E−6	4.0E−6	4.5E−7	1.2E−7	5.0E−8	1.0E−8

Miro Duhovic, etc. Development of a Process Simulation Model of a Pultrusion Line [C]. 12th European LS-DYNA Conference, Koblenz, Germany, 2019.

泡沫塑料

表 13-119　Gruneisen 状态方程参数（单位制 cm-g-μs）

ρ	C	S_1	Γ_0
1.265	0.2486	1.577	1.55

谢秋晨，等. 内衬材料对双聚焦战斗部破片飞散特性的影响 [C]. 第十三届全国战斗部与毁伤技术学术交流会论文集, 黄山, 2013, 284-288.

表 13-120　动态力学特性参数

$\rho/(kg/m^3)$	弹性模量 E/MPa		拉伸强度/MPa	
	实验值	理论值	实验值	理论值
480	579	491	12.8	13.2
586	667	674	13.5	18.3

卢子兴, 寇长河, 李怀祥. 泡沫塑料拉伸力学性能的研究 [J]. 北京航空航天大学学报, 1998, 24(6): 646-649.

PBO 纤维

表 13-121　***MAT_ORTHOTROPIC_ELASTIC 材料模型参数**

$\rho_0/(g/cm^3)$	E_a/GPa	E_b/GPa	E_c/GPa	$\nu_{ba}, \nu_{ca}, \nu_{cb}$	G_{ba}, G_{ca}, G_{cb}	σ_u/GPa
1.56	180	18	18	0	1.8	5.8

注：极限应力 σ_u 通过*MAT_ADD_EROSION 添加。

S CHOCRON. Modeling of Fabric Impact with High Speed Imaging and Nickel-Chromium Wires Validation [C]. 26th International Symposium on Ballistics, Miami, FL, 2011.

PEEK 工程塑料

表 13-122　**PEEK 工程塑料（聚醚醚酮）Johnson-Cook 模型参数**

$\rho/(kg/m^3)$	E/MPa	PR	A/MPa	B/MPa	n	C	m
1300	25	0.3	24.5	3.1	2.32	0.078	0.462

庄靖东. 聚醚醚酮板材热成型性能研究 [D]. 武汉：华中科技大学, 2015.

表 13-123　简化 Johnson-Cook 模型参数

A/MPa	B/MPa	n	C
71	15	5.11	0.015

户春影. 抽油泵多级软柱塞分级承压特性与试验研究 [D]. 大庆：东北石油大学, 2020.

Perspex

表 13-124　Gruneisen 状态方程参数

$\rho_0 / (\mathrm{g/cm^3})$	$C / (\mathrm{m/s})$	S_1	Γ_0	Γ_1
1.186	2598	1.516	0.0	0.97

NICHOLAS J WHITWORTH. Some issues regarding the hydrocode implementation of the crest reactive burn model [C]. 13th International Detonation Symposium, Norfolk, VA, 2006.

Plain weave S2-glass/epoxy laminates

表 13-125　*MAT_COMPOSITE_MSC 材料模型参数

参数	取值
密度 $\rho/(\mathrm{kg/mm^3})$	1.85E-6
拉伸模量 EA, EB, EC/GPa	27.1, 27.1, 12.0
泊松比 v_{21}, v_{31}, v_{32}	0.11, 0.18, 0.18
剪切模量 GAB, GBC, GCA/GPa	2.9, 2.14, 2.14
面内拉伸强度 SAT, SBT/GPa	0.604
面外拉伸强度 SCT/GPa	0.058
压缩强度 SAC, SBC/GPa	0.291
纤维压碎强度 SFC/GPa	0.85
纤维剪切强度 SFS/GPa	0.3
基体剪切强度 SAB, SBC, SCA/GPa	0.075, 0.058, 0.058
残余压缩强度缩放因子 SFFC	0.3
摩擦角 PHIC	10
损伤参数 AM1, AM2, AM3, AM4	0.6, 0.6, 0.5, 0.2
应变率参数 C_1	0.1
分层准则缩放因子 S_DELM	1.5
失效应变 E_LIMIT	1.2

L J DEKA, U K VAIDYA. LS-DYNA® Impact Simulation of Composite Sandwich Structures with Balsa Wood Core [C]. 10th International LS-DYNA Conference, Detroit, 2008.

Plain-woven PP/E-glass composite layer

表 13-126　*MAT_COMPOSITE_MSC 材料模型参数

密度/(kg/m³)	ρ	1850
弹性模量/GPa	E_{11}	14
	E_{22}	14
	E_{33}	5.3

（续）

剪切模量/GPa	G_{21}	1.8
	G_{31}	0.75
	G_{32}	0.75
泊松比	v_{21}	0.08
	v_{31}	0.14
	v_{32}	0.15
拉伸强度/GPa	X_T	0.45
	Y_T	0.45
	Z_T	0.15
压缩强度/GPa	X_C	0.25
	Y_C	0.25
基体剪切强度/GPa	S_{12}	0.032
	S_{23}	0.032
	S_{33}	0.032
纤维剪切强度/GPa	S_{FS}	0.3
纤维压碎强度/GPa	S_{FC}	0.5
E_limit		2.5
分层准则缩放因子	S	0.3
摩擦角	φ	20
应变率系数	C	0.024
纤维拉伸损伤参数	AM1	1

L J DEKA, S D BARTUS, U K. Vaidya. Damage Evolution and Energy Absorption of FRP Plates Subjected to Ballistic Impact Using a Numerical Model [C]. 9th International LS-DYNA Conference, Detroit, 2006.

Plastic（汽车头部保险杠塑料）

表 13-127   *MAT_PIECEWISE_LINEAR_PLASTICITY 模型参数（单位制 ton-mm-s）

ρ	E	PR	SIGY	ETAN
1.2000E-9	2800.0000	0.300000	45.000000	420.000

https://www.lstc.com.

Plastic（汽车尾部保险杠塑料）

表 13-128   *MAT_PIECEWISE_LINEAR_PLASTICITY 模型参数（单位制 ton-mm-s）

MID	ρ	E	PR	SIGY	LCSS		
26	1.2000E-9	2800.0000	0.300000	45.000000	12		
*DEFINE_CURVE 定义曲线 12							

（续）

A_1	A_2	A_3	A_4	A_5	A_6	A_7	A_8	A_9
0.0	0.039	0.086	0.17399999	0.255	0.329	0.36500001	0.39899999	1.0

O_1	O_2	O_3	O_4	O_5	O_6	O_7	O_8	O_9
80.0	97.0	108.0	121.0	136.0	151.	166.0	192.0	200.0

https://www.lstc.com.

plexiglas

表 13-129　Gruneisen 状态方程参数

C /(m/s)	S_l	Γ	C_V /(kJ·kg^{-1}·K^{-1})
2430	1.5785	1.0	1.4651

ALEXANDER GONOR, IRENE HOOTON. Generalized Steady-State Model of Heterogeneous Detonation with Non-Uniform Particles Heating [C]. Proceedings of the 13th International Detonation Symposium, Norfolk, VA, 2006.

PMMA

表 13-130　Gruneisen 状态方程参数（一）

ρ_0 /(g/cm^3)	C /(m/s)	S_l	Γ
1.186	2570	1.54	0.85

CRAIG M TARVER, ESTELLA M MCGUIRE. Reactive flow modeling of the interaction of TATB detonation waves with inert materials [C]. Proceedings of the 12th International Detonation Symposium, San Diego, California, 2002.

表 13-131　Gruneisen 状态方程参数（二）

ρ_0 /(g/cm^3)	C /(m/s)	S_l	Γ
1.186	3763	1.106	1.5

TARIQ D ASLAM, JOHN B BDZIL. Numerical and Theoretical Investigations on Detonation Confinement Sandwich Tests [C]. Proceedings of the 13th International Detonation Symposium, Norfolk, VA, 2006.

表 13-132　Gruneisen 状态方程参数（三）

ρ_0 /(kg/m^3)	C_0 /(m/s)	S_l	Γ	C_V /(J·kg^{-1}·K^{-1})
1190	2600	1.52	1	1200

GERARD BAUDIN, FABIEN PETITPAS, RICHARD SAUREL. Thermal non equilibrium modeling of the detonation waves in highly heterogeneous condensed HE: a multiphase approach for metalized high explosives [C]. Proceedings of the 14th International Detonation Symposium, Coeur d'Alene, Idaho, 2010.

表 13-133　Gruneisen 状态方程参数（四）

ρ_0 /(g/cm^3)	C /(m/s)	S_1	S_2	S_3	Γ	α
1.182	2180	2.088	−1.124	0.0	0.85	0.0

PAUL A URTIEW. Shock Initiation Experiments and Modeling of Composition B and C-4 [C]. Proceedings of the 13th International Detonation Symposium, Norfolk, VA, 2006.

表 13-134   **Gruneisen** 状态方程参数（五）

$\rho_0 / (\mathrm{g/cm^3})$	$C/(\mathrm{m/s})$	S_1	S_2	S_3	Γ	α
1.186	2570	1.54	0.0	0.0	0.85	0.0

CRAIG M TARVER. Shock Initiation of the PETN-based Explosive LX-16 [C]. Proceedings of the 13th International Detonation Symposium, Norfolk, VA, 2006.

表 13-135   **Gruneisen** 状态方程参数（六）

$\rho/(\mathrm{kg/m^3})$	$C/(\mathrm{km/s})$	S_1	γ_0
1186	2.598	1.516	0.97

陈进，等. 冲击波在有机玻璃中衰减规律研究 [C]. 第十二届全国战斗部与毁伤技术学术交流会论文集，广州，2011.183-188.

表 13-136   **Gruneisen** 状态方程参数（七）

$\rho/(\mathrm{kg/m^3})$	$C/(\mathrm{km/s})$	S_1	S_2	S_3	γ_0	A
1190	2.6	1.52	0	0	0.97	0

赵倩，等. 数值模拟 LX-04 大隔板试验 [C]. 第十届全国爆炸与安全技术会议论文集，昆明，2011，515-519.

表 13-137   ***MAT_DAMAGE_2** 材料模型参数

$\rho/(\mathrm{kg/m^3})$	E/GPa	ν	σ_s / MPa
1190	3.6	0.4	76

李志强，赵隆茂，刘晓明，等. 微爆索线型切割某战斗机舱盖的研究 [J]. 航空学报，2008, 29(4): 1049-1054.

表 13-138   ***MAT_JOHNSON_COOK** 模型参数

$\rho/(\mathrm{kg/m^3})$	E/GPa	PR	$C_P/(\mathrm{J \cdot kg^{-1} \cdot K^{-1}})$	A/MPa	B/MPa	n	C	m	T_m/K	T_r/K
1180	3	0.3	1500	186	451	2.3	0.06	0.89	425	293

王惠萍. PMMA 微铣削材料去除规律研究 [D]. 大连: 大连理工大学, 2020.

Polyurea（聚脲）

表 13-139   ***MAT_PIECEWISE_LINEAR_PLASTICITY** 模型参数

$\rho/(\mathrm{g/cm^3})$	E/MPa	PR	SIGY/MPa	ETAN/MPa
1.02	230	0.4	13.8	3.5

王小伟等. 聚脲弹性体复合夹层结构的防爆性能 [J]. 工程塑料应用，2017,45(5):63-68.

聚脲弹性体是一种超黏弹性体，具有明显的应变率效应，可以采用六参数的 Mooney-Rivlin 模型来表示,该模型采用左柯西张量不变量表示的应变能函数来描述超弹性材料的力学响应特性。模拟中为反映聚脲材料和黏结层的断裂失效现象，采用最大主应力失效准则，聚脲的最大失效应力选为30MPa，黏结层的最大失效应力为20MPa。

表 13-140 *MAT_HYPERELASTIC_RUBBER 模型参数

$\rho/(g/cm^3)$	PR	C10/Mbar	C01/Mbar	C11/Mbar	C20/Mbar	C02/Mbar	C30/Mbar
1.02	0.48	4.5E-5	0.7E-5	−0.3E-6	−0.2E-6	0.1E-7	0.2E-7

朱学亮. 聚脲金属复合结构抗冲击防护性能研究 [D].北京理工大学，2016.

表 13-141 动态力学特性参数

密度/(lb/ft³)	泊松比	弹性模量/psi	剪切模量/ psi	切线模量/ psi
90	0.4	34000	11620	3400
断裂伸长率	断裂应力/ psi	最大拉伸强度/psi	失效应变	
89%	2011	2039	0.8	

表 13-142 *MAT_PIECEWISE_LINEAR_PLASTICITY 模型参数

MID	ρ	E	PR	SIGY	ETAN	FAIL	LCSS
24	0.000135	34000.0	0.40	1400.0	3400.0	0.8	10001

*DEFINE_TABLE 定义四种应变率（对应的曲线），其后紧跟四条曲线（如图 13-2 所示）

VALUE1	VALUE2	VALUE3	VALUE4
0.5	5.0	55.0	400.0

*DEFINE_CURVE 定义应力-有效塑性应变曲线 1001（对应应变率 $0.5s^{-1}$）

A_1	A_2	A_3	A_4	A_5	A_6	...	A
0.002	0.004	0.006	0.008	0.010	0.012	...	1.25
O_1	O_2	O_3	O_4	O_5	O_6	...	O
100	191	274	350	421	488	...	10605

*DEFINE_CURVE 定义应力-有效塑性应变曲线 1002（对应应变率 $5s^{-1}$）

A_1	A_2	A_3	A_4	A_5	A_6	...	A
0.0	0.002	0.004	0.006	0.008	0.010	...	1.13
O_1	O_2	O_3	O_4	O_5	O_6	...	O
0.0	124	235	335	426	511	...	10122

*DEFINE_CURVE 定义应力-有效塑性应变曲线 1003（对应应变率 $55s^{-1}$）

A_1	A_2	A_3	A_4	A_5	...	A	A
0.0	0.002	0.004	0.006	0.008	...	0.88	0.92
O_1	O_2	O_3	O_4	O_5	...	O	O
0.0	118	225	325	421	...	6396	6785

*DEFINE_CURVE 定义应力-有效塑性应变曲线 1004（对应应变率 $400s^{-1}$）

A_1	A_2	...	A	A	A	A

（续）

0.002	0.004	...	0.41	0.44	0.47	0.53
O_1	O_2	...	O	O	O	O
90	183	...	4401	4537	4675	4962

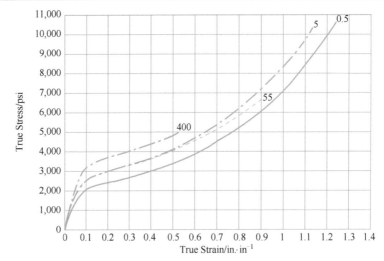

图 13-2　不同应变率下 Polyurea 的真实应力-应变曲线

DINAN, ROBERT J SUDAME, SUSHANT, DAVIDSON, JAMES S. Development of Computational Models and Input Sensitivity Study of Polymer Reinforced Concrete Masonry Walls Subjected to Blast [R]. ADA446367, 2004.

采用 Mooney-Rivlin 模型：

$$\psi = C_{10}(\bar{I}_1 - 3) + C_{01}(\bar{I}_2 - 3) + \frac{1}{d}(J-1)^2$$

式中，$C_{10} = 875.2\text{kPa}$，$C_{01} = 6321.3\text{kPa}$，$d = 4 \times 10^{-7}\text{kPa}^{-1}$。

KATHRYN ACKLAND, CHRISTOPHER ANDERSON, TUAN DUC NGO. Deformation of polyurea-coated steel plates under localised blast loading [J]. International Journal of Impact Engineering, 2013, 51: 13-22.

PP-TD20

PP-TD20 为滑石粉含量 20%的聚丙烯，简称 PP2。

表 13-143　简化 Johnson-Cook 模型参数

$\rho/(\text{g/cm}^3)$	E/MPa	PR	A/MPa	B/MPa	n	C
1.01	1.42E3	0.33	17.83	-4.252	0.555	0.0614

程国阳. 车用 PP-TD20 材料的动态力学性能及其数值仿真方法研究 [D]. 宁波：宁波大学, 2017.

PVB

表 13-144　PVB 夹胶*MAT_PIECEWISE_LINEAR_PLASTICITY 模型参数

$\rho/(\text{g/cm}^3)$	E/MPa	PR	SIGY/MPa	失效应力/MPa	失效应变	应力-应变曲线
1.1	530	0.485	11	28	2	见图 13-3

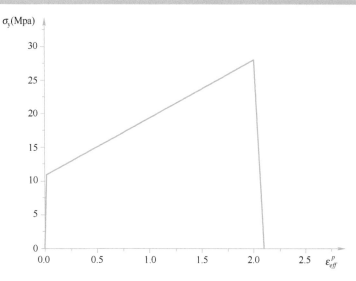

图 13-3 PVB 夹胶材料的应力-应变曲线

董尚委. 聚脲弹性体复合夹层结构的防爆性能 [D]. 北京：中国地震局工程力学研究所, 2019.

表 13-145 PVB（polyvinyl butyryl）的材料参数

密度/(kg/m³)	泊松比	屈服模量/MPa
1100	0.495	11

ZHANG XIHONG, HAO HONG, MA GUOWEI. Laboratory test and numerical simulation of laminated glass window vulnerability to debris impact [J]. International Journal of Impact Engineering, 2013, 55: 49-62.

PVC

表 13-146 *MAT_MODIFIED_PIECEWISE_LINEAR_PLASTICITY 模型参数（单位制 in-lb-s-psi）

*MAT_MODIFIED_PIECEWISE_LINEAR_PLASTICITY									
ρ/(lb/in³)	E/psi	PR	SIGY/psi	ETAN/psi	FAIL	LCSS			
0.03	443478	0.45	1000	50000	0.25	3451			
*DEFINE_TABLE 定义三种不同应变率（s⁻¹），并对应三条曲线									
1.00									
4.00									
45.0									
*DEFINE_CURVE 定义应力-有效应变曲线（对应应变率 1.00s⁻¹）									
A_1	A_2	A_3	A_4	A_5	A_6	A_7	A_8	A_9	A_{10}
0	0.004	0.006	0.008	0.01	0.014	0.018	0.022	0.026	0.03
O_1	O_2	O_3	O_4	O_5	O_6	O_7	O_8	O_9	O_{10}
0	375	520	675	745	900	1050	1200	1325	1400

（续）

*DEFINE_CURVE 定义应力-有效应变曲线（对应应变率 $4.00s^{-1}$）									
A_1	A_2	A_3	A_4	A_5	A_6	A_7	A_8	A_9	A_{10}
0	0.004	0.006	0.008	0.01	0.014	0.018	0.022	0.026	0.03
O_1	O_2	O_3	O_4	O_5	O_6	O_7	O_8	O_9	O_{10}
0	475	675	825	950	1200	1450	1675	1850	1925

*DEFINE_CURVE 定义应力-有效应变曲线（对应应变率 $45.00s^{-1}$）									
A_1	A_2	A_3	A_4	A_5	A_6	A_7	A_8	A_9	
0	0.004	0.006	0.008	0.01	0.014	0.018	0.022	0.026	
O_1	O_2	O_3	O_4	O_5	O_6	O_7	O_8	O_9	
0	600	950	1175	1475	1775	2100	2400	2650	

ANSYS LS-DYNA User's Guide [R]. ANSYS, 2008.

表 13-147　*MAT_ELASTIC 材料模型参数

$\rho/(kg/m^3)$	E/Pa	PR
1380	2.3E6	0.33

NESTOR N NSIAMPA, C ROBBE, A PAPY. Development of a thorax finite element model for thoracic injury assessment [C]. 8th European LS-DYNA Conference, Strasburg, 2011.

表 13-148　*MAT_PLASTIC_KINEMATIC 模型参数

$\rho/(kg/m^3)$	E/GPa	PR	SIGY/GPa
1380	2.41	0.383	0.08

秦华杨，郭三学. 闪光爆震弹冲击波效应模拟 [J]. 辽宁工程技术大学学报（自然科学版），2014,Vol. 33(11):1497-1501.

PVC（聚氯乙烯）泡沫

表 13-149　基本材料参数

$E_{11}, E_{22}, E_{33}/GPa$	v_{12}, v_{31}, v_{32}	$G_{12}, G_{31}, G_{32}/GPa$	$\rho/(kg/m^3)$
0.286	0.3	0.11	250

ROMIL TANOV, ALA TABIEI. New formulation for composite sandwich shell finite element [C]. 6th International LS-DYNA Conference, Detroit, 2000.

PW S-2 Glass/SC15

表 13-150　*MAT_COMPOSITE_DMG_MSC 模型参数

MID	$\rho/(kg/m^3)$	EA/GPa	EB/GPa	EC/GPa	PRBA	PRCA	PRCB
162	1850.00	27.50	27.50	27.50	0.11	0.18	0.18

（续）

GAB/GPa	GBC/GPa	GCA/GPa	AOPT	MACF			
2.90	2.14	2.14	2	1			
XP	YP	ZP	A_1	A_2	A_3		
0	0	0	1	0	0		
V_1	V_2	V_3	D_1	D_2	D_3	BETA	
0	0	0	0	1	0	0	
SAT/MPa	SAC/MPa	SBT/MPa	SBC/MPa	SCT/MPa	SFC/MPa	SFS/MPa	SAB/MPa
600	300	600	300	50	800	250	75
OMGMX	ECRSF	EEXPN	CERATE1	AM1			
0.999	0.001	4.0	0.030	2.00			
AM2	AM3	AM4	CERATE2	CERATE3	CERATE4		
2.00	0.50	0.35	0.000	0.030	0.030		

GAMA, B A, BOGETTI, T A, GILLESPIE JR, J W Impact, Damage and Penetration Modeling of Thick-Section Composites using LS-DYNA MAT 162. Proceedings of the 24th ASC Annual Technical Conference. Newark, Delaware, September 15-17, 2009.

XIAO J R, GAMA B A, GILLESPIE JR J W. Progressive Damage Delamination in Plain Weave S-2 Glass/SC-15 Composites under Quasi-Static Punch-Shear Loading [J]. Composite Structures, 2007(78): 182-196.

气囊纤维

表 13-151　*MAT_FABRIC 模型参数（单位制 in-s-psi）

ρ	EA	EB	EC	PRBA	PRCA	PRCB	GAB	GBC	GCA
1.00E-4	2.00E6	2.00E6	2.00E6	0.35	0.35	0.35	1.53E6	1.53E6	1.53E6

https://www.lstc.com.

Rubber（橡胶）

表 13-152　*MAT_BLATZ-KO_RUBBER 材料模型参数（一）

$\rho/(kg/m^3)$	G/MPa
1975	24

https://www.lstc.com.

表 13-153　*MAT_BLATZ-KO_RUBBER 材料模型参数（二）

$\rho/(kg/m^3)$	G/MPa
1270	24

https://www.lstc.com.

橡胶的本构关系通常采用 MOONEY 模型，其应变能为：

$$W = C_1(I_1 - 3) + C_2(I_2 - 3)$$

式中，I_1 和 I_2 分别为第一、第二应变不变量，C_1 和 C_2 为橡胶的材料常数，可取 $C_1 = 7E/48$，$C_2 = E/48$，E 为橡胶材料的初始弹性模量。典型的橡胶弹性模量可取 2~10MPa。

高剑虹，杨晓翔. 橡胶-钢球支座非线性有限元分析 [J]. 机械研究与应用，2007，20(6): 18-20.

表 13-154 比热容拟合公式

胶料名称	拟合公式	适用温度范围
胎冠基部胶	$C_p = 1.30067 + 0.00333T$	20℃≤T≤105℃
尼龙冠带层胶	$C_p = 1.42438 + 0.00432T$	20℃≤T≤105℃
胎侧胶护胶	$C_p = 1.16987 + 0.00497T$	20℃≤T≤105℃
三角胶芯胶	$C_p = 1.31709 + 0.00559T$	20℃≤T≤105℃

何燕，崔琪，马连湘. 利用激光法测量橡胶材料的热扩散系数及比热容 [J]. 特种橡胶制品，2005，26(6): 48-54.

表 13-155 *MAT_HYPERELASTIC_RUBBER 模型参数

ρ	PR	C_{10}/Mbar	C_{01}/Mbar	C_{11}/Mbar	C_{20}/Mbar	C_{02}/Mbar
1.254	0.4999	−6.038E−7	1.1E−6	−0.1618E−8	2.43E−8	0.111E−6

https://www.lstc.com.

表 13-156 *MAT_MOONEY-RIVLIN_RUBBER 模型参数（单位制 g-mm-ms）（一）

MID	ρ	PR	A	B
1	1.32000E−3	0.4950000	0.4367550	0.0267990

https://www.lstc.com.

表 13-157 *MAT_MOONEY-RIVLIN_RUBBER 模型参数（单位制 cm-g-μs）（二）

MID	ρ	PR	A	B	REF
4	1.01	0.499	0.013292	0.00263	0.0

https://www.lstc.com.

表 13-158 *MAT_FRAZER_NASH_RUBBER_MODEL 模型参数（单位制 kg-mm-ms）

MID	ρ	PR	C_{100}	C_{200}	C_{300}	
1	1.254E−6	0.495	1.0	0.0		
C_{110}	C_{210}	C_{010}	C_{020}	EXIT	EMAX	EMIN
1.0	0.0	1.0	1.0	1.0	0.9	−0.9
SGL	SW	ST	LCID			
1.0	1.0	1.0	2			

（续）

*DEFINE_CURVE 定义曲线 2						
A_1	A_2	A_3	A_4	A_5	A_6	A_7
0.0	6.07299991E−3	1.24500003E−2	1.88100003E−2	2.53199991E−2	3.11200004E−2	3.71199995E−2
O_1	O_2	O_3	O_4	O_5	O_6	O_7
0.0	3.59800004E−4	6.25399989E−4	8.85999994E−4	1.24600006E−3	1.71500002E−3	2.40099989E−3
A_8	A_9	A_{10}	A_{11}	A_{12}	A_{13}	A_{14}
4.32099998E−2	4.92900014E−2	5.42900003E−2	5.93000017E−2	6.43299967E−2	6.94399998E−2	7.27799982E−2
O_8	O_9	O_{10}	O_{11}	O_{12}	O_{13}	O_{14}
3.35399993E−3	4.59800009E−3	5.86300017E−3	7.36099994E−3	9.10999998E−3	1.11400001E−2	1.26200002E−2
A_{15}	A_{16}	A_{17}	A_{18}	A_{19}	A_{20}	A_{21}
7.60900006E−2	7.94499964E−2	8.28600004E−2	8.40499997E−2	8.52300003E−2	8.64199996E−2	8.76099989E−2
O_{15}	O_{16}	O_{17}	O_{18}	O_{19}	O_{20}	O_{21}
1.41899996E−2	1.59000009E−2	1.77500006E−2	1.84300002E−2	1.91099998E−2	1.98199991E−2	2.05400009E−2
A_{22}						
1.08700001						
O_{22}						
2.01999998						

www.dynaexamples.com.

表 13-159 *MAT_MOONEY−RIVLIN_RUBBER 模型参数（单位制 in−lb−s−psi）

ρ/(lb/in^3)	PR	A/psi	B/psi
1.8E−3	0.499	80	20

ANSYS LS−DYNA User's Guide [R]. ANSYS, 2008.

表 13-160   *MAT_BLATZ−KO_RUBBER 材料模型参数（三）

ρ/(kg/m^3)	G/Pa
1150	1.04E9

ANSYS LS−DYNA User's Guide [R]. ANSYS, 2008.

Rubber（轮胎用橡胶）

表 13-161   *MAT_PIECEWISE_LINEAR_PLASTICITY 模型参数

ρ/(kg/mm^3)	E/GPa	PR	SIGY/GPa		
4.05980−6	2.461	0.323	0.025		
EPS1	EPS2	EPS3	EPS4	EPS5	EPS6
0.000	0.010	0.029	0.070	0.400	1.000

（续）

ES1/GPa	ES2/GPa	ES3/GPa	ES4/GPa	ES5/GPa	ES6/GPa
0.000	0.025	0.030	0.033	0.036	0.030

https://www.lstc.com.

润滑油

表 13-162　*MAT_NULL 模型参数

ρ/(g/mm^3)	PC/MPa
0.93E-3	−0.1

表 13-163　*EOS_GRUNEISEN 状态方程参数

C/(mm/ms)	S_1
1647	2.48

https://www.lstc.com.

S2-glass/epoxy

表 13-164　*MAT_COMPOSITE_MSC 材料模型参数

密度/(kg/m^3)	ρ	1783
弹性模量/GPa	E_x	24.1
	E_y	24.1
	E_z	10.4
剪切模量/GPa	G_{xy}	5.9
	G_{yz}	5.9
	G_{zx}	5.9
泊松比	ν_{xy}	0.12
	ν_{yz}	0.4
	ν_{zx}	0.4
拉伸强度/GPa	S_{xT}	0.59
	S_{yT}	0.59
	S_{zT}	0.069
压缩强度/GPa	S_{xC}	0.35
	S_{yC}	0.35
基体剪切强度/GPa	S_{12}	0.0483
	S_{23}	0.0483
	S_{31}	0.0483

（续）

纤维剪切强度/GPa	S_{FS}	0.55
纤维压碎强度/GPa	S_{FC}	0.69
S_{xCR}/GPa	S_{yCR}	0.1
S_{yCR}/GPa	S_{xCR}	0.1
摩擦角	φ	20°

RAJAN SRIRAM, UDAY K VAIDYA. Blast Impact on Aluminum Foam Composite Sandwich Panels [C]. 8th International LS-DYNA Conference, Detroit, 2004.

S2-glass/epoxy plain weave layer

表 13-165 *MAT_COMPOSITE_MSC 模型参数

ρ/(kg/m³)	E_x/GPa	E_y/GPa	E_z/GPa	G_{xy}/GPa	G_{yz}/GPa	G_{zx}/GPa	v_{xy}	v_{yz}
1783	24.1	24.1	10.4	5.9	5.9	5.9	0.12	0.4
v_{zx}	S_{xT}/GPa	S_{yT}/GPa	S_{zT}/GPa	S_{xC}/GPa	S_{yC}/GPa	S_{xy}/GPa	S_{yz}/GPa	S_{zx}/GPa
0.4	0.59	0.59	0.069	0.35	0.35	0.0483	0.0483	0.0483
S_{FS}/GPa	S_{FC}/GPa	S_{yCR}/GPa	S_{xCR}/GPa	φ	S	C	m	
0.55	0.69	0.1	0.1	40	1.4	0.1	4	

YEN CHIAN-FONG. Ballistic Impact Modeling of Composite Materials [C]. 7th International LS-DYNA Conference, Detroit, 2002.

S2-glass/epoxy prepreg

表 13-166 动态力学特性参数

参数	符号	UD S2-Glass/epoxy prepreg
密度/(kg/m³)	ρ	2000
泊松比	PRBA(v_{21})	0.0575
	PRCA(v_{31})	0.0575
	PRCB(v_{32})	0.33
弹性模量/GPa	EA(E_1)	54
	EB(E_2)	9.4
	EC(E_3)	9.4
剪切模量/GPa	GAB(G_{12})	5.6
	GBC(G_{23})	5.6
	GCA(G_{31})	5.6
剪切强度/MPa	SC	76
纵向拉伸强度/MPa	XT	1900

（续）

参数	符号	UD S2-Glass/epoxy prepreg
横向拉伸强度/MPa	YT	57
横向压缩强度/MPa	YC	285

A SEYED YAGHOUBI, B LIAW. Effect of lay-up orientation on ballistic impact behaviors of GLARE 5 FML beams [J]. International Journal of Impact Engineering, 2013, 54: 138-148.

S2-glass/SC15 Composite laminates

表 13-167 *MAT_COMPOSITE_DMG_MSC 模型参数（单位制 m-kg-s）（一）

MID	ρ	EA	EB	EC	PRBA	PRCA	PRCB
162	1850	27.5	27.5	11.8	0.11	0.18	0.18
GAB	GBC	GCA	AOPT	MACF			
2.90	2.14	2.14	2	1			
XP	YP	ZP	A_1	A_2	A_3		
0	0	0	1	0	0		
V_1	V_2	V_3	D_1	D_2	D_3	BETA	
0	0	0	0	1	0	0	
SAT	SAC	SBT	SBC	SCT	SFC	SFS	SAB
600	300	600	300	50	800	250	75
SBC	SCA	SFFC	AMODEL	PHIC	E_LIMIT	S_DELM	
50	50	0.3	2	10	0.2	1.20	
OMGMX	ECRSH	EEXPN	CERATE1	AM1			
0.999	0.001	4.0	0.000	2.00			
AM2	AM3	AM4	CERATE2	CERATE3	CERATE4		
2.00	0.50	0.35	0.000	0.000	0.000		

BAZLE A. Progressive Damage Modeling of Plain-Weave Composites using LS-Dyna Composite Damage Model MAT162 [C]. 7th European LS-DYNA Conference, Salzburg, 2009.

表 13-168 *MAT_COMPOSITE_DMG_MSC 模型参数（单位制 m-kg-s）（二）

MID	ρ	EA	EB	EC	PRBA	PRCA	PRCB
162	1850	27.5	27.5	11.8	0.11	0.18	0.18
GAB	GBC	GCA	AOPT	MACF			
2.90	2.14	2.14	2	1			
XP	YP	ZP	A_1	A_2	A_3		
0	0	0	1	0	0		
V_1	V_2	V_3	D_1	D_2	D_3	BETA	
0	0	0	0	1	0	0	

（续）

SAT	SAC	SBT	SBC	SCT	SFC	SFS	SAB
604	291	604	291	472	800	500	58

SBC	SCA	SFFC	AMODEL	PHIC	E_LIMIT	S_DELM	
58	58	0.3	2	20	1.3	1.50	

OMGMX	ECRSH	EEXPN	CERATE1	AM1			
0.999	0.1	2.0	0.000	4.00			

AM2	AM3	AM4	CERATE2	CERATE3	CERATE4		
4.00	4.00	4.00	0.000	0.000	0.000		

GILLESPIE JR, JOHN W, YEN, CHIAN-FONG, HAQUE, MD J, et al. Experimental and Numerical Investigations on Damage and Delamination in Thick Plain Weave S-2 Glass Composites Under Quasi-Static Punch Shear Loading [R]. ADA421310, 2004.

S2 glass Twill weave (vinyl ester)

表 13-169　*MAT_COMPOSITE_DAMAGE 材料模型参数

$\rho/(\text{kg}/\text{m}^3)$	E_1/GPa	E_2/GPa	E_3/GPa	G_{12}/GPa
2530	53.03	50	15.03	20.01
G_{23}/GPa	G_{31}/GPa	v_{12}	v_{23}	v_{31}
15.03	15.03	0.27	0.3	0.3

MAHFUZ HASSAN, ZHU YUEHUI, HAQUE ANWARUL. Investigation of high-velocity impact on integral armor using finite element method [J]. International Journal of Impact Engineering, 2000, 24: 203-217.

S2 plane weave

表 13-170　*MAT_COMPOSITE_DAMAGE 材料模型参数

$\rho/(\text{kg}/\text{m}^3)$	E_1/GPa	E_2/GPa	E_3/GPa	G_{12}/GPa
2530	56	56	15.03	25.05
G_{23}/GPa	G_{31}/GPa	v_{12}	v_{23}	v_{31}
20.01	20.01	0.27	0.3	0.3

MAHFUZ HASSAN, ZHU YUEHUI, HAQUE ANWARUL. Investigation of high-velocity impact on integral armor using finite element method [J]. International Journal of Impact Engineering, 2000, 24: 203-217.

石蜡

表 13-171　SHOCK 状态方程参数

密度 $\rho/(\text{g}/\text{cm}^3)$	$C/(\text{cm}/\mu\text{s})$	S_1	Gruneisen 系数
0.918	0.2908	1.56	1.18

Selected Hugoniots [R]. Los Alamos Scientific Laboratory, LA-4167-MS:[s.n.], 1 May 1969.

手机液晶显示屏

表 13-172　基本材料参数

部件	E/MPa	v	$\rho/(ton/mm^3)$
LCD glass	77080.3	0.22	2.51E-9
Polarizer	3000	0.37	1.3 E-9
Driver	169799.2	0.066	2.324E-9
Mold	2665.4	0.3	1.31E-9
Light guide	2099.6	0.4	1.01E-9
Adhesive tape	200.1	-	3.0E-10

C LACROIX, GROUPE SAFRAN. Modelisation of screen rupture during a mobile phone free fall [C]. 6th European LS-DYNA Conference, Gothenburg, 2007.

SGP

表 13-173　SGP 夹胶*MAT_PLASTIC_KINEMATIC 模型参数

$\rho/(g/cm^3)$	E/MPa	PR	SIGY/MPa	ETAN/MPa	失效应变
0.95	1628	0.495	45.59	30.8	1.187

董尚委. 聚脲弹性体复合夹层结构的防爆性能 [D]. 北京: 中国地震局工程力学研究所, 2019.

Sintox FA(SFA)

表 13-174　基本材料参数

密度/(kg/m³)	阻抗/(MPa·m⁻¹·s)	E/GPa	G/GPa
3694	36.5	308	124

I M PICKUP. The effects of stress pulse characteristics on the defeat of armor piercing projectiles [C]. 19th International Symposium of Ballistics, Interlaken, Switzerland, 2001.

soap（肥皂）

表 13-175　*MAT_ELASTIC_PLASTIC_HYDRO 模型和
*EOS_LINEAR_POLYNOMAIL 状态方程参数

$\rho/(kg/m^3)$	E/MPa	σ_0/MPa	C_1	C_2	C_3	C_4
1100	0.1	0.22	0	2.38	7.14	11.9

樊壮卿，等. 爆轰驱动颗粒群侵彻肥皂靶终点弹道特性研究 [C]. 第十五届全国战斗部与毁伤技术学术交流会论文集, 北京, 2017.598-606.

T700/2592 composite

表 13-176　*MAT_LAMINATED_FRACTURE_DAIMLER_CAMANHO 模型参数

EA/GPa	XT/MPa	EB/GPa	PRBA	YT/MPa	GAB/GPa
129	3036	8.9	0.023	47.9	4.6

（续）

SIGY/MPa	ETAN/MPa	SL/MPa	XC/MPa	YC/MPa	PRCA
52	230	100	1301	148	0.023
PRCB	**GBC/GPa**	**GCA/GPa**	**GXT/(N/mm)**	**XTO/MPa**	**GXTO/(N/mm)**
0.4	3.2	4.6	131	353	52
GXC/(N/mm)	**XCO/MPa**	**GXCO/(N/mm)**	**GYT/(N/mm)**	**GSL/(N/mm)**	**GYC/(N/mm)**
66	181	32	0.28	1.4	2.3

Masato Nishi, et al. Modeling and Validation of Failure Behaviors of Composite Laminate Components using MAT_262 and User Defined Cohesive Model [C]. 16th International LS-DYNA Conference, Virtual Event, 2020.

T700S/PR520 composite

表 13-177　*MAT_RATE_SENSITIVE_COMPOSITE_FABRIC 材料模型参数

描述	取值
密度	0.0645 lbs/in^3
纵向弹性模量	6.904E6 lbs/in^2
横向弹性模量	6.092E6 lbs/in^2
泊松比	0.31
面内剪切模量	5.062E6 lbs/in^2
面外剪切模量	2.214E5 lbs/in^2
纵向压缩强度下的应变	0.018
纵向拉伸强度下的应变	0.021
横向压缩强度下的应变	0.012
横向拉伸强度下的应变	0.021
剪切强度下的应变	0.011
横向压缩强度	5.329E4 lbs/in^2
横向拉伸强度	1.418E5 lbs/in^2
纵向压缩强度	4.663E4 lbs/in^2
纵向拉伸强度	1.418E5 lbs/in^2
剪切强度	4.596E4 lbs/in^2

J MICHAEL PEREIRA, et al. Analysis and Testing of a Composite Fuselage Shield for Open Rotor Engine Blade-Out Protection [C]. 14th International LS-DYNA Conference, Detroit, 2016.

T800/3900 composite

表 13-178　基本材料参数

参数	取值（拉伸）	取值（压缩）
方向 1 模量 E_{11} / psi	23.5×10^6	18.7×10^6

（续）

参数	取值（拉伸）	取值（压缩）
方向 2 模量 E_{22} / psi	1.07×10^6	1.12×10^6
方向 3 模量 E_{33} / psi	9.66×10^5	1.04×10^6
面 1-2 剪切模量 G_{12} / psi	5.80×10^5	
面 2-3 剪切模量 G_{23} / psi	3.26×10^5	
面 1-3 剪切模量 G_{13} / psi	3.48×10^5	
泊松比 ν_{12}	0.317	0.342
泊松比 ν_{23}	0.484	0.728
泊松比 ν_{13}	0.655	0.578
泊松比 ν_{21}	0.0168	0.0207
泊松比 ν_{32}	0.439	0.676
泊松比 ν_{31}	0.027	0.032
密度 ρ / (slugs / in³)	1.457×10^{-4}	

表 13-179 层间内聚单元采用的*MAT_COHESIVE_MIXED_MODE(*MAT_138)材料模型参数

ρ / (slugs/in³)	EN/(lb/in)	ET/(lb/in)	GIC/(lb/in)	GIIC/(lb/in)	T/psi	S/psi
8.5×10^{-8}	6.16×10^8	6.16×10^8	4.28	14.50	4000	8000

LOUKHAM SHYAMSUNDER, et al. Using MAT213 for Simulation of High-Speed Impacts of Composite Structures [C]. 15th International LS-DYNA Conference Detroit, 2018.

T800/924 carbon/epoxy laminated composite

表 13-180 基本材料参数

E_{11} / GPa	E_{22} / GPa	G_{12} / GPa	ν_{12}	σ_{11} / MPa
168	9.5	5.3	0.3	2700
σ_{22} / MPa	τ_{22} / MPa	τ_{13} / MPa	τ_{23} / MPa	
75	234	85	85	

ZHANG X, DAVIES G A O, HITCHINGS D. Impact damage with compressive preload and post-impact compression of carbon composite plates [J]. International Journal of Impact Engineering, 1999, 22: 485-509.

碳纤维复合材料

表 13-181 基本材料参数

ρ / (kg / m³)	E_x / GPa	E_y / GPa	E_z / GPa	G_{XY} / GPa	G_{YZ} / GPa	G_{ZX} / GPa	面内泊松比
1700	133	30.65	10.4	22	1.0	4.0	0.29

梁斌，等. 不同壳体材料装药对爆破威力影响分析 [C]. 战斗部与毁伤效率委员会第十届学术年会论文集, 绵阳, 2007.80-86.

碳纤维束机织布

表 13-182　CDM 累积损伤失效模型参数

密度/(kg/mm³)	1.520E-6
弹性模量 E_x, E_y, E_z/GPa	42.884, 42.884, 10.304
泊松比 v_{xy}, v_{xz}, v_{yz}	0.2539, 0.2539, 0.1243
剪切模量 G_{xy}, G_{xz}, G_{yz}/GPa	17.1, 2.53, 2.53
平面内拉伸强度 S_{xT}, S_{yT}/GPa	2.604, 2.285
平面外拉伸强度 S_{zT}/GP	0.0599
压缩强度 S_{xC}, S_{yC}/GPa	2.634, 2.406
挤压强度 S_{FC}/GPa	0.2506

刘璐璐，等. 复合材料机匣受叶片撞击损伤过程研究 [C]. 第十届全国冲击动力学学术会议论文集，2011.

TiB₂/Al 复合材料

TiB2 颗粒增强相的体积分数为 55%。

表 13-183　Johnson-Cook 本构模型参数

A/MPa	B/MPa	n	C	m
345.4	628.7	0.73315	0.0128	1.5282

朱德智,陈维平，李元元，等. 铝基复合材料的绝热剪切失效机理分析 [J]. 稀有金属材料与工程，2011.40(增刊 2): 56-59.

透明合成树脂

表 13-184　Gruneisen 状态方程参数（单位制 cm-g-μs）

ρ	C	S_l	Γ_0
1.181	0.226	1.816	0.75

谢秋晨，等. 内衬材料对双聚焦战斗部破片飞散特性的影响 [C]. 第十三届全国战斗部与毁伤技术学术交流会论文集，黄山，2013，284-288.

Twintex(TPP60745AF)

这是一种由 E-glass 和 polypropene 组成的编织纤维复合材料。

表 13-185　*MAT_COMPOSITE_DMG_MSC 模型参数

参数	取值
密度 ρ/(g/cm³)	1.500
弹性模量 E_x, E_y/GPa	14, 14
厚度方向弹性模量 E_z/GPa	5.3
面内剪切模量 G_{xy}/GPa	1.79
面外剪切模量 G_{xz}, G_{yz}/GPa	1.52

（续）

参数	取值
泊松比 ν_{xy}, ν_{xz}, ν_{yz}	0.08, 0.14, 0.15
拉伸强度 S_{xT}, S_{yT}/GPa	0.269, 0.269
压缩强度 S_{xC}, S_{yC}/GPa	0.178, 0.178
厚度方向拉伸强度 S_{TT}/GPa	0.1
压碎强度 S_{crsh}/GPa	0.3
厚度方向剪切强度 S_{xz}, S_{YZ}/GPa	0.12
剪切强度 S_{xy}, S_{xz}, S_{YZ}/GPa	0.22
库伦摩擦角 Φ	20
分层准则缩放因子 r, S	1.0
应变率相关强度特性系数 C_1	0.024
应变率相关纵向模量系数 C_2	0.0066
应变率相关剪切模量系数 C_3	−0.07
应变率相关横向模量系数 C_4	0.0066

KEVIN BROWN, RICHARD BROOKS. Numerical simulation of damage in thermoplastic composite materials [C]. 5th European LS-DYNA Conference, Birmingham, 2005.

UD S-2 Glass/SC15

表 13-186　*MAT_COMPOSITE_DMG_MSC 材料模型参数

MID	ρ/(kg/m³)	E_1/GPa	E_2/GPa	E_3/GPa	ν_{21}	ν_{31}	ν_{32}
162	1850.00	64.00	11.80	11.80	0.0535	0.0535	0.449

G_{12}/GPa	G_{23}/GPa	G_{31}/GPa					
4.30	3.70	4.30					

$S_{1,T}$/MPa	$S_{1,C}$/MPa	$S_{2,T}$/MPa	$S_{2,C}$/MPa	$S_{3,T}$/MPa	S_{FC}/MPa	S_{FS}/MPa	S_{12}/MPa
1380.00	700.00	47.00	137.00	47.00	850.00	250.00	76.00

OMGMX	ECRSH	EEXPN	CERATE1	AM1			
0.999	0.005	2.000	0.030	100.00			

AM2	AM3	AM4	CERATE2	CERATE3	CERATE4		
10.00	1.00	0.10	0.000	0.030	0.030		

BAZLE Z HAQUE, JOHN W GILLESPIE JR. Rate Dependent Progressive Composite Damage Modeling using MAT162 in LS-DYNA® [C]. 13th International LS-DYNA Conference, Dearborn, 2014.

UMS2526/Krempel BD laminate

各向异性材料参数中的理论值是通过微细观力学模型计算得出的。

表 13-187　各向异性材料模型参数理论值和实验值

参数	理论值	实验值
参考密度/(g/cm³)	1.516	1.563
弹性模量 11/GPa	79.24	72.90
弹性模量 22/GPa	30.25	22.89
弹性模量 33/GPa	8.71	9.07
泊松比 12	0.84	0.77
泊松比 23	0.33	0.55
泊松比 31	0.0071	0.0187
剪切模量 12/GPa	36.32	48.35
剪切模量 23/GPa	2.87	0.558
剪切模量 31/GPa	3.36	0.873

表 13-188　微细观力学模型计算出的各向异性材料模型参数

材料	参数	取值
Fibre	密度 ρ_f	1.79g/cm³
	纵向拉伸模量 E_{f11}	395GPa
	横向拉伸模量 E_{f22}	13.33GPa
	泊松比 ν_{f12}	0.2385
	横向泊松比 ν_{f23}	0.2981
	剪切模量 G_{f12}	24.80GPa
	横向剪切模量 G_{f23}	5.80GPa
	纵向拉伸强度 X_{ft}	4560MPa
	纵向压缩强度 X_{fc}	2042MPa
Resin	密度 ρ_m	1.22g/cm³
	拉伸模量 E_m	3.10GPa
	泊松比 ν_m	0.375
	剪切模量 G_m	1.127GPa
	拉伸强度 X_{mt}	73.82MPa
	压缩强度 X_{mc}	280.4MPa
	剪切强度 S_{mxy}	86.63MPa
	断裂能 G_{fm}	240J/m²

表 13-189　UMS2526/Krempel BD CFRP laminate 的 polynomial（AUTODYN 软件）状态方程参数

参数	理论值	实验值
体积模量 A_1/GPa	28.24	25.04
参数 A_2/GPa	5.35	0
参数 A_3/GPa	16.97	0
参数 B_0	2.496	1.098
参数 B_1	2.496	1.098
参数 T_1/GPa	28.24	25.04
参数 T_2/GPa	5.35	0

S RYAN, M WICKLEIN, A MOURITZ, et al. Theoretical prediction of dynamic composite material properties for hypervelocity impact simulations [J]. International Journal of Impact Engineering, 2009, 36: 899−912.

UHMWPE

表 13-190　*MAT_PLASTIC_KINEMATIC 模型参数

ρ/(kg/m^3)	E/MPa	PR	SIGY/MPa	ETAN/MPa	BETA	SRC	SRP	VP
962	21330	0.27	320	7040	0	0	1	1

Pawel Zochowski, etc. Numerical Methods for the Analysis of Behind Armor Ballistic Trauma [C]. 12th European LS−DYNA Conference, Koblenz, Germany, 2019.

Vinyl chloride（氯乙烯）

表 13-191　Gruneisen 状态方程参数

ρ/(kg/m^3)	C/(km/s)	S_1	γ_0
1380	2.3	1.47	0.40

MASAHIKO OTSUKA. A Study on Shock Wave Propagation Process in the Smooth Blasting Technique [C]. 8th International LS−DYNA Conference, Detroit, 2004.

woven fabric aramid laminates

表 13-192　*MAT_COMPOSITE_DAMAGE 材料模型参数

密度/(kg/mm^3)	弹性模量 E_a/GPa	弹性模量 E_b/GPa	弹性模量 E_c/GPa	泊松比 v_{ba}
1.23×10^{-6}	18.5	18.5	6	0.25
泊松比 v_{bc}	泊松比 v_{ca}	剪切模量 G_{ab}/GPa	剪切模量 G_{bc}/GPa	剪切模量 G_{ca}/GPa
0.33	0.33	0.77	2.72	2.72

SHARMA SUMIT, MAKWANA RAHUL, ZHANG LIYING. Evaluation of Blast Mitigation Capability of Advanced Combat Helmet by Finite Element Modeling [C]. 12th International LS−DYNA Conference, Detroit, 2012.

woven Kevlar

表 13-193　基本材料参数

$\rho/(g/cm^3)$	$E_{11,22}/GPa$	E_{33}/GPa	G_{12}/GPa	$G_{23,31}/GPa$	ν_{21}	$\nu_{31,32}$
1.23	18.5	6.0	0.77	2.715	0.25	0.33
$S_{11,22}/MPa$	S_{33}/MPa	S_{12}/MPa	$S_{23,31}/MPa$	S_n/MPa	S_s/MPa	
555.0	1200.0	77.0	1086.0	34.5	9.0	

E：弹性模量；G：剪切模量；ν：泊松比；S：强度值；1～3：材料主方向；n 和 s：层间法向和剪切方向。

J VAN HOOF. Numerical Head and Composite Helmet Models to Predict Blunt Trauma [C]. 19th International Symposium of Ballistics, Interlaken, Switzerland, 2001.

纤维增强层合板

纤维增强层合板中纤维层、基体层和界面层的厚度分别为 0.3mm、0.2mm 和 0.01mm。其中纤维材料为 S_2 玻璃纤维平纹织物，基体材料为聚脂基体，材料失效采用最大应变失效，取 $\varepsilon_{11} = \varepsilon_{22} = 0.04$，层间连接弹簧单元的刚度及失效应力，根据最大层间应力为 50MPa，法向失效位移 $\delta_n = 0.8\mu m$ 来确定。

表 13-194　基体及纤维层材料参数

S_2 玻璃纤维材料参数					
E_{11}/GPa	E_{22}/GPa	E_{33}/GPa	ν_{21}	ν_{31}	ν_{32}
28.7	28.7	13.7	0.118	0.22	0.188
E_{11}/GPa	G_{23}/GPa	G_{31}/GPa			
12.83	9.75	9.75			
聚脂基体材料参数					
K/GPa	K/GPa	G/GPa	σ_s/GPa	ε_b	σ_{spall}/GPa
1952	3.73	1.732	0.069	0.08	-0.09

梅志远，等. 层合板弹道冲击下应力状态的数值分析 [C]. 第七届全国爆炸力学学术会议论文集, 昆明, 2003.

硬质聚氨酯泡沫

表 13-195　*MAT_NULL 模型和*EOS_Gruneisen 状态方程参数

$\rho/(kg/m^3)$	Gruneisen 状态方程					
	$C_g/(m/s)$	S_1	S_2	γ_0	E_0/GPa	V_0
320	2540	1.57	0	1.07	0	1

叶小军. 数值模拟分析在选取战斗部缓冲材料时的应用 [J]. 微电子学与计算机, 2009, 26(4): 226-229.

橡皮子弹

表 13-196　*MAT_PLASTIC_KINEMATIC 模型参数

$\rho/(kg/m^3)$	E/Pa	PR	SIGY/Pa	C/s^{-1}	P
1200	2.2E7	0.43	4.1E6	30	5

刘硕，陈毅雨，朱光涛，等. 基于 LS-DYNA 的橡皮碰击弹非致命效应仿真研究 [J]. 计算机测量与控制, 2016,24(11):171-214.

橡胶弹头

表 13-197 *MAT_PLASTIC_KINEMATIC 模型参数

$\rho/(kg/m^3)$	E/Pa	PR	SIGY/Pa	C/s^{-1}	P
950	6.1E6	0.49	4E6	30	4.0

刘加凯，等. 气囊动能弹致伤效应分析 [J]. 弹箭与制导学报, 2016,Vol. 36(6):71-74.

Zylon-AS Yarn

表 13-198 基本材料参数

E_{11}/psi	E_{22}/psi	E_{33}/psi	G_{12}/psi	G_{13}/psi	G_{23}/psi	v_{12}	v_{13}	v_{23}	$\bar{\sigma}_{max}$/psi
26E6	26E6	26E6	26E6	26E6	26E6	0.0	0.0	0.0	4.65E5

ZHENG DAIHUA, BINIENDA WIESLAW K, CHENG JINGYUN, et al. Numerical Modeling of Friction Effects on the Ballistic Impact Response of Single-Ply Tri-Axial Braided Fabric [C]. 9th International LS-DYNA Conference, Detroit, 2006.